普通高等教育"十四五"规划教材

生物科学类专业系列教材

分子生物学
研究方法与技术原理

胡一兵　戴绍军　张德春　主编

U0219111

中国农业大学出版社

·北京·

内 容 简 介

本书针对生命科学相关领域本科生和研究生的实际需求而编写,内容涵盖了当前分子生物学领域主流的研究方法与技术原理。全书共 4 章。第 1 章主要介绍一些与分子生物学实验密切相关的基础知识。第 2 章系统讲述基因克隆方法,包括传统的基因克隆方法及其影响因素,基因高效克隆方法的原理以及它们之间的区别和共性。第 3 章详细阐述了分子生物学研究中广泛使用的各种常规检测方法的原理。第 4 章概括了核酸与蛋白质、蛋白质与蛋白质之间的相互作用的研究方法,基因功能研究方法和生物信息学的相关内容。

本书内容总体按照从基础到综合应用的顺序编写,力求对分子生物学研究方法和技术蕴含的原理进行准确和透彻的阐述,为读者熟练应用这些方法和技术奠定基础。

图书在版编目(CIP)数据

分子生物学研究方法与技术原理 / 胡一兵,戴绍军,张德春主编. --北京:中国农业大学出版社,2024.7. --ISBN 978-7-5655-3227-6

Ⅰ. Q7-3

中国国家版本馆 CIP 数据核字第 2024YY3244 号

书　　名	分子生物学研究方法与技术原理
	Fenzi Shengwuxue Yanjiu Fangfa yu Jishu Yuanli
作　　者	胡一兵　戴绍军　张德春　主编

策划编辑	赵　艳	责任编辑	赵　艳
封面设计	郑　川　李尘工作室		
出版发行	中国农业大学出版社		
社　　址	北京市海淀区圆明园西路 2 号	邮政编码	100193
电　　话	发行部 010-62733489,1190	读者服务部	010-62732336
	编辑部 010-62732617,2618	出　版　部	010-62733440
网　　址	http://www.caupress.cn	E-mail	cbsszs@cau.edu.cn
经　　销	新华书店		
印　　刷	河北朗祥印刷有限公司		
版　　次	2024 年 7 月第 1 版　2024 年 7 月第 1 次印刷		
规　　格	185 mm×260 mm　16 开本　16.25 印张　406 千字		
定　　价	55.00 元		

图书如有质量问题本社发行部负责调换

编审人员

主　编　胡一兵　南京农业大学
　　　　戴绍军　上海师范大学
　　　　张德春　三峡大学

参　编　张文利　南京农业大学
　　　　刘唤唤　四川大学
　　　　阚显照　安徽师范大学
　　　　李贝贝　西北大学
　　　　喻娟娟　河南师范大学
　　　　刘　炜　山东省农业科学院
　　　　王明红　湖北民族大学
　　　　巩春燕　中国科学院植物研究所
　　　　袁　猛　华中农业大学
　　　　缪其松　江苏省农业科学院
　　　　赵利锋　华南农业大学
　　　　许盛宝　西北农林科技大学
　　　　玄元虎　南开大学

主　审　杨志敏　南京农业大学
　　　　黄　原　陕西师范大学
　　　　刘振伟　中国人民解放军军事科学院军事医学研究院

前　言

分子生物学从建立到现在已经有半个多世纪了,在这期间人类对细胞和生命的认识已经全面深入到分子水平。分子生物学也以无可比拟的速度渗透到生物学、医学、农业等学科的各个方面,取得了令人瞩目的成就。

在这样一个新知识不断涌现、新技术迅速更新的时代,如何跟上学科发展的步伐是每一位分子生物学相关领域的学生和研究人员必须面对的问题。虽然全面掌握所有的新知识和技术对任何人来说都是难以企及的,但熟悉当前相关领域应用的基本方法和技术原理不仅是可能的,而且是必要的。

党的二十大报告强调,培养造就大批德才兼备的高素质人才,是国家和民族长远发展的大计。在创新驱动发展的知识经济时代,以大学生以及研究生为代表的年轻一代未来将承担把我国建设成为全球主要创新型国家的历史重任,其知识结构很大程度上决定了他们的发展潜力。然而,编者在教学过程中发现,很多生命科学相关学科的学生对分子生物学实验原理的了解还不够深入。特别是在“知其所以然”方面仍存在一些不足,而且相当一部分学生的知识面不够宽广。与此同时,编者在生物领域交流平台上看到有许多反映初入实验室的学生在遇到实际问题的困惑和问题得不到解决而苦恼的求助信息,说明他们有解除疑惑的迫切需求。联想到自己以前在研究生学习阶段也经历过同样的困扰,尤其是曾经因为对实验原理理解不够透彻导致实验失败的教训,编者深感“知其所以然”的重要性。因为这不仅是他们做好眼前工作的需要,从更长远的意义上来说,通过追根溯源式的学习而培养起来的科学态度和探索精神,将促进他们增长才干,为学科发展助添新的动力。

不可否认,随着分子生物学研究的日益深入,很多实验的原理因涉及多学科的知识,理解起来并不容易。再加上一些实验操作步骤十分复杂,要想顺利完成这样的实验绝不是一件轻而易举的事情。知难行易,做任何事情之前充足的准备才是成功的基础,因此透彻地掌握生命科学研究领域的基本研究方法和技术原理不仅有助于学生更好地完成手头的实验,而且也可以为他们将来的科技创新夯实基础,从而为国家加快实施创新驱动的发展战略贡献力量。需要指出的是,本书只是分子生物学研究方法与技术原理的入门读物,适合分子生物学专业的本科生和生命科学相关领域的研究生阅读参考。目的是希望学生在开展实验之前了解相关实验的基本原理及背景知识,以期在学生的理论知识和实践环节之间架起联系的桥梁。当他们拿到实验方案的时候,就能很清楚地知道实验中的每个具体步骤的目的以及需要注意的细节。

本书获得南京农业大学研究生教材建设项目支持。在本书编写过程中,特别感谢南京城东高校图书馆资源统一检索和服务平台的工作人员在文献查询方面提供的大力协助!在此谨向本书参考的文献资料的著作者表示感谢!

尽管编者在编写过程中希望尽可能地将最常用的分子生物学研究方法与技术原理筛选出来,分别阐述后汇编成册,并力求对每种技术的原理阐述得透彻而准确,但囿于见识和水平,难免顾此失彼。书中的不足之处,欢迎广大读者批评指正!

编　者

2024 年 2 月

目　　录

第1章

核酸与蛋白质

1.1 核酸与蛋白质的理化性质、提取及保存

1.1.1 核酸的理化性质

概念解析

解链温度(T_m)：某种双链核酸分子溶液的紫外吸收值达到其最大值50％时的温度称为这种核酸分子的解链温度，解链温度又称为熔点(T_m)。

增色效应：由 DNA 或 RNA 分子变性或降解引起溶液的紫外吸收值增加的现象称为增色效应。

核酸是遗传信息的携带者和传递者，是一切生物体不可缺少的组成部分。因此，核酸是分子生物学、生物化学、医学和农业科学领域的重要研究对象。核酸包括脱氧核糖核酸（DNA）和核糖核酸（RNA），它们的基本结构单位是核苷酸。核苷酸由碱基、戊糖和磷酸组成。DNA 与 RNA 的区别在于 DNA 中的戊糖为脱氧核糖，RNA 中的戊糖则为核糖。另外，除了都含有腺嘌呤、鸟嘌呤和胞嘧啶这 3 种碱基外，DNA 中还含有胸腺嘧啶碱基，而 RNA 中含有尿嘧啶碱基。相邻的核苷酸之间通过 3′,5′-磷酸二酯键连接形成长链。DNA 分子是由 4 种脱氧核糖核苷酸（简称脱氧核苷酸）相互连接形成的长链。

1.1.1.1 核酸分子的物理性质

通常情况下，DNA 是高分子化合物，其水溶液具有黏稠性。提取基因组 DNA 分子时会发现，从贴壁培养的动物细胞中提取的基因组 DNA 水溶液非常黏稠，而植物细胞基因组 DNA 溶液则很少有这样的黏稠状态。由于 4 种脱氧核苷酸的组成比例在动、植物间没有明显的不同，所以 DNA 的来源并不是产生上述差异的原因。

动物细胞没有细胞壁，只需要温和的裂解条件就能使培养的动物细胞破裂并且使细胞核内染色体上的 DNA 溶解出来。这样提取的基因组 DNA 分子通常以大片段的状态存在，长度一般在一百至数百千碱基对（kb）。这种长度的 DNA 分子的水溶液会显得非常黏稠。如果将大分子状态的动物基因组 DNA 取样进行琼脂糖凝胶电泳，很可能因为样品 DNA 分子太大，无法通过常规浓度的琼脂糖凝胶网孔移动而一直被局限在样品孔内。因此电泳结束经过

凝胶染色后,在紫外灯下能看到样品孔内有很亮的荧光,而泳道上无荧光条带。如果在刚提取出来、非常黏稠的动物基因组 DNA 分子的水溶液中加入内切酶,并适度搅拌混匀,那么原来非常黏稠的 DNA 水溶液很快就变得不再黏稠。

类似的情形在纯化鲑鱼精 DNA 时也会出现。鲑鱼精 DNA 通常在核酸分子杂交时作为预杂交液的主要成分,即作为封闭剂去占据固相支持物(如尼龙膜)上非特异的 DNA 结合位点;或者是将质粒转化进入酵母时作为载体(carrier,避免质粒被核酸酶降解而起保护作用)。开始纯化粗制的鲑鱼精 DNA 时用酚/氯仿反复抽提其水溶液以除去其中残留的蛋白质,得到较为纯净的鲑鱼精基因组 DNA 的水溶液时,它们显得非常黏稠;但用超声波处理或物理方法(移液器或注射器抽吸)"剪断"DNA 分子后,鲑鱼精 DNA 水溶液很快变得不再黏稠。无论是上述哪种情况,溶液中基因组 DNA 的量并没有变化。不同的是 DNA 分子片段长度发生了改变。

与培养的动物细胞不同的是,由于植物细胞有细胞壁,提取植物材料来源的基因组 DNA 通常需要用液氮将材料冷冻后研磨成粉末状,然后加入提取缓冲液溶解样品中的 DNA 分子。这种方式提取的基因组 DNA 分子片段不会太大,通常在 50 kb 或稍大一点,因此得到的 DNA 溶液不会显得黏稠。同样的原因,动物组织经过液氮冷冻、粉碎以后提取的基因组 DNA 溶液也不会显得黏稠。这些事实说明,DNA 溶液的黏稠度与溶液中 DNA 分子长度有关,DNA 分子越长,其黏稠度越高。此外,DNA 溶液的黏稠度也与 DNA 的浓度有关。

除黏稠度外,核酸溶液的紫外吸收值也与其片段长度相关。核酸碱基中的嘌呤和嘧啶环的共轭体系强烈吸收 240～290 nm 波长的紫外线,最高吸收峰接近 260 nm,并且溶液对紫外线的吸收量与核酸浓度相关。因此,可以用紫外分光光度计对溶液中的核酸进行定量分析。无论是 DNA 分子还是 RNA 分子,当它们在溶液中以长链状态存在时,其紫外吸收值 A_{260} 比它们降解以后形成的短链甚至是寡核苷酸混合溶液的紫外吸收值低。而且双链 DNA 分子溶液的紫外吸收值比变性状态的混合单链 DNA 分子溶液的紫外吸收值低。也就是说,核酸变性解链或降解以后其紫外吸收值变大,这种现象称增色效应。例如,通过紫外吸收对核酸溶液中 DNA 或 RNA 定量时,在 260 nm 波长的入射光照射下,紫外吸收值相同($A_{260}=1$)的不同类型和状态的核酸溶液其 DNA 或 RNA 浓度是不同的(表 1-1)。另外,通过紫外吸收值对核酸定量时,为保证定量的准确性,应该使样品的 A_{260} 值在 0.1～1.0 的范围内,因为在此范围内溶液中核酸的浓度与其紫外吸收值呈良好的线性关系。

表 1-1　相同的紫外吸收值下,不同类型的核酸分子浓度

紫外吸收值	双链 DNA	单链 DNA	双链 RNA	单链 RNA
$A_{260}=1.0$	50 μg/mL	38 μg/mL	46 μg/mL	40 μg/mL

不仅如此,根据核酸溶液的紫外吸收值在一定条件下可以判断样品溶液中核酸的状态。例如,当从等量的、来源于同种器官的不同样品提取总 RNA 后,如果某个样品通过紫外吸收值定量浓度明显高于其他样品,很可能其 RNA 已经降解。

1.1.1.2　核酸分子的结构与稳定性

核酸溶液的物理性质除了受核苷酸链长度的影响外,核酸的组成成分以及结构,即核苷酸中核糖的种类、链的存在形式以及核苷酸的组成也是影响其物理性质,特别是核酸稳定性的重

要因素。由于脱氧核糖比核糖少一个 2′位碳原子上活跃的羟基,所以脱氧核糖更稳定。这也是通常情况下 DNA 比 RNA 分子稳定的重要原因。

　　无论是 DNA 分子还是 RNA 分子,都有单链和双链两种存在形式。细胞内 DNA 分子通常以双链的形式存在,而 RNA 多以单链状态存在。原因可能与它们在细胞内承担不同的生理功能有关:DNA 分子是遗传物质,遗传物质必须具有稳定和持久的特点,双链的 DNA 分子无论是稳定性还是受损后的修复都更具优势;而 RNA 分子大多与遗传信息的传递和表达过程有关,它们只需要临时性地发挥作用,因此单链状态的 RNA 分子更加简单灵活。与细胞内核酸不同的是,病毒中的核酸都是作为遗传物质而存在的,并且病毒基因组中还常有双链 RNA 和单链 DNA 分子这样的存在形式。

　　双链 DNA 分子结构的稳定性依靠 3 种作用力维持:第一种是 DNA 双螺旋分子中形成碱基堆积力,第二种是 DNA 分子的两条单链互补碱基对之间形成的氢键,第三种是核苷酸中磷酸基团所带负电荷与溶液中阳离子形成的离子键。这 3 种作用力中,碱基堆积力是维持双链 DNA 分子稳定性的主要因素。碱基堆积力实际上是 DNA 分子内相邻碱基对的疏水基团之间的相互作用。2016 年,德国科学家通过实验测出 DNA 分子内两个相邻碱基对之间的碱基堆积力大约是 2×10^{-12} N。除了碱基堆积力,氢键在维持 DNA 分子结构的稳定性方面也发挥了重要作用。2013 年,中国科学家通过改装的原子力显微镜第一次拍摄到了氢键的照片(图 1-1),这些研究成果有助于更透彻地理解 DNA 分子的稳定性及其结构基础。

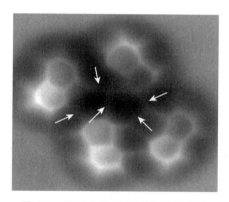

图 1-1　原子力显微镜下 8-羟基喹啉分子之间形成的氢键

箭头指示氢键。图片引自 Zhang 等(2013)

　　单链 DNA 分子由于缺乏第一种及第二种作用力(除非单链 DNA 分子链内碱基互补形成部分双链),所以稳定性相比双链 DNA 分子低得多。而对单链的 RNA 分子而言,除了与单链 DNA 分子一样缺乏碱基堆积力与氢键外,RNA 分子所含的戊糖是核糖而非脱氧核糖。由于核糖的第二位碳原子连接的羟基是极性比较强的亲水基团,所以在碱性环境中,2′-OH 形成磷酸三酯,磷酸三酯极其不稳定,它立即水解形成 2′,3′-环磷酸酯,然后进一步水解产生 2′-核苷酸和 3′-核苷酸。因此,单链 RNA 分子在碱性环境中的稳定性更差。脱氧核糖由于没有活泼的 2′-OH,在不太强的碱性条件下不易水解,因而 DNA 分子相对比较稳定。所以,为了避免核酸水解,提取 RNA 分子的缓冲液是弱酸性的。提取 DNA 分子的缓冲溶液则是弱碱性的,使用弱碱性的提取缓冲液提取 DNA 分子有利于去除 RNA 分子污染。不过,最近的研究显示,双链 RNA 分子也能在较强的碱性环境下保持稳定。

　　对双链核酸分子的热稳定性研究表明,双链 RNA 分子最稳定,其次是双链 DNA 分子,DNA 与 RNA 杂交双链分子在双链核酸分子中热稳定性最差。综合来看,双链的核酸分子,无论是 DNA 分子还是 RNA 分子,其热稳定性和对碱性环境的抵抗能力都比相应的单链分子强得多。

重点回顾

1. 核酸溶液的物理性质与其种类、存在的状态和核苷酸组成密切相关。核苷酸链的长度不仅影响溶液的紫外吸收值，也影响其黏稠度。

2. 核酸分子在变性解链或降解状态下，其水溶液的紫外吸收值增大。

3. 在温度的影响下或碱性环境中，双链核酸分子比单链核酸分子稳定性更好。

 视频资料推荐

RNA Binding Proteins and RNA Stability｜Biology｜JoVE

1.1.2 核酸的提取与纯度检测

1.1.2.1 DNA 分子的提取

动物组织与植物组织的细胞组成和结构存在区别，其基因组 DNA 分子提取方法也相应有所不同。早期提取 DNA 分子采用氯化铯密度梯度离心的方法。虽然该方法提取的 DNA 质量很高，但过程比较繁琐。因为不仅要用超速离心机，而且离心时间很长。现在这种方法已经很少使用。目前，通常用十二烷基硫酸钠(sodium dodecyl sulfate，SDS)法提取动物组织基因组 DNA。SDS 是一种阴离子去污剂，其作用是促进蛋白质解离变性。该方法的具体过程为：首先在液氮研磨的动物组织粉末中加入含 SDS 的提取缓冲液，然后加入蛋白酶 K 溶液，充分混匀裂解细胞以溶解其中的 DNA 分子。再加入苯酚：氯仿：异戊醇(体积比为 25：24：1)使蛋白质等杂质变性。随后将混合液离心，吸取上清液并转移至干净的离心管，在其中加入 0.1 倍体积的 3 mol/L 醋酸钠与 2 倍体积的无水乙醇混匀，静置后离心即可将溶液中的 DNA 分子沉淀出来。苯酚的作用是促进蛋白质变性；氯仿的作用是加速水相和有机相的分离；异戊醇能降低溶液的表面张力，有助于减少提取液与材料混合液中产生的泡沫。对于血液或贴壁培养的动物细胞，由于细胞是分散的，无须液氮研磨这一步骤，直接加入提取缓冲液裂解细胞即可。微生物细胞基因组 DNA 的提取方法与动物细胞基因组 DNA 的提取方法类似。

提取植物细胞基因组 DNA 虽然也可以用 SDS 法，但最常采用的还是 CTAB 法。CTAB 即十六烷基三甲基溴化铵，它是一种阳离子去污剂。其特点是在高离子强度的溶液中(浓度大于 0.7 mol/L 的 NaCl 溶液)，CTAB 与多聚糖、核酸和蛋白质形成可溶的复合物；而在低离子强度的溶液中，CTAB 能沉淀核酸与酸性多聚糖。提取植物细胞基因组 DNA 正是利用它的这一特点。首先，在经过液氮研磨的植物组织粉末中加入高离子强度的 CTAB 提取缓冲液，并使混合液在 65 ℃水浴中加热 30~50 min，目的是使破碎细胞内的 DNA 分子充分溶解在提取缓冲液中。不过，此时组织样品中部分蛋白质和多糖等成分也一同溶解出来。随后破碎的细胞与提取缓冲液的混合物经过有机溶剂氯仿-异戊醇(体积比为 24：1)抽提，即通过有机溶剂使蛋白质变性，再离心使蛋白质、多糖、酚类等杂质分层，随后将含有 DNA 分子的上清液水相吸出转移至干净的离心管中，加入等体积的异丙醇混匀，静置。随后离心，即可将 DNA 分子从溶液中沉淀出来。

比较以上两种提取方法可以看出，同样是沉淀细胞中提取出来的 DNA 分子，在动物组织

或细胞提取上清液中的 DNA 分子时,采用的是加入 0.1 倍体积的 3 mol/L 醋酸钠与 2 倍体积无水乙醇的组合;而在沉淀植物组织或细胞提取上清液中的 DNA 分子时,采用的是加入等体积的异丙醇。采用不同方法沉淀 DNA 分子的原因在于植物细胞含有较多的多糖,而多糖在异丙醇中的溶解度比在乙醇中的溶解度高。从根本上说,某种溶质从溶液中沉淀出来是由其在溶液中溶解度低造成的。如果使用乙醇沉淀从植物组织提取的 DNA 分子,由于多糖在乙醇中的溶解度低,所以会有更多的多糖与 DNA 分子一起沉淀下来,造成 DNA 分子中的多糖污染。而使用异丙醇沉淀 DNA 分子时,由于相对有更多的多糖溶解在异丙醇中,与 DNA 分子同时沉淀下来的多糖的量就会少一些。因此,使用异丙醇沉淀植物 DNA 分子有助于减少多糖污染。使用异丙醇沉淀 DNA 分子的另一个优势是可以减少操作时溶液的体积,因为用异丙醇沉淀 DNA 只需要加入与 DNA 水溶液相等体积的量,而用乙醇沉淀 DNA 需要加入 2 倍体积的量。

对于动物组织或细胞,由于采用的 SDS 提取缓冲液中离子强度较低,当 DNA 分子的水溶液中加入 2 倍体积的无水乙醇后,溶液的离子强度被进一步降低。乙醇能够夺取 DNA 溶液中的水分子以及水中的离子,导致 DNA 分子内带负电荷的磷酸基团得不到中和,因此,磷酸基团之间的斥力不利于 DNA 分子沉淀。不过,加入 3 mol/L 醋酸钠后,钠离子能与 DNA 分子的磷酸基团结合,消除它们彼此之间的斥力,有助于 DNA 沉淀。与此不同的是,由于 CTAB 提取缓冲液是高离子强度的溶液,加入等体积的异丙醇后仍然具有足够的离子强度去消除 DNA 分子磷酸基团之间的斥力,所以无须添加醋酸钠溶液。

无论是 SDS 法还是 CTAB 法,初步提取出来的基因组 DNA 还需要进一步除去其中的 RNA 分子以及混杂的蛋白质等杂质。这个过程是通过在初提出来的 DNA 水溶液中加入 RNA 酶以降解其中的 RNA 分子,然后进一步除去酶及其他蛋白质实现的。RNA 酶处理以后,加入等体积的苯酚/氯仿抽提,使 RNA 酶以及其他残留的蛋白质变性。接着离心,取上清液水相转移至干净的离心管,加入 0.1 倍体积的 3 mol/L 醋酸钠以及 2 倍体积的无水乙醇沉淀 DNA 分子。沉淀经过 70% 乙醇溶液悬浮漂洗数次,然后离心沉淀即可得到纯化的基因组 DNA 分子。纯化过程中将上清液水相转移至干净的离心管以后,虽然用等体积的异丙醇也能沉淀其中的 DNA 分子,但异丙醇不易挥发且易残留,可能对后续的实验造成影响。所以在纯化阶段,沉淀 DNA 分子多用醋酸钠与无水乙醇的组合。出于同样的考虑,用碱裂解法提取质粒时,从提取缓冲液中沉淀质粒分子使用的是异丙醇,纯化除去 RNA 后沉淀质粒 DNA 分子时,通常使用醋酸钠和无水乙醇的组合。

虽然 SDS 法与 CTAB 法都能提取高质量的基因组 DNA 分子,但由于操作步骤较多,利用它们提取 DNA 分子仍然是一件费时费力的工作。因此,目前操作相对简单、通过亲和层析离心柱提取 DNA 的方法应用越来越广泛。离心柱法与 SDS 法或 CTAB 法的区别在于:将样品中溶解出来的 DNA 分子离心以后形成的上清水溶液进行分离以及纯化的方式不同。离心柱的核心结构一般是硅基质膜,这种硅基质膜能在高盐、低 pH(pH<7.0)条件下吸附核酸分子;而在低盐、高 pH(pH>7.0)条件下释放吸附在硅基质膜上的核酸分子。其原理是在高盐浓度下,阳离子破坏了硅基质结合的水分子,同时也破坏了 DNA 分子的磷酸基团中氧原子与溶液中水的氢原子之间的氢键,使得带负电荷的 DNA 分子主链与带正电荷的硅基质之间直接通过静电引力相互吸引而结合。当结合了 DNA 分子的硅基质膜经低离子强度的乙醇溶液洗涤几次以后,膜上的盐浓度降低。此时加入低离子强度、高 pH 的洗脱液后,硅基质膜与 DNA 分子能够分别与水分子结合而分离,因此 DNA 分子容易被离心洗脱下来。离心柱法提取 DNA 具有操作简单方便的优点。

1.1.2.2　RNA 分子的提取

分子生物学实验中,经常需要提取生物材料中的 RNA 分子。不过,其提取方法与 DNA 分子的提取方法有很大的不同。原因在于 RNA 分子的稳定性较差,尤其是 RNA 分子容易因 RNA 酶的存在而降解。RNA 酶是活细胞的代谢产物,存在于所有的细胞中。而且,RNA 水解酶的种类繁多,可分为对双链 RNA 特异的 RNA 酶、对 DNA-RNA 杂交双链特异的 RNA 酶以及对单链和双链 RNA 都有水解作用的 RNA 酶等。RNA 酶几乎无处不在,而目前对它们的了解也不十分透彻,因此,提取 RNA 分子时需要全程抑制细胞内外 RNA 酶的活性。

抑制溶液中的 RNA 酶活性主要通过焦碳酸二乙酯(DEPC)处理来完成。DEPC 能与 RNA 酶分子的活性基团组氨酸的咪唑环结合,使酶蛋白变性从而抑制其活性。不过,DEPC 在碱性条件下不稳定,所以用它处理溶液中的 RNA 酶时,应该使溶液的 pH 略偏酸性。处理完毕,再将溶液高压灭菌促进 DEPC 分解以除去残留,然后将溶液的 pH 调至正常值。实验器材上的 RNA 酶活性主要通过高压灭菌或高温烘烤的方式消除。

RNA 提取主要包括有机萃取法、离心柱法、磁珠法和直接裂解法 4 种方式(表 1-2)。其中应用最广泛的是有机萃取法。实验室广泛采用的 TRIzol 试剂(Invitrogen 公司)就是有机萃取法的商业化产品。TRIzol 试剂中含有苯酚、异硫氰酸胍和 β-巯基乙醇。其中异硫氰酸胍是蛋白质的一种强变性剂,主要作用是使核酸与核蛋白分离,因为蛋白质变性以后其空间结构发生改变,导致蛋白质不能与核酸紧密结合。苯酚的作用一方面是促进蛋白质变性,另一方面也有助于水相、有机相分离。β-巯基乙醇是一种强还原剂,它能破坏 RNA 酶蛋白分子中的二硫键,使细胞裂解过程中释放出的 RNA 酶失活。

表 1-2　RNA 不同提取方法的优缺点

提取方法	优点	缺点
有机萃取法	提取 RNA 的产率高	步骤较多,产生有害物质,难以自动操作
离心柱法	简单易用,提取质量高	RNA 产率不高,易产生 DNA 污染
磁珠法	提取效率高	可能残留磁珠,操作较为麻烦
直接裂解法	简单,快速	难以定量分析

有机萃取法提取 RNA 的过程为:样品粉碎后按比例加入 TRIzol 试剂充分混匀,静置 5 min,使核酸与蛋白质解离。然后按每毫升 TRIzol 试剂加入 0.2 mL 氯仿的比例与提取混合溶液充分混合,一般使用涡旋振荡器进行混合。加入氯仿的目的是促进苯酚与水相分离。随后经过离心,样品溶液分为 3 层:下层的有机相即苯酚和氯仿的混合液,体积最小的中间层含有细胞残渣、变性蛋白质及基因组 DNA,而上层水相则含有 RNA 分子。小心地将上层水相吸取出来(因为水相与中间相交界的地方即为 DNA 分子聚集区,如果吸取上层水相时过于靠近中间层容易造成 DNA 污染)置于一个干净的离心管内,加入等体积的异丙醇混匀,室温下静置 3 min,4 ℃ 条件下高速离心即可沉淀 RNA 分子。需要注意的是,静置过程中如果颠倒了离心管,则必须在离心前再静置 3 min。否则离心后部分 RNA 沉淀会分散在离心管侧壁,而不是全部集中沉淀在离心管底部。沉淀经过 70% 乙醇溶液悬浮漂洗,重复这个洗涤过程 2~3 次,即可得到细胞的总 RNA。比较纯净的 RNA 应该是类似于象牙白的颜色。如前

所述,提取 RNA 过程中使用的容器和试剂必须是无 RNA 酶污染的,配制乙醇溶液与溶解 RNA 的水必须经过 DEPC 处理。

用离心柱法分离纯化 RNA 的原理与分离纯化 DNA 的原理基本相同。虽然离心柱法以及同样属于亲和层析的磁珠法操作相对简单,并且提取的 RNA 能够达到很高的纯度,但 RNA 的得率不及有机萃取法提取的高。直接裂解法一般不将 RNA 从细胞碎片中分离出来,而是直接利用提取混合物进行后续分析,因此这种方法最有可能反映样品中 RNA 的真实状况,但由于 RNA 存在于复杂的混合溶液中,用这种方法难以对它进行定量分析。

需要说明的是,以上是针对一般材料的 RNA 提取方法,有些情况下由于材料的特殊性,如高淀粉含量、高脂肪含量或高酚含量等,提取它们的 RNA 与普通材料的提取方法有所不同。此外,受基因表达调控的影响,虽然不同组织类型的活细胞中基因组 DNA 的量相同,但它们的 RNA 含量可能差别较大。一般生命活动旺盛或幼嫩的组织细胞(如植物的花蕾、动物肝脏)中 RNA 含量很高。而衰老不活跃的组织(如成熟的植物根细胞)中 RNA 含量通常比较低。

1.1.2.3 核酸分子的纯度检验

核酸从生物组织中提取出来以后,除了可以通过测定其水溶液的紫外吸光度值 A_{260} 了解其浓度和含量外,还可以通过测定溶液的 A_{260}/A_{280} 与 A_{260}/A_{230} 这两个紫外吸光度比值判断其纯度。

尽管用 Tris-EDTA(TE)缓冲液溶解经过乙醇沉淀的 DNA 或 RNA 有助于保持核酸的稳定,但 TE 缓冲液也可能会对后续的反应(包括逆转录和 PCR 扩增)产生一定的影响,因为 EDTA 能螯合镁离子,而镁离子是很多酶(包括 DNA 聚合酶)的激活剂。因此,使用经过高压灭菌或(和)DEPC 处理的去离子水替代 TE 缓冲液溶解 DNA 或 RNA 也是常用的手段。

对于核酸的水溶液,一般情况下其 A_{260}/A_{280} 和 A_{260}/A_{230} 的值均大于 1.8 被认为是比较干净即无污染的核酸分子。不过,使用这个标准判断核酸的纯度对核酸溶液的浓度有一定的要求。因为同一种核酸溶液,如果它们浓度不同,其 A_{260}/A_{280} 和 A_{260}/A_{230} 值也不相同(图 1-2)。而且,溶液的 pH 与离子强度对 A_{260}/A_{280} 的值也有显著影响。研究显示,同种样品的 RNA 水溶液,当 pH=5.4 时,其 A_{260}/A_{280}=1.5;而当 pH=8 时,其 A_{260}/A_{280}=2.0。所以用未经调整 pH 的 DEPC 处理水溶解 RNA 时,如果检测到其 A_{260}/A_{280} 值偏低,并不一定代表提取出来的 RNA 纯度不高。为准确见,检验核酸的纯度时,在 pH=8.0~8.5,浓度为 1~3 mmol/L 的 Na_2HPO_4 溶液中测定 A_{260}/A_{280} 值更为可靠,原因是这种条件下更有利于检测出溶液中的蛋白质污染。

在判断核酸纯度的两个紫外吸收比值中,A_{260}/A_{230} 是更为关键的指标。因为大多数污染物,包括生物材料中的蛋白质、酚类或多糖等,以及提取缓冲液中的各种化学试剂的残留成分如苯酚、盐酸胍、异硫氰酸胍、EDTA 和非离子去污剂的污染都能导致溶液在 220~230 nm 处的紫外吸收值显著增加,从而降低 A_{260}/A_{230} 值。虽然根据 A_{260}/A_{230} 值能确定提取的核酸溶液是否存在污染,但不能将污染物的具体种类显现出来。不过研究表明,多数情况下上述污染因子不会对后续的核酸实验结果造成显著的损害。原因可能是这些污染因子在提取出来的核酸溶液中的浓度一般都不高,而且在后续的实验中核酸溶液作为反应的一种组分会被稀释,进一步降低了污染因子的浓度。

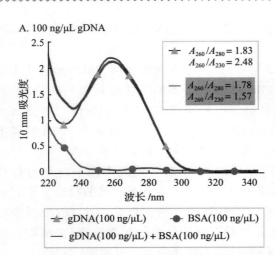

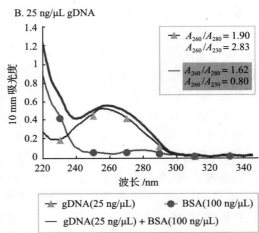

图 1-2　不同浓度下纯净的 DNA 溶液(▲)、蛋白质溶液(●)与含有蛋白质污染物的 DNA 溶液(—)的紫外吸收扫描图谱

可以看出,蛋白质污染能显著增加溶液在 220～230 nm 处的紫外吸收值,导致溶液的 A_{260}/A_{230} 值显著降低。而且,溶液 DNA 浓度不同能造成吸收曲线形状以及上述比值明显的区别。gDNA:基因组 DNA;BSA:牛血清蛋白。图片引自 Koetsier 和 Cantor,NEB

 重点回顾

1. 植物与动物组织基因组 DNA 提取方法有所不同。其区别在于使用的提取缓冲液成分不同以及核酸溶入水相以后进一步分离的方式不同。每种方法都有各自的特点及优势。

2. 通常需要对提取的核酸溶液纯度进行紫外吸收检测,即依靠 A_{260}/A_{280} 及 A_{260}/A_{230} 这两个指标判断核酸纯度。其中,A_{260}/A_{230} 的值对指示核酸溶液是否存在污染更为关键。同时,利用紫外吸收检测核酸纯度还要考虑溶液中核酸的浓度、溶液的 pH 与离子强度的影响。

 参考实验方案

Current Protocols Volume 3，Issue 7

Isolation of Genomic DNA from Mammalian Cells and Fixed Tissue

Kristy L. S. Miskimen, Penelope L. Miron

First published：03 July 2023

Current Protocols Volume 2，Issue 1

RNA Extraction from Plant Tissue with Homemade Acid Guanidinium Thiocyanate Phenol Chloroform（AGPC）

Baltasar Zepeda, Julian C. Verdonk

First published：25 January 2022

 视频资料推荐

DNA Isolation and Restriction Enzyme Analysis ∣ Lab Bio ∣ JoVE

分子生物学研究方法与技术原理

Nanodrop Microvolume Quantitation of Nucleic Acids. Desjardins P，Conklin D. J Vis Exp. 2010 Nov 22；(45)：2565. doi：10.3791/2565.

RNA Isolation from Embryonic Zebrafish and cDNA Synthesis for Gene Expression Analysis. Peterson S M，Freeman J L. J Vis Exp，2009 Aug 7；(30)：1470. doi：10.3791/1470.

1.1.3 核酸的完整性检测与保存

 概念解析

沉降系数(sedimentation coefficient，S)：指单位离心加速度下溶液中颗粒的移动速度,即颗粒的下降速度与其承受的加速度的比值。通过它可以了解溶液中生物大分子的分子量、分子形状以及水化程度等物理性质。

1.1.3.1 基因组 DNA 分子的凝胶电泳检测

核酸从生物样品中提取出来以后,除了可以通过测定其水溶液的紫外吸收值了解其浓度以及纯度,通常还需要对提取的核酸分子的完整性进行检验,以保证后续的各种分子生物学实验顺利进行。因为在提取过程中,核酸分子会因不同程度的机械损伤而断裂,而且核酸酶的存在也会导致长链核酸分子不同程度的降解,从而影响后续的实验结果。

对于双链 DNA 分子,传统的检测方法是通过琼脂糖凝胶电泳判断其质量。电泳时,DNA 样品一般不需要处理,只要根据估计的 DNA 分子大致分子量选择合适的凝胶浓度,然后在待测样品附近的样品孔内加上 DNA 分子 ladder(即 DNA 分子大小的参照物,由一系列长度已知的 DNA 分子片段组成)就可以通过比较初步判断待检验的 DNA 分子大小。因为线性双链 DNA 分子的分子量与其长度成正比;而 DNA 分子量或分子长度与其在凝胶中受电场压力产生的移动速度相关。所以,根据电泳后 DNA 分子在凝胶中所处的位置结合 ladder 相应的分子量参照物就可以初步判断其分子量大小。

正常情况下,基因组 DNA 通过琼脂糖凝胶电泳以后,可以观察到距离样品孔较近的区域有一条分子量比较大的带。这条带即为基因组 DNA 分子。刚接触分子生物学实验的同学可能会有这样的疑问:为什么基因组 DNA 是一条带而不是细胞中有几对染色体就应该有几条带? 提出这个疑问有一定的道理,因为正常生理条件下每条染色体上的 DNA 分子是连续和完整的。理论上应该是有多少对染色体就有多少种 DNA 分子,电泳后也就应该相应地有多少条带。但实际情况是,提取基因组 DNA 的过程中无论操作者怎样小心,都不可能得到绝对完整的染色体 DNA 分子,因为破碎细胞及分离核酸等处理会导致染色体 DNA 分子断裂,而且这种断裂是随机的。此外,细胞内或环境中的核酸酶也容易造成 DNA 分子降解。所以实际得到的是不同染色体的 DNA 分子断裂以后形成的不同长度片段的混合物。这些 DNA 片段虽然有不同的大小,但大体上在一定的范围内,并且它们的分子量仍然比较大。在常规浓度的琼脂糖凝胶内,这些断裂形成的 DNA 分子由于缠绕在一起不能被分开,电泳后它们在凝胶中看起来就是一条带。在提取基因组 DNA 的过程中,虽然也可能形成分子量特别大和特别小的 DNA 分子片段,但这些片段所占的比例比较小,而凝胶中数量较少的 DNA 片段染色时结合的荧光染料有限,实际上不能显现出来。

1.1.3.2 RNA 分子的种类及其凝胶电泳

动、植物组织细胞总 RNA 提取出来以后也需要通过琼脂糖凝胶电泳观察其带型判断提取质量。细胞内 RNA 分子的种类较多,包括核糖体 RNA(rRNA,约占 RNA 总量的 80%)、转运 RNA(tRNA,约占 RNA 总量的 15%)、信使 RNA(mRNA,占 RNA 总量的 3%～5%)。此外,还有分子量较小的 microRNA(miRNA)和 small RNA(siRNA)。分子量或者沉降系数大的 RNA 分子由于结合的荧光染料多,容易在琼脂糖凝胶中显现出来;分子量小的 RNA 分子则比较暗淡或难以显现。不同类型的生物,其 rRNA 分子显现的带型可能不同。

原核生物(如细菌)的 rRNA 按沉降系数可分为 16S rRNA、23S rRNA 和 5S rRNA 3 种组分,它们的编码基因存在于细菌基因组的同一个操纵子中,因此它们被一起转录以后的分子数相同但大小不同。16S rRNA、23S rRNA 和 5S rRNA 的核苷酸长度大致分别为 1.5 kb、2.9 kb 和 120 bp。电泳染色以后,在紫外灯照射下能够看到凝胶上方两条较亮的带和下方一条较小而且暗的带。它们分别是 23S rRNA、16S rRNA 和 5S rRNA(图 1-3 和图 1-4)。

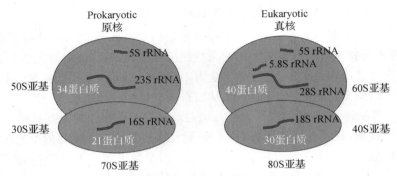

图 1-3　原核与真核细胞质核糖体组成示意图

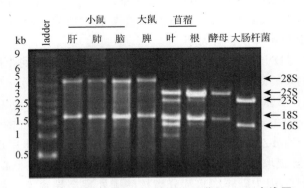

图 1-4　不同动植物组织、酵母和细菌总 RNA 电泳图

ladder:分子量参考标准。图片根据 RNAqueous™ 总 RNA 分离试剂盒(thermofisher. cn)修改

真核生物 rRNA 组成情况更加复杂。一方面,因为真核生物细胞质 rRNA 不如原核生物细胞质 rRNA 那么保守,因此不同种类的真核生物细胞内 rRNA 大小也不相同。例如,人和哺乳动物细胞的细胞质 rRNA 包含 18S rRNA、5.8S rRNA、28S rRNA 和 5S rRNA 4 种成分,其长度大致分别为 1.9 kb、160 bp、4.7 kb 和 120 bp。其中前三者一起由 RNA 聚合酶Ⅰ合成,而 5S rRNA

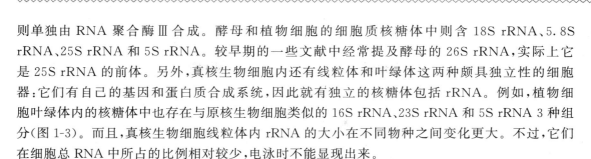

则单独由 RNA 聚合酶Ⅲ合成。酵母和植物细胞的细胞质核糖体中则含 18S rRNA、5.8S rRNA、25S rRNA 和 5S rRNA。较早期的一些文献中经常提及酵母的 26S rRNA，实际上它是 25S rRNA 的前体。另外，真核生物细胞内还有线粒体和叶绿体这两种颇具独立性的细胞器：它们有自己的基因和蛋白质合成系统，因此就有独立的核糖体包括 rRNA。例如，植物细胞叶绿体内的核糖体中也存在与原核生物细胞类似的 16S rRNA、23S rRNA 和 5S rRNA 3 种组分(图 1-3)。而且，真核生物细胞线粒体内 rRNA 的大小在不同物种之间变化更大。不过，它们在细胞总 RNA 中所占的比例相对较少，电泳时不能显现出来。

与原核生物总 RNA 电泳结果类似，真核生物组织总 RNA 电泳后通常也可以看到大小和粗细都不同的 3 条带。其中两条较亮的带一般称为 28S 和 18S 带。下方最小并且较暗的带一般称为 5S rRNA。不过，这只是一种粗略的说法。如上所述，如果 RNA 是从人或哺乳动物细胞中提取的，那么 3 条可见的带分别代表 28S rRNA、18S rRNA，以及 5.8S rRNA 与 5S rRNA 的混合物。

如果总 RNA 是从酵母或植物中提取的，那么两条亮带代表的是 25S rRNA 与 18S rRNA；较暗的带是 5.8S rRNA 和 5S rRNA 的混合物。从高等植物绿色组织提取的总 RNA 电泳有时还可以看到两条较大的带下面有一系列不很明亮的带，它们主要是质体(叶绿体)内 rRNA 分子形成的带(图 1-4)。此外，虽然昆虫和软体动物也是真核生物，但它们的 RNA 电泳图形与上述生物的 RNA 电泳图形都不同。

由于总 RNA 中某种特定的 mRNA 拷贝数比 rRNA 的拷贝数少，它们一般不容易在电泳后的凝胶中显现出条带。不过，如果电泳时总 RNA 加样量足够大，凝胶染色后不仅可以观察到上述 rRNA 形成的明亮的带，还可以看到弥散分布的 mRNA 分子。在一些特定组织如叶片的 RNA 中，有时甚至有隐约可见表达量很高的核酮糖 1,5-二磷酸羧化酶(RUBPC)编码基因相关的 mRNA 分子形成的带。至于 tRNA，由于其分子量较小而且种类很多，在琼脂糖凝胶上难以显现。

1.1.3.3 RNA 分子的大小及完整性检测

对 RNA 进行常规的琼脂糖凝胶电泳并不能判断它们的分子量大小。除了少数病毒体内的 RNA 以及细胞内 miRNA 和 siRNA 是双链或部分双链分子，其他情况下细胞内的 RNA 分子是以单链状态存在的，而单链状态的 RNA 分子内部的碱基容易自我配对形成二级甚至是三级结构。例如 tRNA 的二级结构是由配对的茎和不配对的环组成的三叶草形状，其三级结构呈更紧缩的倒"L"形。其他的 RNA 分子，如 miRNA 的形态更是千变万化。由于核酸在凝胶电泳时的移动速度不仅与其分子量大小有关，而且还受其形状的影响，所以具有相同分子量但以不同形态存在的 RNA 分子电泳时其移动速度也不相同。类似的情形是同种质粒经常以超螺旋、环状或是线性分子的形式存在，由于它们在电场中移动速度各不相同，电泳后在凝胶中通常形成 3 种看起来大小完全不同的条带，所以没有经过变性的 RNA 分子量与其在凝胶中的移动速度无明显的相关性。因此，不能用常规的琼脂糖凝胶即非变性胶加上 ladder 来判断 RNA 分子的大小。不过，一般情况下检测 RNA 提取质量时并不需要测定 RNA 分子的大小。如果要通过凝胶电泳初步测定某种 RNA 分子大小，需要采用变性胶作为介质，即在凝胶以及加样缓冲液中加入甲醛、甲酰胺等变性剂破坏 RNA 的二级结构，使其伸展成线性状态才能让 RNA 的分子量与它在琼脂糖凝胶中的移动速度相关。

评估 RNA 分子的提取质量主要是通过检查 rRNA 分子的完整性来确定。由于在凝胶中 RNA 分子结合的荧光染料分子的量与 RNA 分子的大小成正比，所以同样数量的分子，越完整即分子量越大其亮度越高。因此,可以通过电泳图像中不同条带的形状和亮度判断 RNA 的提取质量。具体而言,总 RNA 凝胶电泳时两条最大的 rRNA 带型清晰明亮并且 28S(25S/23S)带的亮度是 18S(16S)带亮度的 2 倍是 RNA 质量良好的标志。

尽管在非变性琼脂糖凝胶中电泳也能按上述标准判断 RNA 的质量,并且操作起来更简单方便,但在变性琼脂糖凝胶中更容易获得清晰而不弥散的 RNA 带。同时,在变性琼脂糖凝胶电泳过程中,通过样品缓冲液中染料在凝胶中的位置能大致判断 RNA 分子的位置:溴酚蓝移动速度比 5S rRNA 略快,而二甲苯青移动速度比 18S rRNA 稍慢一些。部分初学者在进行 RNA 凝胶电泳时发现拖带现象严重,除了 RNA 降解的原因外,还有可能是琼脂糖凝胶没有充分凝固就开始电泳导致的。

除凝胶电泳这种传统的检验手段外,目前越来越普及的方法是利用生物分析仪检验 RNA 的质量特别是其完整性。生物分析仪如安捷伦公司的生物分析仪 Aglient 2100 Bioanalyzer 通过微流芯片对样品 RNA 进行电泳分离,然后扫描 RNA 结合的荧光分子获得不同 rRNA 组分的荧光信号峰形图(图 1-5)。通过峰形图不仅能对不同组分的 rRNA 含量进行精确测

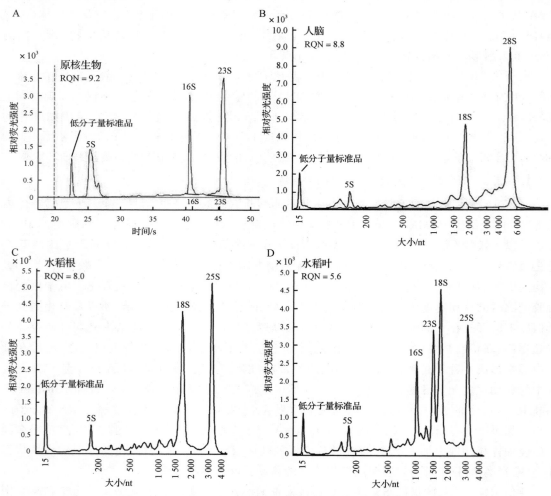

图 1-5　不同种类生物细胞 RNA 的电泳扫描结果及完整性分析
A、B、C 和 D 分别为来自大肠杆菌、人脑、水稻根和水稻叶的总 RNA 经过 Agilent 2100 凝胶电泳扫描结果

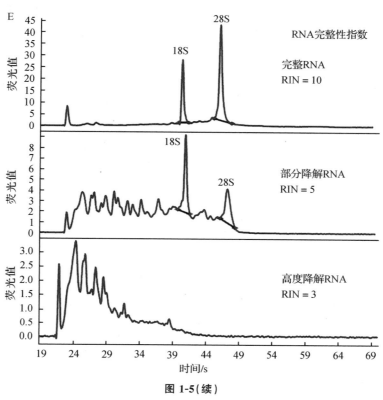

图 1-5（续）

E 为同种真核生物 RNA 不同降解状态的扫描结果及其 RIN 值。图中原始图片由安捷伦科技（中国）有限公司提供。RQN 即 RNA 质量指数，RIN 与 RQN 具有相似的含义

定，还能判断其完整性。这种检测较传统的凝胶电泳检测更准确，而且还有样品需要量少、检测速度快的优点。不仅如此，生物分析仪还能对样品 RNA 的降解程度进行定量分析。具体方法是它采用一个评估 RNA 完整性的指标即 RIN（RQN）值对样品进行客观分析，避免了通过对 RNA 电泳图形的人为判断可能造成的误差。

1.1.3.4　核酸分子的保存

通常情况下，无论是保存 DNA 分子还是 RNA 分子，比较稳妥的做法是将它们沉淀在 70% 的乙醇中，然后在 -70 ℃ 或以下的冰箱内长期保存。核酸分子特别是单链核酸分子一旦溶于水中，其稳定性就会受到很大影响，保存时间也会显著缩短。值得注意的是，将溶于水中的单链核酸分子反复冻融会造成其严重降解。原因可能是核酸分子量大，它们在溶液中有一定的尺寸。例如，一个 1 kb 的线性双链 DNA 分子长度大约是 3.4 μm。最近的研究显示，溶液结冰时冰晶核心形成的临界尺寸也就是最小的冰晶核心是 10 nm 左右，所以溶液结冰时，微米甚至是毫米尺度的核酸分子可能会跨越不同的冰晶区域。因此，在冰晶形成以及融化过程中不同冰晶区域之间的不同步结晶或融化容易导致核酸分子断裂，并且单链 DNA 或 RNA 分子相对于双链分子更加脆弱。与这个推测相吻合的是，状态相同但长度不同的核酸分子经过反复冻融处理，它们受到的损害程度是不同的。例如，逆转录形成的单链 cDNA 分子对冻融过程十分敏感，而同样是单链 DNA 分子的 PCR 扩增引物对冻融过程的耐受程度就高

得多。原因可能是引物的分子长度比 cDNA 分子小得多,冻融时它们一般不会跨越不同的冰晶区域,因此不容易断裂。

　　一般情况下,实验室保存的单链 DNA 分子是由 mRNA 逆转录产生的 cDNA 分子。为了避免使用过程中由于 cDNA 反复冻融造成降解,通常将逆转录出来的 cDNA 产物分装,然后置于－70 ℃或以下冰箱保存。这种办法对于需要长时间保存的 cDNA 来说是一个合适的选择,但对于短时间(如 1 周)内就会用完的 cDNA 来说就未必是一个好的办法。实践表明,对于短时间内反复使用的 cDNA 溶液,无论是－70 ℃还是－20 ℃冰箱保存都不是最佳选择。因为即使通过分装将冻融次数降低至一次,也将导致 cDNA 明显地降解。相反,将短时间内需要反复使用的 cDNA 溶液置于冰箱 4 ℃保存更为有利。原因可能是冰箱 4 ℃保存完全避免了 cDNA 溶液的冻融过程,因此长链的 cDNA 分子得以完好保存。不过,冰箱 4 ℃保存这种方法也有不足:在此温度下 cDNA 溶液不能保存太长的时间。原因是逆转录产物在冰箱 4 ℃保存会逐渐失水变得黏稠直至干燥。而且,4 ℃环境下长期保存,逆转录产物也有被微生物污染而降解的风险。

　　对于 RNA 分子,除了避免上文所提到的反复冻融造成的损害,同样重要的是要考虑核酸酶的影响。核酸酶包括 DNA 酶和 RNA 酶。其中 DNA 酶相对容易去除,一般高压灭菌就可以灭活各种 DNA 酶。目前有研究表明,即使对于稳定性很高的 RNase A,高压灭菌也能基本将其灭活,但 RNA 酶的种类繁多,目前对它们特性的了解也不够透彻。因此,无论是对 RNA 的保存还是使用,防止 RNA 酶污染都应该是操作者关注的重点。

 重点回顾

　　1. 基因组 DNA 分子的提取质量主要通过电泳检测其大小判断。RNA 分子的提取质量需要通过电泳观察其带型或通过生物分析仪分析。

　　2. 核酸的保存需要避免两方面的因素,即冻融过程的影响以及核酸酶的影响。对于长链的 mRNA 或单链 cDNA 分子而言,其完整性受冻融过程的影响显著。

　　3. 核酸分子的保存方法应该根据具体的情况和需要确定。

1.1.4　蛋白质的提取与保存

 概念解析

　　等电点(isoelectric point,pI):某种两性电解质分子(如氨基酸、蛋白质、核苷酸或核酸)表面所带净电荷为零时溶液的 pH 即为该分子的等电点。

1.1.4.1　蛋白质的提取

　　蛋白质既是细胞最重要的组成成分,又是生命活动最直接的体现者,其种类繁多、性质千差万别。提取细胞内的蛋白质是分子生物学研究中经常需要运用的分析手段。蛋白质的提取是指通过破碎细胞,将生物材料中的部分或全部蛋白质溶解在水、缓冲液、稀盐溶液或其他适当溶剂中的过程。影响提取效率的因素包括蛋白质由固相扩散到液相的难易程度,以及蛋白质在提取溶液中溶解度的大小这两个方面。

首先,生物组织要充分破碎,细胞内的蛋白质才能释放出来进入溶液中。破碎的过程依据材料的种类和性质可以采用不同的方式。一般无细胞壁的培养动物细胞或血细胞直接用细胞裂解液裂解即可破碎。而血浆、消化液这些细胞中的分泌蛋白连细胞裂解的过程都不需要。一般的植物或动物组织需要用液氮研磨或组织匀浆的方式破碎细胞。对于微生物细胞,除了上述机械破碎的方法外,反复冻融、超声波破碎以及酶消化也能达到同样的目的。

蛋白质从破碎的细胞释放出来以后,通过溶解进入提取缓冲液。提取缓冲液的体积通常是提取材料体积的 1～5 倍,这样有助于材料中的蛋白质充分溶解。蛋白质是一类两性电解质,其表面带有亲水性的基团,因此易于与水分子融合。部分种类的蛋白质由于与脂类物质结合形成脂蛋白而易溶于脂。所以,提取方法按蛋白质的性质可分为水溶液提取法与有机溶剂提取法两种主要类型。细胞内大部分蛋白质是水溶性的,因此提取蛋白质的缓冲液通常是水溶液。对于脂溶性的蛋白质,一般使用乙醇、丙酮或丁醇等易于与水互溶同时又不容易引起蛋白质变性的有机溶剂作为提取液。

提取过程中,影响蛋白质在缓冲液中溶解的主要因素包括溶液的酸碱度、离子强度和温度。如上所述,由于是两性电解质,蛋白质分子在其等电点处的溶解度最小。因此,提取缓冲液的 pH 应该避开目标蛋白质的等电点。从理论上说,避开蛋白质的等电点有两个方向,即使用比目标蛋白质等电点 pH 低或高的提取缓冲液。对于大部分等电点接近中性的蛋白质来说,无论是用高于还是低于等电点 pH 的缓冲液都可以。但对于酸性蛋白质分子,如果使用比目标蛋白质等电点 pH 低的提取缓冲液,那么这种缓冲液更偏酸性。而对于碱性蛋白质分子,如果使用比目标蛋白质等电点 pH 高的提取缓冲液,提取缓冲液将更偏碱性。由于过酸或过碱的环境容易造成蛋白质变性,所以碱性蛋白质一般采用偏酸性的提取缓冲液提取;而酸性蛋白质采用偏碱性的提取缓冲液提取。

离子强度对蛋白质溶解度的影响不是固定不变的。较低浓度的中性盐溶液有助于蛋白质溶解,这种现象称为盐溶;而在较高的离子强度下,蛋白质由于溶解度降低而从溶液中析出,这个过程称为盐析。所以,蛋白质的提取缓冲液一般是浓度为 0.1～1.0 mol/L 的中性盐溶液。而通过盐析来沉淀特定蛋白质的盐溶液浓度通常在 1.0 mol/L 以上。一定范围内,溶液温度越高越有利于蛋白质的溶解,但高温同时也容易引起蛋白质变性。因此一般情况下,为避免蛋白质变性,蛋白质提取在 4 ℃ 或以下的低温条件下进行,并且提取缓冲液中通常要加入还原剂二硫苏糖醇或 β-巯基乙醇以保护蛋白质不被氧化变性。

1.1.4.2 蛋白质的保存

离开细胞环境以后,蛋白质的生理活性容易因外界因素的影响而发生变化。这些因素包括:溶液温度、pH 以及稀释产生的影响,物理状态的改变如冷冻以及融化过程,辅助因子的丢失,以及暴露于氧、蛋白酶以及重金属离子等情况。由于上述大多数因素在蛋白质的提取过程中已经有应对措施,所以蛋白质保存过程中其存在状态与温度的影响是需要关注的重点。

蛋白质的保存可分为液态保存和干态保存两种方式。它们的区别在于保存的蛋白质含水量不同。对于溶解状态下的蛋白质来说,溶液含水量越高,蛋白质越容易失活;溶液含水量越低越有利于其稳定。因此,干态保存的方式更好。另外,温度对保存蛋白质的影响也非常大。

一般来说,低温有利于蛋白质的保存,但有一些特殊的蛋白质低温反而会破坏其结构。对于溶解状态的蛋白质,如果保存时间不长,例如只需要保存 1 周以内的时间,可以考虑将溶有蛋白质的缓冲溶液放置在 4 ℃ 的环境中保存。由于微生物细胞内存在核酸酶与蛋白酶等成分,所以为了防止微生物污染导致蛋白质降解,蛋白质溶液需要经过细菌过滤器过滤除菌,或者加入叠氮化钠等抑菌剂。另外,加入蛋白酶抑制剂也可以有效地避免蛋白质的降解。

如果蛋白质需要保存较长时间,可以在其溶液中加入 50% 的甘油,并将其放置在 −20 ℃ 的冰箱中保存。商业化的核酸酶制剂通常都采用这种方法保存。如果需要保存更长时间,还可以将蛋白质密封盛放在无菌的塑料容器中,置于液氮中保存。此外,在蛋白质低温保存过程中,速冻和速融也是降低蛋白质降解的有效手段。需要注意的是,在溶液中长时间保存的蛋白质的纯度会逐渐下降,这主要是由蛋白质降解引起的。与核酸分子一样,冻融处理特别是反复冻融容易引起蛋白质的降解。所以,将蛋白质分装保存不仅有助于避免污染,而且能有效地降低蛋白质降解的程度。

降低蛋白质的含水量,或者是以结晶的状态而不是以溶解状态保存蛋白质,通常更有利于蛋白质的稳定。所以蛋白质在经过冷冻干燥以后可以保存更长时间,不过,保存温度仍然应该维持在 4 ℃ 以下。

 重点回顾

1. 细胞内大部分蛋白质为近中性的水溶性蛋白质,提取蛋白质的缓冲液要避开目标蛋白质的等电点。对于酸性或碱性蛋白质,应该分别使用偏碱性或偏酸性的缓冲液提取。

2. 为防止蛋白质变性,提取蛋白质通常在低温条件下进行。保存蛋白质通常在低温干燥条件下,或者在 50% 的甘油溶液中低温保存。降低溶液的含水量有利于蛋白质的稳定。

 参考实验方案

Current Protocols in Protein Science Volume 38，Issue 1

Extraction of Proteins from Plant Tissues

William Laing，John Christeller

First published：November 2004

 视频资料推荐

Extraction and Purification of FAHD1 Protein from Swine Kidney and Mouse Liver. Andric A，Wagner E，Heberle A，Holzknecht M，Weiss A K H. J Vis Exp. 2022 Feb 18；(180). doi：10.3791/63333.

Isolation of Intermediate Filament Proteins from Multiple Mouse Tissues to Study Aging-associated Post-translational Modifications. Battaglia R A，Kabiraj P，Willcockson H H，Lian M，Snider N T. J Vis Exp. 2017 May 18；(123)；55655. doi：10.3791/55655.

1.2 核酸与蛋白质的分离纯化方法

1.2.1 分离纯化生物大分子的目的及途径

 概念解析 ··

　　层析(chromatography):利用一定条件下混合物中不同分子在固定相与流动相之间结合或分配的不同特点将它们分离的方法。

　　电泳(electrophoresis):带电离子在电场力的作用下通过溶液或固相介质向与所带电荷相反的电极方向移动的现象。不同的带电离子由于在电场中有不同的移动方向或速度而能被分开。

··

　　核酸和蛋白质是细胞内最重要的两类大分子物质,它们分别负责存储、传递遗传信息与执行遗传信息所蕴含的功能,在细胞的生命活动中有不可替代的作用。细胞以及生物体的生命活动是由种类数以万计的核酸和蛋白质分子共同作用的结果,要透彻理解生命活动的详细过程和分子机理就必须清楚地知道每一种核酸和蛋白质分子的独特功能以及它们之间的相互作用,而将某种核酸或蛋白质分子从它们众多的同类分子中分离出来是实现这一目标的前提。

　　不同的核酸分子之间或不同的蛋白质分子之间的区别可以体现在以下几个方面:它们或者在分子量上存在差别,或者在溶液中所带电荷的类型或数量有所不同,或者以上两种因素兼而有之。在一些特定情况下,上述因素还可能导致同种分子在空间结构上的差异。这些差异的存在正是能将它们分开的理论依据。

　　核酸和蛋白质的分离过程一般是从细胞提取的总核酸或蛋白质为基础开始的。这两类分子的提取方法在前面的章节已有介绍。值得注意的是,尽管组成、结构和功能完全不同,核酸和蛋白质分子也有许多共同的特点。首先,它们都是生物大分子,分子量通常在几万到几十万道尔顿之间。其次,核酸和蛋白质分子都是两性电解质。最后,不同的核酸分子之间、不同的蛋白质分子之间或者核酸与蛋白质分子之间存在特异的相互作用。这些共同特点决定了它们有类似的分离和纯化方法。

　　核酸和蛋白质的分离方法可以归纳为 4 种不同的类型,即根据它们在溶液中溶解度的差异分离、根据分子量的大小分离、根据所带电荷的不同分离以及根据与配体的亲和性不同分离。按照核酸或蛋白质在溶液中的溶解度差异分离主要通过盐溶和盐析的方法进行。根据核酸或蛋白质分子量的大小分离既可以采用层析方法,也可以利用电泳的方法。根据核酸或蛋白质所带电荷不同分离主要采用电泳法或离子交换层析法。根据核酸或蛋白质与配体的亲和性不同分离主要采用亲和层析法。其中基于分子量大小、所带电荷种类以及与配体亲和性的层析和电泳是分子生物学实验中分离核酸和蛋白质分子的重要技术。

　　层析(chromatography)源于希腊文,"chroma"意思为"颜色","graphy"意思为"写",所以chromatography 的意思就是用颜色写出的东西,即色谱。层析即色层分析的意思,因此,根据色谱分析不同物质的方法也称为色谱层析。不过,现代层析方法并不限于分析有颜色的物质。

层析的种类较多,按照所依据的原理,可以将它们分为分配层析、吸附层析、亲和层析、离子交换层析、分子排阻层析等不同的类型。从我们熟悉的用滤纸分离绿色植物叶片色素的不同组分,到高效液相或气相色谱分析样品中的化学成分,以及利用抗原-抗体反应分离纯化抗体都属于层析方法的应用。按照层析介质的形态,可分为膜层析、薄层层析、柱层析和离心柱层析等形式。按照流动相的状态,层析还可以分为液相层析和气相层析两种类型。在分离生物大分子特别是核酸的实验中应用最为普遍的是亲和层析与离子交换层析,并且以离心柱层析的形式最为常见。

电泳则是带电离子在电场力的作用下通过溶液或固相介质向与所带电荷相反的电极方向移动的现象。由于核酸和蛋白质分子都是两性电解质,不同的分子在一定 pH 的溶液中通常带有性质不同或数量不等的净电荷,所以它们能向不同的方向或同一方向以不同的速度在电场中移动从而被分开。分离核酸分子应用最多的方法是电泳。无论是琼脂糖凝胶电泳还是聚丙烯酰胺凝胶电泳,都是根据大小不同的带电核酸分子在凝胶介质中阻力不同而移动速度不同被分开。同样,这些方法也适用于分离分子量较大的蛋白质分子。除此之外,分子生物学研究中还存在一些特殊的电泳方法,例如分离蛋白质使用的变性聚丙烯酰胺凝胶电泳,以及蛋白质双向电泳中应用的等电聚焦等。变性梯度凝胶电泳则是分离具有相同长度的核酸分子的重要方法。在后续的章节将对这些分子生物学实验中常用的分离方法进行详细的介绍。

1.2.2　不同层析方法的原理

概念解析

亲和层析(affinity chromatography):利用生物大分子与配体可逆结合的特点,将目标分子通过与配体的特异结合从而将它从混合溶液中分离出来的层析方法。

离子交换层析(ion exchange chromatography):通过带电的溶质分子与离子交换层析介质中可交换离子进行交换,首先将目标溶质分子固定在介质上,然后通过洗涤除去其他非交换溶质分子,最终洗脱固定在层析介质上的目标溶质分子从而实现分离纯化的层析方法。

分子排阻层析(molecular exclusion chromatography):也称凝胶过滤或分子筛,是一种利用带有微孔的凝胶颗粒作为层析柱的填充基质,使溶液中不同分子量的溶质分子按照能否进入层析柱中凝胶颗粒内部的微孔而具有不同的移动途径和速度,从而将它们分离的层析技术。层析前根据待分离的溶质分子量大小选择具有相应内部微孔直径的凝胶颗粒作为层析柱的填充基质。层析过程中大分子量的溶质分子由于不能穿过凝胶颗粒内部的微孔,而从层析柱内凝胶颗粒之间的缝隙随溶剂快速流出,小分子量的溶质分子则通过凝胶颗粒内部的微孔随溶剂向下缓慢移动流出。

1.2.2.1　亲和层析

亲和层析的原理比较简单。它利用自然界一些分子之间存在特异的相互作用来达到分离混合溶液中不同溶质分子的目的。其中最常见的一类特异相互作用是酶与底物[例如亲和层析中常用的谷胱甘肽转移酶(GST)与它的底物谷胱甘肽(GSH)]之间,以及酶与抑制剂之间存在的特异相互作用来分离或纯化蛋白质或核酸等分子。在描述亲和层析体系的组成部分时,通常将与蛋白质分子特异结合的小分子底物或酶的抑制剂称为配体。亲和层析的具体步骤是先将待分离的蛋白质分子的配体固定在固相支持物如离心柱的填充基质(如葡聚糖凝胶或琼脂糖凝胶)上,然后将含有待分离蛋白质的混合溶液流经填充基质表面交联有配体分子的层析离心柱。能与配体分子特异结合的蛋白质分子因而被固定在离心柱填充基质颗粒的表面,其余的溶质分子则随溶剂流出离心柱。将离心柱用缓冲液洗涤后,加入洗脱液将与配体特异结合的蛋白质分子洗脱下来,从而达到从混合溶液中分离目标蛋白质分子的目的。除了酶与底物,激素与受体之间的特异相互作用也可以用来通过亲和层析分离和纯化目标分子。实际上,利用抗原-抗体反应分析蛋白质之间相互作用的免疫沉淀、免疫共沉淀以及牵出试验(pull down experiment)都属于亲和层析方法的应用。在这些方法中,利用金色葡萄球菌细胞壁抗原蛋白 Protein A 能够与抗体特异结合的特性分离抗体,以及利用链球菌的 Protein G 与抗体的特异结合分离抗体都是基于同样的原理。

1.2.2.2 离子交换层析

离子交换层析的原理是根据蛋白质、氨基酸、核酸和核苷酸等分子在一定 pH 的溶液中带有净正电荷或负电荷,当含有这些溶质分子的混合溶液流经层析柱内填充基质表面带有 H^+ 或 OH^- 的层析材料时,就会因这些带电离子与 H^+ 或 OH^- 发生交换而被吸附到层析材料表面。由于溶液中不同溶质分子所带电荷的不同使它们对层析柱中带电基质有不同的亲和力。其余不带电荷的分子或带有相同电荷的离子随溶剂流出层析柱。将层析柱用温和缓冲液清洗以后,加入离子强度逐步提高的洗脱液能够将通过静电吸引吸附在层析柱上的不同离子依次洗脱下来,从而达到分离或纯化特定氨基酸、蛋白质、核苷酸或核酸组分的目的。一般离子交换层析柱的基质用树脂来充当。实验室最常用的树脂包括带负电荷的弱碱性阳离子交换树脂,例如羧甲基纤维素(CMC),其表面吸附的 H^+ 能够与带正电荷的蛋白质或核酸等分子交换吸附,所以 CMC 叫作阳离子交换树脂。相反,二乙氨基乙基纤维素(DEAE)树脂表面吸附有 OH^-,能与带负电荷的蛋白质或核酸分子交换,所以它是阴离子交换树脂。

另外,在分子生物学实验中广泛应用的、通过硅基质膜离心柱分离核酸也利用了阴离子交换层析的原理。

1.2.2.3 分子排阻层析

分子排阻层析又叫凝胶过滤或分子筛。它是一种将含有不同大小蛋白质分子的溶液流经层析柱内填充有交联葡聚糖或琼脂糖凝胶颗粒的基质,其中分子量大的蛋白质分子由于不能进入凝胶颗粒内部的微孔而只能通过凝胶颗粒之间的缝隙从层析柱上端随流动相向下移动,所以它们流出层析柱的速度较快。相反,溶液中分子量较小的蛋白质分子由于能够进入凝胶颗粒内部的微孔,它们在这些微孔内穿行受到的阻力较多,所以随流动相向层析柱下方移动的速度较慢。结果是溶液中分子量不同的蛋白质分子从层析柱流出的时间有先后的区别而得以分开。这种分离方法叫作分子排阻层析。其原因是层析柱内的凝胶颗粒对大分子量的蛋白质分子是排斥的,颗粒内部的微孔容纳不了它们。而对分子量较小的蛋白质分子,由于它们能在凝胶颗粒内的微孔中穿行,受到的阻力较多,移动速度反而较慢,或者说凝胶颗粒内部微孔阻滞了它们随溶剂向下移动的速度。

分子排阻层析又叫作分子筛,该法是根据分子大小选择性地对待溶质分子从而将它们分离,就像用筛子分离大小不同的颗粒一样。不过,普通的筛子是将小颗粒的物质筛下去,在筛面上保留颗粒大的物质而将它们分开。而分子筛则是将大分子量的分子先筛出去,小分子量的物质后筛出去的方式将它们分离。由于充当层析柱填充基质的葡聚糖或琼脂糖凝胶颗粒的交联度可以人为调整,凝胶颗粒内部的微孔直径也就有不同的大小。因此,在利用分子筛分离不同的蛋白质分子时,应该根据目标蛋白质分子量的大小选择不同交联度的凝胶颗粒作为层析柱的填充基质。

电泳则是通过带电离子在电场中的移动方向和速度与其所带电荷的性质和数量,以及离子大小和形状的区别达到分离的目的。有关电泳的内容将在后续的章节详细说明。

 重点回顾

1. 层析是分子生物学研究领域分离纯化核酸或蛋白质分子的常规手段。其中以亲和层析、离子交换层析和分子排阻层析应用较为普遍。

2. 不同类型的层析方法所依据的原理不同。分子生物学实验中层析通常采用离心柱的形式进行。

 参考实验方案

Current Protocols in Molecular Biology Volume 44，Issue 1

Ion-Exchange Chromatography

Alan Williams，Verna Frasca

First published：01 May 2001

Current Protocols Volume 3，Issue 3

Identifying Protein-Protein Interactions by Proximity Biotinylation with AirID and split-AirID

Grace A. Schaack，Owen M. Sullivan，Andrew Mehle

First published：20 March 2023

 视频资料推荐

Ion-Exchange Chromatography：Principle and Protein Separation｜Analytical Chemistry｜JoVE

Column Chromatography：Experimental Setup and Separation-Procedure｜Lab：Chemistry｜JoVE

GST-His purification：a two-step affinity purification protocol yielding full-length purified proteins. Maity R，Pauty J，Krietsch J，Buisson R，Genois M M，Masson J Y. J Vis Exp. 2013 Oct 29；(80)：e50320. doi：10.3791/50320.

1.2.3 变性聚丙烯酰胺凝胶电泳

 概念解析 ·······························

　　浓缩胶(stacking gel):不连续聚丙烯酰胺凝胶电泳中由单体聚丙烯酰胺和甲叉双丙烯酰胺低度交联聚合而成的具有较大网孔的凝胶介质,不同大小的蛋白质分子在其中电泳时

能够被压缩到很窄的区域,因而被分离的不同蛋白质分子具有一致的分离起点。

　　分离胶(separating gel):不连续聚丙烯酰胺凝胶电泳中由单体聚丙烯酰胺和甲叉双丙烯酰胺密集交联聚合而成的具有较小网孔的凝胶介质,不同大小的蛋白质分子在其中电泳时由于受到的阻力不同,所以具有不同的移动速度而被分开。

1.2.3.1　浓缩胶与分离胶的作用

　　变性聚丙烯酰胺凝胶电泳(sodium dodecyl sulfate polyacrylamide gel electrophoresis,SDS-PAGE),或者称变性不连续聚丙烯酰胺凝胶电泳是实验室分离蛋白质或进行蛋白质分子量测定的常用方法。它在分子生物学研究中应用广泛。电泳(electrophoresis)是指溶液或介质中的带电颗粒在电场力的作用下,向着与其带有相反电荷的电极移动的现象。"变性"是指在电泳体系中加入了蛋白质的变性剂十二烷基硫酸钠(SDS),其作用是破坏蛋白质的空间结构。"不连续"是指在电泳过程中样品蛋白质分子要经过浓缩胶(或者叫堆积胶)与分离胶这两种不同性质的凝胶介质,因为浓缩胶和分离胶中聚丙烯酰胺的聚合程度不同,所以形成的凝胶孔径不同,而且两种不同孔径的凝胶中缓冲液的 pH 也不相同。

　　使用变性剂是因为蛋白质分子的空间结构千差万别,而分子形态或结构能够对电泳速度产生影响,例如同种质粒因为形态不同在琼脂糖凝胶电泳时表现出不同的泳动速度,因此在根据泳动速度确定分子大小的体系中必须消除这种因素的影响,利用变性剂使蛋白质分子在分离前变性就是这个目的。类似的情况还有电泳测定 RNA 分子的大小时需要用变性剂甲醛与甲酰胺破坏 RNA 的高级结构。

　　SDS 是一种阴离子去污剂。它能够破坏蛋白质的三级和四级结构。由于蛋白质提取过程中还使用了变性剂(如 β-巯基乙醇或二硫苏糖醇)破坏多肽链之间的二硫键,这些变性剂使不同的蛋白质分子都解聚成为长度不同但粗细一致的线性多肽分子,消除了原来各种蛋白质分子由于空间结构不同对电泳速度造成的影响。另外,对大多数蛋白质分子来说,通过与 SDS 疏水基团之间的相互作用,每 1 g 蛋白质分子表面能够结合约 1.4 g 的 SDS 分子。由于蛋白质分子量比 SDS 的分子量大得多,所以每个已经解聚形成线性多肽的蛋白质分子都能均匀地结合大量的 SDS 分子。同时由于 SDS 带有负电荷,众多的 SDS 分子所带的负电荷掩盖了蛋白质分子本身所带的电荷,基本消除了原来各种蛋白质分子由于带有不同电荷对它们在凝胶介质中移动速度造成的影响。结果是不同的蛋白质分子在分离胶中能按分子量的大小即肽链长度决定的不同移动速度向阳极移动从而被分开。

　　虽然蛋白质分子是在分离胶中被分开,但它们在进入分离胶进行分离之前需要经过一个压缩或浓缩的过程,目的是使进入分离胶时待分离的不同蛋白质分子有相对一致的起点。因为样品溶液被加入到凝胶的样品孔内时,虽然不同样品的体积都是相同的,但样品溶液会在样品孔内形成一定的高度,这个高度通常是几毫米到 1 cm 左右。假设加样时样品高度是5 mm,如果不对其中的蛋白质分布的高度进行压缩,那么将来在分离胶中分开的同种蛋白质至少有 5 mm 的分布区域或者叫带宽。因为每种蛋白质在样品溶液中都是均匀分布的,如果样品中蛋白质种类较多就会在分离胶中形成不同蛋白质条带的重叠,这样既不能准确判断特定蛋白质分子的大小,也无法对它们进行有效的分离。为解决这个问题,是否可以将蛋白质样品预先浓缩到很高的浓度,然后直接在分离胶中加入很小体积的样品?因为样品孔内样品的高度有限,因此分离以后每种蛋白质分子的带宽也比较小。而且这种做法还可以省去配制浓缩胶的步骤。这个想法理论上可行,但实际应用时有很多限制因素。首先,有的蛋白质溶解度不高,难以形成高浓度的样品溶液,从而使加样体积足够小;其次,样品体积越小加样的误差就越大。因此,减小样品体积并不是一个普遍可行的办法。

不过,在聚丙烯酰胺凝胶电泳中使用浓缩胶能够很好地解决上述问题。浓缩胶与分离胶都是由单体聚丙烯酰胺和甲叉双丙烯酰胺聚合而成的网状胶质。一方面,它们的区别在于凝胶浓度差异导致的交联程度也就是凝胶网孔的直径不同。孔径大的浓缩胶不会对大小不同的蛋白质分子的运动速度产生显著影响,但孔径小的分离胶则是影响大小不同的蛋白质分子在其中运动速度的主要因素。另一方面,配制浓缩胶的 Tris-HCl 缓冲液的 pH 为 6.8;配制分离胶的 Tris-HCl 缓冲液 pH 为 8.9。电泳缓冲液使用 pH 为 8.3 的 Tris-Gly(甘氨酸)缓冲溶液。电泳体系中的凝胶孔径以及 pH 这两种因素共同导致浓缩胶中蛋白质分子的分布区域在电泳过程中被逐步压缩,因而使不同的蛋白质分子在进入分离胶时具有一致的分离起点。

1.2.3.2 浓缩胶浓缩蛋白质的原理

SDS-PAGE 电泳体系的浓缩胶溶液中含有 3 种主要成分,即凝胶中起缓冲作用的 Tris-HCl、电泳缓冲液中 Tris-Gly 以及结合了 SDS 的蛋白质分子(虽然溶液中还存在 H^+ 和 OH^-,但在浓缩胶接近中性的 pH 环境下它们的浓度极低,其影响可以忽略)。电泳开始时,在 pH 为 6.8 的浓缩胶中,氯离子完全解离,但甘氨酸只有少量解离而带负电荷(甘氨酸的等电点 pI 为 5.97),其解离程度不足 1%。本来大多数蛋白质分子在 pH 为 6.8 的浓缩胶环境中应该大致呈电中性状态,但 SDS 的结合使所有的蛋白质分子都均匀地带上负电荷。由于聚丙烯酰胺凝胶电泳采用垂直平板电泳的形式,所以电泳开始后,氯离子、甘氨酸离子和结合了 SDS 的蛋白质离子都通过浓缩胶向电泳槽下方的阳极移动。带正电荷的 Tris 离子则向上方的阴极移动。

由于浓缩胶的孔径较大,不会对在其中运动的不同大小的离子(包括蛋白质)运动速度产生明显的阻碍。所以,不同离子在浓缩胶中的运动速度主要由离子的荷质比(电荷/质量)决定。由于氯离子是一种直径和原子量都很小的阴离子,但它带有一个单位的负电荷,其荷质比最大,它向下移动速度最快,因此氯离子也叫"快离子"。解离的甘氨酸由于荷质比最小,所以就成了移动速度最慢的"慢离子"。结合了大量 SDS 的蛋白质分子(严格地说应该是蛋白质离子)的荷质比小于氯离子但大于甘氨酸离子。因此,蛋白质分子就夹在"快"离子和"慢"离子之间与它们一起向下方的阳极移动(图 1-6)。

在整个凝胶电泳体系中,电泳缓冲液顶端的阴离子承受最大的电场压力,即电极两端的电场力。电泳缓冲液最上端既含有氯离子,同时又含有甘氨酸和蛋白质分子。在同样的电场强度下,它们同时以不同的速度向电泳槽下方的阳极移动。对氯离子而言,处于最上端的氯离子比紧邻其下方的氯离子承受更大的电场压力。因此顶层氯离子比下层其他氯离子有更大的加速度,所以向下移动速度更快。当最上层的氯离子加速向下追上倒数第二层的氯离子时,这两层的氯离子合并为同一个水平层次,此时这些合并成同一个层次的氯离子就变成了整个电泳系统中最后(最上层)的氯离子层,相比于处于其下方的其他氯离子而言,此时它们承受的电场力是电泳体系中所有氯离子中最大的。因此,这层氯离子的移动速度在此时的体系中最快,它们继续向下追赶原来倒数第三层的氯离子,赶上以后它们与原来的第三层氯离子合并成一

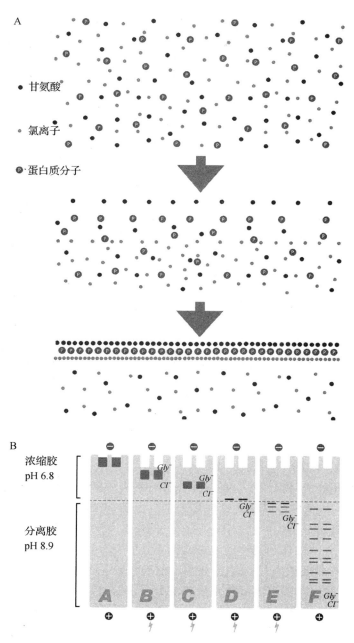

图中：
- 甘氨酸
- 氯离子
- 蛋白质分子

图 1-6　变性聚丙烯酰胺凝胶电泳示意图

图 A 表示样品孔内蛋白质分子在浓缩胶中逐步压缩形成一条窄线的过程。图中变性的蛋白质分子用●表示,实际上它们应该是粗细一致但长度不同的棒状或粗线形分子。图 B(引自 Bio-RAD)中 A～E 代表 SDS-PAGE 的整个过程。其中 A～C 表示样品(■)在浓缩胶中逐渐压缩成细线(—)的过程。D～F 表示压缩的不同蛋白质分子进入分离胶以后被分开的过程

层,此时合并了原来一、二、三层的氯离子就变成所有氯离子中最上层的氯离子,也就是向下移动速度最快的一层。此后这个过程不断重复,导致氯离子不断地向下逐层推进并且合并成一线。很明显,整个浓缩胶中最后一层的氯离子浓度会越来越高,它形成了浓缩胶中氯离子的主要层次,因为在不断向下追赶的过程中融合了它前面的多层氯离子。换一个角度来看,可以认为氯离子随着电泳的进行在逐渐被浓缩。

与此类似,蛋白质与甘氨酸的最上一层也逐渐追赶并分别与它们前面的蛋白质和甘氨酸合并形成浓度最高的主要层次,因此它们也在电泳过程中逐渐被浓缩。这个处于同种离子最后位置的主要层次依次不断向前(下方)追赶形成新的"统一阵线"而逐渐被浓缩。另外,这些逐渐形成了"统一阵线"的浓缩氯离子层、蛋白质层和甘氨酸层之间的距离也在电泳过程中不断缩小。原因是本来浓缩的氯离子层、蛋白质层与甘氨酸层有各自不同的向下移动速度。但当最前端的统一氯离子层在浓缩胶内向下移动时,造成其后方(上方)出现一个近似的离子空白区域。在此空白区域内电场强度非常大,强烈吸引后面的蛋白质层快速向下移动与之接近。同样的原因,蛋白质层向下移动以后造成其后方的离子空白区域又吸引其上方的甘氨酸层快速向下移动紧跟蛋白质层。最终形成氯离子层、蛋白质层与甘氨酸层之间一种紧密跟随的状态。以上两种效应共同作用的结果是蛋白质在"快"和"慢"离子层之间几微米的区间内成百倍地压缩成为一条窄线(图1-6)。

需要说明的是,上述两种离子浓缩效应并非按叙述的方式依次独立发生,而是叠加在一起同时进行的。另外,如果样品中蛋白质分子种类较多,实际上每种蛋白质分子被浓缩后都有属于自己的层次或者叫"阵线"。因为 SDS 的均匀结合很大程度上消除了不同蛋白质分子之间的电荷/质量比的差异,但它们之间仍然存在的微小差异还是能形成不同的蛋白质层次,只不过不同的蛋白质层次之间的距离无限接近。从宏观的角度看,所有的蛋白质分子都被浓缩并被压缩到很窄的一条水平线上,这正是我们需要的结果。

1.2.3.3 分离胶分离蛋白质的原理

当浓缩胶中被压缩成一线的不同蛋白质分子向下进入到分离胶后,由于凝胶缓冲系统的 pH 由 6.8 升高至 8.9,造成甘氨酸大量解离而带负电荷,此时它们在电场压力作用下向下方的阳极加速移动。虽然分离胶网孔较小,但对分子量较小的氯离子和甘氨酸离子不会起到明显的阻碍作用,因此甘氨酸离子能够迅速通过分离胶的凝胶网孔越过蛋白质分子层跟随氯离子快速向凝胶下方的阳极移动。然而,对蛋白质这种大分子而言,当它们进入孔径较小的分离胶后,决定它们移动速度的主要因素就是蛋白质分子量的大小了。分子量小的蛋白质分子由于受到的阻碍较小移动速度更快,电泳结束时它们处于分离胶的最下端。分子量最大的蛋白质分子移动速度最慢,它们处于分离胶的最上端。于是,不同大小的蛋白质分子就按分子量的大小在分离胶上展开,从而达到彼此分离的目的。

在电泳前加样的同时,如果在蛋白质样品附近的样品孔内加上蛋白质分子量 ladder,即蛋白质分子量参考标准,电泳完毕凝胶经过染色和脱色就可以根据分子量参照条带初步确定不同蛋白质带的分子量大小。一般情况下根据这种方法测定蛋白质的分子量准确度能够达到 90%以上。不过,很多时候电泳显示的蛋白质分子量与通过氨基酸数量计算的蛋白质分子量有一定程度差异。除了误差带来的影响,产生差异的其他原因还包括细胞中存在蛋白质被修饰(如磷酸化、乙酰化、甲基化、糖基化和泛素化等)以后会发生分子量改变的情况。而且,蛋白质的性质如所带电荷数量、侧链基团的大小等因素也会对蛋白质在介质中的移动速度造成一定的影响。精确测定蛋白质分子量需要利用质谱分析。

 重点回顾

1. 变性不连续聚丙烯酰胺凝胶电泳(SDS-PAGE)的介质分为浓缩胶与分离胶两个部分,它们有不同的孔径与 pH。浓缩胶中,不同的蛋白质分子在氯离子与部分解离的甘氨酸之间被压缩形成高度浓缩的窄线,从而使它们在进入分离胶分离之前有相对一致的起点。

2. 在分离胶中,影响蛋白质运动速度的主要因素是蛋白质分子的大小。经过相同时间的电泳以后,不同运动速度的蛋白质分子由于分布在分离胶的不同位置上从而被分开。

3. SDS-PAGE 除了可以用来初步定量蛋白质的分子大小,也是 Western 杂交必不可少的步骤。

 参考实验方案

Current Protocols Essential Laboratory Techniques Volume 6,Issue 1

SDS-Polyacrylamide Gel Electrophoresis (SDS-PAGE)

Sean R. Gallagher

First published:September 2012

 视频资料推荐

SDS-PAGE │Cell Biology │JoVE

1.2.4 变性梯度凝胶电泳

 概念解析

变性梯度凝胶电泳(denaturing gradient gel electrophoresis,DGGE):一种根据长度相同、核苷酸组成不同的 DNA 分子片段在含有变性剂浓度呈梯度分布的聚丙烯酰胺凝胶中由于部分解链而滞留的位置不同使它们分离的电泳方法。

1.2.4.1 DGGE 的工作原理

一定长度范围内,线性双链 DNA 分子的长度与其在琼脂糖凝胶或聚丙烯酰胺凝胶中的电泳移动速度有良好的相关性。因此,通过电泳能将长度不同的线性双链 DNA 分子分开。对于较短的两个 DNA 分子,即使它们之间长度上只有一个核苷酸对的差距,利用聚丙烯酰胺凝胶电泳(PAGE)也能够将它们区分开。早期的双脱氧链终止法对 DNA 分子测序就是依靠聚丙烯酰胺凝胶电泳提供的这种分辨能力实现的。不过,这种方法不能将长度相同但核苷酸序列组成不同的 DNA 分子分开。然而,这种精细的分辨能力又是一些特定情况下所需要的。例如,辨别由点突变造成的突变基因与正常基因,就需要一种能够分辨两种长度相同但组成上面仅有一个核苷酸对差异的不同 DNA 分子的技术。

变性梯度凝胶电泳(DGGE)的出现满足了上述需求。该方法依据的原理是:一些物理或化学因素,如高温、强碱或紫外线照射能使溶液中的双链 DNA 分子变性解链形成两条单链。生物化学术语中,当溶液中一种双链 DNA 分子的紫外吸收值达到它的最大吸收值一半时溶液的温度为该分子的解链温度(T_m 值)或者叫熔点。这个解链温度描述的是 DNA 分子的一种临界状态。它指在很小的温度变化范围内 DNA 分子具有发生状态显著变化的能力。对处于这种临界状态下的 DNA 分子而言,当温度相对于 T_m 稍有降低时,则解链的部分立刻恢复到双链状态从而使整个 DNA 分子以双链形式存在;而当温度相对于 T_m 稍有升高时,原来未解链的部分立刻解链使整个 DNA 分子彻底分开形成单链。T_m 值的高低取决于双链 DNA 分子中互补单链的碱基之间的氢键含量。由于 GC 碱基对之间能形成 3 个氢键而 AT 碱基对之间只能形成 2 个氢键,所以富含 GC 碱基对的双链 DNA 分子 T_m 值较高,富含 AT 碱基对的双链 DNA 分子 T_m 值较低。

除了高温、紫外线等因素外,在变性剂如甲酰胺或尿素的作用下,常温条件下溶液中双链 DNA 分子也能变性解链,而且解链温度与变性剂的浓度呈线性关系,即变性剂浓度越高,解链所需的温度越低。如果溶液温度维持不变,那么不同的双链 DNA 分子变性解链所要求的变性剂浓度就不相同。由于 DNA 分子链内各种核苷酸的分布并不均匀,所以有一定长度的同一条双链 DNA 分子内部存在两个或更多具有不同的 T_m 值的区域。每个 T_m 值区域由一连串连接在一起的核苷酸组成,它们在受到变性因素影响时内部会出现不同步解链的现象。例如在一定的温度或变性剂浓度条件下,同一个分子中含有 AT 碱基对较多的 DNA 区域已经解链,而含有 GC 碱基对较多的 DNA 区域仍然处于双链状态,形成处于临界状态下分支形式的 DNA 分子。

在 DGGE 中,凝胶的配制遵循一定的原则,即从凝胶上方的加样一端开始,变性剂浓度呈线性梯度增加。如果设定凝胶变性剂的浓度范围,使得要分离的不同 DNA 分子的 T_m 值都处于凝胶变性剂浓度变化所覆盖的范围之内,那么当长度相同但核苷酸组成不同的双链 DNA 分子混合样品电泳时,具有特定 T_m 值的 DNA 分子泳动到与其 DNA 分子部分变性所需的变性剂浓度一致的凝胶位置时,由于它部分解链形成分支,在凝胶中移动的阻力急剧增大,引起电泳迁移速率大幅度降低,从而滞留在形成分支的位置。因为不同的 DNA 分子部分解链形成分支所需的变性剂浓度不同,所以它们能够彼此分开。也就是说,DNA 分子由于部分变性在凝胶中滞留的位置具有序列特异性。这就是 DGGE 能够分辨长度相同但核苷酸组成不同的 DNA 分子的基础。需要说明的是,DNA 分子部分解链后在凝胶中处于滞留状态时并不意味着它们完全停止移动,而是仍然以极低的速度向阳极移动。如果电泳时间足够长,当它们缓慢移动到能使其彻底解链的变性剂浓度区域时,就会以完全单链的形式快速向下移动。不过,单链状态的 DNA 分子在凝胶中的移动速度仍然低于相同长度的双链 DNA 分子。

1.2.4.2 DGGE 条件的选择

如上所述,利用 DGGE 分离长度相同的不同 DNA 分子需要选择适当的变性剂浓度范围以及电泳时间才能达到预期的分离效果。变性剂浓度范围是通过垂直 DGGE 确定的。垂直 DGGE 是指凝胶平面上电泳方向与变性剂浓度增加的方向垂直(图 1-7A)。这种条件下每个泳道内不同区域的变性剂浓度都相同,但不同泳道内的变性剂浓度不同,而是从凝胶平面一个方向向另一个方向梯度增加。垂直 DGGE 的过程是首先在所有的泳道上都同时加上相同的

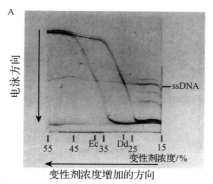待分离的混合 DNA 分子,电泳完毕显色以后可以看到在凝胶平面上每种 DNA 分子的电泳曲线呈"S"形(图 1-7A 中为反向"S"形,电泳曲线呈"S"形或反向"S"形由凝胶上变性剂浓度增加的方向,即是从左到右还是从右到左梯度增加决定):在变性剂浓度低的右侧泳道内由于两种 DNA 分子都以双链状态存在,它们因长度相同不能被分开,所以以较快的速度向下移动到凝胶的最前端。而在变性剂浓度高的左侧泳道内,由于两种不同的 DNA 分子很快都部分解链成为分支状态而滞留,彼此之间移动速度也不存在显著差别。只有在中间泳道内处于不同变性剂浓度范围的 DNA 分子由于部分解链分支滞留的位置不同才能彼此分开。能够导致混合样品中不同 DNA 分子彼此分开的变性剂浓度区域即为合适的变性剂浓度范围。

获得了适当的变性剂浓度范围,还需要通过平行 DGGE 确定在此变性剂浓度范围内的最适电泳时间(图 1-7B)。平行的意思是指凝胶平面内变性剂浓度增加的方向与电泳方向一致。也就是每个泳道内变性剂浓度都按从上到下梯度增加,而且所有的泳道之间完全相同。通过从右向左(或从左向右)在不同的电泳时间点上依次加入相同的待分离的混合 DNA 样品,电泳完毕比较什么长度的电泳时间能够将不同样品中长度相同的不同 DNA 分子最大程度地分开,即可确定最适电泳时间。例如,在图 1-7B 中,150 min 的电泳时间符合上述要求。最后可以根据这两个参数对样品进行平行 DGGE 分析。

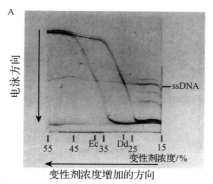
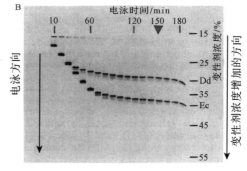

垂直DGGE确定变性剂浓度范围   平行DGGE确定电泳时间

图 1-7 利用垂直 DGGE 与平行 DGGE 确定待分离的长度相同的两种原核微生物
16S rRNA 基因扩增片段的变性剂浓度范围以及电泳时间

在图 A 的垂直 DGGE 结果中,两种长度相同的 DNA 分子在低于 15% 的变性剂浓度的凝胶区域不能被分开;而在高于 55% 变性剂浓度的凝胶中也不能被分开;只有在含 15%～55% 的变性剂浓度的凝胶区域能将它们分开。并且单链 DNA 分子(ssDNA)在凝胶中的移动速度基本不受变性剂浓度的影响。图 B 是平行 DGGE 结果。平行电泳时,从凝胶右侧开始每隔 10 min 依次向左边的加样孔内加入两种长度相同扩增片段的混合样品。其中 150 min 的电泳时间能最大程度地展示两种 DNA 分子的区别。注意:在 180 min 的电泳时间下,DNA 分子有快速向下移动的趋势,说明此时原来部分解链的 DNA 分子已完全解链成为单链。Ec:大肠杆菌 16S rRNA 基因扩增片段;Dd:脱硫弧菌 16S rRNA 基因扩增片段。图片引自 Muyzer 等(1993),有修改

1.2.4.3 DGGE 的应用

对于 DNA 分子,DGGE 不仅具有出色的分辨能力,还具有直观、可重复性好、快速方便、无须标记等诸多优点。只要电压、电泳时间和变性剂浓度等电泳条件选择适当,长度相同即便

组成方面仅有一对核苷酸不同的两种双链 DNA 分子也能被分开。因此,DGGE 在微生物群落多样性调查、不同微生物之间亲缘关系鉴定以及医学领域突变基因检测等方面有广泛的用途。下面以 DGGE 在遗传疾病诊断中对突变基因的检测为例说明其应用过程。

很多遗传疾病是由基因点突变造成的。为了检查某个个体是否携带特定的突变基因,首先需要对正常人与待检测个体特定基因可能发生点突变的区域进行 PCR 扩增。很明显,无论是正常人还是突变基因的携带者其扩增 DNA 片段长度都一样,所以通过琼脂糖凝胶电泳或聚丙烯酰胺凝胶电泳无法将它们区分开。不过,如果突变位点位于 DNA 扩增片段 AT 碱基对含量相对较高的区域,那么通过 DGGE 可以区分正常和突变的两种扩增双链 DNA 分子。因为 DGGE 中单个核苷酸差异也会导致其 DNA 分子部分解链从而在凝胶中滞留的位置不同。对于仅有单链上一个核苷酸发生突变因而没有完全配对的核苷酸分子,它与同等长度的正常核苷酸分子的解链条件差别更大。因此也更容易将它识别出来。

然而,如果突变位点位于扩增 DNA 分子 GC 碱基对含量较高的区域,那么将 PCR 扩增产物直接进行 DGGE 则不能将它们与正常的扩增片段分开。原因是正常 DNA 分子与突变 DNA 分子在低 T_m 值区域解链所需的变性剂浓度完全一样,它们因此滞留在凝胶内的相同变性剂浓度区域内。如果延长电泳时间,当它们都缓慢移动到与其完全解链所需的变性剂浓度相当的区域时,那么无论是正常的 DNA 分子还是突变的 DNA 分子都会彻底解链成为单链,并且以较快的速度向阳极移动。解链的突变单链 DNA 分子与正常单链 DNA 分子长度仍然相同,因此在电泳过程中也不能将它们分开。

解决这个问题可以通过 PCR 扩增,在待分析的 DNA 片段 GC 碱基对含量较高一端的 $5'$ 端引物上预先加上一个"GC 钳"(GC clamp,或叫"GC 夹"),即人为引入一个 40 个左右 GC 核苷酸的高 T_m 值区域来实现。扩增以后原来突变位点所在的高 T_m 值区域变成了相对于"GC 钳"区域较低 T_m 值的区域。因此能够通过 DGGE 将它们分开。该方法在对突变导致的遗传疾病的筛查方面十分有效。利用 DGGE 检测突变基因时,对突变的检出率能够达到 99% 以上。通过 DGGE 检测扩增的 DNA 片段长度可达 1 kb。不过,最理想的 DNA 片段长度为 100~500 bp。除此之外,DGGE 在微生物群落的多样性调查方面也是一种有效的手段,因为具有种属特异性的 16S rRNA 基因扩增片段也具有长度相同但核苷酸组成存在差异的特点。

比较 DNA 分子的不同电泳方法可以发现,DGGE 是根据长度相同但核苷酸组成存在差异的 DNA 分子部分解链需要的变性剂浓度不同,并且它们部分解链以后滞留在凝胶的不同区域从而将它们分开。这种方法与根据蛋白质的等电点不同而将它们分开的等电聚焦有类似之处。聚丙烯酰胺凝胶电泳则是根据不同核酸或蛋白质分子的分子量不同,导致它们在凝胶中有不同的移动速度来将它们分开。

 重点回顾

1. DGGE 利用长度相同但核苷酸组成不同的双链 DNA 分子有不同解链温度的特点,当它们在含有变性剂浓度呈梯度增加的聚丙烯酰胺凝胶中电泳时,由于不同的 DNA 分子部分解链滞留在凝胶的不同位置上从而被分开。

2. 在进行 DGGE 分离样品中相同长度的 DNA 分子前,需要通过垂直 DGGE 确定适当的变性剂浓度范围以及通过平行 DGGE 确定在此条件下的最适电泳时间。

3. DGGE 具有出色的分辨能力,适合遗传疾病筛查中的突变基因检测以及原核生物群落多样性调查分析。

 参考实验方案

Current Protocols in Human Genetics Volume 17，Issue 1

Detection of Mutations by Denaturing Gradient Gel Electrophoresis

Anne-Lise Børresen-Dale，Eivind Hovig，Birgitte Smith-Sørensen

First published：02 April 2014

 视频资料推荐

Denaturing Gradient Gel Electrophoresis (DGGE) ｜ Protocol (jove. com)

主要参考文献

Aravind L，Koonin E V. A natural classification of ribonucleases. Methods Enzymol，2001，341：3-28.

Bai G，Gao D，Liu Z，et al. Probing the critical nucleus size for ice formation with graphene oxide nanosheets. Nature，2019，576：437-441.

Brunelle J L，Green R. One-dimensional SDS-polyacrylamide gel electrophoresis (1D SDS-PAGE). Methods Enzymol，2014，541：151-159.

Conlon H E，Salter M G. Plant protein extraction. Methods Mol Biol，2007，362：379-383.

Deutscher M P. Maintaining protein stability. Methods Enzymol，2009，463：121-127.

Dyer K D，Rosenberg H F. The RNase a superfamily：Generation of diversity and innate host defense. Mol Divers，2006，10(4)：585-597.

Esser K H，Marx W H，Lisowsky T. MaxXbond：First regeneration system for DNA binding silica matrices. Nature Methods，2006，3：1-2.

Hebron H R，Yang Y，Hang J. Purification of genomic DNA with minimal contamination of proteins. J Biomol Tech，2009，20(5)：278-281.

J. E. 克雷布斯，E. S. 戈尔茨坦，S. T. 基尔帕特里克. Lewin 基因 Ⅹ. 江松敏，译. 北京：科学出版社，2013.

Kadlecová Z，Kalíková K，Folprechtová D，et al. Method for evaluation of ionic interactions in liquid chromatography. J Chromatogr A，2020，1625：461301.

Koetsier G，Cantor E. A practical guide to analyzing nucleic acid concentration and purity with microvolume spectrophotometers. New England Biolabs Tech.

Lee C. Protein extraction from mammalian tissues. Methods Mol Biol，2007，362：385-389.

Lesnik E A，Freier S M. Relative thermodynamic stability of DNA，RNA，and DNA：RNA hybrid duplexes：Relationship with base composition and structure. Biochem，1995，34(34)：10807-10815.

Muyzer G，de Waal E C，Uitterlinden A G. Profiling of complex microbial populations by denaturing gradient gel electrophoresis analysis of polymerase chain reaction-amplified genes coding for 16S rRNA. Appl Environ Microbiol, 1993, 59(3):695-700.

Reynolds J A, Tanford C. Binding of dodecyl sulfate to proteins at high binding ratios. Possible implications for the state of proteins in biological membranes. Proc Natl Acad Sci USA, 1970, 66(3):1002-1007.

Rodriguez E L, Poddar S, Iftekhar S, et al. Affinity chromatography: A review of trends and developments over the past 50 years. J Chromatogr B Analyt Technol Biomed Life Sci, 2020, 1157:122332.

Strezsak S R, Beuning P J, Skizim N J. Complete enzymatic digestion of double-stranded RNA to nucleosides enables accurate quantification of dsRNA. Anal Methods, 2021, 13 (2):179-185.

Tavares L, Alves P M, Ferreira R B, et al. Comparison of different methods for DNA-free RNA isolation from SK-N-MC neuroblastoma. BMC Res Notes, 2011, 4:3.

Wilfinger W W, Mackey K, Chomczynski P. Effect of pH and ionic strength on the spectrophotometric assessment of nucleic acid purity. Biotechniques, 1997, 22:474-481.

Yakovchuk P, Protozanova E, Frank-Kamenetskii M D. Base-stacking and base-pairing contributions into thermal stability of the DNA double helix. Nucleic Acids Res, 2006, 34 (2):564-574.

Yakovlev G I, Sorrentino S, Moiseyev G P, et al. Double-stranded RNA: The variables controlling its degradation by RNases. Nucleic Acids Symp Ser, 1995 (33):106-118.

Zhang K, Hodge J, Chatterjee A, et al. Duplex structure of double-stranded RNA provides stability against hydrolysis relative to single-stranded RNA. Environ Sci Technol, 2021, 55(12):8045-8053.

Zhang J, Chen P C, Yuan B K, et al. Real-space identification of intermolecular bonding with atomic force microscopy. Science, 2013, 342(6158):611-614.

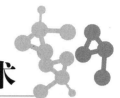

第 **2** 章

分子克隆方法与技术

2.1 克隆片段、载体与菌株

2.1.1 DNA 片段的扩增:几种重要的 PCR 方法

 概念解析

聚合酶链式反应(polymerase chain reaction, PCR):一种细胞外的 DNA 分子快速扩增技术。其原理是在耐热的 DNA 聚合酶的作用下,通过高温变性、低温退火和中温延伸三个阶段的多次循环达到对模板 DNA 分子大量复制的目的。

2.1.1.1 巢式 PCR(nested PCR)

聚合酶链式反应(PCR)是分子生物学、医学和农业科学等领域内用途极为广泛的核酸体外快速扩增技术。它由美国科学家 Kary Mullis 于 1985 年发明,他也因此获得 1993 年的诺贝尔化学奖。其基本原理是在高温变性、低温退火和中温延伸三个阶段的多次循环过程中,通过耐热的 DNA 聚合酶的作用达到体外快速复制 DNA 分子的目的。以此为基础按照不同的具体目的衍生出多种 PCR 方法。下面列举几种在分子克隆中有重要作用的 PCR 方法并详细说明其原理及过程。

巢式 PCR 也称嵌套 PCR。该方法原理虽然十分简单,但非常有用。巢式 PCR 尤其适合常规 PCR 扩增难以奏效的情况。由于 DNA 模板的多样性及复杂性,扩增失败的情况经常发生,也就是扩增完毕凝胶电泳检测时扩增产物中没有看到目的条带。如果排除引物设计错误、模板无效以及扩增条件不合理这些因素,实际上很可能目的条带已经扩增出来,只是扩增效率太低导致目的条带太少而没有被检测到(常规的溴化乙锭即 EB 染色以及更灵敏的 SYBR Green 染色都有检出下限问题,即凝胶中低于一定量的 DNA 分子不能显现出来)。在此情况下,如果在原来扩增的目的 DNA 片段外侧设计一对新的引物使其扩增产物包含原有引物的扩增产物(也就是形成嵌套)就很可能解决问题。如果目的片段与原来的扩增引物之间还有一定的距离,那么在原有引物对的内侧设计新的引物也可以达到目的。不过根据原来扩增片段外侧序列设计引物具有更大的选择余地,也就是能选择匹配度更好的引物对进行扩增。然后以这个外侧新引物的扩增产物作为模板,用原来的内侧引物再次扩增,在第二次扩增以后目的条带很有可能在凝胶染色后显现出来。

巢式 PCR 能够成功的原因是第一次用外侧引物扩增可能由于模板较为复杂、模板量太低（如用基因组 DNA 作为模板时常常会出现这样的问题），或者是引物条件不够理想导致扩增效率不高，产生的目的 DNA 片段数量较少因而不能被检测出来。尽管此时扩增效率不高，但扩增产物的拷贝数相对于模板来说数量还是会大大地增加。而且，第二次扩增时可以用第一次扩增的产物为模板，不仅模板数量增加了，模板的复杂程度也同时降低。所以，再用原来的内侧引物进行第二次扩增就有很大的概率获得成功。需要强调的是，由于采用了两次扩增反应，PCR 产物中引入错误核苷酸的概率相对要大一些，所以巢式 PCR 应该使用高保真的 DNA 聚合酶。

2.1.1.2 重叠延伸 PCR（overlap extension PCR）

重叠延伸 PCR 也是一种有重要用途的 PCR 方法。该方法的作用主要体现在以下几个方面：① 扩增长的 DNA 片段，② 将 DNA 片段内特定区域的序列删除，③ 将不同 DNA 片段或不同基因连接在一起形成嵌合基因，④ 在序列中引入突变。从本质上讲，第一类用途（①②③）都是通过两次独立的 PCR 将两个不同的 DNA 片段连接起来融合成一个新的 DNA 分子。这两个不同的 DNA 片段可以是同一个 DNA 分子被人为分开的两个可以部分重叠的序列（①），也可以是同一个 DNA 分子内的两个不相邻区域的序列（②），甚至是属于不同基因的序列（③）。下面先以重叠延伸 PCR 连接同一个 DNA 分子内的两个不相邻的片段为例说明其原理和具体过程。

如图 2-1 所示，假设需要将一个 DNA 分子中间某个区域的序列（黄色部分）删除，也就是要跨越黄色区域序列将其左边的序列（Ⅰ）和右边的序列（Ⅱ）拼接起来，通过重叠延伸 PCR 扩增能够达到上述目的。具体过程是先用两对引物分别扩增左边的序列（Ⅰ）与右边的序列（Ⅱ）。这两对扩增引物分别是片段Ⅰ的正向引物和反向重叠引物，片段Ⅱ的正向重叠引物和反向引物。片段Ⅰ和片段Ⅱ扩增产物纯化后将它们等比例混合，变性退火。此时两个扩增反

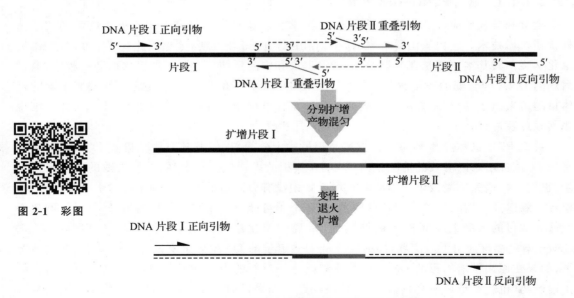

图 2-1 彩图

图 2-1 重叠延伸 PCR 原理示意图

图中红色和蓝色的区域为将要连接起来的两个不同基因或同一基因内不相邻的 DNA 片段序列。模板 DNA 分子中间黄色的区域为通过重叠延伸 PCR 删除的序列

应产生的 DNA 片段中就有少部分片段通过重叠引物区域序列配对形成中间部分双链、两端单链的杂合分子(图 2-1)。其余大部分变性的扩增片段分子仍然会退火复性成为两个独立的双链 DNA 片段,即片段Ⅰ与片段Ⅱ。然后在退火混合溶液中加入第一个 PCR 的正向引物和第二个 PCR 的反向引物,以及 dNTPs、DNA 聚合酶及其缓冲液进行扩增,得到的扩增产物长度就是片段Ⅰ和片段Ⅱ长度的叠加,因为只有杂合分子才能同时利用两端的引物进行指数级增长的扩增反应。结果是通过扩增删除了原来模板 DNA 分子中的黄色部分的序列。该方法在研究去除蛋白质的某个结构域或部分氨基酸对其功能的影响中很有价值。

通过重叠延伸 PCR 连接的片段也可以来自不同的基因,例如通过扩增将目的基因与绿色荧光蛋白(green fluorescent protein,GFP)编码序列连接在一起形成嵌合基因。另外,这种方法还可以用来解决长的 DNA 片段不易扩增的问题。也就是将一个长的 DNA 片段分成中间部分可以重叠的两个短片段分别扩增,再将它们混合起来形成部分重叠的杂合分子,最后扩增获得全长 DNA 序列(图 2-1)。

重叠延伸 PCR 的关键在于设计两个长的重叠引物,这两个重叠引物分别在扩增片段Ⅰ和扩增片段Ⅱ的反应中使用。重叠引物长度以包含 50～60 个核苷酸为宜,并且在此区域应避免有 AT 聚集以增加重叠引物与配对模板 DNA 片段之间的稳定性,特别是增加第一次扩增形成的片段Ⅰ和片段Ⅱ混合以后退火形成部分配对的杂合双链的稳定性。因为形成稳定的部分杂合双链是重叠延伸 PCR 成功的先决条件。如图 2-1 所示,每个重叠引物的 3′端序列能够与各自扩增片段的对应区域的互补链结合,但是它们的 5′端序列则是来自将要拼接在一起的另一个 DNA 片段的 3′端序列(每个重叠引物的 5′端和 3′端序列在模板 DNA 双链的同侧),并且使重叠引物 3′端序列和 5′端序列各占重叠引物长度的一半,也就是图中重叠引物的红蓝部分分别含有 25～30 个核苷酸。实际上,这两个重叠引物的所有核苷酸碱基都应该能完全互补配对,这样才能确保在第一次扩增以后的两个 PCR 产物能够最大程度地重叠,从而保证部分杂合双链 DNA 分子的稳定性,为第二次扩增创造条件。

必须说明的是,片段Ⅰ和片段Ⅱ混合后变性退火,形成的少数部分杂合双链 DNA 分子并不能立即作为全长序列 PCR 扩增的模板。首先它们必须分别以杂合分子中间的双链部分为引物,同时以杂合分子两端的单链部分为模板,在 DNA 聚合酶的作用下合成完整的杂合双链 DNA 分子(即合成图 2-1 中杂合 DNA 分子的虚线部分)。然后才能利用两端的扩增引物对杂合分子扩增,从而得到融合了片段Ⅰ与片段Ⅱ的 DNA 分子。

重叠延伸 PCR 的第二类用途是在序列中定点引入突变(④)。与第一类用途类似,定点引入突变也必须先经过两轮 PCR 扩增。该方法的原理是先按照拟定点突变核苷酸的位置,设计一对包含突变位点核苷酸的重叠引物(图 2-2)。需要注意的是,这个突变位点应该位于重叠引物区域的中间位置,并且在两条互补的重叠引物的相对位置同时引入突变核苷酸。这样能保证引入了突变位点的两条突变重叠引物能够完全配对,并且都有足够的核苷酸与各自的模板配对退火以后引发第一轮扩增反应。重叠引物长度以 25～45 bp 为宜。第一轮扩增反应的产物就是经过两个独立的 PCR 得到的、用突变核苷酸对代替了原来模板核苷酸对的两个能够部分重叠的 DNA 片段(图 2-2)。然后将上述 DNA 片段纯化后混合,变性退火。其中有少数片段退火形成中间部分双链、两端单链的杂合 DNA 分子。随后加入 dNTPs、聚合酶及其缓冲液,以及两端的扩增引物。同样的,杂合的部分双链突变分子首先也必须在 DNA 聚合酶作用下形成完整的杂合双链突变分子,然后才能利用两端引物进行 PCR 扩增。得到的产物就是用突变核苷酸替换了原来核

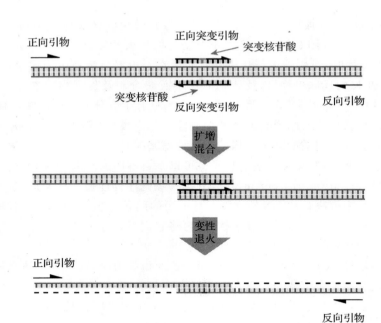

正向引物　　　　　　　　正向突变引物　　突变核苷酸

突变核苷酸　　　反向突变引物　　　　　　反向引物

扩增混合

变性退火

正向引物

反向引物

图 2-2　彩图

图 2-2　利用重叠延伸 PCR 构建突变基因原理图

要将突变的位点设计在重叠引物的中间位置，并且使正向突变引物
与反向突变引物能完全互补配对，图中红色和蓝色的"T"代表突变引
物中突变位点的互补核苷酸

苷酸的 DNA 分子。同巢式 PCR 一样，重叠延伸 PCR 中也应该使用高保真的 DNA 聚合酶。

除了上述两类重要用途，重叠延伸 PCR 还有第三类用途，实际上也是它最初的用途，就是将外源 DNA 片段以 PCR 扩增的方式而不是经过酶切-连接或同源重组的方式插入质粒。不过，相对而言这种方式现在应用较少，因此这里不作进一步介绍。

2.1.1.3　反向 PCR(inverse PCR)

一般情况下，PCR 扩增产物用其引物测序就能知道引物下游的扩增序列，但是想知道引物上游的序列，应该如何获得？简单的思路就是根据已知的引物序列向模板 DNA 上游或另一个方向引物的下游合成新引物进行测序。但是，这个想法很可能行不通。因为对于复杂的模板，单一的测序引物并不能复制出足够多的相同长度片段以测定模板序列。所以基因组测序都是先将基因组 DNA 分子断裂成相对小的片段构建基因文库，然后对文库中的众多克隆分别测序，最后将不同克隆测序结果拼接起来获得全基因组序列信息。不过，利用反向 PCR 这种方法可以获得已知模板 DNA 序列外侧的未知序列。

反向 PCR 的理论依据是 DNA 序列中存在一些随机分布的限制性内切酶切割位点，并且这些酶切位点的出现有一定规律，也就是说同一种内切酶的两个相邻酶切位点间的大致距离是可以推测的。例如，一个识别位点为 6 个核苷酸序列的内切酶，按概率计算每 4 096(4^6)个核苷酸就会出现一次该酶的酶切位点。根据 DNA 序列的这个特点，可以选用已知序列中不含其切割位点的一种内切酶处理包含已知序列的 DNA 分子(图 2-3)。结果是形成大小不同的、含有相同酶切位点末端的各种 DNA 分子片段的混合物。之所以酶切后的 DNA 分子片段大小不同,是因为同一种内切酶的每个位点并不会严格按照概率分布在 DNA 序列中,它们分布有随机性,因此形成的酶切片段大小各异。已知序列所在的 DNA 片段越长,形成的酶切片段就越多。酶切产物除去该内切酶以后再用 DNA 连接酶处理这些具有相同酶切末端的 DNA 分子片段,就能使每个片段自身首尾相连形成环状 DNA 分子。因为除了原始模板 DNA 分子的末端序列外,所有的酶切片段都有两个相同的酶切末端。即使酶切以后形成平末端,每个片段的平末端也可以环化即首尾相连,但平末端 DNA 分子连接效率很低,应该尽可能避免使用形成平末端的内切酶。

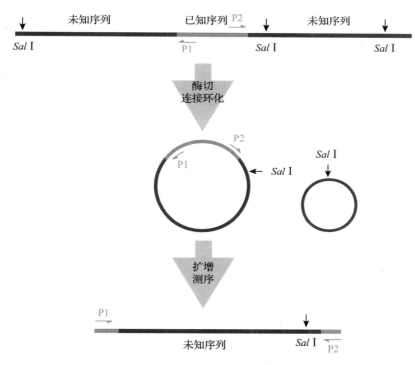

图 2-3　反向 PCR 原理图

图中以已知序列中不含的酶切位点 *Sal* I 为例,作为酶切环化的基础。P1 和 P2 为
根据已知序列设计的扩增引物。深色线段表示未知序列;浅色线段表示已知序列

这里可能会有一个疑问:被内切酶切开的不同片段会不会线性连接甚至按原来的顺序重新连接起来?理论上这种可能性确实存在,但实际上很难发生。因为一个长的 DNA 分子被同一种内切酶切开形成多个短片段以后,其中任意两个短片段相互连接的可能性比每个独立的短片段首尾两端相互连接的可能性小,因为在溶液中含有相同黏性末端、距离最近的序列可能就是同一个片段的两端。多个短片段按原来的顺序连接的可能性就更小了。所以,最有可能发生的情况是每个片段各自独立地首尾互补连接起来。这些连接成环状的片段中就包含已知序列与其两端未知序列形成的环状 DNA 分子(图 2-3)。

在这个类似于质粒的环状 DNA 分子中,原来已知序列两端的外侧未知序列现在连接在一起。由于整个分子是环状结构,所以可以认为原来线性 DNA 分子中已知序列两端的未知序列构成了环状 DNA 分子中已知序列内侧的未知序列。因此,根据已知序列设计一对引物对未知序列进行扩增,就像扩增质粒上的序列一样,然后对扩增出的 PCR 产物进行测序就能够知道原来已知序列两侧未知的 DNA 序列。由于测出的未知序列包含了原来已知序列两端的序列,根据其中包含的、此前选择使用的内切酶的酶切位点即可将两端的序列分开。

反向 PCR 方法适合已经知道某物种基因组序列的一个片段,但没有其他序列信息而又希望知道已知片段两侧序列的情况。适合使用反向 PCR 的一种常见情况是通过农杆菌 T-DNA 插入的途径对植物转基因以后,通常需要知道 T-DNA 插入植物基因组中的具体位置。因此,可以选择插入的 T-DNA 序列中不含其酶切位点的内切酶消化待检测的转基因植株基因组 DNA,纯化后加入 T4 DNA 连接酶使酶切片段环化。再用根据 T-DNA 左、右边界内侧序列设计的 PCR 引物进行扩增。扩增产物通常包含可以用来定位 T-DNA 插入位点的目标序列。研究显示该方法在定位 T-DNA 插入位点序列方面较 TAIL-PCR 特异性更好,也更简单。但这种方法不能保证各种情况下都能成功。如果距离已知 DNA 序列很远处才有选择的内切酶位点,扩增可能就会因为环化形成的已知序列内侧的未知序列片段太长而失败。此时选择不同的内切酶处理也许能够成功。

2.1.1.4 锚定 PCR(anchored PCR)

锚定 PCR 适合已经知道 DNA 片段一端的序列而想要获得另一端的序列,或者已知 DNA 片段中间的序列而想获得其两端序列的情况。具体做法是利用末端转移酶(TdT)——一种不需要模板的 DNA 聚合酶,给 DNA 未知的 3′端加上一连串的鸟嘌呤脱氧核苷酸 G(或者 C,实际上加 A 或 T 也可以,只是 A 或 T 配对时稳定性稍差一些)。通常 TdT 能够在 DNA 链的 3′端随机加上十几个至 30 多个脱氧核苷酸,这个过程不需要模板指导。然后用已知端的序列特异引物与由末端转移酶添加的一连串 C(或 G)组成序列的互补引物扩增,获得的 PCR 产物测序后就可以获得其 3′端的序列信息。

用来获得 cDNA 全长的 RACE(cDNA 末端的快速扩增)方法就是基于锚定 PCR 原理的应用。在获得 cDNA 全长的过程中,最常见的情况是想要知道 mRNA 5′端的序列。5′RACE 就是为此设计的方法。真核生物中,以多聚 T 为引物,mRNA 逆转录后形成的第一链 cDNA 序列实际上是很多由不同基因表达的不同长度的单链 cDNA 的混合物。如果已经知道某个特定基因 3′端的序列而不知其 5′端序列,就可以在逆转录完成后先用 RNase H 除去 cDNA-mRNA 杂交链中的 mRNA 分子,产物纯化后用 TdT 在第一链 cDNA 的 3′端(相当于基因或 mRNA 的 5′端)加上一连串的 C 或 G。要达到这个目的很简单,只需要将第一链 cDNA 纯化后加入 TdT 及其缓冲液与单一的脱氧核苷酸(如 dCTP)即可实现。然后以加了多聚胞嘧啶核苷酸尾的 cDNA 为模板,再合成含有长度为 17 个左右的鸟嘌呤核苷酸的互补引物,同时用已知序列设计的另一条引物进行扩增,产物测序后就获得了第一链 cDNA 3′端(相当于 mRNA 的 5′端)的信息。

如果需要知道特定 mRNA 片段 3′端的未知序列,这个过程就更加简单,因为真核生物 mRNA 转录结束时会在其 3′端加上一连串的腺嘌呤脱氧核苷酸,所以,用 17～18 个连续的胸腺嘧啶脱氧核苷酸片段作为逆转录引物可以获得总转录产物的第一链 cDNA。再用 RNase H 除去 cDNA-mRNA 杂交链中的 mRNA 分子,纯化后以此总 cDNA 为模板,用含 17～18 个连续 T 的寡核苷酸引物与已知 5′端序列合成的特异引物对进行扩增,得到的 PCR 产物测序就能获得特定 mRNA 片段 3′端的序列信息。

无论是单链 DNA 分子还是双链 DNA 分子，TdT 都能给它们的 3′ 端加上一段序列，利用 TdT 的这种特点可以获得反向 PCR 所能产生的效果。只需要对已知中间序列的 DNA 片段用不含相应酶切位点的内切酶处理，然后用 TdT 在酶切产物 3′ 端加上一段相同核苷酸组成的序列，再利用锚定 PCR 的方法扩增测序即可获得 DNA 未知端的序列。

以上几种 PCR 方法使用的场景较多。除此之外，还有很多其他的 PCR 方法，如热不对称 PCR(TAIL-PCR)、降落 PCR、不对称 PCR、多重 PCR 等方法，但这些方法应用相对较少。至于另一种重要的 PCR 方法——实时定量 PCR，将在后面的章节单独介绍。需要指出的是，不管是哪种方法都不能保证每次运用都一定能够成功，因为目前对影响 PCR 的因素了解还不十分透彻，尤其是作为模板的大片段的 DNA 分子空间结构是什么样的，它又如何影响 PCR 的进行等，目前的了解还很有限。

 重点回顾

1. 巢式 PCR 是在原来扩增不成功的目的 DNA 片段外侧设计新的引物进行扩增，然后以外侧引物的扩增产物为模板，再用原来的引物扩增。这种方法简单易行，实用性强。

2. 重叠延伸 PCR 适合于将不同的 DNA 片段通过带有重叠序列的两次独立的 PCR 扩增产物混合，形成中间部分双链的杂合分子。杂合双链 DNA 分子的单链部分被聚合酶补齐以后，再用两端引物扩增。该方法适用于将不同的 DNA 片段连接在一起，也适用于在目的基因中引入突变位点。

3. 反向 PCR 利用已知 DNA 序列中不含其识别位点的内切酶处理 DNA 分子，形成已知 DNA 序列两端带有相同酶切位点的片段，再用 DNA 连接酶使之环化。原来已知序列两端的未知序列就变成已知序列内侧的未知序列。根据已知序列设计引物扩增测序即可获得原来已知 DNA 序列外侧的未知序列信息。

4. 锚定 PCR 利用末端转移酶给 DNA 序列未知的 3′ 端加上一段由单一核苷酸组成的序列，根据加上的单一核苷酸序列合成其互补引物，与已知序列的引物配对扩增，测序即可获得未知序列的信息。

参考实验方案

Current Protocols in Molecular Biology Volume 99，Issue 1
Design and Assembly of Large Synthetic DNA Constructs
Aleksandr E. Miklos，Randall A. Hughes，Andrew D. Ellington
First published：01 July 2012

Current Protocols in Neuroscience Volume 3，Issue 1
Directed Mutagenesis Using the Polymerase Chain Reaction
Brendan Cormack
First published：01 May 2001

Current Protocols in Human Genetics Volume 00，Issue 1
Identification of Intron/Exon Boundaries in Genomic DNA by Inverse PCR

Hans Albertsen，Andrew Thliveris

First published：April 1994

Current Protocols in Immunology Volume 8，Issue 1

cDNA Amplification Using One-Sided（Anchored）PCR

Robert L. Dorit，Osamu Ohara

First published：December 1993

 视频资料推荐

Rapid Amplification of cDNA Ends ｜ Genetics ｜ JoVE

Linear amplification mediated PCR—localization of genetic elements and characterization of unknown flanking DNA. Gabriel R，Kutschera I，Bartholomae C C，von Kalle C，Schmidt M. J Vis Exp. 2014 Jun 25；(88)；e51543. doi：10.3791/51543.

Adapting 3′ Rapid Amplification of CDNA Ends to Map Transcripts in Cancer. Masamha C P，Todd Z. J Vis Exp. 2018 Mar 28；(133)；57318. doi：10.3791/57318.

2.1.2 分子克隆中常用的质粒

 概念解析

载体(vector)：能够携带外源 DNA 分子进入受体细胞并协助外源 DNA 分子在受体细胞内完成复制或表达的 DNA 分子。

质粒(plasmid)：独立存在于细菌基因组 DNA 以外、能自我复制，通常情况下呈环状的 DNA 分子。它在原核生物细胞中普遍存在，赋予宿主细胞某些特定的性状(如耐药性)。经过人工改造的质粒是分子生物学研究中使用最广的一类载体。

复制子(replicon)：细胞内能够独立进行复制的遗传结构单位。它包含复制起始位点(origin of replication,ori)以及编码复制所需蛋白质的基因序列。

多克隆位点(multiple cloning site, MCS)：载体内人工合成的一段短 DNA 序列，含有多个具有序列唯一性的限制性核酸内切酶的识别位点，能为外源 DNA 通过酶切插入提供多种可选择的位置。

克隆质粒(cloning plasmid)：一种用于在细胞内复制目的 DNA 片段的质粒。在分子克隆过程中，外源 DNA 片段通过酶切连接或以同源重组等方式与克隆质粒结合形成重组质粒，然后被转化进入宿主菌内，通过宿主菌增殖复制得到大量包含外源 DNA 片段的重组质粒。

表达质粒(expression plasmid)：一种能够在宿主细胞内转录和翻译表达外源基因的质粒。在表达质粒中，外源基因往往与特定的启动子、转录终止子和调控元件组合，形成一个完整的表达单元。这个表达单元能够在宿主细胞内转录出 mRNA，然后被翻译成相应的蛋白质。

2.1.2.1 载体与质粒

分子生物学实验中，将目的基因或 DNA 片段在细胞内进行复制或表达需要载体的协助。

载体是能够携带外源DNA分子进入受体细胞并协助其完成复制或表达的DNA分子。在英文文献中，载体叫作"vector"，整合有目的基因或DNA序列的载体叫作"construct"。载体包括质粒（plasmid）、噬菌体、病毒基因组等类型。其中质粒是分子克隆（即重组DNA分子的复制过程）中最常见、使用最多的载体。

质粒是独立存在于细菌基因组DNA以外、能自我复制、通常情况下呈环状的DNA分子。它在原核生物细胞中普遍存在，赋予宿主细胞某些特定的性状（如耐药性）。链霉菌中还存在线性的质粒分子。在真核生物中，除了酵母外，部分植物细胞内也存在质粒。在选择压力存在的情况下，真核生物细胞包括植物细胞和动物细胞都可以充当质粒的宿主。

2.1.2.2 质粒的种类

天然的质粒分子大小从一至数百千碱基对，它们在细胞内的拷贝数也从一个到几百个不等。在"分子克隆"一词中，克隆是通过细胞分裂复制的意思。分子克隆中作为载体的质粒都是经过人工重组改造过的，它们的来源不同，种类也很多。按照用途来分，可将它们分为克隆质粒、表达质粒和穿梭质粒3种类型。克隆质粒为多拷贝数质粒，其分子量较小，一般为3～5 kb（图2-4）。因为它只要能自我复制，并且具有抗生素抗性基因及其表达配套序列和多克隆位点，而不用考虑被克隆基因本身表达的问题。表达质粒则除了需要具备上述元件外，还需要在被克隆基因前端加上启动子、核糖体结合位点（用于将目的基因翻译形成蛋白质，原核生物的转录和翻译几乎是同时进行的）和转录终止子等序列，其结构相对复杂一些，分子量也较大。穿梭质粒具有两种不同复制起点和作为选择标记的抗性基因，能够在两种不同类型的宿主细胞（如大肠杆菌和农杆菌、大肠杆菌和酵母或哺乳动物细胞等）中存在、复制和进行基因表达。这类穿梭载体的分子量通常在10 kb左右或更大。表达质粒通常也是穿梭质粒（图2-4）。

质粒按照复制特点分可为两类，即严紧型质粒与松弛型质粒。严紧型质粒一般随着细胞分裂而复制，每个细胞内只有1～2个拷贝；松弛型质粒复制不受细胞分裂的限制，每个细胞内有20个左右或更多拷贝。在特定情况下，质粒的复制属性与宿主有关，即在一种宿主内属于严紧型质粒而在另一种宿主内属于松弛型质粒。严紧型质粒由于每个细胞内拷贝数少，使用常规的质粒提取试剂盒或用碱裂解法手工提取通常难以成功，即使使用大量的细菌培养液收集菌体，都很难获得足够浓度和数量的质粒。此时利用一些公司提供的低拷贝数质粒提取试剂盒可以获得令人满意的效果。质粒还可以按照是否具有在细菌间通过结合转移自身的能力分为结合型质粒和非结合型质粒，结合型质粒除了能自我复制，还带有一套控制细菌配对与质粒结合转移的基因。大肠杆菌的致育因子（或者称"性因子"）F质粒就是一种结合型质粒。

由于质粒是分子生物学研究的核心工具，而且不同的质粒能赋予宿主菌不同的特性或给宿主菌带来不同的影响，所以在使用质粒之前通常要查看质粒图谱，以判断这种质粒是否符合实验要求。质粒图谱相当于质粒的身份证，从中可以获得许多重要信息。这些信息主要包括以下3个方面：①复制子。复制子（replicon）是细胞内能够独立进行复制的遗传结构单位。它包含复制起始位点（origin of replication，*ori*）以及编码复制所需蛋白质的基因序列。其中*ori*为一段DNA序列，它能作为模板转录生成一段RNA引物用于启动DNA复制。*ori*是质粒必不可少的元件。根据复制子的类型可以判断质粒是原核质粒还是真核质粒，或者判断质粒是克隆质粒、表达质粒或是有两个不同复制起点的穿梭质粒。②选择性标记。选择性标记通常是质粒所带的抗生素抗性基因，借此可以了解该质粒转化宿主菌后，能给宿主菌带来何种抗生

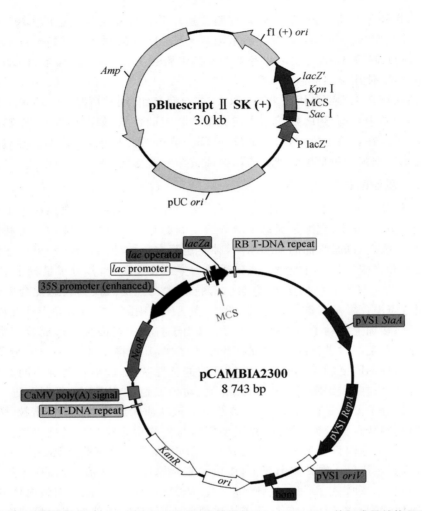

图 2-4 克隆质粒 pBluescript Ⅱ SK(＋)与穿梭质粒 pCAMBIA2300 的组成及结构示意图

克隆质粒 pBluescript Ⅱ SK(＋)中,pUC *ori* 代表来自质粒 pUC 的复制起始位点。fl（＋）*ori* 是丝状噬菌体 fl 的 DNA 复制起点,它能引导单链 DNA 合成。*Amp^r* 代表选择性标记即氨苄青霉素抗性基因;*lacZ'* 即编码 β-半乳糖苷酶 α 片段的基因;P lacZ' 代表 *lacZ'* 基因的启动子。MCS 为多克隆位点;*Kpn* Ⅰ 和 *Sac* Ⅰ 为 MCS 两端的酶切位点。在穿梭质粒 pCAMBIA2300 中,*ori* 代表大肠杆菌中质粒 ColE1 的复制起始位点。pVS1 *oriV* 代表假单胞菌质粒 pVS1 的复制起始位点,该复制起点不能启动质粒在大肠杆菌中复制,但能启动质粒在假单胞菌以及农杆菌中复制。pVS1 *RepA* 和 pVS1 *StaA* 为 pVS1 质粒中复制蛋白以及保持质粒稳定的位点或元件。*KanR* 与 *NeoR* 代表卡那霉素与新霉素抗性基因(穿梭质粒有两种复制起点、两种抗生素抗性基因编码序列以及其他元件,实际上这两个基因的编码序列相同,但它们表达时所需的启动子及终止子不同)。35S promoter(enhanced)与 CaMV poly(A) signal 分别代表抗性基因 *NeoR* 的启动子及加尾信号。*lacZα* 即编码 β-半乳糖苷酶 α 片段的基因,通常也记作 *lacZ'*。*lac* promoter 为 *lacZ* 的启动子,*lac* operator 为 *lacZ* 基因的操纵基因。LB T-DNA repeat 与 RB T-DNA repeat 代表重复排列的农杆菌 Ti 质粒 T-DNA 的左、右边界序列。bom:又叫 nic 位点,即迁移蛋白(*mob* 基因编码的核酸酶)的作用位点,它能引起非结合型质粒发生迁移。注意:来源于不同实验室或公司的质粒命名或标注方式上可能存在一些区别。图片引自北京华越洋生物和 pCAMBIA,有修改

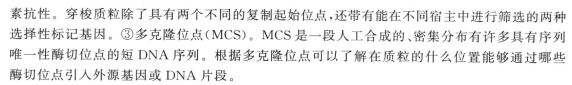

素抗性。穿梭质粒除了具有两个不同的复制起始位点,还带有能在不同宿主中进行筛选的两种选择性标记基因。③多克隆位点(MCS)。MCS 是一段人工合成的、密集分布有许多具有序列唯一性酶切位点的短 DNA 序列。根据多克隆位点可以了解在质粒的什么位置能够通过哪些酶切位点引入外源基因或 DNA 片段。

除此之外,通过查看多克隆位点两端是否有转录起始位点和转录终止信号可以判断该质粒是克隆质粒还是表达质粒。需要注意的是,由于转录的方向都是从模板链的 5′ 端向 3′ 端进行,所以质粒图谱中不同的箭头方向代表转录时所用的是双链 DNA 分子中的不同单链作为转录模板。

不同的质粒有不同的宿主范围。部分质粒(如穿梭质粒)能在多种宿主菌内复制和生存,而一些质粒(如农杆菌的 Ti 质粒)只能在特定的宿主菌内复制生存。实验室使用的绝大多数质粒都含有能在大肠杆菌内复制的复制子。除此之外,它们还可能含有在其他原核生物细胞或真核生物(如酵母)细胞或培养的动、植物细胞中复制的复制子。

由于酵母细胞含有天然的质粒,而且酵母是使用最广泛的真核模式生物之一,所以能在酵母中使用的重组质粒种类也比较多。它们按照用途或功能可分为整合型质粒(yeast integrative plasmid,YIP)、附加体型质粒(yeast episome plasmid,YEP)和着丝粒型质粒(yeast centromere plasmid,YCP)3 种主要类型。这 3 类质粒大多属于经过人工改造的穿梭质粒。整合型质粒在酵母中不能自我复制(但它们能在大肠杆菌中自我复制),它们进入酵母细胞以后能通过同源重组插入到酵母基因组中,因此被整合的外源基因非常稳定。附加体的含义是细胞内既能以独立的形式存在和复制,又能与染色体结合的形式存在和复制的遗传结构单位。与此不同的是,普通质粒在细胞内只能以独立的形式存在和复制。附加体型质粒又叫游离型质粒,它们在酵母细胞内能自我复制,因为这类质粒含有酵母天然存在的 2 μm 质粒(因该质粒的周长约为 2 μm 得名)的复制起点。附加体型质粒在酵母细胞内拷贝数较多,但它不稳定,容易丢失。着丝粒型质粒因含有酵母着丝粒序列(CEN)而得名,CEN 的存在使质粒能像染色体一样进行复制和分裂。着丝粒型质粒还含有酵母的自主复制序列(autonomously replicating sequence,ARS)。这种质粒在酵母细胞内拷贝数较少但比附加体型质粒稳定。

 重点回顾

1. 质粒是广泛存在于原核生物以及酵母中独立于染色体之外的可遗传、通常呈环状的 DNA 分子。

2. 质粒必须带有能启动自主复制的复制子。分子生物学研究中使用的质粒还带有选择性标记基因以及多克隆位点序列。

3. 按照来源和功能,不同的质粒有不同的宿主范围和作用。

 参考实验方案

Current Protocols in Molecular Biology Volume 15,Issue 1

Minipreps of Plasmid DNA

JoAnne Engebrecht,Roger Brent,Mustak A. Kaderbhai

First published:July 1991

视频资料推荐

Plasmid Purification：Isolation and Purification of Plasmid DNA | Basic Methods in Cellular and Molecular Biology | JoVE

Purifying plasmid DNA from bacterial colonies using the QIAGEN Miniprep Kit. Zhang S，Cahalan MD. J Vis Exp. 2007 Jul 29；(6)：247. doi：10.3791/247.

Transformation of *E. coli*：Adapted Calcium Chloride Procedure | Microbiology | JoVE

2.1.3 质粒的常用宿主菌大肠杆菌与酵母

 概念解析

质粒不相容性(plasmid incompatibility)：在没有选择压力的情况下,同种或亲缘关系相近的质粒在宿主细胞内复制以及随后向子细胞分配过程中彼此竞争,造成这些质粒不能同时稳定地保持在同一个宿主细胞内的现象。

酵母交配型(mating type)：又称酵母的结合型,由酵母 3 号染色体 *MTA* 基因座中的 3 个等位基因决定,是真菌中一种较为原始的性别分化方式。酵母的交配型共有 3 种类型,即单倍体型的 *MTA**a***、*MTAα* 和二倍体型的 *MTA**a**/α*。它们之间能够通过减数分裂或结合发生转换。

2.1.3.1 质粒宿主菌的类型

分子克隆中与载体同样必不可少的工具是宿主菌株。大肠杆菌(*E. coli*)是使用最广泛的宿主菌。实验室使用的大肠杆菌多数源于 K-12 株系,该株系含有溶原的 λ 噬菌体及 F 因子。除了 K-12 之外,大肠杆菌还有 B、C、W 等株系。与质粒可以分为克隆质粒和表达质粒类似,按照用途的不同,实验室常用的大肠杆菌也可分为克隆菌株与表达菌株两类。来源于 K-12 的克隆菌株如 DH5α、TOP10 等适用于质粒或目的基因的复制;来源于 B 株系的表达菌株如 BL21(DE3)则适合表达目标蛋白,因为它缺失内源的蛋白酶编码基因,蛋白酶的存在容易导致细胞内重组蛋白的降解。利用表达菌株还能够预先检测构建用于表达融合蛋白的穿梭质粒是否正确。例如构建了含有目的基因与 GFP 形成嵌合基因的穿梭质粒转入原核表达菌株 BL21 以后,可以在体式荧光显微镜下观察形成的克隆是否能被激发产生绿色荧光,以此判断构建的融合表达质粒是否正确。某些大肠杆菌菌株缺乏甲基化酶,可以用来复制非甲基化的质粒;部分大肠杆菌菌株对致死基因 *ccdB* 不敏感,可以利用它复制含致死基因 *ccdB* 的质粒。总之,在实验之前应该根据需要选择合适的菌株。

模式生物中除了大肠杆菌,酵母也常作为质粒的真核生物宿主来研究基因功能或进行目标蛋白质的表达。必须指出,酵母不是一个分类学上的概念。它实际上是子囊菌纲、担子菌纲和半知菌纲的部分单细胞真核微生物的统称。实验室常用的酵母包括酿酒酵母(*Saccharomyces cerevisiae*,又叫面包酵母或芽殖酵母)、裂殖酵母(*Schizosaccharomyces pombe*)和毕赤酵母(*Pichia pastoris*)三大类型,它们都属于子囊菌纲的微生物(图 2-5)。酿酒酵母常用于遗传学及分子生物学研究;裂殖酵母主要用于细胞分裂理论的研究;毕赤酵母主要用于表达目标

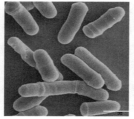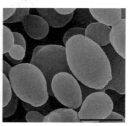

酿酒酵母　　　　　　裂殖酵母　　　　　　毕赤酵母

图 2-5　实验室常用酵母种类的电镜照片

酿酒酵母图片引自果壳科技；裂殖酵母图片引自 www.okayama-u.ac.jp；毕赤酵母图片引自 Alchetron, The Free Social Encyclopedia。标尺：5 μm

蛋白。很多药用的重组蛋白就是用酵母生产的。

大肠杆菌与酵母作为质粒最常用的宿主菌是因为它们都是重要的模式生物。由于模式生物的生物学特点与遗传背景相对清楚，用它们作为其他外源基因的表达宿主，不仅有利于研究这些基因的功能，而且通过它们也能获得基因表达的蛋白质。除此之外，大肠杆菌还有另一个重要用途，就是在分子克隆过程中作为克隆质粒的宿主菌来复制目的基因或 DNA 分子。

2.1.3.2　大肠杆菌与酵母作为质粒宿主菌时的区别

虽然大肠杆菌与酵母有许多共同之处：它们都属于单细胞微生物，生长迅速，培养起来简单方便，都可以用来表达外源基因。但它们作为质粒宿主时也存在很多明显的区别。

第一，属于原核生物的大肠杆菌个体较小，通常只有 0.5～2 μm；而属于真核生物的酵母通常在 5～10 μm。大肠杆菌是厌氧型微生物，液体振荡培养或平板培养时需要用不透气的封口膜封住瓶口或培养皿；酵母则是兼性厌氧微生物，它既能在无氧环境中生长，也能在有氧环境中生长。酵母细胞内存在线粒体，所以它在有氧条件下生长更旺盛。

第二，大肠杆菌虽然可以通过类似于有性生殖的方式在不同个体间交换遗传物质，例如其致育因子或者称性因子的 F 质粒能在不同类型的细胞间传递。但大肠杆菌不能形成二倍体，也不发生减数分裂。相反，酵母既有单倍体型，也有二倍体型。单倍体酵母有 a 和 α 两种结合型或者叫交配型（mating type），即 $MTAa$ 和 $MTA\alpha$，这是一种较为原始的性别分化类型。由上述两种单倍体酵母结合形成的二倍体酵母的结合型为 $MTAa/\alpha$。因此，酵母的结合型一共有 3 种，即 $MTAa$、$MTA\alpha$ 和 $MTAa/\alpha$。二倍体酵母个体比单倍体酵母大，并且在出芽方式上与单倍体酵母也有区别。二倍体型酵母相对于单倍体型有一定的优势，所以工业生产中使用的酵母多为二倍体型。不过，二倍体酵母（结合型为 $MTAa/\alpha$）既不能与单倍体型的酵母 $MTAa$ 结合，也不能与 $MTA\alpha$ 结合。单倍体型酵母与二倍体酵母能够发生转换，在环境条件不利时，二倍体酵母通过减数分裂产生单倍体孢子。单倍体孢子也可以通过结合或者称交配形成二倍体。通常情况下，单倍体酵母和二倍体酵母都通过无丝分裂出芽繁殖，而且以这种方式繁殖的酵母不改变原有的结合型。需要注意的是，在书写酵母的基因型时 a 是粗体非斜体，α 是斜体非粗体。

第三，转化了外源基因的大肠杆菌与酵母菌落的筛选方式一般不同。筛选转化了外源基因的大肠杆菌阳性克隆时通常用的是抗生素抗性基因，也就是宿主菌通常是对抗生素敏感的菌株，只有通过转化质粒给宿主菌带来某种抗生素抗性，才能使宿主菌在含相应抗生素的培养

基平板上生存,并繁殖形成克隆即菌落;而在酵母中一般使用营养缺陷型酵母菌株作为宿主菌。营养缺陷型菌株不能在缺乏一种或几种氨基酸或核苷酸的选择性培养基上生长。只有转化了能帮助合成相应的一种或几种氨基酸或核苷酸的质粒以后,宿主酵母才能在选择性培养基上生长。在酵母转化体系中一般不用抗生素筛选是因为酵母是真核生物,普通的抗生素一般只对原核生物有抑制作用。新霉素磷酸转移酶基因 neo(又记作 NeoR,NPT II,KanR)在原核细胞内表达时能使宿主产生卡那霉素和新霉素抗性,当它在真核生物细胞内表达时使宿主产生对遗传霉素 G418 的抗性。不过,这个基因在原核细胞和真核细胞内表达时需要的调控元件不同。虽然新霉素、卡那霉素和 G418 结构类似,但 G418 对原核生物和真核生物的蛋白质合成都有抑制作用,而新霉素和卡那霉素只能抑制原核生物的蛋白质合成。另外,环己酰胺也可以作为真核生物的抗生素筛选标记使用。目前,在酵母杂交中利用从丝状真菌中分离的环酯肽类抗生素——金担子素 A(aureobasidin A,AbA)作为筛选阳性酵母克隆的手段也越来越普遍。同样,在大肠杆菌中也存在利用质粒进行营养缺陷型菌株互补的筛选方式,但这种筛选方式并不常用。

第四,在大肠杆菌和酵母细胞内,质粒的不相容性(incompatibility)存在区别。不相容性即在没有选择压力的情况下,同种或亲缘关系相近的两种质粒在宿主细胞内复制以及随后向子细胞分配过程中彼此竞争,造成这些质粒不能同时稳定地保持在同一个宿主细胞内的现象。不相容性是由质粒复制和分配的调控机制相同或部分相同造成的。一般在调控质粒复制或分配机制方面任何具有相同或部分相同的质粒就是不相容的。大肠杆菌内质粒的不相容性普遍存在。尽管在有选择压力的情况下,无论是相容性质粒还是不相容的质粒都能够被同时转化进入同一个大肠杆菌宿主细胞,但转化效率很低。因此,使用大肠杆菌作为质粒的宿主时通常只转化一种质粒。不过,在文库质粒转化进入大肠杆菌过程中,偶尔也存在一个宿主细胞内同时转化进入两个或更多不同质粒的现象。这些不同质粒的区别在于其中插入片段不同。在酵母中,虽然同样存在质粒不相容的现象,但在选择压力存在的情况下,能够比较容易地将相容或不相容的质粒转化进入同一个酵母细胞。而且与大肠杆菌内很少同时转化两种质粒不同的是,在酵母内利用选择压力可以一次转化 2~4 种不同的质粒。由于这些质粒含有能够帮助合成不同氨基酸或核苷酸的基因,它们转化进入营养缺陷型宿主酵母后能够为宿主生长提供相应的营养。因此,含有相应质粒的营养缺陷型宿主酵母能够在简单培养基中生长。

第五,由于大肠杆菌细胞内通常只含有一种质粒,而且每种质粒的拷贝数相对稳定,所以平板上不同克隆的大小主要由它们所处的位置决定:密集的克隆由于所获得的营养相对有限以及克隆的生长导致周围环境的不利变化,所以菌落直径比较小;相反,稀疏的克隆菌落直径相对较大。与此相区别的是每个酵母细胞可能转化有几种不同的质粒,所以在酵母营养缺陷型培养平板上,除了克隆的位置效应带来的影响外,还有酵母不同转化子(即转化了质粒的酵母细胞)之间质粒拷贝数不同造成的差异。质粒拷贝数不同就意味着互补宿主酵母所缺营养的能力不同,因此不同克隆生长速度并不一致,在营养缺陷型平板上能看到大小差距较大的酵母菌落,并且酵母传代过程中质粒更容易丢失。

2.1.3.3 质粒与宿主菌的保存

分子生物学实验室通常会用到各种各样的质粒和宿主菌株,因此存在如何保存这些质粒和菌株的问题。对于应该保存含有目的基因的阳性克隆菌株还是保存质粒这个问题需要根据具体情况来确定。如果是短时间就要使用的转基因阳性菌株,保存克隆或菌液是比较方便的做法。但如果保存的时间较长,那么保存质粒更可靠。因为在宿主菌株细胞内质粒可能会丢失,或发生突变和修饰,而且宿主菌株本身也可能发生变异,但保存质粒就不存在这些问题,所以保存质粒比保存阳性克隆或菌液更稳妥。不过,没有转化的宿主菌依然需要妥善保存。一般分子生物学实验室保存大肠杆菌和酵母菌株通常采用25%(体积比)的甘油低温(−70 ℃)保存法保存。

 重点回顾

1. 大肠杆菌和酵母分别是表达目的基因最常用的原核宿主和真核宿主。它们都有一系列适合不同目的的菌株类型。

2. 大肠杆菌与酵母在遗传、培养方式、筛选方式、对质粒的相容性等方面存在区别。

3. 在需要长时间保存的情况下,保存质粒比保存含质粒的阳性克隆菌株更可靠。

 参考实验方案

Current Protocols in Molecular Biology Volume 27,Issue 1

Introduction of DNA into Yeast Cells

Daniel M. Becker,Victoria Lundblad

First published:July 1994

 视频资料推荐

Antibiotic Selection of Plasmids | 生物学 | JoVE

Saccharomyces cerevisiae(Yeast) as a Model Organism | Biology I | JoVE

2.1.4 大肠杆菌与酵母的基因型

 概念解析

基因型(genotype):指一个生物个体细胞内的 DNA 所包含的全部基因类型。通常情况下也指生物个体基因组中的一个或多个与特定表型相关的基因类型。

F 因子/致育因子(fertility factor):又称 F 质粒,是一种存在于细菌细胞内的低拷贝数质粒。它具有自我复制和自我传递的能力,能够编码产生细菌表面性菌毛,并且在细菌结合和细菌之间的基因水平转移过程有重要作用。

2.1.4.1 大肠杆菌的基因型

前文已经提到,大肠杆菌与酵母分别适合作为原核生物和真核生物基因功能研究和蛋白质表达的宿主菌。它们都有许多不同类型的菌株,如何选择合适的菌株,要求研究人员知道实验的需要并充分了解不同菌株的特点。与了解质粒需要阅读质粒图谱一样,要了解菌株的特点就必须知道菌株的基因型。

基因型指一个生物个体细胞内的 DNA 所包含的全部基因类型。通常情况下也指生物个体基因组中的一个或多个与特定表型相关的基因类型。例如实验室常用的大肠杆菌 DH5α，它的基因型为：F^-、$\Delta(argF\text{-}lac)169$、$\varphi80dlacZ58$（M15）、$\Delta phoA8$、$glnX44$（AS）、$\lambda^-$、$deoR481$、$rfbC1$、$gyrA96$（NalR）、$recA1$、$endA1$、$thiE1$、$hsdR17$（摘自耶鲁大学菌种保藏中心，https://cgsc.biology.yale.edu/Strain.php？ID=150015）。

在对大肠杆菌基因型的描述中，排列在最前面的是 F 因子的相关信息（表 2-1）。F 因子（F-factor，又叫致育因子或性因子，它本质上是一种附加体型质粒，它既能独立存在，又能整合进入宿主菌基因组内。F 因子含有 60 多个基因，大小 100 kb 左右）及其变化体一共有 4 种形式。F^+ 代表该菌株含有自主性 F 因子，即该 F 因子不含任何遗传上可识别的宿主细菌基因组 DNA 片段。F^- 则表示 F 因子缺失。有时在大肠杆菌基因型中能看到 F'，它代表该 F 因子含有宿主基因组的部分 DNA 序列。F 因子整合进入宿主菌的基因组中则使宿主菌成为高频重组菌株 Hfr。

表 2-1　大肠杆菌 DH5α 的基因型含义及其特性

DH5α 基因型	含义	对菌株的影响
F^-	F（致育/性）因子缺失	可以接受 F 因子
$\Delta(argF\text{-}lac)169$	也叫 $\Delta lacU169$，来于 Hfr3000U169 菌株，位于此区域的 lac 操纵子和过氧化氢敏感基因缺失，使细菌抗过氧化氢，实际缺失 $mmuP$ 到 $argF$ 和 lac 到 $mhpD$ 的区域，所以应为 $\Delta(mmuP\text{-}mphD)$。缺失长度约 10^5 bp	突变菌株不能代谢乳糖、精氨酸等物质
$\varphi80dlacZ58$（M15）	菌株携带原噬菌体 $\varphi80$。该噬菌体中含有突变型 $lacZ$ 基因 $lacZ58$，它缺失 $lacZ$ 编码的 β-半乳糖苷酶的 11～41 位氨基酸。d 代表缺陷 defective。$lacZ58$ 也称 M15	用于蓝白斑筛选。该基因型菌株能编码 β-半乳糖苷酶中功能正常的 ω 肽段，能与转化质粒编码的 β-半乳糖苷酶 α 肽段互补，恢复酶活性
$\Delta phoA8$	碱性磷酸酶基因被删除，这种酶能催化核酸分子脱掉 5′ 磷酸基团	有利于 DNA 合成
$glnX44$（AS），曾经的名称为 $supE44$	SUP 基因座 E44 位突变，$supE$ 编码的阻遏蛋白与 UAG 终止密码子结合，阻止翻译	琥珀突变抑制子。突变 $supE$ 基因导致遇到 UAG 密码子编码 Gln 而不是停止蛋白质合成
λ^-	溶原性 λ 噬菌体被删除	菌株不会被内源性 λ 噬菌体裂解
$deoR481$	deo 操纵子阻遏蛋白失活，导致菌株组成型地合成脱氧核糖	有利于质粒复制和增殖
$rfbC1$	LPS（脂多糖）合成缺失	缺失 LPS 有助于提高转化效率
$gyrA96$（NalR）	DNA 促旋酶基因 $gyrA96$ A 亚基点突变。第 87 位密码子从 GAC 变成 AAC	使菌株具有对萘啶酮酸（200 μg/mL）和荧光喹啉的抗性
$recA1$	$recA1$ 重组酶基因突变，ATP 依赖型重组酶失活，recBCD、recE 和 recF 三条重组路径均丧失，重组率降低 10 000 倍。适合复制有回文结构的高拷贝数质粒	抑制细胞内 DNA 的重组，有助于转化进入细胞含有重复序列的 DNA 分子稳定

续表 2-1

DH5α 基因型	含义	对菌株的影响
endA1	非特异的Ⅰ型核酸内切酶基因 *endA1* 突变	有利于 DNA 分子的稳定,可以增加质粒产量
thiE1	硫胺素代谢基因突变	菌株在基本培养基上的生长需补充硫胺素
hsdR17	hsdR17(host specificity defective)。*hsdR* 基因表达的Ⅰ型限制酶 EcoK(K-12 株)或 EcoB(B 株)的限制酶亚基功能丧失	hsdR17 限制酶功能缺失(不再限制外源 DNA),但修饰功能正常(保留对 DNA 甲基化功能),有利于外源 DNA 转化进入宿主细胞

其次,在对细菌基因型的描述中需要知道的一点就是,如果某个基因被列出来就表示该基因突变了。没有列出的基因是否突变是目前还不能确定的。与 DH5α 一样,实验室用到的大肠杆菌基本都是包含多个突变位点的多基因突变体。

在分子生物学领域,基因符号一般用斜体字母表示。大肠杆菌的基因(或称遗传位点)用与基因功能有关 3 个小写斜体字母表示。基因符号后面的大写字母表示影响某一生化途径的多个基因(它们通常构成一个操纵子)中的某一个特定基因,这个途径中的不同基因用不同的大写字母区分,但它们前面的 3 个小写斜体字母相同。例如 *lac* 表示乳糖代谢相关基因,*lacZ* 表示乳糖操纵子中编码 β-半乳糖苷酶的基因,*lacI* 则表示乳糖操纵子中编码阻遏蛋白的基因。某一基因的不同等位基因则在基因名称即 3 个小写斜体的字母和 1 个大写斜体字母后面加上数字编号。例如 *recA1* 与 *recA13* 表示重组酶基因 *recA* 的两个不同的等位基因。又如在 *φ80dlacZ58*(M15)中,*φ80* 是指大肠杆菌基因组内溶原性的 λ 噬菌体 *φ80*,*d* 表示缺陷型。*lacZ58* 表示这个 *lacZ* 突变基因的编号为 58(该突变基因缺失 β-半乳糖苷酶第 11~41 位氨基酸的编码序列,*lacZ58* 又名 M15。需要注意的是,M15 也指含有 *lacZ58* 的突变体菌株,或者是 *lacZ58* 编码的突变蛋白)。所以,*φ80dlacZ58*(M15)的全面含义就是该大肠杆菌在其基因组包含的溶原性噬菌体 *φ80* 中存在的 *lacZ* 基因是缺陷性的 *lacZ58*。不过,也有一些研究人员将野生型基因 *lacZ* 写成 *LacZ*,即基因符号的首字母用大写形式表示。

对大肠杆菌基因型的描述中,在基因名称或基因的一部分前面加一个"Δ"表示这个基因或基因部分片段缺失或被删除。例如,上述 DH5α 基因型中 *ΔphoA8* 表示碱性磷酸酶基因 *phoA8* 被删除了。DH5α 基因型中其他符号的含义在表 2-1 有详细的说明。另外,如果菌株包含质粒、噬菌体和转座子等,这些信息都要在菌株的基因型里加以说明。例如 DH5α 基因型中列出的质粒 F 因子、溶原性噬菌体 *φ80* 就属于这种情况。

2.1.4.2 酵母的基因型

对酵母基因型的描述大体上也遵循同样的原则。例如 Clonetech™ 公司用于单杂交的酵母菌株 Y1HGold 的基因型是:*MTAα*、*ura3-52*、*his3-200*、*ade2-101*、*trp1-901*、*gal4Δ*、*leu2-3*,*112*、*gal80Δ*、*met⁻*、*MEL1*。

酵母基因型中最先列出的是交配型信息。*MTAα* 即为该单倍型酵母的交配型。大肠杆菌的基因型中最先列出的是 F 因子信息。这种形式类似于身份证上紧接于姓名之后就是性别信息的布局。

与对大肠杆菌基因型描述相同的是,突变基因都被列举出来。*ura3-52*、*his3-200*、*ade2-101*、*trp1-901* 和 *leu2-3,112* 分别表示该酵母基因组中 *ura3*、*his3*、*ade2*、*trp1* 和 *leu2* 这五个基因是突变型的。它们分别编码尿嘧啶核苷、组氨酸、腺嘌呤、色氨酸和亮氨酸代谢途径中的一个酶,所以突变这些基因导致酵母不能在缺乏相应氨基酸或核苷酸的培养基上生长。可以看出,对酵母基因型的描述与对大肠杆菌基因型的描述不同:大肠杆菌内同一代谢途径中的不同的突变基因用与基因功能相关的 3 个相同的小写斜体字母与 1 个表示不同基因的大写斜体字母表示,如 *lacZ*、*lacY*、*lacA*;而酵母基因型中不同基因只用 3 个斜体字母表示。产生上述差别的原因在于原核生物中每个操纵子一般包含几个基因,不同基因需要在 3 个相同的小写字母后面加上 1 个不同的大写字母以示区别。而在真核生物酵母中,每个基因都有自己相对独立的调控体系,也有自己独立的名称。所以,用 3 个斜体字母即可代表不同的基因。

大肠杆菌与酵母中同一个基因的不同等位基因都是在基因名称后面加上数字表示,如 *lacZ58*、*ura3* 等。酵母中使用 3 个小写斜体字母加上数字表示某个突变的隐性等位基因(如 *ura3*、*his3*、*ade2* 等),斜体字母与数字后面的连字符加数字(如 *ura3* 后面的-52)代表不同等位基因的编号。酵母显性等位基因则用 3 个大写的斜体字母加上 1 个数字表示,如 *ARG2*、*LEU2* 等。*ARG2* 编码的蛋白质则用 Arg2 表示。*leu2-3,112* 表示具有双突变位点的 *LEU2* 基因。如果是以菌株生长的表现型为线索来描述其特征,那么就要用与基因型相同的 3 个非斜体字母代表,而且第一个字母要大写。例如,His$^+$ 表示该菌株是组氨酸合成野生型表型,His$^-$ 则表示该菌株是组氨酸合成缺陷型。

酵母基因型中基因符号后面的"Δ"表示缺失的意思,所以 *gal4Δ* 和 *gal80Δ* 代表该酵母基因组中 *gal4* 和 *gal80* 这两个基因缺失。虽然大肠杆菌中基因缺失或删除也用"Δ"表示,但"Δ"出现在缺失或删除的基因符号之前。这是酵母和大肠杆菌基因型表示方法的另一个不同之处。

酵母基因型中 *met*$^-$ 表示甲硫氨酸合成缺陷型基因,即在简单培养基中只有添加了甲硫氨酸,这种酵母才能存活。*MEL1* 是酵母编码 α-半乳糖苷酶的基因,α-半乳糖苷酶能水解 X-α-gal,使阳性菌落在含有 X-α-gal 的选择培养基上呈蓝色。需要注意的是,功能类似的 β-半乳糖苷酶是由大肠杆菌 *lacZ* 基因编码的,它分解的底物是 X-β-gal,即蓝白斑筛选中用到的 X-gal。不过,在酵母中 *lacZ* 与 *MEL1* 一样可以作为报告基因使用。由于 *MEL1* 基因为酵母自身所有,而 *lacZ* 则是源于原核生物大肠杆菌,所以尽管它们的功能类似,但写法不同。而且,*MEL1* 用大写字母表示这个酵母菌株含有编码野生型 α-半乳糖苷酶的基因而非突变体。所以,与大肠杆菌基因型表示方法的第三个不同之处是,在酵母菌株中有重要功能的野生型基因也在基因型中排列出来,而在大肠杆菌基因型中排列出来的都是突变基因。

在对酵母基因型的描述中,有时能看到两个基因间的"∷"符号。它表示该符号后面的基因插入了前一个基因的序列之中。例如,*LEU2∷ARG2* 表示 *LEU2* 基因中插入了 *ARG2* 基因序列,并且插入没有破坏被插入基因的功能。*leu2∷ARG2* 则表示 *ARG2* 基因的插入破坏了 *LEU2* 基因的功能,但 *ARG2* 基因的功能正常。由此可见,酵母菌株基因型的表述比大肠杆菌的复杂。至于为什么要选择这些基因突变或正常的酵母作为宿主菌,将在后面的酵母杂交中阐述。

不仅大肠杆菌与酵母的基因型表述方法有所不同,其他生物种类中基因的命名也同样存在许多不一致的地方。例如大鼠/小鼠、鱼类与人的基因写法各不相同。数量众多的不一致以及例外给研究人员带来了不便甚至是混乱,这些都是有待完善的地方。

 重点回顾

1. 菌株基因型是了解菌株特点最直接可靠的途径。凡是在基因型中提及的基因都是突变型基因或与菌株功能密切相关的野生型基因。

2. 不同生物种类基因型的描述规则有大体一致的原则,但也有各种不同的细节或例外。

2.1.5 插入片段与载体的连接

2.1.5.1 载体的选择

如果要构建目的基因的表达质粒,传统操作程序是首先设计两端带有不同酶切位点的 PCR 引物扩增目的基因片段,然后将 PCR 产物通过 TA 克隆连接进入克隆载体。克隆质粒测序验证以后用内切酶切下目的基因片段,再将它连接表达载体,然后转化宿主菌,最终通过宿主菌复制获得表达质粒。

更直接的方式则是先将两端带有不同酶切位点的 PCR 产物进行双酶切处理,再将酶切处理的 PCR 产物纯化以后连接经过同样酶切处理的表达载体,然后转化宿主菌,通过宿主菌复制获得表达质粒。这种处理方式省略了 PCR 产物连接克隆载体的步骤。

这两种方式哪一种更好? 从操作步骤来看,直接将 PCR 产物酶切处理以后连接表达载体简单得多,而且多数情况下也能成功地获得目的基因的表达质粒。然而,通过目的基因的克隆载体构建表达质粒却是更稳妥的做法。部分原因在于克隆载体通常很小,一般在 4 kb 左右。目的基因插入克隆载体以后能够很容易转化进入宿主细胞,因为质粒越小越容易转化。而表达载体通常比较大,一般在 10 kb 以上。如果目的基因本身也比较大,那么通过 PCR 产物连接表达载体转化感受态细胞就有一定的难度。

上述解释理由似乎并不充分。因为目的基因虽然能很容易进入克隆载体并转化进入宿主细胞,但无论目的基因是通过 PCR 产物直接连入表达载体还是从克隆质粒上酶切下来再连入表达载体,最终形成的表达质粒大小都是相同的,它们转化进入宿主细胞的难度应该完全一样。然而实际情况是,通过克隆质粒将目的基因酶切下来然后连接进入表达载体转化宿主细胞效率更高。原因可能是目的基因在克隆质粒上经过宿主细胞的复制通常会被甲基化。PCR 扩增的目的基因由于缺乏甲基化的保护在连接和转化过程中更容易受到核酸酶的攻击而降低有效浓度。所以,同样浓度的目的基因片段在连接进入表达载体及转化时,甲基化的目的基因片段由于得到更好的保护而具有更高的转化效率。

首先构建目的基因克隆质粒的另一个优势在于克隆质粒的多克隆位点上有较多的酶切位点可以选择,能方便以后构建目的基因的不同表达质粒。此外,直接通过酶切带有酶切位点的 PCR 产物还有酶切效率可能不高、酶切结果难以检测的问题。因此,究竟选择哪种表达质粒构建方式要综合考虑实验的目的以及基因的具体情况。对于一个片段长度不大的目的基因,如果只需要构建单一的表达质粒,通过 PCR 产物酶切直接连入表达载体可能更加方便。否则,先连接进入克隆载体就是更好的选择。

2.1.5.2 连接反应的温度

传统的基因克隆方法中,目的基因要进入克隆质粒或表达质粒都需要经过连接反应。连接反应的温度一般有 4 ℃过夜连接、16 ℃连接 5 h、室温连接 0.5 h 等常见的方式。如何选择适合的连接反应温度? 回答这个问题之前需要对连接过程有一个基本的认识。

两个具有黏性末端的 DNA 片段之间的连接反应可以分两个阶段。第一阶段是被连接的DNA 分子两端的黏性末端通过碱基互补配对的原则退火形成氢键。这个过程对连接效率来说较为重要,因为无黏性末端退火过程的平末端连接效率通常都比较低。第二阶段是由 DNA连接酶将已经退火的 DNA 片段的缺刻(或称断点)通过共价键(3′,5′-磷酸二酯键)连接起来。

连接反应是在溶液中进行的。在第一阶段,带有黏性末端的 DNA 分子片段通过碱基配对退火形成氢键建立起来的联系是不稳固的,容易受溶液中布朗运动即分子热运动的冲击而断开。溶液温度越高,分子热运动就越剧烈,互补配对的碱基对之间的氢键联系也就越脆弱。所以,降低连接反应温度有助于黏性末端之间退火形成连接的稳定性。不过,在连接反应的第二阶段,较高的反应温度又有利于增强 DNA 连接酶的活性。因为常用的大肠杆菌 T4 DNA连接酶的最适反应温度是 37 ℃,也就是说 37 ℃时该连接酶的效率最高。然而,在此温度下一般 DNA 片段之间的黏性末端难以相互配对退火,已经配对退火的分子也难以维持配对的状态。因为根据计算短核苷酸链退火温度的 Wallace 规则,$T_m=2\ ℃(A+T)+4\ ℃(G+C)$,多数具有 4 个突出核苷酸的黏性末端退火温度(T_m)值都在 16 ℃以下。

选择最适的连接反应温度需要综合考虑以上两方面的因素:既要保证被连接 DNA 片段两端的黏性末端首先能退火形成不稳固的连接状态,又要兼顾 DNA 连接酶的活性。因此对究竟在什么温度条件下连接最好这个问题不能一概而论,原因是连接反应涉及各种不同的情况。例如多数黏性末端带有 4 个突出核苷酸,有的则有 6 个或更多,有的只有 2 个或 1 个,有的甚至没有突出的核苷酸末端。不同黏性末端的 T_m 值是不同的,并且退火温度还与溶液的成分有关。所以最适连接反应温度也相应不同。通常情况下按照连接酶供应商提供的方案能获得较好的效果。如果实验中按说明书使用连接酶效果不理想,可以根据黏性末端的 T_m 值使用不同的温度进行连接,或者改变其他条件包括连接片段的浓度、比例或溶液成分进行尝试。

 重点回顾

1. 传统方法构建目的基因的表达质粒时,通常情况下先将目的基因的 PCR 产物连接进入克隆载体,然后从克隆质粒上切下目的基因片段,再将它连接进入表达载体。特定情况下也可以将 PCR 产物酶切以后直接连接进入表达克隆载体。

2. 具有相同黏性末端的 DNA 退火温度与黏性末端核苷酸的长度、组成和溶液成分有关。选择连接反应温度,要综合考虑黏性末端的退火温度与 DNA 连接酶的最适反应温度等多种因素。

 视频资料推荐

DNA Ligation Reactions: Principle, Procedure, and Applications | Basic Methods in Cellular and Molecular Biology | JoVE

2.1.6 载体去磷酸化

2.1.6.1 单酶切连接插入片段与载体

在传统的分子克隆过程中,通常用两种不同的内切酶分别处理插入片段和载体,使它们两端形成不同的黏性末端,将它们纯化后按一定的比例混合,再加入DNA连接酶将插入片段与载体连接起来。使用两种不同的内切酶不仅可以保证酶切以后的载体不会在连接过程中自己重新连接起来,而且可以使插入片段按设定的方向连接进入载体,以方便后续的基因表达等操作。然而,某些情况下无法用双酶切的方式将插入片段连接进入载体。例如,载体多克隆位点区域只有一个酶切位点可以用来插入外源目的基因或DNA片段。此时只利用一个内切酶切割载体,并将插入片段两端同时引入该内切酶位点,插入片段经过单酶切处理以后与载体片段连接就是一种选择(还可以不用酶切连接而是用重组的方式或PCR扩增的方式插入)。不过,单酶切以后由于载体两端与插入片段两端的酶切位点都相同,在连接酶的作用下一方面载体自己能够重新连接起来形成空载体,另一方面插入片段也能自身连接导致环化。虽然插入片段正确连接进入载体的可能性存在,但这种连接出现的概率很低,转化以后可能需要筛选很多克隆才能发现一个带有插入片段的克隆。而要找出具有正确插入方向的克隆就更加困难。依靠这种碰运气的方式构建载体无疑是低效的。

2.1.6.2 载体的去磷酸化与单酶切位点连接

解决上述问题的一种比较实际的办法是利用一种叫牛小肠碱性磷酸酶(CIAP)的水解酶来防止单酶切形成的载体两端重新连接形成空载体。CIAP可以水解DNA或RNA的3′端或5′端的磷酸基团,形成无磷酸基团的核酸末端(黏性末端或平末端)。由于限制性核酸内切酶切开DNA双链的磷酸二酯键后,能分别在切口的两端产生5′-磷酸基团和3′-羟基,所以如果用CIAP处理单酶切产生的线性化载体,去掉了磷酸基团的载体因自身不能形成3′,5′-磷酸二酯键就不能在DNA连接酶的作用下重新形成共价连接(图2-6)。

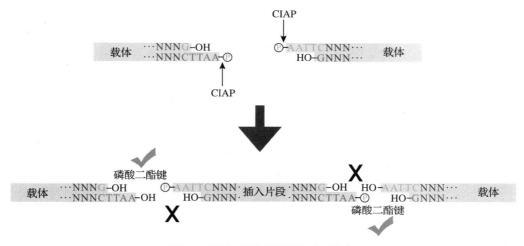

图 2-6 载体去磷酸化及连接示意图

CIAP:牛小肠碱性磷酸酶;箭头指示位置为去磷酸化位点。√表示能够形成3′,5′-磷酸二酯键的位点;×表示不能形成3′,5′-磷酸二酯键的位点

单酶切以后去磷酸化处理的载体与经过相同的单酶切处理的插入片段混合后,由于插入片段两端带有 5′ 端磷酸基团,能够与载体两端的 3′ 端羟基之间在 DNA 连接酶的作用下生成 3′,5′-磷酸二酯键,从而形成稳定的共价连接。然而,插入片段的 3′ 端与载体的 5′ 端由于都没有磷酸基团,无法形成磷酸二酯键而处于断裂状态即存在缺刻。因此,这是一种半连接的状态(即插入片段双链两端的酶切位点上其中一条单链是共价连接的,其互补链是含有缺刻的)。这种半连接状态的质粒在转化进入宿主细胞后,缺刻位点能被宿主体内的 DNA 连接酶通过 3′,5′-磷酸二酯键连接起来。

需要说明的是,单酶切的插入片段因为不经过去磷酸化处理,它在 DNA 连接酶的作用下仍然可以自己首尾相连成环状。虽然这种环状的 DNA 分子也能够被转化进入宿主细胞,但它既无复制起点无法复制,又不具有抗生素抗性,将随宿主细胞的死亡而被 DNA 酶水解。在插入片段与载体的连接反应混合物中,由于插入片段的数量比载体多,部分插入片段自身连接一般不会显著影响与载体连接的结果。

必要的情况下,插入片段自身连接的问题也能够通过一种叫作 3′ 端替换的方法得到解决。但这个过程比较繁琐,只有在一些特殊情况下才值得尝试。

 重点回顾

1. 载体去磷酸化是利用单酶切位点插入外源基因的有效手段。用牛小肠碱性磷酸酶处理载体能水解载体酶切位点核苷酸 5′ 端的磷酸基团,防止载体在连接酶存在的条件下自身连接转化以后形成假阳性克隆。

2. 外源 DNA 插入片段两端带有的磷酸基团提供了与经过去磷酸化的载体通过碱基互补配对以后形成部分 3′,5′-磷酸二酯键,从而将载体与插入片段共价连接起来,然后转化宿主细胞获得阳性克隆。

2.1.7 感受态细胞的转化效率

 概念解析

菌落形成单位(colony forming unit,CFU):指每微克质粒转化宿主菌以后在培养基平板上形成的菌落(或称克隆)的数量。

感受态是分子克隆中质粒的宿主菌所处的一种特殊的生理状态,其特点是宿主菌细胞膜的通透性增加,容易从周围环境中吸收 DNA 分子。一般情况下 DNA 分子可以通过化学或物理处理的方式进入感受态细胞。对微生物宿主菌来说这个过程叫转化。化学转化常用 $CaCl_2$ 溶液处理宿主菌细胞使其易于接受质粒或其他 DNA 分子,然后通过热激的方式促进外源 DNA 分子进入宿主细胞;物理转化则是通过电击的方式使质粒进入宿主细胞。这两种方法的原理都是利用化学或物理方法处理以后,感受态细胞膜的通透性增加,便于摄取核酸(如质粒)的特点来进行转化。对于较大的质粒,物理转化的方式通常更加有效。

感受态细胞接受质粒的难易程度即转化效率可以用菌落形成单位 CFU/μg 表示。它指每微克质粒转化宿主菌以后在培养基平板上形成的菌落(或称克隆)的数量。以大肠杆菌为例,感受态细胞转化效率的测定方法为,用 0.1 ng pUC18 质粒转化 100 μL 待测的感受态细胞,然后加入 900 μL SOC 培养基(SOC 培养基成分见附录。加入 LB 培养基替代 SOC 培养基也可以,但 SOC 培养效果更好)将转化细胞培养液稀释至 1 mL,37 ℃厌氧条件下,以 200 r/min 的速度摇菌培养 1 h。取 1/10 的培养液涂平板。随后将平板用不透气的封口膜封闭以后在 37 ℃培养箱中倒置培养 12 h,统计菌落数。假如平板上长出 300 个克隆,那么转化效率= 300 CFU/0.01 ng=3×10^4 CFU/ng=3×10^7 CFU/μg。即 1 μg 质粒可以转化形成 3×10^7 个克隆。对很多大肠杆菌克隆菌株来说,感受态细胞的转化效率一般可以达到 $10^7 \sim 10^{10}$ CFU/μg。

感受态细胞的转化效率受两方面因素影响:一是质粒分子的大小及数量,二是感受态细胞本身的特点及状态。分子量较小的克隆质粒转化大肠杆菌的克隆菌株如 DH5α 或 TOP10 通常可以达到很高的效率,但分子量较大的质粒,例如大于 15 kb 的质粒转化起来就有一定的难度。原因可能是较大的质粒难以通过细胞质膜进入细胞。通常情况下,酶切后连接的载体(质粒)转化同样的感受态细胞,生成阳性克隆的数量比直接转化在大肠杆菌中复制的质粒少很多,这主要是连接效率不高带来的影响,也就是说,真正连接成功的质粒数量并不多。另外,感受态细胞的种类和状态也对转化效率有很大的影响。例如同样数量的质粒,如果转化大肠杆菌菌株 JM110 的感受态细胞,产生的阳性克隆就会比转化 DH5α 感受态细胞产生的阳性克隆少得多。即使是同一种菌株,其生长状态不同,转化效率也会有明显的差别。所以,在制备感受态细胞时,对细菌的生长状态有较高的要求。通常选择生长旺盛、处于对数期的宿主菌菌液制备感受态细胞。而且,在制备感受态细胞的过程中,$CaCl_2$ 的纯度也对感受态细胞的转化效率有明显的影响。不过,一般情况下感受态细胞的转化效率对实验结果不会产生实质性的影响。因为被转化的质粒 DNA 分子有很多个拷贝,它们都属于同一种分子,无论其中哪个质粒分子成功转化进入感受态细胞都能获得阳性克隆。因此,在基因克隆过程中,感受态细胞的转化效率只要不是太低,一般不会构成决定实验成败的关键因素。

然而,在构建文库,例如构建用于筛选特定 DNA 片段的基因组文库或筛选编码基因的 cDNA 文库时,感受态细胞的转化效率就非常重要了。因为建库时转化的质粒通常是连接到载体上的一个由片段大小各不相同、拷贝数也不相同的 DNA 分子组成的群体。由于不同 DNA 片段的大小不相同,它们与载体连接形成的质粒的效率就存在差异,而且形成的大小不同质粒转化效率也不一样。特别是 cDNA 群体中不同基因表达形成的拷贝数(即在群体中所占比例)可能相差很大。如果感受态细胞的转化效率高,那么丰度较低的质粒也有机会进入感受态细胞形成克隆,这样的文库代表性更广。相反,如果感受态细胞的转化效率低,一些丰度较低的质粒很可能没有机会进入感受态细胞形成克隆,这样的文库就不够全面。用这种文库筛选目的基因时,有可能达不到预期目的。在此情况下,感受态细胞的转化效率就是影响实验成败的关键因素。

一个值得注意的现象是,转化感受态细胞的质粒的量有时并不与转化成功的阳性克隆的数量成正比。某些情况下质粒量的多少带来的不是阳性克隆数量的不同,而是有或无的区别。例如用 10 μL 的酶切连接产物转化 100 μL 的大肠杆菌感受态细胞,结果在平板上长出 50 个阳性克隆。以此类推,如果用 2 μL 连接产物转化 100 μL 感受态细胞就应该大致获得 10 个阳性克隆。但实际上也许一个阳性克隆也没有长出来。可能的原因是转化过程中 DNA 酶的存在使低于一定量的质粒 DNA 完全被降解,导致质粒没有机会进入感受态细胞形成阳性克隆。

 重点回顾

1. 感受态是指宿主细胞在氯化钙或其他溶液处理下呈现的一种易于接受外源质粒或 DNA 分子的一种特殊的生理状态。在热激或电击处理下,感受态细胞更容易接受外源质粒或 DNA 分子。

2. 感受态细胞的转化效率受菌株类型影响最大。同时,制备感受态细胞时,细胞的生长状态与 $CaCl_2$ 等溶液的纯度以及质粒的大小和转化方式也对转化效率有明显影响。

3. 构建文库时必须使用转化效率高的感受态细胞。

 参考实验方案

Current Protocols in Microbiology Volume 22,Issue 1

Generation of Transformation Competent *E. coli*

Nicholas Renzette

First published:01 August 2011

 视频资料推荐

DNA Cloning and Bacterial Transformation │ Molecular Biology │ JoVE

Transformation of plasmid DNA into *E. coli* using the heat shock method. Froger A,Hall J E. J Vis Exp. 2007 Aug 1;(6):253. doi:10.3791/253.

2.1.8 分子克隆中常用的报告基因——蓝白斑筛选

 概念解析

操纵子(operon):原核生物中,功能相关的一些基因聚集在一起形成的一个转录基本单位,它们受共同的分子机制调控,这种基因结构和功能的单位即为操纵子。操纵子通常由一个操纵基因、启动子以及下游几个结构基因和终止子组成。

2.1.8.1 乳糖操纵子的结构及功能

蓝白斑筛选是分子生物学实验中应用最广泛的筛选手段之一。无论是分子克隆过程中的阳性菌落筛选还是酵母杂交中利用报告基因显示结果,通常都会用到蓝白斑筛选。其依据的原理是大肠杆菌乳糖操纵子编码的 β-半乳糖苷酶的 α-互补现象。

细菌基因组内广泛存在一种叫作操纵子的结构。例如大肠杆菌乳糖操纵子就是由与乳糖代谢相关的 6 个基因聚集在一起构成的。它们分别是 *lacI* 基因(*lac* 是乳糖 lactose 的缩写,*lacI* 或者简称 *I*,为编码阻遏蛋白 I 的基因)、*lacP* 基因(*P*,启动子)、*lacO* 基因(*O*,操纵基因)、*lacZ* 基因(*Z*,编码 β-半乳糖苷酶,其作用是催化乳糖水解)、*lacY* 基因(*Y*,编码 β-半乳糖苷酶透性酶,该酶又叫乳糖渗透酶,其作用是将乳糖运入细胞)、*lacA* 基因(*A*,编码 β-半乳糖苷转乙酰基酶,其作用是将乙酰辅酶 A 上的乙酰基转移到 β-半乳糖苷上)。其中 *I*、*P*、*O* 为调节基因,*Z*、*Y*、*A* 为结构基因(图 2-7A)。

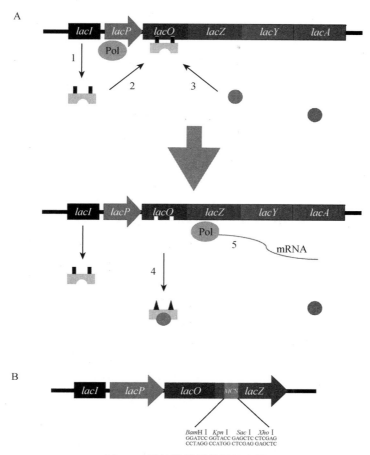

图 2-7　乳糖操纵子模型示意图

A：*lacI*、*lacP*、*lacO* 分别代表阻遏蛋白编码基因、启动子和操纵基因。*lacZ*、*lacY*、*lcA* 分别代表编码 *β*-半乳糖苷酶、*β*-半乳糖苷酶透性酶、*β*-半乳糖苷酶转乙酰基酶的基因。Pol 代表 RNA 聚合酶。多边形代表阻遏蛋白，圆形代表乳糖分子。数字 1、2、3、4 和 5 代表乳糖操纵子在培养基中缺乏乳糖以及添加乳糖条件下，操纵基因从被阻止（1～2）到解除阻止引起结构基因转录过程（3～5）的不同阶段。B：在 *lacZ* 基因中插入多克隆位点 MCS

　　大肠杆菌乳糖操纵子的功能机制如图 2-7A 所示：当培养基中无乳糖时，*I* 基因编码的阻遏蛋白结合在操纵基因 *O* 上阻止启动子 *P* 转录操纵基因下游的结构基因；当培养基中乳糖为唯一碳源时，乳糖分子与阻遏蛋白 *I* 结合引起阻遏蛋白构象发生改变，导致它从操纵基因上脱离下来，于是启动子 *P* 得以转录，启动下游的结构基因表达。其中，*Z* 基因编码的 *β*-半乳糖苷酶催化乳糖水解生成半乳糖和葡萄糖，参与分解代谢。*β*-半乳糖苷酶由 4 个相同的亚基组成。每个亚基含有 1 024 个氨基酸，包括氨基端的 α-肽段和羧基端的 ω-肽段两部分。有些人喝牛奶不消化就是因为他们体内缺乏 *β*-半乳糖苷酶，不能代谢牛奶中的乳糖造成的。

2.1.8.2　*β*-半乳糖苷酶的 α-互补

　　分子生物学领域里的一个常见现象是：一个蛋白质分子从其肽链中间某些位置被分开成两部分以后如果让它们同时在同一个细胞内表达，那么混合在一起的两个肽段经常会自动组合起来表现出原来完整蛋白质分子的生理功能。例如，将泛素蛋白的编码基因分成 N 端和 C

端两部分在细胞内表达,每一个单独表达的多肽片段都无泛素活性,但将分开的两部分在细胞内同时表达时,泛素蛋白的活性就体现出来了! 这个现象说明原来分开的泛素蛋白的不同肽段在细胞内自动组合成了有功能的形式。β-半乳糖苷酶也具有类似的特点。也就是说,在细胞内无论单独表达 β-半乳糖苷酶氨基端的 α-肽段还是羧基端的 ω-肽段都不会产生 β-半乳糖苷酶活性。如果使它们分别并且同时在同一个细胞内表达,两个肽段将自动组合形成有 β-半乳糖苷酶催化活性的蛋白。需要说明的是,不同的蛋白质分子被分开成两个部分以后在细胞内同时表达时,它们的自动组合能力是有区别的。一部分蛋白质(如泛素蛋白)的两个组成部分能自动组合形成有功能的形式;而另一些蛋白质的两个分开的部分必须被牵引到一定距离内才能形成有功能的形式(如 GFP 蛋白)。

依据上述原理,如果将带有缺陷性 β-半乳糖苷酶基因的大肠杆菌菌株作为宿主菌(缺陷型 β-半乳糖苷酶基因通常是 *lacZ58*(M15)或称 *lacZΔM15*,该突变基因编码的 β-半乳糖苷酶缺失 α-肽段中的第 11～41 位氨基酸残基),或将缺陷型的 *lacZΔM15* 基因整合在 F 因子上随宿主传代(这种情况下该 F 因子的宿主菌株基因组中不能含有 *lacZ* 基因),那么该宿主菌的 *lacZΔM15* 基因表达的 β-半乳糖苷酶羧基端的 ω-肽段是正常的,但它缺乏氨基端 α 肽段活性。

同时,如果将含有编码 β-半乳糖苷酶氨基端 α-肽段的 *lacZ'* 基因(它编码 β-半乳糖苷酶 N 末端的 146 个氨基酸)的质粒转化进入含有 *lacZ58* 的菌株,质粒上的 *lacZ'* 基因就能够在宿主菌内表达功能正常的 α-肽段(该肽段的表达不需要诱导)。当宿主菌在培养基中唯一碳源乳糖诱导下,表达的缺陷型 β-半乳糖苷酶的 ω-肽段与质粒上表达的 α-肽段互补形成有功能的 β-半乳糖苷酶时,乳糖就会被水解生成半乳糖和葡萄糖,然后葡萄糖参与糖的分解代谢即糖酵解过程。这个现象就叫作 β-半乳糖苷酶的 α-互补(图 2-7A)。

2.1.8.3 蓝白斑筛选

蓝白斑筛选正是利用这一原理。在 α-互补系统中,如果在培养基中用乳糖类似物异丙基-β-D-硫代半乳糖苷(即 IPTG)作为乳糖操纵子的诱导物,同时加入另一种乳糖类似物 5'-溴-4'-氯-3'-吲哚-β-D-半乳糖苷(即 X-β-gal,简称 X-gal)。那么 IPTG 诱导宿主菌表达的缺陷型 β-半乳糖苷酶的 ω-肽段,与质粒上 *lacZ'* 基因表达的 α-肽段互补形成有功能的 β-半乳糖苷酶后,就能够水解 X-gal,生成无色的化合物 5'-溴-4'-氯-3'-羟基吲哚以及半乳糖。随后 5'-溴-4'-氯-3'-羟基吲哚通过氧化反应并且二聚化形成蓝色的不溶化合物 5,5'-二溴-4,4'-二氯靛蓝(图 2-8。很多吲哚类的化合物有颜色,常作为染料使用)。这样就可以通过肉眼观察是否有蓝色克隆出现来判断细胞内是否发生了 β-半乳糖苷酶催化的水解反应。据此可以推断由转化质粒产生的 α-肽段是否与宿主菌细胞内的 ω-肽段发生了互补。

研究发现,如果在上述 *lacZ'* 基因编码区内插入编码不大于 18 个氨基酸(54 bp)的 DNA 片段,*lacZ'* 基因编码蛋白即 α-肽段的互补能力不会受到影响。但如果插入片段大于 54 bp,那么这个 α-肽段互补宿主菌体内 ω-肽段的能力就会被破坏。原因可能是插入的片段太大,导致 α-肽段的折叠形成特定的空间结构的能力受到了影响,因为蛋白质特定的空间结构是实现其功能的基础。

根据以上特点,如果将一个多克隆位点(MCS)序列,例如一个长度为 51 bp 的核苷酸片段(图 2-7B)引入 *lacZ'* 基因编码区,并且确保它的插入位置不引起 *lacZ'* 基因产生移码突变,就可以通过 α-互补载体转化以后形成的克隆颜色来判断外源 DNA 片段是否成功地插入载体。

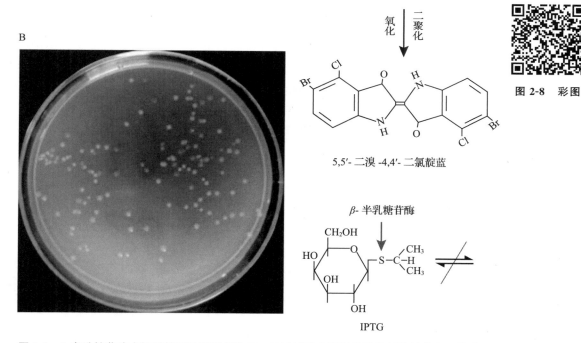

图 2-8　β-半乳糖苷酶水解乳糖及乳糖类似物 X-gal(A)以及大肠杆菌转化质粒的蓝白斑筛选(B)
图 A 中蓝色三角形指示 β-半乳糖苷酶作用的糖苷键。由于 IPTG 糖苷键中的氧原子被硫原子取代,所以不能被水解。图 B 中白色的克隆为载体上带有插入片段的阳性克隆,蓝色的克隆为载体上不含插入片段的阴性克隆。图 B 引自洒荣波等(2019)

如果互补载体的 MCS 区域有外源基因或 DNA 片段插入,相应的克隆因 *lacZ′* 基因表达产物不能发生 α-互补形成有活性的 β-半乳糖苷酶来分解 X-gal,所以宿主菌落不会产生蓝色化合物,形成的克隆就是白色的。相反,如果外源片段未能成功插入互补载体内 *lacZ′* 基因的 MCS 区域,*lacZ′* 基因表达的 α-肽段就能互补宿主细胞内缺陷型的 ω-肽段,形成有活性的 β-半乳糖苷酶水解 X-gal,从而使宿主菌落呈现蓝色。这样通过观察克隆的颜色就能将已经插入外源 DNA 片段的阳性克隆与没有插入外源 DNA 片段的阴性克隆区分开。这就是蓝白斑筛选的原理。

蓝白斑筛选通常与抗生素抗性基因一起作为 α-互补载体上筛选阳性克隆的双重手段。因为分子克隆过程中一般选择无抗生素抗性的菌株作为转基因质粒的宿主菌,只有接受了带有抗生素抗性基因质粒的克隆才能在含有相应抗生素的培养基平板上生长。其中只有白色的克隆才是载体上 *lacZ′* 基因的 MCS 区域插入了外源基因或 DNA 片段的阳性克隆。这种筛选方法简单方便,但它并非绝对可靠。因为有研究表明,一些小 DNA 片段插入 MCS 区域以后有时并不破坏 *lacZ′* 基因的互补功能,导致出现假阴性表型。另外,白色的克隆只是表明载体的 MCS 区域插入了外源 DNA 片段,但这个片段是否就是目标 DNA 分子还需要挑取白色的单克隆,摇菌培养后提取质粒测序验证。

自然状态下,大肠杆菌内乳糖操纵子的诱导物与 β-半乳糖苷酶的底物都是乳糖,即乳糖分子诱导乳糖操纵子表达,然后乳糖被诱导表达出来的 β-半乳糖苷酶水解。而在蓝白斑筛选试验中,采用 IPTG 这种乳糖类似物诱导乳糖操纵子的表达,然后用乳糖的另一种类似物 X-gal 作为其催化底物。使用两种乳糖类似物是因为目前还没有一种分子既能诱导乳糖操纵子表达,同时又能被诱导产生的 β-半乳糖苷酶水解以后产生颜色反应。所以在进行蓝白斑筛选试验时先要将 IPTG 和 X-gal 溶液同时涂布在选择培养基平板上,然后再涂布转化了互补质粒的待筛选宿主菌细胞(图 2-8)。

值得关注的是,目前已经开发出一种叫 DH5α⁻ 的菌株,该菌株在 DH5α 菌株的基础上缺失了 *lacI* 基因,即菌株体内无阻遏蛋白与操纵基因结合。因此,启动子 P 可以不受限制地启动转录表达 ω-肽段功能正常的缺陷型 β-半乳糖苷酶。使用该菌株进行蓝白斑筛选时,无须加入 IPTG 诱导,只要培养基中存在 X-gal 即可进行 α-互补试验。

🍵 重点回顾

1. 蓝白斑筛选是分子生物学实验中最常用的筛选手段之一。其原理是大肠杆菌乳糖操纵子编码的 β-半乳糖苷酶的 α-互补现象。

2. α-互补的实质是:β-半乳糖苷酶 N 端的 α-肽段与 C 端的 ω-肽段能够分开表达,将它们在细胞内组合以后能恢复 β-半乳糖苷酶催化乳糖水解的功能。

3. 蓝白斑筛选的原理是:大肠杆菌中缺陷型的乳糖操纵子在乳糖类似物 IPTG 的诱导下表达的 β-半乳糖苷酶的 ω-肽段与转化质粒上 *lacZ′* 基因表达的 β-半乳糖苷酶的 α-肽段互补形成有催化活性的 β-半乳糖苷酶,分解乳糖的另一个类似物 X-gal,生成蓝色的不溶化合物,从而显示 β-半乳糖苷酶的成功互补。

4. 当互补质粒上编码 β-半乳糖苷酶 α-肽段的 *lacZ′* 基因内部多克隆位点插入外源基因或 DNA 片段时,就会破坏 α-肽段的互补能力,从而失去互补宿主菌缺陷型的 β-半乳糖苷酶的能力,产生的克隆不能水解 X-gal 而呈白色。相反,载体多克隆位点内没有插入外源 DNA 片段的质粒由于具有互补恢复 β-半乳糖苷酶的水解能力而能使克隆呈现蓝色。

5. 除了作为分子克隆过程中阳性克隆的筛选手段,蓝白斑筛选还能在酵母杂交中作为报告基因使用。

 视频资料推荐

Regulation of Gene Expression in Prokaryotes：lac Operon（jove. com）

2.1.9 酶切连接与转化结果中出现的假阳性克隆

通过酶切连接反应构建的重组质粒转化宿主菌以后可能出现假阳性克隆。即本来没有成功连接插入片段的线性化载体自己重新连接起来,然后转化进入宿主菌产生克隆。一般情况下,除了单酶切连接与平末端连接,线性化的酶切载体片段两端是具有不同酶切位点的黏性末端,它们自己不能连接起来(TA 克隆载体也是如此)。既然如此,为什么仍然会出现假阳性克隆?

实际上,能够产生假阳性克隆的可能原因有多种,例如插入片段中含有非目标 DNA 分子等。这些非目标 DNA 分子经过酶切后连接进入载体,转化以后能够像目标 DNA 分子一样形成克隆。除此之外,很可能出现的情况是参与连接反应的酶切载体或插入片段中混入了微量的核酸酶,或者是连接反应混合物中混入了微量的核酸酶。例如大肠杆菌 DNase Ⅰ 的 Klenow 片段,其作用是切除或补平 DNA 分子末端突出的核苷酸(切除还是补平因实验条件而异)。如果该酶存在于连接反应混合物中,就会导致本来不能彼此连接的线性化载体两端的黏性末端被水解或补平形成平末端,在 DNA 连接酶存在的情况下,平末端之间通过共价连接(即形成 3′,5′-磷酸二酯键)形成可复制的闭环质粒为宿主菌提供抗生素抗性,由此产生假阳性克隆。

另外,如果插入片段是 PCR 扩增片段的酶切产物,出现这种假阳性克隆的可能原因是,加入的片段里面既含有残留的 DNA 聚合酶(如高保真 DNA 聚合酶 Pfu),又含有游离的脱氧核苷酸。因此,在 DNA 聚合酶作用下,载体的黏性末端被补平,然后两端被连接酶连接起来转化以后产生假阳性克隆。除此之外,质粒载体线性化不彻底也可能产生假阳性克隆。例如本来要通过双酶切切除一个 DNA 片段的载体,实际上只被其中一种内切酶切开就很容易重新连接起来。这种情况在双酶切多克隆位点时容易发生,因为多克隆位点区域酶切位点十分密集,两个酶切位点过于靠近可能影响其中一个酶的切割作用,导致酶切不完全。而且在多克隆位点区域切除几个或几十个核苷酸对载体长度的影响很小,不易通过电泳检测出来。如果双酶切切除载体上的片段较大的话,通过凝胶电泳回收就可以避免出现这样的情况。在 TA 克隆过程中,同样会出现假阳性克隆的问题。有声誉的试剂公司提供的 TA 克隆载体一般不会出现自身连接的现象,但如果加入的连接片段被 DNA 酶污染,也可能出现假阳性克隆。对自制的 TA 克隆载体,使用前尤其需要认真检查是否会发生载体自连。

 重点回顾

分子克隆过程中假阳性克隆出现的原因有多种。核酸酶的污染、非目的 DNA 片段的插入、载体的不完全酶切等因素都有可能导致假阳性克隆产生。

2.1.10 氨苄青霉素平板上的卫星菌落

概念解析

卫星菌落(satellite colony):在以氨苄青霉素作为分子克隆过程中筛选阳性克隆手段的固体培养基平板上,当培养超过一定时间以后围绕在阳性克隆周围长出的众多微小的阴性菌落叫作卫星菌落。

氨苄青霉素抗性是分子克隆中用得最多的选择性标记之一。不少人有这样的实验经历:在含氨苄青霉素的培养基平板上,大肠杆菌阳性菌落周围长出了很多微小的菌落。这些微小的菌落叫作卫星菌落。卫星菌落的出现容易影响阳性克隆的挑选,因此,应该尽可能避免出现这样的情况。为了避免卫星菌落的产生,需要了解氨苄青霉素抗性作为选择性标记的工作原理。

氨苄青霉素(ampicillin)是一种广谱抗生素,它能杀死包括大肠杆菌在内的多种革兰氏阴性细菌和革兰氏阳性细菌。细菌细胞壁的主要成分是肽聚糖,它由多糖与多肽经过转肽作用交联形成。氨苄青霉素的作用机理是在细菌细胞膜的内层面使转肽酶(transpeptidase)失活,以此阻止细菌细胞壁的合成,从而抑制细菌生长。

氨苄青霉素能被β-内酰胺酶(β-lactamase)水解而失去作用。因此编码β-内酰胺酶的 *bla* 基因就成为能对抗氨苄青霉素的"武器"。如果将 *bla* 基因的表达单元整合进入质粒,成功转化了上述质粒的细菌就能表达β-内酰胺酶水解氨苄青霉素,从而使宿主细菌在含氨苄青霉素的培养基平板上存活。β-内酰胺酶不仅能在大肠杆菌细胞内水解氨苄青霉素,而且可以被分泌到细胞外水解培养基中的氨苄青霉素。所以,随着平板培养时间的延长,含有氨苄青霉素抗性基因的阳性克隆逐渐增大,它分泌到宿主菌落外的β-内酰胺酶也越来越多,造成菌落周围的培养基内氨苄青霉素被逐渐水解导致浓度降低。更重要的原因是,氨苄青霉素对酸性环境比较敏感,而大肠杆菌菌落培养一段时间后能使周围培养基的 pH 下降导致氨苄青霉素酸水解。因此,随着阳性克隆的生长,它周围的培养基中氨苄青霉素的浓度也因为 pH 下降引起的酸水解逐渐降低。在上述两种因素的共同作用下,阳性菌落周围不含氨苄青霉素抗性的细菌,也开始缓慢生长起来形成卫星菌落。

卫星菌落出现的可能性随培养时间的延长而增加,因此,用氨苄青霉素筛选阳性克隆时,转化后的平板培养时间不宜过长。一般 37 ℃条件下,培养基平板上大肠杆菌培养约 16 h 后阳性克隆周围就有可能出现卫星菌落。因此,缩短培养时间有助于解决卫星菌落的问题。另一个避免卫星菌落的办法是用羧苄青霉素(carbenicillin)代替氨苄青霉素作为转化质粒的筛选抗生素。羧苄青霉素杀菌作用的机理与氨苄青霉素一样,但它对酸的抵抗力比氨苄青霉素强,因此羧苄青霉素更稳定。不过,羧苄青霉素价格较高。

通过以上分析可以看出,氨苄青霉素在酸性环境中的水解以及β-内酰胺酶扩散出宿主细胞外水解培养基中的氨苄青霉素是形成卫星菌落的重要原因。然而,抗卡那霉素的新霉素磷酸转移酶同样能够透过细胞膜扩散出去,为什么卡那霉素平板上阳性克隆周围不易长出卫星菌落?原来,卡那霉素是通过抑制细菌内蛋白质合成从而抑制细菌生长的,其作用的分子机理为干扰 mRNA 与核糖核蛋白体 30S 亚基结合而抑制肽链的延长。卡那霉素抗性基因(*NPT II*)编码的新霉素磷酸转移酶通过将细胞内 ATP 上的磷酸基团转移到卡那霉素分子上而使它失活。新霉素磷酸转移酶虽然也能像 β-内酰胺酶一样透过细菌细胞膜扩散出去,但细胞外的环境中缺乏磷酸基团,因此新霉素磷酸转移酶不能使细胞外的卡那霉素失活,卡那霉素平板上阳性克隆周围也就不易出现卫星菌落。

另外,重组质粒转化进入大肠杆菌以后,如果氨苄青霉素培养基平板上出现大量的阴性克隆,原因除了培养时间过长,还有可能是氨苄青霉素失效造成的。氨苄青霉素溶液配制以后保存时间太长,或将氨苄青霉素溶液加入培养基时培养基温度过高都有可能造成氨苄青霉素失活从而出现上述情况。

 重点回顾

1. 氨苄青霉素平板上长出卫星菌落的原因是,培养超过一定时间以后,大肠杆菌阳性菌落的生长引起周围培养基中的 pH 下降,导致氨苄青霉素的酸水解,以及阳性菌落能够分泌水解氨苄青霉素的 β-内酰胺酶,导致菌落周围抗生素浓度降低。这两种因素共同作用导致原来阳性菌落周围不能生长的感受态细胞逐渐恢复生长形成卫星菌落。

2. 使用化学性质更稳定的羧苄青霉素代替氨苄青霉素并且控制平板培养时间有助于解决卫星菌落问题。

2.1.11　原核生物细胞内的限制-修饰系统

 概念解析

限制-修饰系统(restriction-modification,即 R-M 系统):原核生物细胞内广泛存在的一种保护个体免受外来 DNA(如噬菌体)入侵的二元防御系统,主要由限制性核酸内切酶与相应的能阻止限制性核酸内切酶作用的甲基化修饰酶组成。

同裂酶(isoschizomer):从不同微生物分离得到的、具有相同的 DNA 识别序列和切割位点的限制性核酸内切酶。同裂酶属于异源同工酶。

同尾酶(isocaudamer):指 DNA 识别序列不同,但它们切割 DNA 分子以后产生的黏性末端相同的不同种类的限制性核酸内切酶。

异裂酶(neoschizomer):指 DNA 识别序列相同,但它们的切割位点不同,并且酶切出来的末端也不相同的限制性核酸内切酶。

2.1.11.1　原核生物细胞的免疫系统

细菌与其他生物包括人类一样,也面临着生存环境中的各种危险。例如噬菌体、质粒或转座子就是威胁细菌生存的危险因素。细菌也因此演化出自己的免疫系统。细菌的免疫系统可分为非特异性免疫系统与特异性免疫系统两大类。非特异性免疫系统包括细胞壁、荚膜和细胞膜等细胞的保护性结构。特异性免疫系统包括细胞内的限制-修饰系统(restriction-modification,即 R-M 系统)、毒素-抗毒素系统(toxin-antitoxin,即 T-A 系统)和流产感染系统(abortive infection，Abi 系统）。来源于细菌和古菌、属于获得性免疫（或称适应性免疫）的 CRISPR-Cas 系统，也是细菌特异性免疫的一种形式。不仅如此，目前在细菌中还有新的抗噬菌体或质粒的系统被研究证实。本节主要讨论细菌的限制-修饰系统。分子生物学实验中经常使用的限制性核酸内切酶（简称内切酶或限制酶）就是限制-修饰系统的组成部分。

真核生物的细胞核不仅有核膜的防护，而且基因组 DNA 由于在细胞核内与组蛋白结合形成染色质或染色体而得到更全面的保护。相反，原核生物既无细胞核结构，其基因组 DNA 在细胞内也无组蛋白保护。如果缺乏有效的防御措施，原核生物细胞基因组 DNA 就很容易受到外来因素特别是生物因子如噬菌体与质粒的攻击而被摧毁。限制性核酸内切酶的作用就是通过对外源 DNA 分子内的特定序列进行切割、降解从而阻止外源基因在细胞内存在和表达，避免它们对宿主细胞造成伤害。不过，在对外源 DNA 分子进行切割的同时如何保证原核生物细胞自身的 DNA 分子不被切割降解？这需要细胞内限制-修饰系统的另一方发挥作用。通过给细菌自身的 DNA 分子的特定序列——通常是限制性核酸内切酶的切割序列中的特定核苷酸碱基加上甲基基团，利用这些甲基基团阻碍限制酶的切割作用使自身 DNA 免于切割。限制-修饰系统可以说是原核生物细胞内的一种矛盾现象。细胞内有限制酶存在的情况下通常都有对应的甲基化修饰酶相伴而生；但甲基化修饰酶存在的情况下不一定有限制酶同时存在。下面以细菌为例分别介绍限制-修饰系统的组成和特点。

2.1.11.2　细菌的限制性核酸内切酶

细菌的限制-修饰系统按照其中酶的单位组成、识别序列的种类以及切割 DNA 时是否需要辅助因子可分为 Ⅰ、Ⅱ、Ⅲ、Ⅳ 4 种类型（表 2-2）。其中 Ⅰ 型和 Ⅱ 型限制酶还有很多不同的亚型。Ⅰ 型和 Ⅲ 型限制-修饰系统的限制酶与具有甲基化作用的修饰酶是由同一种酶的不同亚基充当的。由于它们切割位点的非特异性以及其识别/切割的位点不一致，对 Ⅰ 型和 Ⅲ 型这两类酶的研究以及它们在分子克隆中应用相对较少。与此不同的是，绝大多数 Ⅱ 型限制-修饰系统中限制与修饰功能是由不同的酶来完成的，同时大多数 Ⅱ 型限制酶具有特异性的识别和切割序列，并且切割序列存在于其识别序列之内或附近而得到广泛应用。Ⅱ 型限制酶是目前了解得最深入的限制酶。它们是分子生物学研究中必不可少的重要工具。Ⅳ 型限制-修饰系统中的限制酶主要切割甲基化的 DNA 分子。尽管不同类型的限制酶的组成和功能各异，但几乎所有类型的限制酶都需要镁离子作为激活剂。

表 2-2　不同限制-修饰系统及其特性（改自 Bickle 和 Kruger，1993）

类型	结构	辅酶因子	DNA 切割特点
Ⅰ	多功能。由 3 个基因编码的多亚基组成，兼有修饰和限制功能	Mg^{2+}，ATP，AdoMet	在远离非对称的识别位点随机切割
Ⅱp	多数情况下，限制和修饰功能分开。由 2 个基因编码	Mg^{2+}	在对称的识别位点内或附近位置切割
Ⅱs	与 Ⅱp 型类似。个别由 3 个基因编码	Mg^{2+}	在距非对称的识别位点单侧固定距离处切割
Ⅲ	多功能。由 2 个基因编码的多亚基组成	Mg^{2+}，ATP	在距非对称的识别位点固定距离处切割
Ⅳ	多功能。修饰与限制亚基组成一个单酶	Mg^{2+}，ATP	切割甲基化的 DNA

分子克隆中应用最多的是Ⅱ型限制酶中p亚型内切酶。Ⅱp型内切酶识别和切割具有回文结构的DNA序列,也就是说,其识别/切割的DNA双链序列具有倒转重复结构(回文结构)。例如 $EcoR$ I 识别和切割序列为 5′-GAATTC-3′。它的互补链序列也同样是5′-GAATTC-3′。所以,Ⅱp型限制酶一般以同源二聚体的形式发挥作用。按照内切酶切割DNA分子以后是否产生未配对的突出核苷酸,可将切割断点分为黏性末端和平末端。黏性末端中又可分为3′突出的黏性末端和5′突出的黏性末端。具有相同黏性末端的DNA分子片段可以通过碱基互补配对退火后被DNA连接酶重新连接起来。这个特点就成为将不同DNA分子用内切酶切割然后人为组合在一起即DNA重组的基础。此外,Ⅱ型限制酶中还有一小类比较特殊的Ⅱs型,例如 Bsa I,它在距离非对称的DNA识别位点一端(即识别位点的单侧)固定距离处进行切割,同时产生黏性末端。这类酶在多片段DNA的同时克隆(如Golden Gate Assembly/Cloning)与基因编辑技术如 TALEN 中有重要用途。

限制酶的命名规则是:来源于原核生物的限制酶用物种属名的大写第一个字母加上种名(种加词)的前两位小写字母表示。生物分类学中属以及种的拉丁名通常用斜体字母表示。因此,这3个字母都要用斜体。紧随其后的是细菌株系的名称,然后是该限制酶的编号。例如常用的限制酶 $Hind$ Ⅲ,"H"和"in"分别是流感嗜血菌($Haemophilus\ influenzae$)属名的第一个字母与种加词的前两位字母;"d"代表 d 菌株;"Ⅲ"表示该菌株中分离出来的第三种限制酶。

一些Ⅱ型限制性内切酶的DNA识别序列一样,切割产生的末端也相同,但它们有不同的名称,这些酶就叫同裂酶(isoschizomer)。因为同裂酶来源于不同的细菌或古菌,根据内切酶命名规则它们有不同的名称。值得注意的是,还有一些Ⅱ型限制酶的DNA识别序列并不一样,但它们切割后产生相同的黏性末端,这一类酶就叫同尾酶(Isocaudomer)。例如常见的 Bam H I(其识别和切割序列为 5′-G↓GATCC-3′,其中"↓"表示切割磷酸二酯键的位置), Bgl Ⅱ (5′-A↓GATCT-3′)和 Mbo I(5′-↓GATC-3′)切割目标序列以后都产生 5′-GATC-3′末端,以及 Sal I (5′-G↓TCGAC-3′)和 Xho I(5′-C↓TCGAG-3′)切割目标序列以后都产生5′-TCGA-3′末端等。由于同尾酶切割产生的黏性末端相同,它们的产物可以彼此配对连接,所以在分子克隆中应用较为广泛。不过,经过同尾酶切割以后连接形成的重组DNA分子用原来的两种限制酶可能都无法再切开。因为重组序列与原来的两种限制酶中的任何一种酶的识别序列都不相同。与此相反的是异裂酶(neoschizomer),它们识别的DNA序列相同,但切割位点不同,所以产生的末端也不相同。例如 Sma I(5′-CCC↓GGG-3′)和 Xma I(5′-C↓CCGGG-3′)就是一对异裂酶,前者切割DNA形成具有平末端的片段,后者则产生黏性末端。

2.1.11.3　细菌 DNA 的甲基化修饰

限制-修饰系统在原核生物细胞内普遍存在。通常一种细菌或古菌含有2～3种彼此独立的限制-修饰系统。一些细菌如幽门螺杆菌体内的限制-修饰系统甚至高达30种以上。作为细菌限制-修饰系统中的另一方,甲基化修饰酶或者独立存在,或者与具有限制功能的亚基共同组成多功能酶。不过,原核生物细胞内只含有修饰酶而缺乏相应限制酶的情况比较常见,而只含限制酶不含相应修饰酶的情况比较罕见,因为只含限制酶而无修饰酶对宿主细胞本身是有害甚至是致命的。

在限制-修饰系统中,修饰是通过对DNA甲基化实现的。DNA甲基化是DNA化学修饰的一种方式,是指在DNA甲基转移酶的作用下,将S-腺苷甲硫氨酸上的甲基转移至腺嘌呤或者胞嘧啶碱基上使之甲基化。由于被修饰碱基上的甲基基团伸入到 DNA 分子双螺旋的大沟中，能够阻碍限制酶与 DNA 分子结合从而发挥保护作用(图 2-9)，但 DNA 甲基化不影响两条互补核酸链之间的碱基配对。DNA 甲基化除了能避免被限制酶切割，甲基化的时间以及空间位置还能对基因表达造成影响。细菌内甲基化修饰通常发生在 DNA 的半保留复制以后，新合成的 DNA 单链是非甲基化的，这也是 DNA 复制过程中细胞通过识别模板链和可能出错的新生链从而对出错的核苷酸链进行修复的一种依据。非甲基化的复制链很快(大约在复制后 10 s 以内)就会被甲基化。

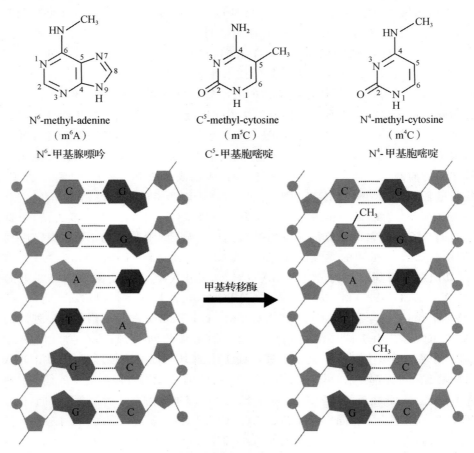

图 2-9　原核生物 DNA 中碱基甲基化的方式及甲基在双链 DNA 分子中的空间结构示意图
核苷酸碱基甲基化部位位于 DNA 双螺旋的大沟中

　　按照原核生物中 DNA 甲基化修饰的碱基种类以及甲基化的位置可将它们分为 3 种不同的形式，如图 2-9 所示，即腺嘌呤 N^6 位点的甲基化修饰(m^6A)、胞嘧啶 C^5 位点的甲基化修饰(m^5C)，以及胞嘧啶 N^4 位置上的甲基化修饰(m^4C)。其中 m^6A 是原核生物细胞内最主要的 DNA 甲基化形式。这些甲基化修饰方式也出现在真核生物的 DNA 中。需要强调的是，原核生物细胞 DNA 中并非所有的腺嘌呤和胞嘧啶都会发生甲基化修饰，而是只有特定核苷酸序列中的腺嘌呤和胞嘧啶才可能会被甲基化修饰。例如大肠杆菌 DH5α 中存在 3 种不同的甲基化酶，即 Dam(DNA adenine methylase)甲基化酶对 G^mATC 序列中的腺嘌呤 N^6 位点进行甲基化修饰、Dcm(DNA cytosine methylase)甲基化酶对 C^mCA/TGG 序列中第二个胞嘧啶 C^5 位点进行甲基化修饰，以及 Hsd（host specificity defective）甲基化酶，它对 $A^mACNNNN$ NNGTGC 中第二个腺嘌呤 N^6 位点进行甲基化修饰。由于大肠杆菌细胞内没有与 Dam 和 Dcm 这两种甲基化酶相对应的限制酶，它们属于"孤儿"甲基化酶，而且其功能并不是保护细菌自身的基因组 DNA 分子免受限制酶切割。大肠杆菌内 Dam 甲基化酶的功能与 DNA 的复制和错配修复有关。虽然 Dcm 甲基化酶的确切功能目前还不完全清楚，但有证据表明它与基因表达调控有关。大肠杆菌的 3 种甲基化酶中只有属于 Ⅰ 型 R-M 系统的 Hsd 兼有限制-修饰功能，它编码的具有甲基化功能的多功能酶 EcoKⅠ（存在于大肠杆菌 K-12 菌株中）或 EcoB（存在于大肠杆菌 B 菌株中）对大肠杆菌的基因组 DNA 有保护作用。Dam 和 Dcm 这两种甲基化酶也存在于与大肠杆菌亲缘关系较近的其他细菌中。

2.1.11.4 DNA 甲基化的影响

如果仔细观察上述 Dam（G^mATC）和 Dcm（C^mCA/TGG）的甲基化位点序列，就会发现它们正好处于一些内切酶的识别或切割序列之中，或者说它们的识别和切割位点存在部分重叠。实际上，对于大多数 Ⅱ 型限制-修饰系统的酶来说，甲基化酶是在相应限制酶的同源识别位点内的特定碱基上进行甲基化修饰。例如 Dam 甲基化位点 G^mATC 能够包含在 AGATCT（BglⅡ），GGATCC（BamHⅠ），CGATCG（PvuⅠ），TGATCA（BclⅠ）等限制酶识别序列之中。正因为如此，这种甲基化修饰才能对细菌自身基因组 DNA 分子起保护作用。外源 DNA 分子由于在酶切位点上没有甲基化保护，所以会被限制酶切割降解。虽然大肠杆菌内没有 Dam 与 Dcm 相应的限制酶，但被它们甲基化修饰的 DNA 分子也可能会影响一些来源于其他细菌的限制酶的切割作用。不仅如此，酶切识别位点附近碱基的甲基化也可能影响限制酶的切割效果。

甲基化修饰能阻碍同源的限制酶（即同一个限制-修饰系统中与甲基化酶对应的限制酶）的切割作用，但不一定能阻碍来自不同限制-修饰体系内限制酶的切割，即便它们的识别和切割序列完全一样。而且甲基化修饰并不总是能够对 DNA 起保护作用。例如，属于 Ⅳ 型 R-M 系统的限制酶 DpnⅠ 只能切割识别位点特定碱基被甲基化了的 DNA 分子。

绝大多数原核生物（＞90%）基因组 DNA 都存在甲基化现象。最近一项研究表明，在所考察的 5 500 多种原核生物中，甲基化酶的种类达到了 26 500 以上。尽管目前很多甲基化酶的具体功能还不为人知，但已有的研究显示，DNA 甲基化除了有保护细菌或古菌自身基因组 DNA 分子免受限制酶的切割以外，它还有控制基因组 DNA 复制以及负责 DNA 复制过程中错配的修复作用。特别是它与真核生物细胞内基因组 DNA 甲基化一样具有调控基因表达的作用，包括对细胞周期的控制以及调节细菌毒力与影响转录因子竞争结合位点等方面。这些与细菌免疫无关的功能通常发生在"孤儿"甲基化酶中，也就是没有与之相对应的限制酶或者相对应的限制酶功能丧失的甲基化酶中。这种"孤儿"甲基化酶在细菌和噬菌体中更为常见。最近的研究还显示，尽管 Ⅱ 型限制酶是以前研究相对最为详细和深入、应用也最广的类型，但 Ⅱ 型 R-M 系统中超过半数的修饰酶没有与之对应的限制酶，形成所谓的"孤儿"甲基化酶。相反，Ⅰ、Ⅲ 型 R-M 系统中绝大部分甲基化修饰功能都有与之对应的限制酶功能。原因可能是 Ⅰ、Ⅲ 型 R-M 系统中限制和修饰功能是由同一种酶的不同亚基执行的，而 Ⅱ 型 R-M 系统中限制酶和修饰酶是由不同的蛋白质分子充当的，它们之间的关系相对独立，因此也就有更多的变化。

　　如前所述,实验室常用的大肠杆菌如 DH5α 的基因组内含有 Dam、Dcm 和 Hsd 甲基化酶的编码基因。其中 Hsd 编码基因经过突变,保留了其甲基化修饰功能但消除了其限制酶活性。因此以它作为宿主,外源质粒转化以后能够免受其限制酶活性的影响。但是,以 DH5α 菌株作为宿主菌产生的质粒 DNA 分子都是被甲基化了的。这些甲基化作用多数情况下并不影响我们使用不同的限制酶对其进行酶切。原因是分子克隆中使用的限制酶种类繁多,并且这些限制酶是从各种不同的细菌或古菌中分离出来的。来源于不同细菌或古菌的限制酶即便有相同的识别和切割位点,它们也仍然属于不同的 R-M 系统。所以很多非同源的限制酶对大肠杆菌或其他基因组中的 DNA 甲基化并不敏感,能不受阻碍地切割大肠杆菌内复制的、经过甲基化修饰的质粒 DNA 分子。

　　尽管如此,也有一些种类的限制酶对 DNA 甲基化敏感,它们无法有效地切割大肠杆菌质粒复制过程中被甲基化修饰的 DNA 分子。这个问题有两种解决办法:一种办法是选择对甲基化不敏感的限制酶。现在比较大的限制酶供应商能提供一些对特定酶切位点甲基化不敏感的限制酶。另一种办法是选择非甲基化的菌株如 *E. coli* JM110 等作为复制质粒的宿主,因为该菌株体内的 Dam、Dcm 和 Hsd 甲基化酶的编码基因已经被敲除。因此,这种宿主菌内产生的质粒不会被甲基化。另外,还有一些菌株体内本来就缺乏甲基化酶编码基因,利用这类宿主菌产生的质粒也不会有甲基化的问题。不过,作为质粒的宿主菌使用的时候,大肠杆菌 JM110 的转化效率非常低。而且,无甲基化酶的宿主菌株产生的质粒由于缺乏甲基化保护容易发生突变。原因如前所述,大肠杆菌中 Dam、Dcm 甲基化酶的功能与 DNA 的复制和错配修复有关。与细菌宿主内复制的 DNA 分子不同,通过 PCR 体外合成的 DNA 分子不存在甲基化的问题。

　　细菌体内限制酶的发现是分子生物学发展史上的重要进展之一,它奠定了重组 DNA 技术的基础。Werner Arber、Hamilton Smith 和 Daniel Nathans 三位科学家分别因预言、首次分离和使用限制性核酸内切酶而获得 1978 年的诺贝尔生理学或医学奖。

 重点回顾

　　1. 限制-修饰系统为原核生物提供了抵御外源核酸分子侵袭、DNA 错配修复与调控基因表达等多方面的功能。

　　2. 原核生物的限制-修饰系统有 4 种类型,分子生物学研究中常用的限制酶多数属于Ⅱ型限制酶。它们通常有特异的 DNA 识别序列和切割位点,并且修饰和限制功能由不同的酶完成。

　　3. 修饰作用主要通过对宿主基因组 DNA 特定序列中的特定核苷酸碱基的特定部位进行甲基化实现。对于有相应限制酶的修饰酶来说,修饰的位点通常在其限制酶识别或切割的序列之内。这种甲基化修饰能干扰限制酶对 DNA 的切割作用,从而使自身 DNA 得到保护。

　　4. 一般原核生物细胞内含有 2~3 种限制-修饰系统。分子生物学研究中使用的大肠杆菌内的限制酶编码基因已经被敲除。

　　5. 作为工具使用的部分限制酶对甲基化敏感。为避免宿主菌甲基化修饰对限制酶的作用产生影响,可以使用对甲基化不敏感的限制酶处理 DNA 分子,或者在敲除了甲基化酶基因的宿主菌细胞内复制 DNA 分子。

 视频资料推荐

Restriction Enzymes；Sticky and Blunt DNA Ends │分子生物学│JoVE

2.2 基因高效克隆方法

2.2.1 3种基因高效克隆方法

 概念解析

原噬菌体(prophage)：噬菌体侵染大肠杆菌以后,溶原状态下整合进入大肠杆菌基因组 DNA 中的噬菌体基因组 DNA 称为原噬菌体。

位点专一重组(site-specific recombination)：λ 噬菌体与宿主大肠杆菌基因组 DNA 之间通过各自的短同源序列即附着点之间进行的重组。重组过程中两个 DNA 分子通过精确的切割与连接反应,产生噬菌体 DNA 分子插入大肠杆菌基因组 DNA 分子或从大肠杆菌基因组 DNA 分子中切除下来的结果。位点专一重组需要重组酶等蛋白质分子参与。

吉布森组装(Gibson assembly)：一种不依赖限制性核酸内切酶位点,仅利用核酸外切酶、DNA 聚合酶和连接酶的功能组合,实现一个或多个具有任意重叠末端序列的 DNA 分子之间同时连接的方法。

Golden Gate Cloning：利用 Ⅱs 型核酸内切酶识别和切割位点序列不对称、切割位点位于其识别位点外侧的一端,并且切割位点不参与序列识别的特点,分别在载体和插入 DNA 片段两端设计互为倒转重复序列的酶切识别位点并使载体和插入片段同侧酶的切割序列相同,酶切后生成互补的黏性末端通过连接酶连接,而载体和插入片段双方的酶切识别位点都被切除的一种可以用来进行多片段同时连接的技术。

2.2.1.1 基因克隆方法的种类

分子克隆是分子生物学实验的基石。通过细胞分裂复制 DNA 分子的基因克隆方法多种多样。除了传统的酶切连接克隆和 TA 克隆,Gateway™(Invitrogen)克隆以及由吉布森组装(Gibson assembly)和 Golden Gate Cloning 组成的无痕克隆或无缝克隆(scarless cloning 或 seamless cloning)是目前最具代表性并且应用十分广泛的基因高效克隆方法。它们都具有连接高效、操作简单、实用性强的特点。Gateway™ 克隆方法自成体系,特别适合对不同的基因在不同的表达系统内进行一系列类似的操作;而 Gibson 组装与 Golden Gate Cloning 因为简单灵活的独特性能可以轻松胜任绝大多数情况下多个 DNA 分子片段同时连接的工作。

2.2.1.2 λ 噬菌体位点专一(特异性)重组

Gateway™ 是目前构建目的基因克隆质粒和表达质粒广泛应用的系统方法。整个克隆过程依赖重组反应,在室温下重组反应时间最短只需要 5 min。该系统的最大优点是只需要最初构建基于 Gateway™ 系统的入门克隆载体以及一系列适用于不同宿主的表达克隆载体,其后针对不同基因的相似操作便十分简单。因为目的基因一旦进入入门克隆载体,就能够非常方便地通过重组进入适合不同宿主类型的表达载体,省去了每个基因的不同表达质粒都要通过酶切连接方式构建的繁琐过程。

Gateway™ 技术源于 λ 噬菌体的位点专一(特异性)重组现象。λ 噬菌体属于温和噬菌体,其基因组由线性双链 DNA 分子构成。当它侵染大肠杆菌时先将基因组 DNA 分子注入细菌细胞内,然后噬菌体线性 DNA 分子立即环化。λ 噬菌体侵染大肠杆菌细胞以后有两种可以转换的状态:即裂解状态和溶原状态(图 2-10)。裂解状态下,噬菌体 DNA 在被感染的细菌体内像质粒一样完成大量复制,然后与利用宿主细胞表达的噬菌体基因编码蛋白组装形成新的噬菌体群体,并引起宿主细菌裂解被释放出来;而在溶原状态下,环状的噬菌体 DNA 整合到宿主基因组中,成为细菌染色体的一部分(此时噬菌体基因称为 prophage,即原噬菌体)。溶原状态下宿主细菌能够正常存活和繁殖。不过,它受到环境条件刺激时可以进入裂解状态。此时原噬菌体 DNA 从细菌基因组 DNA 上切除下来,并经过复制、表达,然后组装成更多的噬菌体裂解宿主菌。噬菌体在裂解和溶原这两种状态间的转换过程,即噬菌体基因组 DNA 的切除和整合,是通过 λ 噬菌体 DNA 与大肠杆菌基因组 DNA 中特异的附着点(attachment site, att)之间进行的位点专一重组实现的。

如图 2-11A 所示,细菌基因组 DNA 上的附着点序列被称为 attB(B 代表 bacterium),它位于大肠杆菌半乳糖操纵子 gal(注意不是乳糖操纵子)与生物素操纵子 bio 之间,总长度为 21 bp。由 B、O、B′ 三段序列组成,每一段序列的长度都为 7 bp。噬菌体 DNA 的附着位点序列称为 attP(P 代表 phage),总长度为 232 bp。由 P、O 和 P′ 三段序列组成,它们的长度分别为 143 bp、7 bp、82 bp。attB 与 attP 序列两侧的 B、B′ 和 P、P′ 称为臂。虽然其序列长度与组成各不相同,但两种附着点序列中间 7 bp 的核心序列(core sequence,即 O)完全相同。λ 噬菌体 DNA 整合进入大肠杆菌基因组 DNA 形成的原噬菌体位于这两个 att 位点交换产生的重组 att 位点之间。原噬菌体左边的位点是 attL,由重组序列 BOP′ 组成,长度为 96(7+7+82)bp。原噬菌体右边的是 attR,由重组序列 POB′ 组成,长度为 157(143+7+7)bp。整合与切除都以核心序列 O 为中心进行。噬菌体 DNA 整合进入细菌基因组 DNA 的过程类似于通过单酶切处理将插入片段连接进入载体的反应,其中核心序列相当于单酶切处理载体与插入片段以后形成的黏性末端。

2.2.1.3 Gateway™ 克隆反应

Gateway™ 克隆反应体系是根据 λ 噬菌体 DNA 与大肠杆菌基因组 DNA 附着点之间的切除/整合反应的原理创建的。Gateway™ 系统中的 attB、attP、attL 和 attR 的序列由野生型 λ 噬菌体和大肠杆菌基因组 DNA 附着点的相应序列改造而成。改造以后的序列具有更高的重组效率和特异性,其序列长度分别变为 25 bp、200 bp、100 bp、125 bp。尽管改造以后核心序列的核苷酸组成也发生了变化,但核心序列长度仍为 7 bp。Gateway™ 克隆反应包括 BP 和 LR 两个类似可逆反应的过程。与 λ 噬菌体与大肠杆菌位点专一重组只发生一个切除/整合反应不同,Gateway™ 的 BP 反应和 LR 反应都同时包含两个切除/整合过程。所以单个位点专一重组反应的结果是 DNA 片段的切除/整合,而两个位点专一重组反应同时进行的结果是 DNA 片段之间的替换。

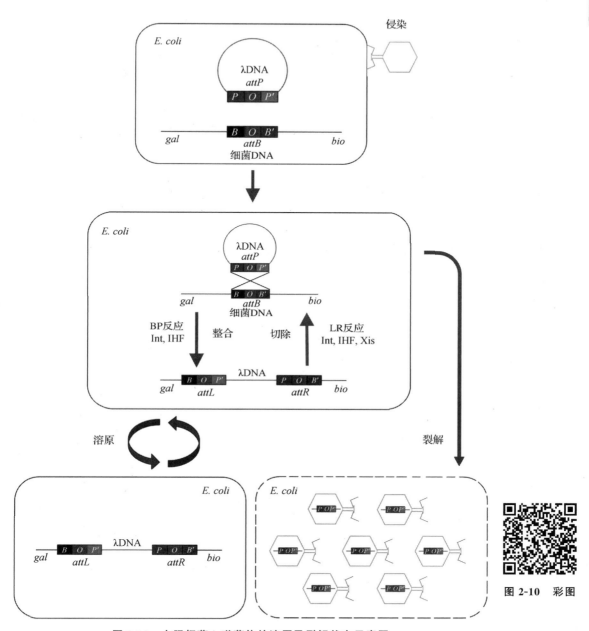

图 2-10 大肠杆菌 λ 噬菌体的溶原及裂解状态示意图

图中蓝色长方形框代表大肠杆菌,蓝色虚线代表裂解的大肠杆菌。棕色直线代表大肠杆菌基因组 DNA,绿色圆环或直线代表噬菌体基因组 DNA。*BOB′* 代表大肠杆菌基因组中位点专一重组序列。*POP′* 代表噬菌体基因组中位点专一重组序列。Int:整合酶;IHF:整合宿主因子;Xis:切除酶;*attB*:大肠杆菌附着点序列;*attP*:噬菌体附着点序列

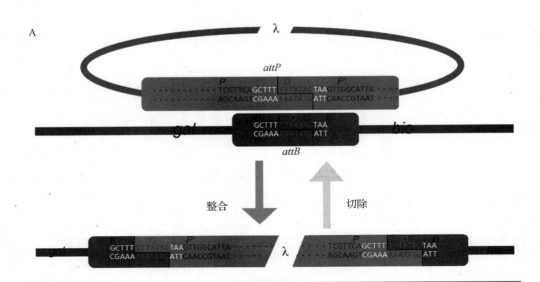

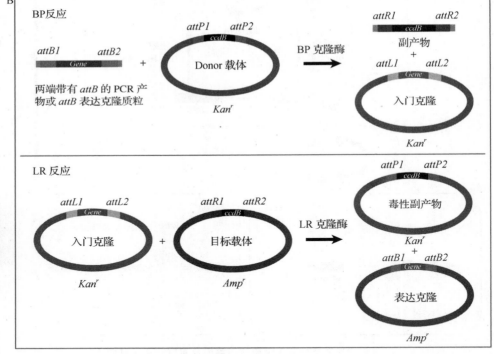

图 2-11 彩图

图 2-11 λ 噬菌体和大肠杆菌位点专一重组以及 Gateway™ 克隆反应原理图

图 A 为大肠杆菌位点专一重组中重组位点及反应序列示意图。图中红色字母代表 7 bp 的核心序列；白色字母及中间的红色字母代表 λ 噬菌体和大肠杆菌附着点上 15 bp 的同源序列。*gal* 代表半乳糖操纵子，*bio* 代表生物素操纵子。图 B 为 Gateway™ 克隆反应原理图。*attL1*、*at-tL2*、*attR1*、*attR2*、*attB1*、*attB2*、*attP1*、*attP2* 分别代表不同载体上的位点专一重组位点序列。*Kan*r 和 *Amp*r 分别为质粒上的卡那霉素和氨苄青霉素抗性基因。图 B 根据 Addgene：eBook Collection(Plasmids 101：Gateway Cloning)修改

为区别同时进行的两组 BP 或 LR 反应,附着点序列分别被命名为 B1、B2 和 P1、P2,L1、L2 和 R1、R2。性质相同的附着点如 B1 和 B2 之间序列略有不同,但它们参与的反应具有特异性。这种特异性表现在 *attB1* 位点只能与 *attP1* 位点交换重组,*attB2* 位点只能与 *attP2* 位点交换重组;*attL1* 位点只能与 *attR1* 位点交换重组,*attL2* 位点只能与 *attR2* 位点交换重组。实际上,这种两组同时进行的 BP 或 LR 反应与双酶切基础上的 DNA 连接反应非常相似。

BP 反应用于创建入门克隆质粒,具体过程是首先合成目的基因两端分别带有 *attB1*、*attB2* 序列的 DNA 分子,这个过程只要在扩增目的基因的一对 PCR 引物的 5′端分别加上 5′-GGGGACAAGTTT**GTACAAA**AAAGCAGGCT-目的基因同源序列-3′ 与 5′-ACCACTTT**GTACAAG**AAAGCTGGGT-目的基因同源序列-3′序列,然后用这对引物扩增目的基因即可实现(序列中粗体字母为 Gateway™ 体系中经过改造的 λ 噬菌体附着点 7 bp 的核心序列)。扩增获得的两端分别带有 *attB1* 和 *attB2* 位点的 PCR 产物与致死基因 *ccdB* 两端分别带有 *attP1*、*attP2* 位点的入门克隆载体混合,在 BP 克隆酶(BP clonase,包含整合酶 Int、整合宿主因子 IHF)的作用下,目的基因两端分别与入门克隆载体中 *ccdB* 基因两端发生位点专一重组即片段置换,生成目的基因两端分别带有 *attL1* 和 *attL2* 的入门克隆质粒,以及从入门克隆载体上置换下来、两端带有 *attR1* 和 *attR2* 的 *ccdB* 副产物(图 2-11B)。入门克隆载体中 *ccdB* 基因的存在导致含有该基因的敏感宿主菌不能进行 DNA 复制,因而无法繁殖形成克隆。所以只有通过置换反应将入门克隆载体中 *ccdB* 基因替换的重组质粒转化宿主菌以后才能形成克隆。

在生成表达克隆质粒的 LR 反应阶段,两端分别带有 *attL1* 和 *attL2* 的目的基因入门克隆质粒与致死基因 *ccdB* 两端分别带有 *attR1* 和 *attR2* 的表达克隆载体在 LR 克隆酶(LR clonase,包含整合酶 Int、整合宿主因子 IHF 和切除酶 Xis)的作用下,两端同时发生位点专一重组即片段置换反应,生成目的基因两端带有 *attB1*、*attB2* 的表达克隆质粒,同时生成的还有 *ccdB* 两端带有 *attP1*、*attP2* 的重组入门克隆质粒(图 2-11B)。它们之中只有不含致死基因并且带有相应抗生素抗性基因的目的基因表达克隆质粒转化宿主菌以后能够形成克隆。而没有经过重组的入门克隆质粒、表达克隆载体和含有致死基因的重组入门克隆质粒转化的宿主菌都不能在含抗生素的选择培养基上生长。通过 Gateway™ 反应在大肠杆菌内复制的目的基因表达克隆质粒能够转入酵母或培养的动、植物细胞内表达。

2.2.1.4　吉布森组装(Gibson assembly)原理

吉布森组装属于无痕克隆的一种类型。无痕可以理解为重组反应结果中不留痕迹。常规的借助酶切连接的重组反应或位点专一重组反应完成后在终产物中会留下酶切位点这种痕迹。吉布森组装以一种不依赖特异酶切位点的方式,将具有同源重叠末端的两个或多个线性 DNA 分子"无痕"连接起来,是一种极为简单灵活并且高效的 DNA 分子重组技术。吉布森组装虽然操作过程十分简单,但其原理与传统的酶切连接反应类似,不仅同样需要核酸酶切开同源的 DNA 双链形成黏性末端,然后依赖黏性末端之间的碱基互补配对退火,而且还需要热稳定的 DNA 聚合酶(也就是 PCR 中用到的热稳定的 DNA 聚合酶)参加反应。最后通过连接酶将 DNA 双链上的断点连接起来。由于这种重组反应过程不需要考虑载体和插入片段是否存在酶切位点,重组产物中也不含任何多余的可识别序列痕迹,所以叫作"无痕"克隆。

吉布森组装反应用到的核酸酶是 T5 外切核酸酶,它能按 5′→3′ 方向降解单链和双链的

线性 DNA 分子,或降解有断点(相邻核苷酸之间没有形成 3',5'-磷酸二酯键)的环状 DNA 分子,但它不能降解没有断点的超螺旋双链 DNA 分子。当 T5 外切核酸酶遇到线性的双链 DNA 分子时,就从 5' 端开始切除核苷酸,产生具有 3' 端突出核苷酸的黏性末端。

如图 2-12 所示,如果一个 DNA 分子的 5' 端序列与另一个 DNA 分子的 3' 端序列属于同源序列,即它们的末端序列完全相同能够相互重叠,将这两个 DNA 分子混合以后用 T5 外切核酸酶处理。结果是两个 DNA 分子的重叠区域的 5' 端核苷酸被切除形成 3' 端突出的黏性

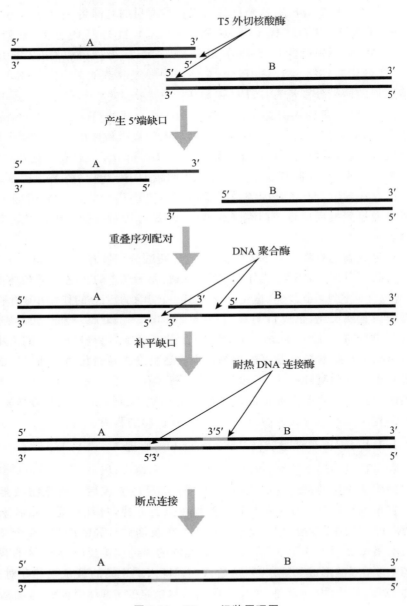

图 2-12 彩图

图 2-12 Gibson 组装原理图

A,B 为两个具有同源重叠末端(红色和蓝色部分)的 DNA 分子。图中只显示了两个 DNA 分子中部具有同源序列的一端被 T5 外切核酸酶消化的情况

末端,然后它们通过彼此的黏性末端配对退火连接形成一个重组的 DNA 分子。不过,重组以后这两个黏性末端上的单链核苷酸并不一定全部都能彼此配对,而是可能在重叠序列中间部分核苷酸能够配对形成双链、两侧部分核苷酸存在没有完全配对的现象。原因是虽然两个具有同源重叠末端序列的 DNA 分子经过 T5 外切核酸酶处理都是除去 5′ 端的核苷酸形成黏性末端,而且处理的时间也相同,但在两个同源 DNA 序列上切除的核苷酸并不相同,而是切除能够互补的两种单链核苷酸序列。由于 T5 外切核酸酶切除不同核苷酸的速度可能存在差异,所以相同的处理时间内两个双链 DNA 分子末端形成的单链核苷酸数量就可能不同,导致黏性末端退火后核苷酸没有完全配对(图 2-12)。

随后的过程需要热稳定的 DNA 聚合酶,如 Taq DNA 聚合酶发挥作用。结果是将两个 DNA 分子黏性末端退火以后剩下的未配对的单链核苷酸区域通过 DNA 聚合酶配对补齐形成完整的双链。这个过程中 DNA 聚合酶的作用与它在 PCR 中的作用相同。不过,通过 DNA 聚合酶补齐的核苷酸 3′ 端与原来的双链核苷酸 5′ 端之间还存在断点。因此,还需要 Taq DNA 连接酶将断点通过 3′,5′-磷酸二酯键连接起来。这里使用 Taq DNA 连接酶而不用常规的噬菌体 T4 DNA 连接酶是因为前者耐高温但后者不耐高温,而吉布森组装反应是在 50 ℃ 条件下进行的。最终反应结果是将具有同源重叠末端序列的两个 DNA 分子完美地连接起来(图 2-12)。

图 2-12 中只显示了两个具有同源末端序列的双链 DNA 分子被外切核酸酶切割形成突出 3′ 末端的情形,实际上在图中 A 分子左侧和 B 分子右侧的 DNA 分子 5′ 端核苷酸也会同时受到 T5 外切核酸酶的切割形成突出的黏性末端。如果有与 A 分子左侧和 B 分子右侧分别重叠的其他线性 DNA 分子存在,将会在反应体系中同时进行 3 组吉布森组装反应。以此类推,如果存在多个末端带有重叠序列的双链 DNA 分子,通过吉布森组装反应可以将它们一一连接起来。

2.2.1.5 基于吉布森组装(Gibson assembly)的无痕克隆过程

利用 Gibson assembly 构建表达质粒的无痕克隆过程相当于在 DNA 插入片段与载体插入位点两端同时进行了两组独立的吉布森组装反应(图 2-13A)。具体过程是先将载体拟插入 DNA 片段的多克隆位点处用内切酶处理使之线性化。然后设计引物,使 DNA 插入片段 PCR 扩增正向引物的 5′ 端带有载体线性化酶切位点一侧 15～20 bp 的相同序列形成同源臂,PCR 反向引物 5′ 端带有载体线性化酶切位点另一侧互补链 15～20 bp 的相同序列形成另一个同源臂。用于无痕克隆的 PCR 引物包含载体同源臂序列以及与插入 DNA 分子配对所需要的 20～25 个核苷酸的插入片段同源序列,所以其总长度在 40 bp 左右。以此引物对扩增拟插入的 DNA 片段,于是插入片段两端就分别带有与载体线性化位点两端的相同序列即同源臂。带有同源臂的 PCR 产物与线性化载体经过 T5 外切核酸酶处理后形成两端都能彼此部分互补的黏性末端。这两对黏性末端的退火互补将插入片段与载体通过氢键的作用连接起来。随后通过热稳定的 DNA 聚合酶分别将插入片段两端的未配对的单链核苷酸补齐,最后在热稳定的 DNA 连接酶作用下将断点处的核苷酸通过 3′,5′-磷酸二酯键连接起来。至此插入片段与载体整合在一起形成了无痕连接。同样的原理,如果要将两个或两个以上的片段同时组装进入一个载体,只需要在相邻的片段之间有一段同源重叠序列即可实现(图 2-13B)。

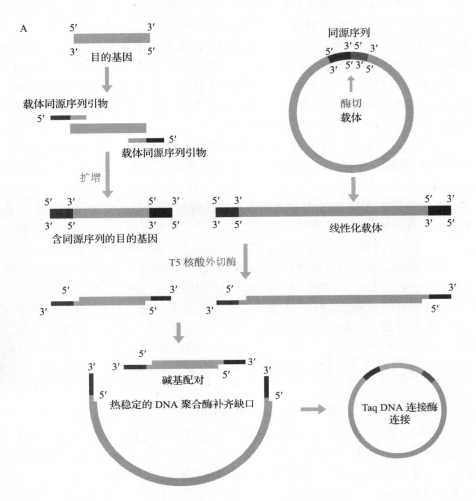

图 2-13 彩图

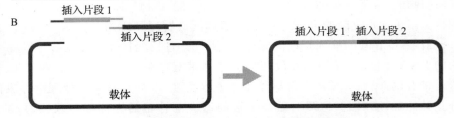

图 2-13 吉布森组装构建克隆质粒原理图

图 A 为单个插入片段与载体之间的组装反应。整个过程由 T5 核酸外切酶,热稳定的
DNA 聚合酶和 Taq DNA 连接酶依次发挥作用完成。图 B 为两个具有重叠末端的片段通
过吉布森组装插入载体的反应示意图

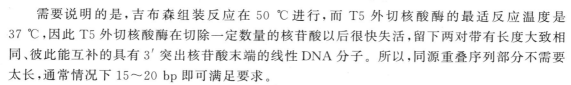

需要说明的是,吉布森组装反应在 50 ℃进行,而 T5 外切核酸酶的最适反应温度是 37 ℃,因此 T5 外切核酸酶在切除一定数量的核苷酸以后很快失活,留下两对带有长度大致相同、彼此能互补的具有 3′ 突出核苷酸末端的线性 DNA 分子。所以,同源重叠序列部分不需要太长,通常情况下 15～20 bp 即可满足要求。

由此可见,吉布森组装的特别之处并非由于它使用了某种具有神奇功能的酶,而是将几种常规的酶(包括载体线性化需要的内切酶、T5 外切核酸酶、DNA 聚合酶与连接酶)巧妙地组合起来使用,从而产生了令人惊喜的效果。

尽管这种无痕克隆技术有同时连接多个片段的优势,但它无法将很小的片段连接进入载体。原因可能是太小的 DNA 片段经过 T5 外切核酸酶处理容易导致全部降解。因此,在吉布森组装反应中一般要求插入片段长度大于 200 bp。同时,为了保证黏性末端能够在 50 ℃下进行互补配对,同源臂的长度一般要求至少要有 15 bp,否则会因为黏性末端退火温度太低不容易配对连接。而且,这种长度的任何一个黏性末端如果能自我部分配对形成发夹结构,重叠的黏性末端之间配对就会受到严重干扰,从而影响克隆效率。

2.2.1.6 Golden Gate Cloning

Golden Gate Cloning 是另一种无痕克隆方法。其作用与吉布森组装类似,能将两个或多个 DNA 片段同时"无痕"连接起来。不过,这两种无痕克隆方法实现的途径不同。Golden Gate Cloning 的原理是利用Ⅱ型限制性核酸内切酶中的一种特殊类型Ⅱs 来实现两个或多个 DNA 片段之间的连接。与我们熟知的多数Ⅱp 型核酸内切酶不同,Ⅱs 型内切酶的 DNA 识别位点与切割位点序列是分离的,即它们的切割位点位于其识别位点外部并且只存在于酶识别位点的一侧。因此,酶的识别和切割序列都不具有倒转重复(回文结构)的特点。最关键的是,Ⅱs 型内切酶的切割位点序列不参与位点识别。结果是这类酶虽然有特异的识别序列,但它们能在与识别序列相隔固定距离处切割任意序列。这个特点带来了使用Ⅱs 型内切酶极大的灵活性。以Ⅱs 型内切酶 Bsa Ⅰ为例,其识别位点序列为 5′-GGTCTC-3′,它能够在此序列 3′ 端下游一个核苷酸以后的位置切开磷酸二酯键,而在其互补链上,则在此酶识别序列 5′ 端上游 5 个核苷酸以后切割磷酸二酯键,因此产生 5′ 端有 4 个突出核苷酸的任意黏性末端(图 2-14A)。尽管Ⅱs 型内切酶对识别序列外侧的切割位点序列没有要求,但如果要利用Ⅱs 型内切酶切割两种 DNA 分子形成能够配对的黏性末端,那么两个酶切位点的切割序列必须相同。

利用Ⅱs 型内切酶进行重组的原理如图 2-14B 所示,首先在载体拟插入外源基因的位点两侧分别设置一个互为倒转重复序列的酶切识别位点(如 Bsa Ⅰ),并使它们的切割位点位于识别位点外侧且两侧的切割序列互不相同。然后,在扩增拟插入片段的 PCR 引物两端分别引入与同侧待连接载体上识别序列互为倒转重复的 Bsa Ⅰ酶识别序列,但该酶的切割序列与同侧载体上的一致。也就是将载体拟插入位点左右两侧的 Bsa Ⅰ的识别序列交换以后与原来的切割序列重组,然后通过 PCR 扩增将重组的 Bsa Ⅰ序列分别设置在插入片段两端。

为保证酶切效果,插入片段引物两端的 Bsa Ⅰ酶切位点外侧还应该加上几个保护核苷酸。PCR 扩增完成以后目的基因两端就带上了 Bsa Ⅰ酶切位点与保护核苷酸。用 Bsa Ⅰ内切酶以及 DNA 连接酶处理载体以及扩增的目的基因片段,插入片段两端的保护核苷酸以及 Bsa Ⅰ的

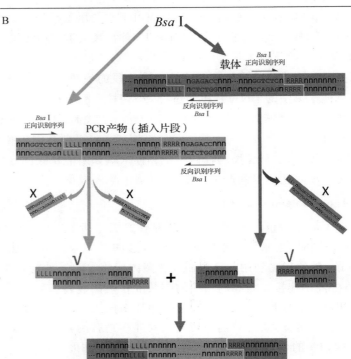

图 2-14 彩图

图 2-14 _Bsa_ Ⅰ 酶切位点(A)以及 Golden Gate Cloning 过程示意图(B)

黄色矩形代表带有 _Bsa_ Ⅰ 酶切位点的 PCR 产物,蓝色矩形代表带有 _Bsa_ Ⅰ 酶切位点的载体序列。大写的红色字母代表 _Bsa_ Ⅰ 酶的识别位点序列,大写的 L 代表载体与插入片段左侧 _Bsa_ Ⅰ 酶切割位点 DNA 序列;大写的 R 代表载体与插入片段右侧 _Bsa_ Ⅰ 酶切割位点 DNA 序列。√ 表示 Golden Gate Cloning 过程中有用的序列,× 表示 Golden Gate Cloning 过程中废弃的序列。插入片段的 PCR 产物经过 _Bsa_ Ⅰ 酶切除去了位于两端的酶识别位点。载体经过酶切除去了位于载体切割位点内侧的酶识别位点。因此,PCR 片段与载体连接以后不存在 _Bsa_ Ⅰ 酶的识别位点

识别位点核苷酸都被切除下来,而只保留插入片段及两端具有 5′ 突出的 4 核苷酸黏性末端。同时,_Bsa_ Ⅰ 酶切除载体上面的两个 _Bsa_ Ⅰ 酶切位点内侧的识别序列以及它们之间的连接序列,只保留两侧具有 5′ 突出的 4 核苷酸黏性末端。由于 PCR 产物与载体同侧的 _Bsa_ Ⅰ 酶切割序列相同,它们之间能够通过黏性末端互补退火。随后,在 DNA 连接酶的作用下,插入片段与载体之间通过形成 3′,5′-磷酸二酯键连接。

虽然反应混合体系中 _Bsa_ Ⅰ 酶一直存在,但它并不影响插入片段与载体连接形成的重组质粒,因为重组质粒上已经不存在 _Bsa_ Ⅰ 酶的识别位点。相反,没有成功重组的空载体虽然在连接酶的作用下可能重新连接,但空载体会再次被 _Bsa_ Ⅰ 酶切割。所以,通过 Golden Gate

Cloning 产生的菌落基本上都是阳性克隆。而且,运用这种方法一次可以将多达 24 个独立的 DNA 片段同时连接起来。

相比于识别和切割序列具有倒转重复结构的普通Ⅱp 型核酸内切酶,Ⅱs 型内切酶可以看成是"半酶",因为它的序列不对称并且只在识别序列的一侧切割 DNA 分子。不过,在 Golden Gate Cloning 反应中它们总是被成对地使用。如果将成对出现的Ⅱs 型内切酶的识别位点组合起来看,就能发现它们同样符合普通Ⅱp 型内切酶的具有倒转重复或称回文结构的特点,只不过倒转重复的两段识别序列之间的连接序列组成及其长度都不是固定的。如上所述,单个Ⅱs 型内切酶识别和切割具有方向性,Golden Gate Cloning 的巧妙之处是利用这个特点将同侧的载体和插入片段上面的Ⅱs 内切酶的识别序列反向组合使它们形成倒转重复的结构。由于同侧的载体和插入片段切割序列相同,它们能够重组连接并且连接以后都失去了酶的识别位点。所以,酶切和连接反应能够在一个反应体系内同时进行而不会彼此干扰,大大简化了实验操作过程。

Golden Gate Cloning 与吉布森组装一样都具有同时连接片段多、连接速度快、效率高的优势。通常 0.5 h 内即可完成切割和连接反应。它们在多片段的基因克隆中有重要意义。例如,在利用 CRISPR-Cas9 系统进行多基因敲除时将多个针对不同目的基因的 gRNA 编码序列连接在一起就可以应用 Golden Gate Cloning 途径实现。虽然它与吉布森组装一样在连接产物中没有限制性酶切位点,但在重组过程中使用了Ⅱs 型内切酶序列并且与普通类型的酶切连接反应一样要求参与连接的所有片段内部不能有所使用的Ⅱs 型内切酶位点。由于Ⅱs 型内切酶中能产生 4 个突出核苷酸末端的内切酶数量较多,这个条件容易满足。Golden Gate Cloning 的另一个不足之处是对于太大或太小的片段连接效率会降低。

2.2.1.7　3 种基因高效克隆方法的比较

比较 Gateway™、Gibson 组装和 Golden Gate Cloning 3 种克隆方法可以看出,它们的共同特点是酶切和连接能在同一个反应体系中快速完成,所以具有高效的特点。其中,Gateway™ 克隆过程中以及最终产物里面都带有位点专一重组序列。因此,重组产物能够依靠这个序列再次发生位点专一重组。而 Gibson 组装和 Golden Gate Cloning 在克隆产物里面没有特定的可识别序列。重组结果能够做到不留痕迹,实现"无痕"连接。而且插入片段一旦与载体连接,就不能被切除下来。所以它们的载体是一次性的。一个有意思的问题是,既然都是可以同时连接多个片段的无痕克隆的方法,Gibson 组装和 Golden Gate Cloning 哪一种更好?目前对这个问题比较一致的看法是:答案取决于你的目的。Gibson 组装过程不依赖任何特异的酶切位点,但不能对太短的片段进行连接;Golden Gate Cloning 对短片段连接也能胜任,而且操作过程更为简洁。但相比较而言,Gibson 组装在连接多片段方面更具优势。

从表面上看,上述 3 种基因高效克隆方法的原理完全不同。Gateway™ 克隆借助于自然界中存在的位点专一重组机制,而 Gibson 组装和 Golden Gate Cloning 则完全是人为创造出来的重组方法。但了解它们的原理以后就会发现,无论这些方法多么巧妙和不同,本质上都是利用 DNA 同源序列之间的酶切和连接反应进行 DNA 分子重组。甚至从更广泛的意义上说,基因高效克隆方法与酶切连接这种传统克隆方法的基本原理也是大同小异的。因为具有相同酶切位点的序列也属于同源序列。它们的不同之处仅仅在于酶的种类和作用过程或方式存在区别。

 重点回顾

1. 基因高效克隆方法是相对于传统的酶切连接克隆方法而言的。无论是 Gateway™ 克隆还是无痕克隆,它们的原理都是建立在同源 DNA 序列的酶切连接基础之上。基因高效克隆方法中由于酶切连接能在同一个反应体系中同时进行,因而简化了克隆步骤。

2. Gateway™ 克隆来源于 λ 噬菌体侵染大肠杆菌细胞以后裂解和溶原状态下基因组附着点区域同源序列之间的位点专一重组过程,即 λ 噬菌体 DNA 与细菌基因组 DNA 通过附着点的同源序列之间切割形成的黏性末端配对和连接完成重组过程。

3. 吉布森组装是不依赖任何特定酶切位点的一种无痕连接方式。它通过对具有同源重叠末端的两个或多个 DNA 分子的 5′ 端进行水解形成黏性末端,然后同源的黏性末端退火配对并在 DNA 聚合酶作用下补平缺口,最后通过连接酶在断点处形成磷酸二酯键将两个或多个 DNA 片段同时连接起来。

4. Golden Gate Cloning 是一种利用 Ⅱs 型内切酶识别位点与切割位点彼此分离并且具有单向切割的特点,将不同片段拟连接的位点之间通过倒转重复排列的酶识别位点被酶切去除,但同侧的切割序列相同因而产生的黏性末端能互补配对,最终通过 DNA 连接酶连接的一种无痕克隆方法。

 参考实验方案

Current Protocols in Molecular Biology Volume 110，Issue 1

Site-Specific Recombinational Cloning Using Gateway and In-Fusion Cloning Schemes

Jaehong Park，Andrea L. Throop，Joshua LaBaer

First published：01 April 2015

Current Protocols Volume 1，Issue 3

Construction and Quantitation of a Selectable Protein Splicing Sensor Using Gibson Assembly and Spot Titers

Daniel Woods，Danielle S. LeSassier，Ikechukwu Egbunam，Christopher W. Lennon

First published：19 March 2021

Current Protocols in Molecular Biology Volume 130，Issue 1

Synthetic DNA Assembly Using Golden Gate Cloning and the Hierarchical Modular Cloning Pipeline

Sylvestre Marillonnet，Ramona Grützner

First published：11 March 2020

 视频资料推荐

Transient Gene Expression in Tobacco Using Gibson Assembly and the Gene Gun. Mattozzi MD，Voges M J，Silver P A，Way J C. J Vis Exp. 2014 Apr 18；(86)：51234. doi：10.3791/51234.

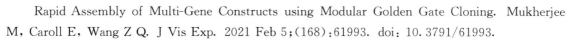

Rapid Assembly of Multi-Gene Constructs using Modular Golden Gate Cloning. Mukherjee M, Caroll E, Wang Z Q. J Vis Exp. 2021 Feb 5;(168):61993. doi:10.3791/61993.

The Zebrafish Tol2 System: A Modular and Flexible Gateway-Based Transgenesis Approach. Klem J R, Gray R, Lovely C B. J Vis Exp. 2022 Nov 30;(189):64679. doi:10.3791/64679.

2.2.2 *ccdB* 在基因克隆中的作用

 概念解析

促旋酶(gyrase)：原核生物的一种 DNA 拓扑异构酶。其作用为催化细胞内线性或环状 DNA 分子与超螺旋的 DNA 分子之间的状态转换。即解开呈负超螺旋状态的 DNA 分子,或者在 ATP 存在的情况下在线性或环状的双链 DNA 分子中引入负超螺旋。

2.2.2.1 *ccd* 基因的生理功能

ccd(control of cell division)是原核生物中控制细胞分裂的基因。它位于大肠杆菌的 F 质粒上,由 *ccdA* 和 *ccdB* 两个基因组成,它们相邻排列在同一个操纵子中。*ccd* 基因是大肠杆菌特异性免疫体系中毒素-抗毒素系统(toxin-antitoxin,T-A)的组成部分。其中 *ccdB* 编码的毒素蛋白(CcdB)能够导致细菌死亡,但 *ccdA* 编码的抗毒素蛋白(CcdA)能够通过与 CcdB 结合抑制其毒性。所以,这两个基因同时存在的情况下并不会对宿主菌造成危害。不过,细菌中 CcdA 蛋白不稳定,它比 CcdB 更容易被降解。如果细菌细胞分裂时子代细菌丢失了 F 质粒,它就会因缺乏 CcdA 对抗从亲代细胞残留下来的 CcdB 毒性蛋白而死亡。因此,*ccd* 基因的生理功能是确保低拷贝的 F 质粒在细菌分裂过程中不会在子代细胞中丢失。此外,*ccd* 基因的作用还与 DNA 损伤后的 SOS 修复机制有关。

2.2.2.2 CcdB 蛋白致死作用的分子机理

CcdB 蛋白致死作用的分子机理是它能干扰促旋酶的功能。促旋酶是原核生物细胞内的一种 DNA 拓扑异构酶,其作用为通过在 DNA 双链上形成临时性的双链断裂解开呈负超螺旋状态的 DNA 分子使 DNA 松弛,或者在 ATP 存在的情况下在线性或环状的双链 DNA 分子中引入负超螺旋,最后完成断裂切口的连接修复。大肠杆菌的促旋酶由不同基因编码的 GyrA 和 GyrB 各两个亚基组成四聚体。CcdB 通过与 GyrA 亚基的第 462 位的精氨酸结合,导致促旋酶不能对 DNA 分子上产生的切口进行修复,从而阻止宿主细胞内 DNA 的复制和转录过程。

由于细菌基因组 DNA 与质粒 DNA 分子在细胞内通常以超螺旋的形式存在,而 DNA 分子的复制、修复、重组和转录都需要解开 DNA 超螺旋才能进行,所以促旋酶的功能不可或缺。否则宿主细菌内与 DNA 合成和转录等相关的生命活动就会受阻,最终导致细菌死亡。研究发现,促旋酶 GyrA 亚基的第 462 位精氨酸突变为半胱氨酸以后,促旋酶的生理功能不受影响,但 CcdB 蛋白不能与突变的促旋酶结合,因而促旋酶能免受 CcdB 的毒害。另外,加入足量的抗毒素蛋白 CcdA 也能解除或者逆转 CcdB 蛋白对细胞的毒性。

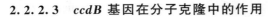

2.2.2.3　*ccdB* 基因在分子克隆中的作用

　　ccdB 基因编码蛋白的这一特性使它在分子克隆中有重要用途,因为它的致死效应可以使克隆筛选变得非常简单。其原理是,如果将含有能表达 *ccdB* 基因的质粒转化进入 DH5α、TOP10 等 CcdB 敏感的宿主菌内,就会导致宿主细胞不能复制、转录和修复损伤的 DNA,引起细胞无法增殖形成菌落而死亡。相反,如果质粒上的 *ccdB* 基因在克隆过程中被替换或遭到插入序列破坏,那么不含 *ccdB* 基因或含有失活 *ccdB* 基因的敏感宿主菌就能在培养基上正常生长形成菌落。因此,*ccdB* 常用来作为细菌转化实验中类似于抗生素抗性一样筛选阳性克隆的选择性标记基因。例如在 Gateway™ 克隆体系中,入门克隆载体与表达克隆载体的附着点序列 *attP1* 和 *attP2* 之间,以及 *attR1* 和 *attR2* 之间都带有 *ccdB* 基因。这些载体如果没有与插入的目的基因发生位点专一重组导致 *ccdB* 基因被置换除去,那么它们转入对 CcdB 敏感的宿主菌后会导致敏感宿主菌死亡而不能长出菌落。只有成功地发生了重组,也就是插入的目的基因或 DNA 片段已经将 *ccdB* 基因置换除去的重组质粒才能由于对敏感宿主菌无毒害作用而能增殖长出菌落。此外,在传统的酶切连接或 TA 克隆体系中,也可以将多克隆位点置于 *ccdB* 基因的编码区内。只有外源 DNA 片段成功插入多克隆位点从而破坏了 *ccdB* 基因的正常表达,才能使敏感宿主菌存活以此达到筛选阳性克隆的目的。

　　在 Gateway™ 克隆体系的 BP 和 LR 反应中,利用 *ccdB* 致死基因结合质粒的抗生素抗性基因筛选阳性克隆十分高效。例如带有目的基因的入门克隆质粒是卡那霉素抗性的,而目的基因表达克隆载体是氨苄青霉素抗性的,那么在培养基中加入氨苄青霉素即可抑制未经重组的入门克隆质粒转化的宿主菌生长;同时,表达克隆载体上虽然带有氨苄青霉素抗性基因,但因为它含有致死基因 *ccdB* 也不能使敏感的宿主菌存活。因此,只有入门克隆质粒上的目的基因通过位点专一重组替换表达克隆载体上的致死基因 *ccdB*,形成的重组表达克隆质粒转化敏感菌宿主菌以后才能形成菌落。这种同时利用抗生素抗性与致死基因的筛选策略极大地降低了非重组克隆出现的概率。而且,相对于抗生素和蓝白斑这种双重筛选方式,抗生素和 *ccdB* 结合筛选更简洁高效,因为它不需要在培养基中添加诱导物或显色剂这些成分。基本上可以说,能长出来的菌落就是阳性克隆。

　　也许有人会问,既然 *ccdB* 能导致敏感宿主菌死亡,那么怎样才能获得这个带有 *ccdB* 致死基因的入门克隆载体或表达克隆载体?答案很简单,有些宿主菌株对 CcdB 是不敏感的,如大肠杆菌 DB3.1 菌株就是如此。原因是 DB3.1 菌株含有编码促旋酶 GyrA 亚基第 462 位氨基酸的等位突变基因,导致突变的 GyrA 蛋白亚基不受 CcdB 的影响,所以就能不受干扰地发挥促旋酶的功能。而且 DB3.1 菌株不含 F 质粒,因此也没有 *ccdA* 和 *ccdB* 这两个基因。所以,DB3.1 菌株可以用来复制含有 *ccdB* 基因的入门克隆载体或表达克隆载体。

 重点回顾

　　1. *ccdB* 基因是进行基因克隆反向筛选的有效手段。作为载体的组成部分,只有当这个致死基因在克隆过程中被替换或被插入破坏才能使对其表达产物敏感的宿主菌存活形成菌落。相反,*ccdB* 基因没有被替换或插入破坏的载体则不能使敏感宿主菌存活形成菌落。

　　2. *ccdB* 基因致死作用的机理是它编码的毒素蛋白能干扰 DNA 合成、转录或修复所必需的促旋酶的功能,导致上述生命活动受阻,最终引起宿主菌死亡。

▶ 主要参考文献

洒荣波,晁强,王晓辉,等. 杨树枯萎病菌实时荧光定量 PCR 检测方法的建立及应用. 山东农业科学,2019,51(2):131-135.

Robert F Weaver. 分子生物学. 5 版. 郑用琏,马纪,李玉花,等译. 北京:科学出版社,2023.

Bahassi E M, O'Dea M H, Allali N, et al. Interactions of CcdB with DNA gyrase. Inactivation of GyrA, poisoning of the gyrase-DNA complex, and the antidote action of CcdA. J Biol Chem, 1999, 274(16):10936-10944.

Beaulaurier J, Schadt E E, Fang G. Deciphering bacterial epigenomes using modern sequencing technologies. Nat Rev Genet, 2019, 20(3):157-172.

Bogdanović O, Lister R. DNA methylation and the preservation of cell identity. Curr Opin Genet Dev, 2017, 46:9-14.

Bryan L E. General mechanisms of resistance to antibiotics. J Antimicrob Chemother, 1988, 22(Suppl A): 1-15.

Bryksin A, Matsumura I. Overlap extension PCR cloning. In: Polizzi K, Kontoravdi C. (eds) Synthetic Biology. Methods Mol Biol (Methods and Protocols), 2013, 1073:31-42.

D. C. 安伯格. 酵母遗传学方法实验指南. 2 版. 霍克克,译. 北京:科学出版社,2009.

Demerec M, Adelberg E A, Clark A J, et al. A proposal for a uniform nomenclature in bacterial genetics. Genetics, 1966, 54(1):61-76.

Dower W J, Miller J F, Ragsdale C W. High efficiency transformation of *E. coli* by high voltage electroporation. Nucleic Acids Res, 1988, 16(13):6127-6145.

Engler C, Marillonnet S. Golden Gate Cloning. Methods Mol Biol, 2014, 1116:119-131.

Gallagher C N, Huber R E. Studies of the M15 beta-galactosidase complementation process. J Protein Chem, 1998, 17(2):131-141.

Geier G E, Modrich P. Recognition sequence of the dam methylase of *Escherichia coli* K12 and mode of cleavage of *Dpn* Ⅰ endonuclease. J Biol Chem, 1979, 254:1408-1413.

Geymonat M, Spanos A, Sedgwick S G. A *Saccharomyces cerevisiae* autoselection system for optimised recombinant protein expression. Gene, 2007, 399(2):120-128.

Gibson D G, Young L, Chuang R Y, et al. Enzymatic assembly of DNA molecules up to several hundred kilobases. Nat Methods, 2009, 6:343-345.

Green M R, Sambrook J. Dephosphorylation of DNA fragments with alkaline phosphatase. Cold Spring Harb Protoc. 2020, 2020(8):100669.

Green M R, Sambrook J. Nested polymerase chain reaction (PCR). Cold Spring Harb Protoc 2019, 2019(2).

Hotta K, Yamamoto H, Okami Y, et al. Resistance mechanisms of kanamycin-, neomycin-, and streptomycin-producing streptomycetes to aminoglycoside antibiotics. J Antibiot，1981，34:1175-1182.

Maloy S R，Hughes K T. Strain collections and genetic nomenclature. Meth Enzymol，2007，421:3-8.

Ippen-Ihler K A，Minkley E G Jr. The conjugation system of F，the fertility factor of *Escherichia coli*. Annu Rev Genet，1986，20:593-624.

Juers D H，Matthews B W，Huber R E. LacZ β-galactosidase：structure and function of an enzyme of historical and molecular biological importance. Protein Sci，2012，21(12)：1792-1807.

Katzen F. Gateway recombinational cloning：A biological operating system. Expert Opin Drug Discov，2007，2(4):571-589.

Ludwig D L，Bruschi C V. The 2-μm plasmid as a nonselectable，stable，high copy number yeast vector. Plasmid，1991，25(2):81-95.

Petersen J. Phylogeny and compatibility：Plasmid classification in the genomics era. Arch Microbiol，2011，193(5):313-321.

Reiss B，Sprengel R，Schaller H. Protein fusions with the kanamycin resistance gene from transposon Tn5. EMBO J，1984，3(13):3317-3322.

Scanlon T C，Gray E C，Griswold K E. Quantifying and resolving multiple vector transformants in *S. cerevisiae* plasmid libraries. BMC Biotechnol，2009，9:95.

Triglia T，Peterson M G，Kemp D J. A procedure for *in vitro* amplification of DNA segments that lie outside the boundaries of known sequences. Nucleic Acids Res，1988，16:8186.

Umezawa H. Biochemical mechanism of resistance to aminoglycosidic antibiotics. Adv Carbohydr Chem Biochem，1974，30:183-225.

Welply J K，Fowler A V，Zabin I. Beta-galactosidase alpha-complementation. Overlapping sequences. J Biol Chem，1981，256(13):6804-6810.

Wolfe K H，Butler G. Mating-type switching in budding yeasts，from Flip/Flop inversion to cassette mechanisms. Microbiol Mol Biol Rev，2022，86(2):e0000721.

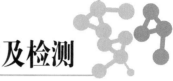

第3章

基因的鉴定、表达调控及检测

3.1 基因鉴定方法

3.1.1 缺(切)口平移法标记探针

 概念解析

　　核酸分子杂交(hybridization):溶液中两种单链核酸分子之间通过碱基互补配对形成稳定的同源或异源双链分子的过程。

　　杂交探针(probe):在核酸分子杂交中,用于检测样品中是否存在相同或同源的目标核酸分子而合成的一段带有标记分子的特定核苷酸序列。

3.1.1.1 探针标记与 DNA 聚合酶 I 的功能

　　核酸分子杂交是检测或鉴定样品中目标核酸分子的重要手段。无论是 Southern 杂交、Northern 杂交,还是原位杂交,都要使用标记的核酸分子作为探针。探针是检测样品中目标核酸分子是否存在合成的一段掺入了标记分子的 DNA 或 RNA 分子。

　　将标记物分子掺入能与样品中核酸分子通过碱基互补配对而合成的 DNA 或 RNA 分子的过程即为探针标记。这种标记物可以是同位素,或其他化学方法容易检测到的某种分子或基团。同位素标记的探针具有灵敏度高的特点,但使用同位素时安全防护要求很高并且同位素有半衰期的限制。使用地高辛、生物素等非同位素标记探针安全且无半衰期的限制。所以目前同位素标记方法已经逐渐被非同位素标记方法取代。标记的过程通常在合成核酸探针的反应中进行,也可以在模板核苷酸的替换过程中进行。最常见的探针分子标记方法有缺口平移法、随机引物法、体外转录法、PCR 合成法等。

　　在上述探针标记方法中,缺口平移法应用最为广泛。除了探针模板和标记的核苷酸原料,这种标记方法还需要使用来源于大肠杆菌的两种酶:一种是限制酶 DNase I,另一种是修饰酶 DNA 聚合酶 I。DNase I 能以非特异的方式在 DNA 分子内部随机切割磷酸二酯键,生成带有 5'-磷酸和 3'-羟基的断点。DNA 聚合酶 I 则是一个多功能的修饰酶,如图 3-1 所示,它的多功能特点体现在以下 3 个方面。首先,它具有 5'→3' DNA 聚合酶功能,能将游离的脱氧核苷酸依照与模板核苷酸碱基互补配对的方式依次连接到引物 DNA 链的 3' 末端。这个功能与耐热的 Taq DNA 聚合酶的功能类似。在 PCR 方法出现以前，早期的细胞外 DNA 合成就是依靠 DNA 聚合酶 Ⅰ 完成的。其次，为保证其聚合酶功能的准确性，该酶具有 $3'\rightarrow5'$ 外切核酸酶的功能。其作用是切除合成错误的核苷酸而起到校对 DNA 聚合酶功能的作用。最后，DNA 聚合酶 Ⅰ 还有 $5'\rightarrow3'$ 外切核酸酶的功能，也就是从核苷酸链的 $5'$ 端开始向 $3'$ 端依次切除核苷酸。值得注意的是，DNA 聚合酶 Ⅰ 的 $5'\rightarrow3'$ 外切核酸酶功能既能切除 DNA链，也能切除 RNA 链。其 $5'\rightarrow3'$ 外切核酸酶功能和 $5'\rightarrow3'$ DNA 聚合酶功能可以分别在 DNA 缺口的两端同时进行，并且行进的方向一致。这两种功能能够并行不悖是因为它们是由 DNA 聚合酶 Ⅰ 分子的不同亚基完成的。用一个形象的比喻来描述，DNA 聚合酶 Ⅰ 的功能就是边拆除边建设，即前边拆除旧核苷酸的同时后边合成新核苷酸进行替补。

为什么大肠杆菌 DNA 聚合酶 Ⅰ 有这两种看似矛盾的功能？回答这个问题需要知道，大肠杆菌基因组 DNA 通过冈崎片段进行复制，开始是以一段合成的 RNA 为引物（例如质粒复制时就是以 ori 序列转录合成一段 RNA 作为引物，启动 DNA 复制，这个引物由 RNA 聚合酶合成），然后依靠 DNA 聚合酶 Ⅲ 将游离的脱氧核苷酸按照碱基互补配对的原则依次连接到 RNA 引物链的 $3'$ 端形成复制的 DNA 链，直到接触到下一个 DNA 片段的 $5'$ 端为止。复制完成后还需要将 RNA 引物切除，同时合成新的 DNA 链替代被切除的 RNA 引物序列。

切除复制过程中的 RNA 引物并合成 DNA 链替换正是 DNA 聚合酶 Ⅰ 的生理功能之一。具体过程是，DNA 聚合酶 Ⅰ 从 RNA 引物的 $5'$ 端开始通过其 $5'\rightarrow3'$ 外切核酸酶的功能将 RNA 引物的核苷酸依次切除。同时，其另一端的 $5'\rightarrow3'$ DNA 聚合酶功能利用游离的脱氧核苷酸为原料根据互补链核苷酸序列合成新的 DNA 链补齐其前端不断被切除的 $5'$ 端核苷酸留下的缺口（图3-1）。最后，当所有的单链缺口都被补齐，也就是 RNA 序列全部被 DNA 序列替代时，再由 DNA 连接酶将脱氧核苷酸链断点通过 $3',5'$-磷酸二酯键连接起来，形成连续的 DNA 分子，从而完成复制。

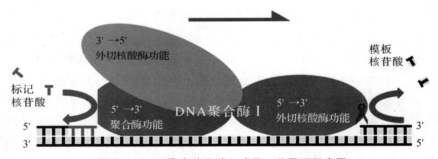

图 3-1　DNA 聚合酶 Ⅰ 的组成及工作原理示意图

图 3-1　彩图

深绿色、砖红色和浅绿色椭圆形分别代表 DNA 聚合酶 Ⅰ 的 $5'\rightarrow3'$ DNA 外切核酸酶功能区、$5'\rightarrow3'$ DNA 聚合酶功能区和 $3'\rightarrow5'$ 外切核酸酶功能区。紫红色的箭头代表 DNA 聚合酶 Ⅰ 的前进方向。黑色的"T"形符号代表模板 DNA 序列上的原始核苷酸；砖红色的"T"形符号代表已经或将要被加入新合成的核苷酸链的核苷酸。剪刀图形代表 DNA 聚合酶 Ⅰ 的外切核酸酶的功能

3.1.1.2　缺口平移法标记探针

缺口平移法标记探针模拟了 DNA 聚合酶 Ⅰ 在大肠杆菌细胞内 DNA 复制过程中的核酸外切酶功能和 DNA 聚合酶功能。如前所述，首先利用限制酶 DNase Ⅰ 在探针模板 DNA 链

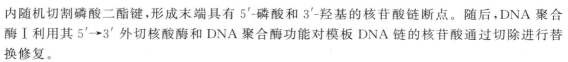

内随机切割磷酸二酯键,形成末端具有 5′-磷酸和 3′-羟基的核苷酸链断点。随后,DNA 聚合酶Ⅰ利用其 5′→3′ 外切核酸酶和 DNA 聚合酶功能对模板 DNA 链的核苷酸通过切除进行替换修复。

假设切除和修复发生在左侧为 5′ 端、右侧为 3′ 端的 DNA 单链的断点处,那么 DNA 聚合酶Ⅰ的 5′→3′ 外切核酸酶将从断点的右侧开始(图 3-1),依次逐个切除原来的核苷酸残基造成缺口,行进的方向为从左到右。与此同时,其 5′→3′ DNA 聚合酶功能则从断点的左侧开始,依次将游离的标记核苷酸逐个聚合起来连接在断点 DNA 链的 3′ 端,行进的方向同样是从左到右。于是,经过标记的核苷酸随着模板 DNA 分子核苷酸的替换加入到探针 DNA 分子中。在此过程中,由于缺口的产生和被补齐消失是一个动态变化的过程,假设有一台可以观察分子动态结构的显微镜,就可以看到在探针模板 DNA 分子上由 DNA 聚合酶Ⅰ制造的缺口不断地从模板 DNA 链的 5′ 端向 3′ 端、也就是从左到右的方向移动。所以这种方法叫作缺口平移法。

需要特别注意的是,在缺口平移法标记探针过程中,限制酶 DNase Ⅰ 的使用量很关键。其作用是在探针模板 DNA 分子上随机切割(内切)磷酸二酯键形成断点,该酶的使用量不能太大,否则模板 DNA 分子就会被密集地切割成很短片段,因而不能合成特异性强的探针分子。

缺口平移法因为其过程简单易行是探针标记最常用的方法之一。该方法的不足之处是它所需的 DNA 模板量比较大。原因是缺口平移法标记过程并不是探针模板分子的扩增过程,而是探针模板分子中核苷酸的替换过程。所以,与通过复制标记探针的方法不同,缺口平移法标记过程不会增加模板分子(核苷酸替换以后作为探针)的数量。

除此之外,与 DNA 聚合酶Ⅰ功能相关的另一种常用的探针标记方法即随机引物法则是利用 DNA 聚合酶Ⅰ被枯草杆菌蛋白酶或胰蛋白酶切割产生的大片段——Klenow 片段,该片段保留了 DNA 聚合酶Ⅰ的 5′→3′ DNA 聚合酶功能和 3′→5′ 外切核酸酶的功能,但它失去了 5′→3′ 外切核酸酶的功能。利用随机引物,Klenow 片段能在模板 DNA 变性生成单链以后通过聚合反应合成含有标记分子的单链寡核苷酸探针。

重点回顾

1. 缺口平移法是核酸分子杂交中探针标记的常用方法。它完美利用了 DNA 聚合酶Ⅰ在 DNA 合成过程中切除 RNA 引物的同时用游离的脱氧核苷酸补齐切除引物留下的缺口,最终形成完整 DNA 双链的功能机制。

2. 缺口平移法先用限制酶 DNase Ⅰ 在模板链内部随机切割磷酸二酯键产生断点,然后利用 DNA 聚合酶Ⅰ的 5′→3′ 外切核酸酶以及聚合酶功能,将带有标记的游离核苷酸聚合到模板缺口核苷酸链的 3′ 端,通过替换完成探针标记。

3. 缺口平移法标记探针是对模板链中部分核苷酸的替换过程,不涉及对模板的扩增。这种方法标记探针对模板的量以及 DNase Ⅰ 的使用量都有一定要求。

参考实验方案

Current Protocols Essential Laboratory Techniques Volume 00,Issue 1
Labeling DNA and Preparing Probes

Karl A. Haushalter

First published：01 October 2008

视频资料推荐

Labeling DNA Probes：Radioisotopes，Fluorophores，Biotin，Digoxigenin｜分子生物学｜JoVE

3.1.2 Southern 杂交

3.1.2.1 Southern 杂交的原理

Southern 杂交是分子生物学领域进行基因鉴定的经典方法。它由英国人 Edwin M. Southern 创建，故得名。该方法对于基因组中特定 DNA 序列的鉴定，包括早期通过图位克隆寻找与目的基因紧密连锁的分子标记，以及基因打靶过程中对基因敲除结果的确认和对遗传疾病的诊断，都是最可靠的终极解决方案。

Southern 杂交依据的原理是溶液中双链 DNA 分子变性生成单链以后，在适当条件下能按照碱基互补配对的原则退火恢复双链状态。如果用与样品中待检测的目标 DNA 分子相同或同源的 DNA 分子或者其一部分序列为模板合成同位素或其他分子标记的单链或双链 DNA 探针，在液态环境中用变性的探针单链与分布在尼龙膜上经过变性形成单链的大小不同的待检测样品 DNA 分子片段进行杂交，然后通过放射自显影、化学显色或发光等方法显现样品 DNA 中是否存在能与探针 DNA 分子单链退火杂交的目标 DNA 分子，从而达到识别样品中相同或同源 DNA 分子并在尼龙膜等介质上显示其位置及其大小的目的。

3.1.2.2 检测样品的准备

Southern 杂交需要具备两方面的条件：第一是待检测的样品，第二是标记探针。下面以鉴定植物基因组中转入的外源基因为例说明传统的 Southern 杂交的具体过程。

首先是基因组 DNA 的提取。由于通常需要使用液氮将植物组织冷冻磨碎以后让细胞核内染色体中 DNA 分子释放出来，所以提取的植物基因组 DNA 的完整性不能和培养的动物细胞基因组 DNA 相比。但基因组 DNA 分子片段大小是 Southern 杂交必须考虑的一个因素。因为只有获得高质量的基因组 DNA 分子，杂交结果才有更高的可靠性。原因是假如目的基因在基因组中只有一个拷贝，但由于提取过程中目的基因断裂形成两个或更多的片段，而这些分布在凝胶不同位置上的断裂 DNA 分子片段都能与标记探针杂交。当它们的浓度较高时，可能形成较强的背景信号从而干扰结果分析。基因组 DNA 的提取质量可以通过琼脂糖凝胶电泳初步检测。一般情况下，用来杂交的植物基因组 DNA 分子片段长度应该达到 50 kb 以上。

基因组 DNA 检验合格后就是酶切处理，这是能够影响 Southern 杂交结果的重要一步。酶切的目的是将大片段的基因组 DNA 分子通过内切酶消化，产生一系列大小不同的 DNA 片段，以便将这些片段通过凝胶电泳分开。如前所述，基因组 DNA 分子片段很大，并且由于它们缠绕在一起，普通的琼脂糖凝胶电泳不能将它们分开。但只有先将目的 DNA 分子片段从其他 DNA 片段中分离才有可能对它们的大小和拷贝数进行鉴定。选择内切酶的首要原则是目的基因或 DNA 片段中不能存在该内切酶的酶切位点。其次是内切酶的酶切效率要高，容易获得并且价格便宜。一般常用的内切酶位点在基因组 DNA 中分布有一个大致的规律,即按概率每 4～6 kb 长度的 DNA 片段就有一个特定的酶切位点。不过,基因组中酶切位点实际并不会严格按这种距离分布。可能某些区域内 8 kb 或更长才有一个特定的酶切位点,某些区域 2 kb 或更短的范围就出现一个位点。无论如何,酶切消化后的基因组 DNA 片段大小应该分布在普通浓度的琼脂糖凝胶的分辨范围内。如果提取的基因组 DNA 分子纯度高,那么酶切反应可以在较短的时间,例如 1～2 h 内完成,否则可能需要酶切过夜。样品 DNA 分子酶切后必须经过电泳检测酶切效果,即从酶切产物中取样进行凝胶电泳,染色、成像观察结果。合格的酶切效果是 DNA 片段在琼脂糖凝胶上从几百碱基对到十几千碱基对形成弥散分布,其中最亮的区域弥散分布在 4～6 kb 的范围内。

接下来的步骤就是基因组 DNA 分子酶切片段的分离。通常酶切后的基因组 DNA 在 0.8%～1% 的琼脂糖凝胶中通过较低的电压电泳分离,电泳时样品旁边的样品孔内加入 DNA 分子 ladder,以便将来对目标分子所在的酶切片段大小进行评估。电泳的结果是已经酶切形成各种不同大小的样品 DNA 分子片段在琼脂糖凝胶平面上按大小不同分开。当溴酚蓝移动到超过凝胶长度 2/3 的位置时停止电泳,然后将凝胶小心取出,浸入含 NaOH 的变性液中变性(注意一定不能让凝胶破损,否则会严重影响后面的转膜以及最终的杂交效果)。变性的目的是使凝胶中的双链 DNA 分子分开形成单链,便于后期与单链状态的标记探针进行杂交。变性以后的凝胶用转膜液清洗 2 次以后就可以进行转膜。

转膜是整个 Southern 杂交过程中最关键、也是最容易出问题的步骤之一。该步骤中任何细节的疏忽都将严重影响实验结果,甚至导致杂交完全失败。转膜的目的是将分散在凝胶内变性的单链状态的样品 DNA 分子,沿着垂直于凝胶平面的方向转移到紧贴在凝胶表面的固相支持物——通常是带正电荷的尼龙膜上,并以共价结合的方式不可逆地结合到尼龙膜上。因此,DNA 分子在膜上的相对位置与它们在凝胶中的位置完全一致。转膜的方法有传统的毛细管转移法,也有后来出现的电转移法和真空转移法。毛细管转移法不需要特殊的设备,简单易行。具体过程是在一个盛有转膜液的容器内,将凝胶置于容器中央高出转膜液液面的平台上,凝胶的下方为滤纸,滤纸的边缘浸入平台下方的转膜液中(图 3-2)形成能够传递溶液的桥梁,凝胶的上面覆盖与凝胶形状和大小完全一样的尼龙膜。这种装置就形成一个从滤纸通过凝胶向上方尼龙膜传递溶液的毛细转移系统。尼龙膜的上面覆盖几层大小与尼龙膜完全一样的滤纸,滤纸上面再覆盖多层吸水纸。吸水纸的上方放置一块玻璃板及一块重物。于是,分布在凝胶中的变性单链 DNA 分子片段就随着转膜液通过毛细现象转移到凝胶上方的尼龙膜上,并与尼龙膜不可逆地结合,而到达尼龙膜的溶液又被其上方的滤纸及吸水纸吸收。必须注意的是,整个装置内任何相邻的不同组分之间必须依次接触,而不能跨越中间的组分直接接触,以免出现短路的现象。而且,不同组分之间不能有气泡出现,以保证毛细现象均匀而充分地进行。转膜完毕,将湿润的尼龙膜置于紫外交联仪中交联,或者将它置于超净台的紫外灯下近距离(距灯管 10 cm 左右)照射约 3 min,也可以将尼龙膜置于 80 ℃ 烘箱烘烤 2 h,这些处理都能将单链 DNA 分子固定到尼龙膜上。交联完成以后,Southern 杂交的准备工作就完成了一半。此时尼龙膜可以立即用来进行预杂交以及杂交,也可以用保鲜膜小心将尼龙膜包裹起来保存(尼龙膜不能折叠),以选择合适的时间进行预杂交与杂交实验,因为预杂交与杂交过程必须连续进行并且通常需要较长的时间。

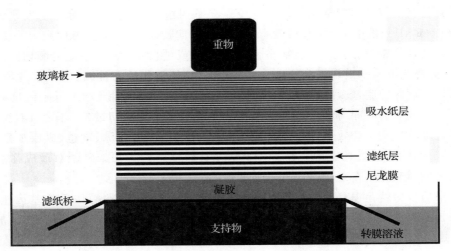

图 3-2　Southern 杂交毛细管转膜装置示意图
重物可用盛水的塑料试剂瓶(约 500 g)充当

3.1.2.3　探针标记及检测

Southern 杂交的第二个条件是经过标记的探针。用于 Southern 杂交的标记探针可以是以目的基因或者其同源基因 DNA 分子为模板,合成的带有标记分子的 DNA 片段或一段寡聚核苷酸链。依据探针种类可分为单链探针、双链探针、DNA 探针、RNA 探针。合成探针的方式也多种多样。常用的探针标记方法如缺口平移法和随机引物法在前文有详细的介绍。

探针标记完成后还应该检测探针质量,即检查探针分子的浓度及其中标记分子的含量。以同位素标记为例,检测探针质量需要考察两个参数。一个是探针的比活度,比活度的测量单位为 cpm/μg,即每微克标记分子(核苷酸)每分钟的液体闪烁计数值,它反映了被同位素成功标记的核苷酸在参与标记的核苷酸分子中的比例。杂交过程中高比活度探针比低比活度探针有更高的灵敏度。另一个是放射性标记核苷酸掺入探针分子的百分比。利用液体闪烁计数仪测定通过离心柱离心或三氯乙酸沉淀去除游离核苷酸之前和之后探针分子的 cpm 值,然后用除去游离核苷酸之后的 cpm 值除以除去之前的值即可获得。如果购买的同位素原料比活度没有问题,通常检测同位素掺入探针的百分比即可。

3.1.2.4　杂交过程

有了转移并固定到尼龙膜上的 DNA 样品及合格的标记探针,随后 Southern 杂交过程按顺序可以分为预杂交、杂交、洗膜、显影/显色这些步骤。

预杂交的作用是降低杂交背景信号。它实际上是一个封闭尼龙膜上 DNA 分子非特异结合位点的过程。尼龙膜既然能结合样品中各种不同的 DNA 分子,那么它也同样能结合探针 DNA 分子。如果标记的探针 DNA 分子非特异地结合在尼龙膜上,它们随机分布会造成尼龙膜上具有较高的背景信号,同时还会降低目标 DNA 条带与探针的特异杂交信号强度。因此,预先用非特异的 DNA 分子如变性的鲑鱼精 DNA 将尼龙膜封闭起来,也就是用大量与目标 DNA 分子不同源的 DNA 分子片段非特异地结合在整个尼龙膜的表面,使尼龙膜处于DNA 结合的饱和状态。那么在其后的杂交过程中,探针 DNA 分子就不能以非特异的方式结合到尼龙膜面上,而只能与尼龙膜上结合的样品 DNA 分子中目标单链 DNA 分子特异地结合。所以,预杂交能够有效地降低杂交背景,时间通常需要 4~6 h。预杂交与随后的杂交可以在杂交盒中进行,也可以使用杂交袋或杂交管完成。杂交盒简单方便,普通的塑料盒就能够胜任。使用杂交袋和杂交管时由于杂交反应体积小,探针的浓度能够更高,有利于提高杂交信号强度。

随后的杂交操作过程与预杂交相似,只是杂交液里面加入了标记好的特异探针而不是鲑鱼精 DNA。由于尼龙膜上能够非特异结合 DNA 的位置已经被样品 DNA 和鲑鱼精 DNA 分子所占据,所以,标记的探针 DNA 分子加入后就只能与膜上结合的相应目标 DNA 单链片段通过碱基互补配对特异地结合。也就是说,探针 DNA 分子是结合在样品中目标 DNA 分子单链上,而不是直接结合在尼龙膜上。必须注意的是,无论是预杂交还是杂交,必须保证将尼龙膜始终浸泡在预杂交液或杂交液中。如果在此过程中出现膜面局部或全部干燥,杂交结果将出现严重的背景甚至是完全失败。如果杂交反应在水溶液中进行,杂交温度通常保持在 68 ℃,时间一般需要 12 h 以上。

杂交完毕接着是洗膜过程。其作用是除去杂交反应体系中未与膜上目标 DNA 分子特异结合的探针。洗膜的时间及洗膜液的离子强度决定了杂交背景的干净程度。如果使用同位素标记探针,洗膜过程中可以利用同位素信号探测仪检测尼龙膜表面的信号强度,以确定洗膜液的强度以及洗膜的时间。

压片显影。对同位素标记的探针杂交来说,洗膜完毕,将膜用无褶皱的保鲜膜包裹整齐,在暗室内将 X 射线感光片置于压片夹的增感屏和尼龙膜之间,盖上压片夹,置于 −70 ℃ 冰箱曝光。曝光时间依据膜上信号强度决定。曝光结束后,显影观察结果。

如果用地高辛等非同位素分子标记 Southern 杂交探针,杂交信号的显色过程比同位素标记信号显影稍微复杂一点。地高辛是一种具有半抗原(hapten)性质的类固醇分子。半抗原又称不完全抗原(incomplete antigen),是指某些单独存在时不能诱导动物肌体免疫应答,但具有发生免疫反应能力的分子。简单地说就是它们本身不能诱导免疫细胞产生抗体,但能与抗体发生特异结合反应。半抗原既然不能诱导细胞产生抗体,那么能与它特异结合的抗体来自何处?原来,半抗原与大分子蛋白质或非抗原性的多聚赖氨酸等载体(carrier)交联以后可获得免疫原性,也就是具有了完全抗原的特点,从而诱导动物机体免疫应答产生抗体。常见的半抗原有多糖、类脂、核酸和某些小分子化合物等。

回到探针标记的主题,将地高辛与 dUTP 交联作为合成核酸的原料,用随机引物法或缺口平移等方法合成带有地高辛标记的探针分子。该探针与膜上 DNA 杂交过程和同位素标记探针的杂交相同。不过杂交完毕,洗膜后不是直接曝光显影,而是加入用碱性磷酸酶标记的地高辛抗体。由于抗原-抗体的特异性反应,碱性磷酸酶就随地高辛抗体聚集在膜上含地高辛标记探针的区域。加入碱性磷酸酶底物后,尼龙膜上显色指示的区域即为目标 DNA 条带所在的位置。

重点回顾

1. Southern 杂交是鉴定细胞基因组内特定基因或 DNA 片段最可靠的方法。其原理是溶液中相同或同源的 DNA 分子单链之间能够通过碱基互补配对的方式特异地结合。通过追踪标记的探针分子能够指示样品中与单链探针分子特异结合的目标分子的位置及大小。

2. Southern 杂交的过程是将样品基因组 DNA 分子用内切酶处理形成各种不同大小的片段,将它们通过电泳分离以后使之变性形成单链并转移至带正电荷的尼龙膜上固定。随后

第 3 章 基因的鉴定、表达调控及检测

· 89 ·

用目的基因的相同或同源序列合成标记探针。在液体环境中单链探针与尼龙膜上的目标 DNA 单链杂交。最后通过对标记探针的显影或化学显色获得目的基因在膜上的数量、位置及相对大小。

3. Southern 杂交过程中，基因组 DNA 分子的酶切消化、转膜、探针标记及杂交过程都是影响实验成败的关键步骤。

4. 探针标记有多种不同的方式，目前主要采用非同位素标记探针。

 参考实验方案

Current Protocols in Toxicology Volume 80，Issue 1

Analysis of Human Mitochondrial DNA Content by Southern Blotting and Nonradioactive Probe Hybridization

Joel H. Wheeler，Carolyn K. J. Young，Matthew J. Young

First published：14 April 2019

 视频资料推荐

Southern Blot：Size & Sequence Identification of DNA Fragments|分子生物学|JoVE

3.1.3 基因测序技术

 概念解析

高通量测序（high-throughput sequencing）：又称"下一代测序技术"（next-generation sequencing technology），指能对大量 DNA 分子同时进行测序的技术。通常一次测序反应能产出不低于 100 Mb（百万碱基对）的测序数据。

3.1.3.1 Sanger 双脱氧链终止法测序

除了 Southern 杂交，对目的基因进行扩增然后测序是鉴定目的基因最常用、最方便的手段，也是分子生物学研究的支撑性技术。DNA 测序技术的重要性表现在它的每次升级换代都会带来分子生物学研究领域的跨越式发展。从第一代测序技术出现开始，测序技术目前已经发展到了第三代。

第一代基因测序技术是根据 Sanger 双脱氧链终止法建立的。此法于 1975 年由 Sanger 和 Coulson 发明。1977 年他们用这种方法首次完成了对噬菌体 ΦX174 的基因组测序。差不多与此同时，Maxam 和 Gilbert 在 1976 年发明了化学降解测序法。这些发明开启了人类认识基因和基因组本质之门。Sanger 由于成功测定胰岛素的氨基酸组成序列以及发明双脱氧链终止测序方法分别获得 1958 年和 1980 年的诺贝尔化学奖，成为少数两次获此殊荣的科学家。

为理解 Sanger 双脱氧链终止法的基本原理，我们回顾一下 DNA 分子的组成和结构。DNA 分子是由 4 种脱氧核苷酸之间通过磷酸二酯键连接形成的长链（图 3-3）。其中脱氧核糖是指核糖的 2′ 位碳原子连接的羟基中的氧被除去了。在形成脱氧核苷酸长链时，一个脱氧核苷酸中脱氧核糖5′位碳原子上的羟基与磷酸的一个羟基之间缩合一个水分子形成一个酯键。同时，该磷酸的另一个羟基与相邻的脱氧核苷酸中3′位碳原子连接的羟基之间再次发生缩合反应，形成另一个酯键和一个水分子，这两个酯键即为3′,5′-磷酸二酯键（图3-3）。由此可见，由脱氧核苷酸通过3′,5′-磷酸二酯键形成DNA分子长链时，脱氧核糖3′位碳原子连接的羟基与5′位碳原子连接的羟基都是必需的。

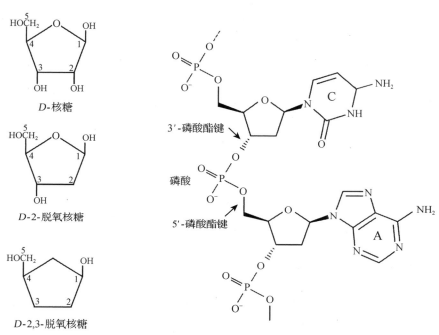

图 3-3　核糖、脱氧核糖、双脱氧核糖与两个核苷酸之间的 3′,5′-磷酸二酯键
C 代表胞嘧啶；A 代表腺嘌呤

　　Sanger 双脱氧链终止法测序的思路是：以待检测的 DNA 分子的一条单链为模板，首先通过一条引物扩增并且经过多次循环合成数量众多的互补单链 DNA 分子，然后再确定合成的单链 DNA 分子序列。正常情况下，扩增合成的单链 DNA 分子应该与模板 DNA 分子长度相同，并且核苷酸组成与模板链核苷酸完全互补。如果在参与 DNA 互补链合成的 4 种脱氧核苷酸中加入一种双脱氧的核苷酸，如加入胞嘧啶双脱氧核苷酸（ddCTP），也就是该核苷酸中核糖的 2′ 位与 3′ 位碳原子上都无羟基（图 3-3），那么当 ddCTP 被加入正在合成的 DNA 链后，它能通过双脱氧核糖 5′ 位碳原子上连接的磷酸的一个羟基与前面 DNA 链末端的脱氧核糖 3′ 位碳原子连接的羟基之间缩合一个水分子形成一个酯键，从而连接到正在合成的 DNA 链中，但这个双脱氧的 ddCTP 不能与下一个核苷酸 5′ 位碳原子上连接的磷酸形成 3′,5′-磷酸二酯键，因为它缺乏 3′ 位碳原子上连接的羟基。结果是 DNA 链合成就此终止。由于 ddCTP 混合在 4 种正常的脱氧核苷酸之中，而 DNA 聚合酶不能区分 dCTP 与 ddCTP，所以对正在合成的 DNA 分子中某个需要 dCTP 的位置来说，链合成是否在此终止具有随机性。对于用相同的模板和引物同时合成数量庞大的 DNA 分子群体而言，在其中任意一个需要 dCTP 的位置上，都有很多 DNA 分子由于使用了 ddCTP 引起链合成终止，同时也有很多 DNA 分子由于

此处使用的是正常的 dCTP,其 DNA 链的延伸能够继续。因此在反应体系中就会形成一系列长度不同的单链 DNA 分子群体。通过 PCR 多次循环的积累,每一种长度相同的单链 DNA 分子群体都能够形成一个可以通过电泳分辨的条带。它们的共同特点是其 3′ 端是 ddCTP,5′ 端则是相同的引物序列。

依照上述情形,如果设置 4 个独立的反应体系,每个体系中除了有正常的 4 种脱氧核苷酸外,还加入一种特定双脱氧核苷酸,即在 4 个反应体系中分别加入 ddATP、ddGTP、ddCTP 和 ddTTP (图 3-4)。那么每个独立的反应体系中都会形成一系列末端核苷酸相同但长度不同的 DNA 分子片段。它们分别在合成 DNA 链需要 dATP、dGTP、dCTP、dTTP 处中断。如果将

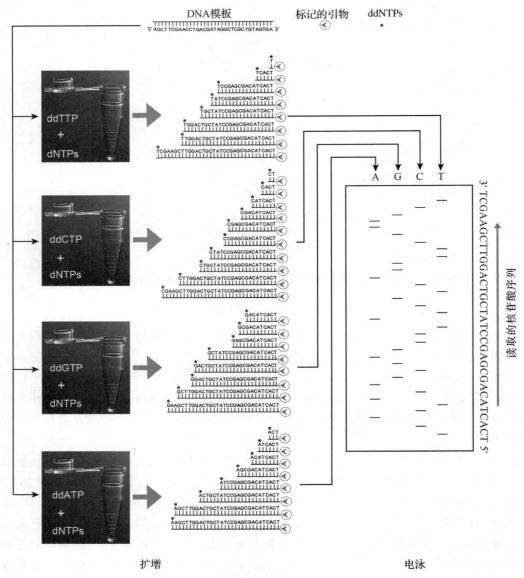

图 3-4 Sanger 双脱氧链终止法测序原理示意图

ddNTP:双脱氧核糖核苷酸;dNTPs:4 种脱氧核苷酸的混合物

每个体系中的 DNA 片段作为一个样品在聚丙烯酰胺凝胶中电泳,电泳完毕显色后每个泳道就会出现一系列长度不同的条带。由于相差一个核苷酸的 DNA 分子也能够通过聚丙烯酰胺凝胶电泳分开,所以将 4 个不同泳道上的片段依次排列,再根据每个具体条带所属的反应体系(也就是看它属于加入的 4 种双脱氧核苷酸中的哪一种)就可以读出与模板 DNA 链互补链的序列(图 3-4)。这是一个极富想象力的巧妙方法。

3.1.3.2 第一代自动测序技术

第一代自动测序技术就是根据 Sanger 双脱氧链终止法原理建立的。不过,与最初用同位素标记 4 种双脱氧核苷酸不同,美国 ABI 公司开发了用 4 种不同的荧光染料分别标记 4 种双脱氧核苷酸的技术。通过激发出来的荧光波长类型能够将 4 种不同的双脱氧核苷酸区分开,所以可以将原来 4 个不同的 DNA 合成反应体系集成到一个反应体系中,同时使用毛细管电泳替代最初的聚丙烯酰胺凝胶平板电泳分离不同的 DNA 分子片段,这样就极大地缩小了反应空间。反应完毕只需要通过激发并扫描毛细管中线性分布的荧光信号就能够读出 DNA 链的核苷酸组成序列,因此反应的容量即每个反应能够读出的核苷酸链的长度大大增加。由于每根毛细管可以测定一个样品,设置多个毛细管就可以同时测定多个样品。例如,第一代自动测序仪中最具代表性的 ABI3700 测序仪一次可以对 96 个样品进行测序,每个样品的有效测序长度能够达到 1 000 个核苷酸。

需要说明的是,第一代自动测序技术中,虽然使用的模板一般是双链 DNA 分子,而且合成互补单链 DNA 分子时常用的是 PCR 中的耐热 DNA 聚合酶,但测序合成反应只需要一条引物引导合成模板 DNA 分子的互补单链。因此,虽然合成互补单链的过程同样经历常规 PCR 的高温退火,低温变性和中温延伸的多次循环,但每次循环并不形成指数级增长的长度相同双链 DNA 分子,而是产生线性增长的长度各异的不同单链 DNA 分子,因为随机出现的 4 种双脱氧核苷酸造成合成链在不同位置终止。

为什么不按照常规的 PCR 使用两条引物扩增使合成效率更高?必须明白,使用两条引物合成的效率虽然更高,但测序时通过末端标记核苷酸只能识别由同一条引物复制出来的相同长度的单链 DNA 分子。如果使用两条引物扩增,即便能够在测序前将扩增的双链产物变性生成单链,也必然出现长度相同的单链 DNA 分子有不同的末端荧光信号的混乱情况。

DNA 自动测序技术的出现极大地促进了分子生物学研究的发展。人类基因组计划就是在这一技术诞生以后不久立项实施的。该计划由美国、英国、法国、德国、日本和中国合作,共耗资 30 亿美元,历时 11 年于 2001 年初步完成。第一代测序技术以其准确可靠、一次测序长度大而成为测序技术的标准。不过,这种技术也存在速度慢、通量低、成本高的缺点。因此,新的测序技术应运而生。

3.1.3.3 第二代高通量测序技术

第二代高通量测序是 2005 年出现的一种将 PCR 扩增与基因芯片结合起来的测序技术。与第一代测序技术利用 DNA 合成反应结束以后开始读取序列不同,第二代测序采用了边合成边测序的策略。以 Illumina 公司的第二代测序技术为例说明其原理,该方法的基本思路是用 4 种不同荧光染料标记的脱氧核苷酸为原料,同样以样品 DNA 分子的一条单链为模板,当 DNA 聚合酶根据模板合成互补 DNA 链时,每添加一种脱氧核苷酸就检测一次荧光信号。测序仪的光学系统捕捉到代表不同核苷酸的荧光信号即可确定正在加入的脱氧核苷酸种类,每次检测完毕就将荧光基团切除。然后再加入下一个荧光基团标记的核苷酸,连续读取的脱氧核苷酸种类就组成了被测样品单链的互补 DNA 序列。

这种测序方法原理足够简单。但做过实时定量 PCR 实验的人知道,PCR 扩增反应刚开始时,单个或者少量 DNA 分子合成时的荧光信号太弱实际上无法准确读取,只有当荧光信号达到足够的强度才能被仪器检测到可靠的信号。第一代自动测序技术虽然也是用单引物合成不同长度的荧光标记末端的 DNA 片段,但测序是在合成完毕、每种相同长度的单链 DNA 片段都经过多次循环积累了足够多的拷贝以后才开始检测的。第二代测序是边合成边测序,所以没有相同长度的单链 DNA 分子的积累过程,因而难以得到足够强的荧光信号。一种解决这个问题的简单思路是先将待测序的 DNA 分子复制到足够多的拷贝,例如数以万计,使之形成完全一样的 DNA 分子群体,或者叫相同的 DNA 分子簇,然后以它们的一条单链为模板同步合成互补链,由于合成时每次加入的荧光基团标记核苷酸分子数量足够多,所以就能产生足够强的荧光信号被仪器检测到。

这个思路简单合理,但实施起来有一个问题。因为随着同步合成的 DNA 分子的长度增加,DNA 分子簇合成互补链的一致性会逐渐降低,这种一致性的降低不可避免会导致合成后期检测到混乱的荧光信号。要解决这个问题就必须降低模板即样品 DNA 分子的长度。通常可以对样品进行雾化处理或超声波处理,从而将待检测的样品 DNA 分子随机打断成由几百个或者更少核苷酸组成的短链 DNA 片段。此时样品 DNA 分子被片段化以后长度已经符合要求,但如何使每个片段都复制形成相同的 DNA 分子簇?因为样品 DNA 片段化过程是随机的,每个片段的长度及其末端核苷酸都不一样。

一种解决办法是给这些长度各异、末端序列互不相同的 DNA 分子片段两端加上接头。由于样品 DNA 分子被打断后形成的末端可能是平末端,也可能是黏性末端,所以首先需要通过 Taq DNA 聚合酶将片段化的样品 DNA 分子单链部分补齐,并且给每一条 DNA 单链的 3′端加上一个腺嘌呤脱氧核苷酸 A(这一步也可以通过其他酶完成)。由于每条 DNA 单链 3′端都有一个突出的 A,所以可以在此混合 DNA 分子群体中加入带有突出 3′T 末端的双链接头(adaptor)。因此,片段化的样品 DNA 分子就能够与接头 DNA 通过 TA 之间的互补连接起来,形成样品片段 DNA 分子两端都带有接头的状态。需要说明的是,由于加入的接头只有一种,为了后面扩增和测序的方便,每个接头的游离端(即与接头突出 T 末端相反的一端)的两条单链序列是不能互补的,因此接头呈“Y”形的结构(图 3-5A)。

“Y”形接头一端不能配对因而呈分支状态的两条单链中,其中一条包含引物 P7 与一种标记序列 BC1,另一条含有引物 P5 与另一种标记序列 BC2。这种“Y”形结构能够保证样品 DNA 分子断裂形成的不同片段两端连上同一种接头以后每条单链 DNA 分子两端的接头序列互不相同。即一条 DNA 单链的一端如果是 P5 序列,那么另一端一定是 P7 序列,反之亦然。给 DNA 片段每一条单链序列两端加上不同引物是为了方便以后的 PCR 扩增反应以形成相同的 DNA 分子簇,因为扩增片段两端需要一对不同的引物才能使模板得到高效的指数级复制。“Y”形接头中使用标记序列是因为这种方法可以同时对多个样品测序,为区别不同来源的样品需要给它们加上不同的标记,但来自同一个样品的标记序列是相同的。这样便于测序完成以后将具有相同标记的不同片段化序列拼接起来获得整个样品的全长 DNA 序列。由于原始 DNA 样品片段化是一个随机的过程,由此形成的是一个由大小各不相同的 DNA 分子片段组成的群体即文库。所以在测序之前还需要对文库中的 DNA 片段进行长度筛选:只有

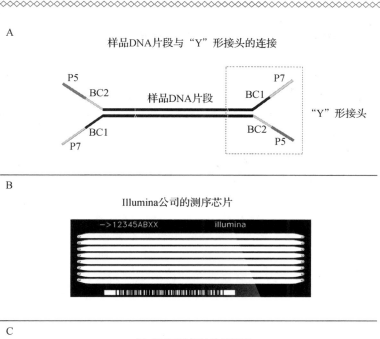

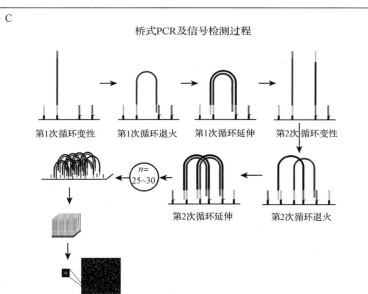

图 3-5　彩图

图 3-5　Illumina 二代测序原理及流程示意图

A：样品 DNA 片段化以后加上"Y"形接头示意图；DNA 片段两端"Y"形部分即为接头。
P5，P7 为桥式 PCR 扩增引物；BC1，BC2 为 DNA 标记序列；紫色双链部分为测序引物结
合部分。B：Illumina 公司的测序芯片。C：桥式 PCR 及信号检测过程

长度符合要求的 DNA 片段才能被选择出来进行后期的复制，即形成相同的 DNA 分子簇作为
测序模板。太长的片段由于合成其互补链的后期荧光信号不同步，太短的片段由于测序以后
拼接困难，都不适合测序要求，因此被除去。由于有一定数量的样品 DNA 分子片段化的过程
中任何区域的序列都有可能包含在长度合格的片段中，断裂形成的片段即使经过长度选择除
去不合格的部分，最后获得的测序结果也足以覆盖样品 DNA 分子的全部序列。

随后的步骤就是将文库中经过长度筛选合格的各种片段化样品 DNA 分子复制形成各自完全相同的 DNA 分子簇。这个过程是通过一种叫作桥式 PCR 的反应实现的。具体过程是先将长度符合要求、两端带有接头的片段化文库 DNA 分子变性形成单链,然后使它们流经测序芯片的流通池或者叫泳道。Illumina 公司的测序芯片是一种类似载玻片的装置,其平面上有 8 条纵向泳道(图 3-5B)。芯片上的泳道与游泳池的泳道类似,只不过芯片上的每个泳道都彼此独立而不与其他泳道连通。泳道上、下表面玻璃硅烷化以后固定有数量巨大的单链寡核苷酸序列引物,也就是"Y"形接头上面的 P7 和 P5 的互补 DNA 序列,这些引物组成的阵列就像一系列刷毛形成的毛刷。泳道上分布的这些互补寡核苷酸引物能与文库样品 DNA 两端中的一端引物配对从而将样品单链 DNA 分子固定下来。由于流经测序芯片的变性样品单链 DNA 分子溶液的浓度很低,它们能均匀地分散并且结合在不同区域泳道中的"刷毛"即互补引物序列上,并且结合的样品单链 DNA 分子之间有足够的距离而不会彼此干扰。此时再加入 DNA 聚合酶、扩增缓冲液以及 4 种脱氧核苷酸原料,固定在泳道上的 P5 或 P7 的互补引物就能够根据与它配对的文库单链 DNA 分子为模板合成互补链形成双链 DNA 分子。互补链合成完毕,加热使双链 DNA 分子变性解链,再用溶液冲洗泳道,原来与泳道上寡核苷酸互补引物序列配对的文库样品 DNA 分子单链即被冲走,而能代表文库 DNA 分子片段的新合成的 DNA 互补链就"种植"在芯片上了,因为这个新合成的 DNA 分子单链包括互补引物都是通过共价键连接在芯片上的。

由于测序芯片的每个泳道上都共价交联有大量交替排列的 P5 和 P7 的互补序列,也就是说一列 P5 互补序列的左、右两侧都是平行排列的 P7 互补序列,而一列 P7 互补序列的左、右两侧都是平行排列的 P5 互补序列。因此已经"种植"在芯片上的 DNA 单链的自由 3′ 端可以弯曲回来与左侧或右侧的互补引物序列配对。如前所述,每个片段化的样品 DNA 分子单链两端的引物序列是不同的,假设第一次在芯片上合成(种植)DNA 单链是通过 P5 的互补序列引发的,那么新合成的 DNA 序列的另一端 P7 序列就能够弯曲回来与交联在芯片上的相邻 P7 互补序列配对(图 3-5C)。这个过程相当于以新合成的、固定在芯片上的单链 DNA 分子作为桥梁与芯片相邻位置上的 P7 互补序列建立了联系。此时加入 DNA 聚合酶、缓冲液以及 dNTPs,就可以用第一次"种植"在芯片上的 DNA 分子单链为模板、该模板游离端弯曲回来搭上相邻的、固定在芯片上的 P7 互补序列为引物开始 DNA 第二链的合成。这个过程叫作桥式 PCR 扩增。重复这个过程 28～30 次,就能在最初每个结合样品单链 DNA 分子附近位置复制出多达上万条的相同 DNA 分子,形成完全相同的 DNA 分子簇。由于测序时是以同一种 DNA 分子单链为模板根据每次同步加入的荧光基团标记的核苷酸为信号源,所以扩增完毕还需要从芯片基部的引物序列处切掉双链 DNA 分子簇中的同一条单链,只保留另一条相同的单链 DNA 分子群体作为测序模板。

最后的步骤是测序过程。在已经形成了单链状态的不同 DNA 分子簇的泳道内加入测序引物、DNA 聚合酶、缓冲液和 4 种荧光基团标记的脱氧核苷酸,芯片同一区域内相同的单链 DNA 分子簇合成双链时就会依次同步地加上荧光基团标记的 4 种脱氧核苷酸中的一种。与常规条件下 PCR 扩增 DNA 分子时每秒合成上百个核苷酸不同,二代测序过程中与芯片 DNA 分子簇互补 DNA 链的同步合成一次只能增加一个核苷酸。原因是每个荧光基团标记的核苷酸中脱氧核糖的 3′ 位羟基是被叠氮基团封闭的,它们不能与下一个核苷酸之间形成 3′,5′-磷酸二酯键。只有当叠氮基团被切除以后,才能添加下一个荧光基团标记的核苷酸。所以,每当有新的荧光基团标记核苷酸加入,此时光学系统检测到的荧光信号因为是相同的 DNA 分子簇的同步信号,具有足够的强度,所以能被仪器识别并记录下来。荧光信号记录完毕,切除合成 DNA 链上的荧光基团以免它们干扰下一步的荧光信号采集,同时切除脱氧核糖 3′ 位封闭基团使 DNA 链恢复结合下一个核苷酸的能力。然后再检测下一个荧光基团标记的核苷酸。上述过程多次重复就能读出每个 DNA 分子簇的互补序列(图 3-5C)。这个重复次数即测序的读长,可以人工设定。由于每循环一次,每条 DNA 分子只加入一个新的核苷酸然后进行检测,所以,高通量测序时采取的策略形象地说就是"走一步看一步"。"走一步"是指每次只在同步合成的 DNA 链上加入一个新的核苷酸;"看一步"是指每增加一个新的核苷酸就开始激发并扫描荧光确定其核苷酸种类。所以这种测序方式是边合成边测序。

从以上过程可以看出,第二代测序反应可以分为文库构建、桥式 PCR 扩增、荧光信号采集、数据处理及分析 4 个阶段。文库构建是将样品 DNA 分子打断成短的 DNA 分子片段再加上带有样品标记及测序引物序列的接头。桥式 PCR 扩增的目的是使每一个长度合格的片段化样品 DNA 分子复制形成相同的 DNA 分子簇,以增强测序时同步合成的荧光信号强度。荧光信号采集阶段则是在芯片不同区域内相同的单链 DNA 分子簇作为模板时,在其互补链上每添加一个核苷酸就激发并扫描一次以获得相应核苷酸的荧光信号。最后的数据处理及分析过程是将芯片相同区域内不同时间点上扫描获得的荧光信号按记录顺序读取,就可以获得该位点(即一个 DNA 分子簇)结合的样品 DNA 分子的核苷酸序列。再将具有相同标记的不同位点的核苷酸序列拼接起来即可获得某一个样品 DNA 分子的全长序列。

相比而言,第二代测序过程比第一代测序过程要复杂得多。不过,第二代测序每次可以同时处理大量的测序样品(如前所述,测序芯片上同一个泳道内不同的样品之间依靠接头上的标记序列区分),因此具有通量高、成本低的优势。但其缺点也很明显,主要表现为读长短,其次是准确率相对第一代测序要低。不过,采用两端测序的方法可以解决准确率不高的问题。

3.1.3.4 第三代高通量测序技术

技术的进步没有止境。目前的 DNA 测序技术已经发展到第三代,其代表为单分子实时(single molecular real-time,SMRT)测序技术。SMRT 测序的芯片是一块厚度为 100 nm 的金属平板,上面分布有 15 万个直径为几十纳米的相同小孔组成的阵列(图 3-6)。芯片底部是透光的玻璃基板。这些小孔叫作零模波导孔(zero-mode waveguide,ZMW),或者简称纳米孔。先将 DNA 聚合酶共价交联在纳米孔底部,由于孔径尺寸比较小而 DNA 聚合酶是很大的蛋白质分子,所以每个纳米孔内通常只能固定一个 DNA 聚合酶分子,而且每个纳米孔一般也只能容纳一个模板 DNA 分子。当不同的模板 DNA 分子分别与纳米孔底部的 DNA 聚合酶结合以后,加入引物及 4 种不同荧光基团标记核苷酸的混合溶液。一些标记的核苷酸分子因此进入纳米孔底部的荧光检测区域,即 DNA 聚合酶所在的位置。检测荧光信号时使用激发光从纳米孔的底部向上照射。由于纳米孔直径远远小于激发光的波长(纳米孔的直径只有几十纳米,而激发光波长通常为几百纳米),所以透过金属板下方的玻璃基板往上照射的激发光不能穿透小孔,而是在孔内发生衍射,导致激发光强度迅速衰减。因此纳米孔中上部大多数区域内游离核苷酸上的标记基团不能被激发产生荧光。相反,只有在靠近纳米孔底部约 30 nm 的区域以内,即 DNA 聚合酶所在区域的荧光基团标记的游离核苷酸分子才能被激发产生荧光。

A

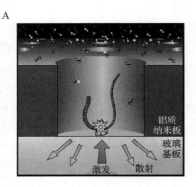

铝质
纳米板

玻璃
基板

激发　散射

B

加入胞嘧啶核苷酸的
荧光脉冲时长

加入腺嘌呤
核苷酸的荧
光脉冲时长

荧光强度

时间

图 3-6　SMRT 单分子纳米孔测序原理示意图

A:纳米孔内长链为待测模板 DNA 单链以及测序过程中新合成的 DNA 单链;附着在 DNA 链上浅灰色泡状结构代表 DNA 聚合酶分子;孔内及图上部分散的不同颜色的哑铃状结构为用不同荧光基团标记的 4 种核苷酸分子。纳米孔底部浅蓝色的弧形部分为激发光能够有效激发产生荧光的区域。B:dNTPs 加入 DNA 合成链的过程中从纳米孔内激发的荧光脉冲及其宽度(时长)示意图。不同的标记核苷酸被激发后有各自特征性的脉冲时长。图片引自 Eid 等(2009),有修改

　　纳米孔内的溶液中,由于布朗运动碰撞到孔底部 DNA 聚合酶区域的荧光基团标记的游离核苷酸分子也能够被激发产生荧光,但它们很快又因为溶液中其他分子的碰撞而离开,这类荧光信号持续的时间比较短暂。与此不同的是,由于当前合成 DNA 链延伸所需要的核苷酸在纳米孔的荧光检测区域被 DNA 聚合酶捕获而停留的时间远远长于其他游离核苷酸因布朗运动在此区域停留的时间,所以根据纳米孔底部检测获得的每种荧光信号的持续时间长度能够将参与 DNA 合成的核苷酸与随机碰撞来到纳米孔底部的核苷酸区分开。统计每个纳米孔内 4 种参与合成的核苷酸的荧光信号顺序,即可获得正在合成的模板 DNA 分子的互补链序列。

　　需要说明的是,SMRT 测序方法中利用荧光基团标记核苷酸时,标记部位在磷酸一端而非二代测序过程中标记碱基一端,所以当新加入的核苷酸与原来的核苷酸链形成 $3',5'$-磷酸二酯键时,荧光标记基团就被水解下来。因此,不断合成的核苷酸链由于不含前面核苷酸的荧光基团,不会对后续加入核苷酸的荧光信号检测产生干扰。

　　SMRT 测序时每个纳米孔内只有一个 DNA 分子且不涉及 DNA 的扩增,所以它是单分子

测序过程(实际上有可能出现一个纳米孔内出现多于一个 DNA 聚合酶以及模板的情况,但它们产生的荧光信号比较混乱,在后期的信号处理阶段这样的纳米孔产生的信息会被屏蔽);而且荧光信号的读取与 DNA 链合成同步,所以是"实时"测序。相比于第二代测序技术,SMRT 测序的突出特点是读长大(平均读长 1 000 bp)、成本低。同时测序不涉及 DNA 分子的扩增过程,而且零模波导孔结合单分子的这种特性减少了进入纳米孔的其他核苷酸可能带来的噪声,因此准确度也比二代测序方法高。

特别值得一提的是,SMRT 测序还有识别不同种类甲基化核苷酸的能力。利用这种方法能在全基因组水平上获得 DNA 甲基化的图谱,它因此也成为表观遗传学研究的重要技术。

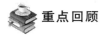 **重点回顾**

1. DNA 自动测序技术的诞生及其发展为分子生物学研究提供了重要支撑。

2. Sanger 双脱氧链终止法的原理是:在一个 DNA 合成反应体系里除了含有 4 种正常的脱氧核苷酸外,如果还加入一种双脱氧的核苷酸,如 ddCTP,那么在 DNA 合成链中任意一个需要 dCTP 的位置,都会有一部分分子由于使用了 ddCTP 而使合成反应终止,而另一部分由于使用了正常 dCTP 使合成链能够继续延伸。通过多次扩增循环,在不同胞嘧啶核苷酸位置上终止的合成链构成了可以通过电泳识别的不同长度的 DNA 分子群体,它们的末端都为 ddCTP。同理,设置 4 个不同的独立反应体系,分别加入 4 种不同的双脱氧核苷酸进行合成反应,最后将它们的电泳图谱组合起来即可获得 DNA 模板互补链的全序列信息。

3. 与第一代测序技术采用先扩增后测序不同,第二代高通量测序技术采用边合成边测序的策略。通过一种称为桥式 PCR 的扩增方法,将已经断裂成为较短长度的样品 DNA 片段加上接头后连接进入芯片进行桥式 PCR 扩增,使分散分布的每个样品短链 DNA 分子都复制形成聚集在一起的相同 DNA 分子簇。然后去掉其中一条链,再进行 DNA 单链同步合成并同时记录每次添加的核苷酸荧光信息,从而获得相应的模板 DNA 互补核苷酸链序列信息。

4. 第三代 SMRT 高通量测序采用具有特殊光学性质的纳米孔作为 DNA 合成反应场所,只有在纳米孔底部参与 DNA 合成反应的荧光标记核苷酸才能在孔底被激光照射产生有一定时间长度的荧光信号,通过记录每次加入正在合成的核苷酸链的荧光信号种类,从而获得 DNA 模板链互补序列信息。

 参考实验方案

Current Protocols in Molecular Biology Volume 96,Issue 1
"First Generation" Automated DNA Sequencing Technology
Barton E. Slatko, Jan Kieleczawa, Jingyue Ju, Andrew F. Gardner, Cynthia L. Hendrickson, Frederick M. Ausubel
First published:01 October 2011

Current Protocols in Molecular Biology Volume 107,Issue 1
Next-Generation Sequencing Fragment Library Construction
Jessica Podnar, Heather Deiderick, Scott Hunicke-Smith
First published:01 July 2014

Current Protocols in Molecular Biology Volume 96，Issue 1

Overview of DNA Sequencing Strategies

Jay A. Shendure，Gregory J. Porreca，George M. Church，Andrew F. Gardner，Cynthia L. Hendrickson，Jan Kieleczawa，Barton E. Slatko

First published：01 October 2011

 视频资料推荐

Sanger/Chain Termination Sequencing Using Dideoxynucleotides｜分子生物学｜JoVE

Next-Generation Sequencing；Reversible Terminator Sequencing｜分子生物学｜JoVE

Amplification of Near Full-Length HIV-1 Proviruses for Next-Generation Sequencing. Hiener B，Eden J S，Horsburgh B A，Palmer S. J Vis Exp. 2018 Oct 16；(140)：58016. doi：10.3791/58016.

3.2　基因表达调控

3.2.1　顺式作用元件与反式作用因子

 概念解析

　　顺式作用元件(cis-acting element)：是指存在于基因编码区附近(通常是编码区起始位点 ATG 上游,也可能存在于编码区之内或其下游的非编码区)、通过与其特异结合的蛋白质分子或 RNA 分子相互作用调控基因表达的一段短 DNA 序列。

　　反式作用因子(trans-acting factor)：又称转录因子。指与顺式作用元件特异结合、调控目的基因表达的蛋白质或 RNA 分子。

3.2.1.1　顺式作用元件

　　顺式作用元件与反式作用因子是基因表达调控研究中经常提到的两个相关的概念。理解它们的关系首先要知道什么是"顺",什么是"反"。在基因有关的术语中,同一个基因内的不同位点之间的关系称为"顺式";不同基因位点之间的关系则为"反式"。所以,顺式作用元件是指存在于基因编码区附近(通常是编码区起始位点 ATG 上游,也可能存在于编码区之内或其下游的非编码区)调控基因表达的一段 DNA 序列。由于它们与编码序列属于同一个基因,所以叫"顺式"作用元件。基因的启动子、增强子、弱化子(或称抑制子)、调控序列和可诱导元件等都属于顺式作用元件。它们的共同特点是不编码蛋白质,而是提供一个与调控基因表达的蛋白质或 RNA 分子结合的 DNA 位点。

　　顺式作用元件的长度通常较小,由几个到十几个核苷酸组成的顺式作用元件比较常见。例如,在真核生物基因启动子区域存在的 TATA 盒(TATA-box)就是最典型的一种顺式作用元件。在酵母的基因组中,与半乳糖代谢相关的几个基因启动子区域都含有多个 17 bp 同源的上游激活序列 UAS(CGG-N_{11}-CCG,其中 N 代表任意核苷酸),这也是一种顺式作用元件。植物的一些基因的启动子区域经常出现的 GCC 盒(GCC-box)序列则是与植物响应逆境信号相关的顺式作用元件。目前已经得到鉴定的顺式作用元件种类繁多,而且还有不少顺式作用元件的形式及其功能仍然不为人知。由于基因表达调控的复杂性,每个基因的启动子区域可能含有多种不同的顺式作用元件,提示它们可以受不同的反式作用因子调控。

3.2.1.2　反式作用因子

反式作用因子是与顺式作用元件共同起调控基因表达作用的另一方,也称作转录因子。它们是一类可以与特定 DNA 序列即顺式作用元件结合的蛋白质分子。由于转录因子的编码基因与被调控的基因不属于同一个基因,所以是"反式"。例如,在酵母中与半乳糖代谢相关的基因启动子区域 17 bp 的顺式作用元件 UAS 结合的 GAL4 蛋白就是相应的转录因子。转录因子在真核生物蛋白质编码基因中占基因总数的 5% 左右。模式植物拟南芥与水稻中大约有 50 个转录因子家族。转录因子的作用是调控基因表达,它们的一个重要特点是能与 DNA 分子特异地结合。转录因子通常含有像锌指结构、亮氨酸拉链或螺旋-转角-螺旋等能与 DNA 分子结合的特定空间结构。越来越多的研究显示,由基因组 DNA 转录出来的一些非编码 RNA(如 miRNA)也具有调控基因表达的作用,所以它们也属于反式作用因子。

基因表达的关键步骤是转录出相应的 RNA 分子,即由 RNA 聚合酶根据模板 DNA 序列合成 RNA 分子。RNA 聚合酶复合物虽然能与不同基因的启动子序列结合,但这种结合是非特异的,并且依靠 RNA 聚合酶复合物结合启动子形成的基础转录装置只能以极低的效率转录。这个 RNA 聚合酶复合物中包含一类无细胞或组织特异性的通用转录因子,虽然它们是基因转录起始所必需的,但只有当基因特异的转录因子与基础转录装置结合才能启动或抑制特定基因的高效转录。因此,这一类基因特异的转录因子实际上应该称作转录激活(或抑制)因子。上面提到的与顺式作用元件互作的转录因子就是指这类基因特异的转录因子。

转录因子的分子量通常较小,其基因编码序列一般不含或只有数量很少的内含子。从结构上看,转录因子蛋白通常由核定位信号、DNA 结合结构域、转录调控结构域和寡聚化位点 4 个主要部分组成。核定位信号的作用是引导转录因子蛋白在细胞质内合成以后进入细胞核,因为调控基因转录是在细胞核内完成的。DNA 结合结构域的功能是与被调控基因的顺式作用元件特异地结合,这种特异结合依赖转录因子所具有的锌指结构、亮氨酸拉链或螺旋-转角-螺旋等特定的能与 DNA 相互作用的结构。转录调控结构域又可以分为转录激活结构域与转录抑制结构域两种类型。它们启动或抑制包括 RNA 聚合酶在内的基础转录装置高效合成 RNA 分子。此外,很多情况下转录因子以同源二聚体或异源二聚体甚至是多聚体的形式参与调控目的基因的表达。这就是很多转录因子含寡聚化位点的原因。目前的研究显示,核定位信号、DNA 结合结构域和转录调控结构域可以彼此分开而不影响它们各自独立的功能。

3.2.1.3　转录因子的功能验证

对转录因子功能的验证需要从它们的结构与功能这两个方面进行。除了确定它们的表达与被调控基因的生理功能缺失或增强有直接的联系外(这个过程相当于验证转录因子调控特定目的基因表达的功能),还需要验证待检测的转录因子是否具有转录因子普遍具有的特征。例如它的蛋白质序列是否存在预测的核定位信号和(或)是否能在细胞核内表达。这个工作可以通过将转录因子与报告基因 GFP 序列融合起来在洋葱或烟草叶片表皮细胞里进行瞬时表达,或者来在原物种细胞内表达验证。同时还要在细胞或生化水平上验证它们与顺式作用元件的结合能力。这个工作可以通过酵母单杂交、凝胶阻滞、滤膜结合实验和双荧光素酶报告基因检测等方法完成。不过,这些验证方法是在异源细胞环境以及非细胞环境中进行的,因此结果只能作为参考。另外一种方法即染色质免疫共沉淀(ChIP)不仅能检验转录因子的核定位特征,还能证明它与被调控基因顺式作用元件之间是否存在直接的相互作用。因此 ChIP 是检验转录因子与顺式作用元件互作的可靠方法。至于转录因子在调控过程中是否形成同源或异源的寡聚蛋白,则可以通过双分子荧光互补实验(bimolecular fluorescence complementation,BiFC)或者酵母双杂交验证。

 重点回顾

1. 顺式作用元件与反式作用因子即转录因子是基因表达调控研究中相互依存的两个概念。顺式作用元件是通常位于基因启动子区域内的特定寡核苷酸序列。反式作用因子则是与顺式作用元件结合、调控基因表达的蛋白质分子或非编码的 RNA 分子。

2. 转录因子的结构一般包括 DNA 结合结构域,转录激活/抑制结构域,核定位信号和寡聚化位点等功能区域。通常这些区域的功能具有独立性。

3. 研究顺式作用元件与转录因子相互作用的方法有滤膜结合实验、凝胶阻滞、双荧光素酶报告基因检测、酵母单杂交和染色质免疫共沉淀。其中双荧光素酶报告基因检测和酵母单杂交是细胞内研究顺式作用元件与转录因子相互作用的方法;而染色质免疫共沉淀是在真实细胞环境内研究顺式作用元件与转录因子相互作用的方法。

 参考实验方案

Current Protocols in Nucleic Acid Chemistry Volume 76,Issue 1
Label-Free Electrophoretic Mobility Shift Assay(EMSA)for Measuring Dissociation Constants of Protein-RNA Complexes
Minguk Seo,Li Lei,Martin Egli
First published:21 November 2018

 视频资料推荐

Electrophoretic Mobility Shift Assay(EMSA)for the Study of RNA-Protein Interactions:The IRE/IRP Example. Fillebeen C,Wilkinson N,Pantopoulos K. J Vis Exp. 2014 Dec 3;(94):52230. doi:10.3791/52230.

3.2.2 真核生物的 DNA 甲基化及检测

 概念解析

甲基化(methylation):DNA 或蛋白质分子化学修饰的一种方式。它指通过甲基转移酶将 S-腺苷甲硫氨酸提供的甲基转移至特定核苷酸的碱基或蛋白质的特定氨基酸上(主要是精氨酸和赖氨酸),从而影响 DNA 或蛋白质分子的生理功能。

CpG 岛(CpG island)：哺乳动物基因组中二核苷酸 CpG(p 为 CG 核苷酸中的磷酸)的一种存在形式。它们经常在基因启动子区域内以高度聚集的形式存在。CpG 岛的出现可以看作基因存在标志。与基因编码区内分散出现的二核苷酸 CpG 中胞嘧啶通常被甲基化不同，启动子区域 CpG 岛内的胞嘧啶甲基化程度低，但它们容易被甲基化因而成为基因表达调控的靶标。

3.2.2.1　真核生物的 DNA 甲基化

20 世纪四五十年代，肺炎双球菌转化实验以及噬菌体侵染大肠杆菌的实验证明，DNA 是细胞内的遗传物质。真核生物细胞内由 DNA 和组蛋白组成的染色体是遗传物质的载体，遗传信息存储在构成 DNA 分子的核苷酸组成、数量和排列顺序之中，这是分子遗传学的基本内容。后来更深入的研究发现，除了 DNA 和 RNA 序列代表的遗传密码能够遗传，对 DNA 碱基的化学修饰如甲基化修饰也构成一种可遗传的信息。不仅如此，与 DNA 分子一样，构成染色体的组蛋白的不同修饰状态同样蕴含着遗传信息。从这个角度看，染色质或染色体不仅仅是遗传物质的载体，它们自身也是遗传信息的一部分。这些 DNA 或 RNA 遗传密码之外的遗传信息属于表观遗传学的研究内容。表观遗传学是研究在基因核苷酸序列不发生改变的情况下，基因表达的可遗传变化。可遗传是指在分裂产生的细胞之间甚至是不同代的细胞之间基因表达性状的稳定性。这种稳定性主要由基因组 DNA 的甲基化与去甲基化以及构成染色质的组蛋白甲基化、乙酰化与去甲基化等引起的染色质构象变化，从而导致特定基因的沉默或解除沉默来体现。因此，DNA 甲基化是表观遗传学研究的重要内容。这些事实深刻地表明，人们对细胞的结构和功能认识越深入，就越能感受到生命现象的复杂和精妙！

与原核生物一般在构成 DNA 酶切位点的序列内甲基化、并且以腺嘌呤甲基化(m^6A)最为普遍不同，真核生物基因组 DNA 最主要的甲基化修饰方式是胞嘧啶 C^5 位的甲基化(m^5C)，这种甲基化通常发生在二核苷酸序列 CpG 中。CpG 中的 p 代表胞嘧啶脱氧核苷酸 C 与鸟嘌呤脱氧核苷酸 G 中间的磷酸基团。而且，这种甲基化形式一般出现在基因的编码区，由真核生物特有的 CpG 甲基转移酶将甲基基团转移至胞嘧啶 C_5 位的碳原子上。虽然真核生物 CpG 甲基化与原核生物 Dcm 甲基化的作用位点都在胞嘧啶的第 5 位碳原子上，但它们是由不同的甲基化酶催化完成的，而且真核生物基因组 DNA 甲基化也不是为了对抗限制酶的切割作用，因为真核生物细胞内没有限制酶。但真核生物基因组 DNA 甲基化具有组织特异性并且能够遗传，它提供了一种遗传密码之外的遗传信息存储和传递方式。不仅如此，与原核生物细胞内 DNA 甲基化状态非常稳定不同，真核生物甲基化的 DNA 还可以通过特定的途径解除甲基化即去甲基化。特定核苷酸位点上碱基甲基化与去甲基化这两种状态之间的变化能引起 DNA 构象、DNA 稳定性以及 DNA 与蛋白质相互作用的方式发生改变，从而影响基因表达，最终造成细胞、组织甚至是生物体生命活动的差异。一个有说服力的事实是，人类正常细胞基因组 DNA 中，CpG 二核苷酸序列中 C 的甲基化水平通常在 60%～80%，而癌细胞基因组 DNA 内 CpG 中 C 的甲基化水平显著降低至 20%～50%。

前面的章节已经提到，原核生物的甲基化酶数量众多。真核生物甲基化酶的数量有限，原因是真核生物大部分 DNA 甲基化都发生在 CpG 二核苷酸序列中。所以不同种类的真核生物之间 DNA 甲基化酶相对比较保守。有趣的是，虽然真核生物细胞内 DNA 甲基化的主要功能

是调控基因表达,但它也能通过对整合进入细胞内的外源 DNA 分子甲基化使其沉默从而对宿主起到保护作用。例如,人类和啮齿动物基因组 DNA 中插入的病毒序列能够被宿主细胞甲基化导致其沉默。从这里可以看出原核生物与真核生物基因组 DNA 甲基化在自我保护方面的一个区别:原核生物通过对自身特定的 DNA 序列进行甲基化起到免受内切酶的切割;而真核生物细胞通过对插入基因组的外源 DNA 甲基化导致其沉默,从而避免受到它们表达产生的影响。

尽管真核生物细胞内 DNA 甲基化酶没有相应的限制酶,但被甲基化了的 DNA 分子同样可能对来源于原核生物的限制酶的作用产生影响。另外,真核生物基因序列中 CpG 这种甲基化形式在由原核生物宿主复制形成的 DNA 分子中不存在。因为原核生物中没有相应的甲基化酶。相反,原来真核生物 DNA 分子中没有的甲基化形式,如 Dcm、Dam 则可能出现在由原核生物(如大肠杆菌)复制产生的真核生物 DNA 分子序列中,并且可能对限制酶的作用产生影响。

真核生物基因组 DNA 中 m^5C 甲基化虽然普遍存在,但目前的研究显示,在酿酒酵母、裂殖酵母以及黄曲霉中没有检测到这种 DNA 甲基化形式。同样的,在一些昆虫(如果蝇)中也没有发现类似的 DNA 甲基化现象。这些例外的情况说明,至少 m^5C 甲基化并不是所有真核生物必需的基因表达调控方式。

最近的研究显示,除了 m^5C 甲基化,N^6mA 可能也是真核生物细胞内一种常见的甲基化方式。而且,胞嘧啶 N^4 位的甲基化(N^4mC)除了存在于原核生物中,它也出现在低等真核生物的 DNA 中。不仅如此,真核生物的 RNA 中也存在甲基化修饰现象。一个我们并不陌生的例子是真核生物 mRNA 转录后的加工过程中有"戴帽""加尾"和去内含子这 3 个步骤。"戴帽"即在新合成的 mRNA 的 5′端加上一个 7-甲基鸟嘌呤核苷三磷酸($N^7mGPPPN$)。"加尾"则是在 3′端加上多聚腺苷酸(polyA)。实际上此处的鸟嘌呤甲基化与 CpG 中胞嘧啶甲基化一样都与基因表达调控有关,因为"戴帽"与"加尾"除了能提高翻译效率,还有助于防止 mRNA 被核酸酶降解,因此提高了细胞内 mRNA 分子的稳定性。

3.2.2.2　CpG 岛

哺乳动物细胞内 CpG 甲基化几乎是其基因组 DNA 甲基化修饰的唯一形式。如前所述,这种甲基化一般发生在基因编码区序列内分散出现的 CpG 二核苷酸的胞嘧啶碱基上。例如,人类基因编码区的 CpG 中有 80%～90% 的 C 是被甲基化了的。除此之外,哺乳动物基因组中还有一种叫 CpG 岛的特殊结构。它是存在基因启动子区域内、长度在 100～1 000 bp、富含高度聚集 CpG 二核苷酸的序列。与真核生物基因编码区分散的 CpG 中 C 通常被甲基化不同,哺乳动物基因启动子区域内 CpG 岛中的 C 一般不被甲基化。不过,它们容易被甲基化修饰。CpG 岛中的 C 被甲基化以后能阻止基因启动子与转录因子结合从而抑制转录,因此它们是基因表达调控的一种靶标。CpG 岛由基因启动子区域内大规模聚集的 CpG 二核苷酸组成,它的出现可以看成是基因存在的一种标志。例如人类基因组中,大约 70% 的编码基因的启动子区域存在 CpG 岛结构。在大量非编码 DNA 存在的真核生物基因组序列中,编码基因所占的比例很小(大约 1%)。如何从庞大的基因组序列中识别编码基因是具有挑战性的工作。寻找其中出现的 CpG 岛就是快速识别基因组 DNA 中编码基因的一种有效策略。它相当于是显示编码基因身份的一种标签。在其他脊椎动物的基因组中,基因启动子附近也有类似的非甲基化岛(nonmethylated island,NMI)存在,但它们出现的密度在不同类型的动物中变化较大。

3.2.2.3 DNA 甲基化的检测

多细胞真核生物中,同一个体的不同细胞基因组 DNA 序列组成完全相同,它们之所以分化成不同的组织和器官实际上是相同的基因在不同细胞内选择性表达的结果。DNA 甲基化的重要功能是调控基因表达,因此,研究基因的表达调控必须了解其 DNA 的甲基化状态。DNA 甲基化的检测手段十分丰富,既包含检测特定 DNA 序列上甲基化的方法又包括在全基因组水平上检测甲基化总体状态和全面信息的方法。

特定 DNA 序列上的甲基化检测手段包括限制性酶切法和亚硫酸氢盐法。限制性酶切法分析甲基化的原理是,原核生物细胞内的限制酶几乎都有与之对应的甲基化酶以防止自身的 DNA 被切割。因此,甲基化的位置通常就在限制酶的切点内部或附近。而在真核生物中,CpG 甲基化是 DNA 甲基化的主要形式,因此选择含有 CG 核苷酸同时又是酶切位点的序列就有很大的概率发现 DNA 分子上的甲基化状态。按照这种思路,将待分析的目标 DNA 分子分别与识别序列相同但对甲基化敏感性不同的一对内切酶处理。例如最常使用的经典酶对是同裂酶 Hpa Ⅱ 和 Msp Ⅰ,它们的识别序列及切割位置为 C↓CGG。当序列 CCGG 中的外侧 C 被甲基化时,Msp Ⅰ 和 Hpa Ⅱ 都不能对它进行切割。但当外侧的 C 没有被甲基化只有内部 C 被甲基化时,Msp Ⅰ 可以切割序列,但 Hpa Ⅱ 不能切割。如果两个 C 都没有被甲基化,那么两种酶都能切割含这种序列的分子。利用这一对酶处理含有 CCGG 的目标序列分子,能够通过酶切产物类型判断上述序列中胞嘧啶核苷酸的甲基化状态。选择不同的内切酶对能够分析不同序列内的 DNA 甲基化状态。

检测特定 DNA 序列甲基化的方法,应用最多的是亚硫酸氢盐处理测序法。该方法的原理是用氢氧化钠溶液处理样品 DNA 分子使之变性成为单链。然后加入诱变剂亚硫酸氢钠,使单链状态的 DNA 分子中未被甲基化的胞嘧啶脱去氨基转变为尿嘧啶。在随后的 PCR 扩增测序过程中尿嘧啶核苷酸转变成胸腺嘧啶核苷酸,而 DNA 序列中甲基化的胞嘧啶不受亚硫酸氢钠的影响,在 PCR 扩增测序结果中仍显示为胞嘧啶核苷酸。因此,比较亚硫酸氢钠处理以及未处理的同一种 DNA 样品的测序结果,就能发现 DNA 序列中被甲基化的胞嘧啶位置。该方法具有准确、可靠性高的特点,特别是后来采用高通量测序技术使得该方法成为研究 DNA 甲基化的标准方法。需要注意的是,氢氧化钠变性处理条件严苛容易导致 DNA 降解。同时,运用这种方法扩增使用的 PCR 引物应该避开 CpG 序列,以免甲基化部位因扩增引物的替代得不到检测。由于亚硫酸氢盐处理测序法不能检测其他甲基化形式,对原核生物来说应用这种方法只能了解部分 DNA 甲基化的信息。

除了以上两种有代表性的针对特定 DNA 序列的甲基化检测方法,还有很多从基因组水平检测 DNA 甲基化的方法。液相色谱法就是其中之一。它先将基因组 DNA 通过盐酸或氢氟酸水解,使碱基从核苷酸中分离出来,然后水解产物通过液相色谱分析。由于甲基化与非甲基化的同类碱基能够通过液相色谱区分和定量,所以这种方法可以获得基因组 DNA 整体水平上 m^5C 甲基化的含量信息,但它无法了解基因具体核苷酸位点的甲基化情况。

得益于基因测序技术的发展,第三代单分子实时(SMRT)测序技术为测定基因组中 DNA 甲基化的类型及位置提供了更简单高效的方法。如前所述,SMRT 测序技术与二代测序技术一样,采用的是对标记核苷酸边合成边测序的策略。如图 3-7 所示,由于甲基化的核苷酸被 DNA 聚合酶加入正在延伸的 DNA 链的时间比非甲基化的核苷酸更长(原因可以理解为核苷酸中的碱基被甲基化以后额外的甲基基团阻碍了下一个核苷酸的加入),通过全面分析 DNA 合成过程中的两个特征性的荧光动力学参数,即 PW(pulse width:指脉冲宽度,它由核苷酸种类决定)与 IPD(interpulse duration:指 2 次连续荧光脉冲信号之间的间隔时长),就不仅能识别核苷酸的种类,同时还能够将甲基化与非甲基化的同种核苷酸区分开。因为相比非甲基化的核苷酸,甲基化的核苷酸加入正在延伸的 DNA 链后会延迟下一个核苷酸的加入时间(图 3-7)。因此,SMRT 测序技术除了具有高通量测序的能力,还能同时检测并区分 m^6A、m^5C 和 m^4C 这些甲基化形式的独特优势。尽管第三代测序方法也有准确度不够高的问题,但通过这种方法,目前已经获得了很多物种全基因组水平上的甲基化图谱,有力地推动了表观遗传学研究的发展。

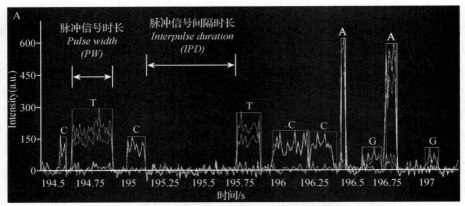

Fluorescence intensity:荧光强度　　　IPD:脉冲信号间隔时长

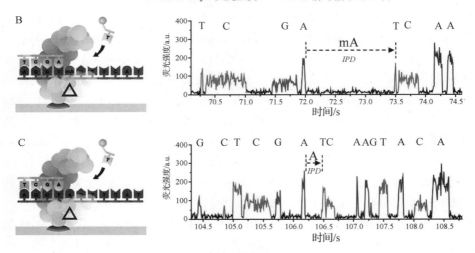

图 3-7　通过 SMRT 测序检测 DNA 甲基化

图 A 显示单个荧光脉冲信号宽度 *PW* 以及两个荧光脉冲信号间隔时间 *IPD*。甲基化(图 B)与非甲基化(图 C)的腺嘌呤核苷酸合成终止到下一个核苷酸合成开始的时间间隔即 *IPD* 之间的区别。需要说明的是,同一种核苷酸受邻近核苷酸的不同、甲基化等因素的影响在合成过程中表现出不同的荧光脉冲宽度与荧光脉冲间隔时间。图 A 引自 Korlach 等(2010);图 B 和图 C 引自 Flusberg 等(2010),有修改

重点回顾

1. 真核生物基因组 DNA 甲基化是可逆的过程,DNA 甲基化能影响基因表达,因此甲基化与去甲基化成为调控基因表达的重要方式。

2. 真核生物基因编码区内 CpG 二核苷酸中 C 的甲基化程度通常较高。而启动子区域 CpG 二核苷酸中 C 的甲基化程度一般较低,但它们容易被甲基化。在哺乳动物基因的启动子区域,低甲基化程度的 CpG 二核苷酸常常聚集在一起形成 CpG 岛。它是显示基因存在的一种标志,也是调控基因表达的靶标。

3. 传统的 DNA 甲基化检测方法如亚硫酸氢盐法适合检测 CpG 这种甲基化形式。第三代测序技术 SMRT 能在全基因组水平上检测各种形式的甲基化位点,成为当前表观遗传学研究的有力工具。

 参考实验方案

Current Protocols in Human Genetics Volume 77,Issue 1

Analysis of Epigenetic Modifications of DNA in Human Cells

Lasse Sommer Kristensen,Marianne Bach Treppendahl,Kirsten Grønbæk

First published:01 April 2013

 视频资料推荐

DNA Methylation Analysis | Genetics | JoVE

Histone Modification:Acetylation and Methylation |分子生物学| JoVE

3.2.3 真核生物基因表达调控与开放染色质研究

 概念解析

核小体(nucleosome):核小体是真核生物染色质结构的基本单位,由基因组 DNA 和组蛋白构成。四种组蛋白 H2A、H2B、H3、H4 各两个分子组合形成八聚体的核心,核心外侧由长度 146 bp 的 DNA 缠绕近两圈形成核小体。两个相邻的核小体之间由 50～70 bp 的 DNA 链以及组蛋白 H1 连接。染色质是由核小体经过 DNA 和组蛋白 H1 连接形成的念珠状长链。

封闭染色质(close chromatin):呈高度聚集状态的染色质即为封闭染色质。封闭染色质区域的基因既不能复制也不能转录。

开放染色质(open chromatin):致密状态的核小体结构解聚以后,染色质上可以供核酸内切酶、转录因子和其他基因调控元件结合的区域叫作开放染色质。

转座子(transposon):基因组内一段能够自主移位的 DNA 序列,又称跳跃基因。

3.2.3.1 开放染色质与封闭染色质

真核生物的基因组一般都非常大,例如人的每条染色体 DNA 分子平均有 1 亿多个核苷

酸对,伸展长度接近 4 cm。为了将基因组 DNA 纳入微米级的细胞核内,真核生物采用了高效的包装方式,即通过与不同类型的蛋白质结合并压缩形成染色质(chromatin)来实现。其中,组蛋白是最重要且数量最多的蛋白质。组蛋白是一类包含许多碱性氨基酸残基的小分子蛋白质,带有较多的正电荷,它们能与带负电荷的 DNA 分子牢固地结合构成染色质。染色体则是染色质在细胞分裂间期为便于将 DNA 均匀分配到子细胞中而在短期内形成的一种极度浓缩或凝聚的状态。因此,染色质是基因组 DNA 与组蛋白结合以后最常见的存在形式。

DNA 和组蛋白结合形成染色质的最基本结构单位是核小体(nucleosome)。核小体由长度为 146 个核苷酸的 DNA 链在由 4 种不同的组蛋白(H2A、H2B、H3、H4)各两个分子形成的八聚体核心上缠绕近两圈形成。两个核小体之间起连接作用的 DNA 链长度为 50～70 个核苷酸。所以,染色质是由彼此间隔的核小体串联起来形成的念珠状结构的长链(图 3-8)。通常情况下,染色质绝大部分区域的核小体在染色质结构蛋白(组蛋白 H1)的参与下进一步聚集形成致密的状态。这种在长度上高度压缩的染色质被碱性染料染色后着色较深,构成细胞学观察时可见的异染色质部分。而处于相对松散状态的核小体以及核小体之间的连接 DNA 分子则形成染色较浅的常染色质部分。

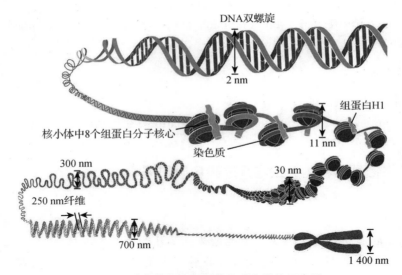

图 3-8   染色体与染色质的组成和结构示意图

(图片引自 *Genetics*,第 2 版,W. H. Freeman and Company,2005)

异染色质与常染色质除了形态及结构方面的区别,它们之间一个重要的不同在于异染色质由于核小体高度聚集,形成空间上其他分子(如核酸酶和转录因子)难以接近的状态。所以异染色质是封闭染色质(close chromatin)。由于封闭状态的染色质 DNA 难以接触到转录因子、RNA 聚合酶等蛋白质分子,其中的基因既不能复制也不能转录。相反,结构松散的染色质由于能够结合 RNA 聚合酶、核酸酶或转录因子等蛋白,因此它们叫作开放染色质(open chromatin)。染色质是否能够被 RNA 聚合酶、核酸酶或转录因子接近的特性叫染色质的可及性或可接近性(chromatin accessibility)。一般情况下,基因的启动子区域属于开放染色质。不过,某一区域内的染色质属于开放染色质还是封闭染色质并不是一成不变的,在不同条件下它们可以相互转换,这个转换过程叫作染色质的重塑或重构(remodeling)。由此可见,开放或封闭是一个动态的概念。如前所述,哺乳动物基因启动子区域的 DNA 甲基化程度较低,这一区域的 DNA 容易接触 RNA 聚合酶、转录因子或核酸酶,因此,DNA 分子的甲基化状态与染色质的开放性有密切的关系。除此之外,染色质的开放性变化也与组蛋白的乙酰化以及去乙酰化有关。不过,封闭的染色质并不意味着其组成和结构完全不发生变化,实际上封闭染色质区域的组蛋白分子也在不断地更新变化之中。

真核生物的基因转录时,基因所在的开放染色质区域除了能够结合 RNA 聚合酶,一般还能结合多种基因特异的转录因子。而封闭染色质区域的基因如果需要表达,它首先必须转变成开放染色质。对于任意区域的一段基因组 DNA 分子而言,它是否属于开放染色质取决于细胞的生长发育状态以及细胞所处的环境。一般情况下,真核生物体细胞内基因组 DNA 分子大多数以封闭染色质的形式存在,只有少数与维持细胞正常的生理功能以及与细胞正在进行的生理活动相关的基因(<3%)才以开放染色质的形式存在。与此形成强烈对比的是,对人类受精卵细胞早期发育的研究表明,其中大多数基因区域都以开放染色质的形式存在,并且受精卵中 DNA 甲基化程度处于生命周期中的最低水平。因此,蕴含巨大变化潜能的受精卵分裂和细胞分化是基因组中众多基因共同活动或表达的结果。这些事实说明 DNA 甲基化和染色质的可及性在建立、塑造及维持细胞分化类型方面发挥着重要作用。

3.2.3.2 开放染色质研究方法

染色质开放性变化常常是细胞在经历发育阶段转变之前或者是受到各种外界刺激之后的一种适应性的调整反应。研究染色质开放位点能提供许多有关基因表达调控的重要信息。例如,根据染色质开放位点能够确定基因组 DNA 序列中哪些是可以结合转录因子的区域。研究染色质开放性的方法较多,传统的方法主要是核酸酶处理染色质结合 DNA 测序分析。其中应用最广的方法是 DNase-seq。该方法利用 DNase Ⅰ 优先切割染色质内无核小体结构并且 DNA 低甲基化程度区域的特点,将 DNase Ⅰ 切割下来的 DNA 片段收集起来,通过高通量测序即可获得基因组中开放染色质的分布信息。其具体过程是:首先用细胞裂解液处理细胞,并从中分离出细胞核。然后用 DNase Ⅰ 处理细胞核,由于开放染色质区域的 DNA 分子缺乏组蛋白和甲基化的保护,所以被酶切形成大小不同的片段。随后加入蛋白酶 K 以及 RNA 酶消化溶液中包括 DNase Ⅰ 在内的各种蛋白质以及 RNA 分子。再用酚/氯仿变性分离溶液中的各种酶及其他残留的蛋白质分子。离心以后吸取上清液水相,加入醋酸钠和乙醇沉淀 DNA 分子。再将经过洗涤的这些 DNA 分子沉淀溶解以后通过琼脂糖凝胶电泳分离,选择其中长度分布有 50～100 bp DNA 片段的凝胶提取 DNA,并用 T4 DNA 聚合酶补平单链部分序列,然后加上扩增序列接头。最后通过 PCR 扩增富集、高通量测序即可获得基因组中开放染色质区域的序列信息。

类似的方法还有使用微球菌核酸酶 MNase 结合高通量测序的 MNase-seq。MNase 是从金黄色葡萄球菌中分离出来的一种兼具内切和外切功能的核酸酶。该方法的原理是:MNase 首先能够利用其内切核酸酶功能在开放染色质核小体之间的裸露 DNA 连接区域切断 DNA 分子,然后从切口处利用该酶的外切核酸酶活性将核小体连接区域裸露的 DNA 链核苷酸逐个切除。缠绕在核小体上的 DNA 则由于受到组蛋白的保护不能被切除从而得到保留和鉴定。该方法的过程为:首先利用甲醛处理细胞核以固定 DNA 及其结合的组蛋白以及转录因子蛋白。然后用 MNase 处理经过固定的染色质以消化裸露的 DNA 区域,再加入蛋白酶 K 以

及 RNA 酶消化溶液中的蛋白质以及 RNA 分子。此时无论是染色质中的组蛋白还是核酸酶都被消化。核小体上缠绕的 DNA 分子则被释放到溶液中。用酚/氯仿变性分离溶液中的各种酶及其他残留的蛋白质分子。离心以后吸取上清液水相,加入醋酸钠和乙醇沉淀其中的 DNA 分子。再将这些经过洗涤的 DNA 沉淀溶解以后通过琼脂糖凝胶电泳分离,切取含 150 bp 左右大小的 DNA 片段的凝胶(因为核小体部分的 DNA 长度为 146 bp),纯化以后加上接头扩增并进行高通量测序。将测序获得的序列与基因组序列比较即可获得能够结合核酸酶或转录因子的开放染色质区域。

DNase-seq 与 MNase-seq 的区别是:前者获得的是开放染色质区域内核小体之间的 DNA 连接序列,这个区域就是结合 RNA 聚合酶与转录因子等调控基因表达蛋白质分子的位点;而后者得到的是开放染色质区域内缠绕在核小体上的 DNA 序列。用这两种方法研究染色质的开放性都需要精确控制核酸酶的用量,酶量太高或太低都难以成功。要做到精确控制酶量必须通过大量的预备实验摸索合适的条件。所以这些实验实施起来并不轻松。而且,这两种核酸酶切割 DNA 时有一定的序列偏好。因此,通过它们获得的序列不能完全真实地反映染色质的开放状态。一种能够避免酶切偏好的方法是甲醛辅助分离调控元件测序(formaldehyde-assisted isolation of regulatory elements sequencing,FAIRE-seq)。该方法也是利用甲醛处理细胞核,目的是维持核小体内组蛋白与 DNA 的交联状态,然后用超声波处理染色质。由于超声波处理能对开放区域的染色质 DNA 分子进行无差别的断裂,所以这种对断裂的小片段测序获得开放染色质区域序列的方式有效地避免了酶切偏好带来的问题。

除了上述利用核酸酶或超声波处理结合高通量测序的方法外,目前最受欢迎的开放染色质研究手段是一种叫作 ATAC-seq(assay for transposase accessible chromatin using sequencing)的方法。

ATAC-seq 利用 DNA 转座酶与高通量测序相结合的策略来进行开放染色质研究。转座酶通常是由转座子编码、负责识别转座子两端特异的转座序列,并将转座子序列切割或复制以后转移至基因组 DNA 其他位置的蛋白质分子。转座子是基因组中一段能够自主移位的 DNA 序列,又称跳跃基因。DNA 转座的实质是,一段 DNA 序列或者通过自我复制,将复制产生的序列插入基因组 DNA 的其他区域,这种转座属于复制-粘贴类型;或者通过将自己剪切下来,然后插入基因组 DNA 的其他区域,这种转座属于剪切-粘贴类型。由于转座过程同样涉及对靶点 DNA 分子进行酶切和连接,所以转座也必须在开放染色质区域才能进行。利用这个特点,选择来自大肠杆菌并且经过突变后具有高频转座能力的 Tn5 转座复合体处理所要研究的染色质,能够更有效地获得开放染色质的信息。

Tn5 转座子介导的转座属于剪切-粘贴类型。具有转座功能的 Tn5 转座复合体的必要成分包括 Tn5 转座子编码的转座酶以及位于 Tn5 转座子两端各 19 bp 的外侧末端序列(OE),并且一个 Tn5 转座酶分子结合一个 OE 序列,然后它们以二聚体的形式发挥作用。自然状态下,Tn5 转座子包括两端的 OE 序列及其中的转座酶编码序列和其他非必要序列,它们作为一个整体被转座酶切割下来插入靶 DNA 序列之中从而完成转座。研究发现,如果在两个分离的 OE 序列外侧的 5′ 端分别加上一段不同的测序引物序列形成重组的 OE 序列,加入 Tn5 转座酶与重组 OE 序列结合形成同源二聚体以后,这个人工改造的转座复合体仍然能够将带有测序引物的 OE 序列插入转座酶切开的靶 DNA 序列的 5′ 端。通过这种人工重组的 Tn5 转座复合体以近似随机方式高频插入细胞核 DNA 的开放染色质区域,能够造成该区域染色质片段化。然后用 OE 序列外侧的两条不同引物进行 PCR 扩增,建库、测序即可得到开放染色质区域的信息。ATAC-seq 测序分析中得到的 peak 序列,即扩增频率最高的 DNA 区域,往往是启动子、增强子及一些反式调控因子的结合位点(图 3-9A)。

图 3-9 彩图

第 3 章 基因的鉴定、表达调控及检测

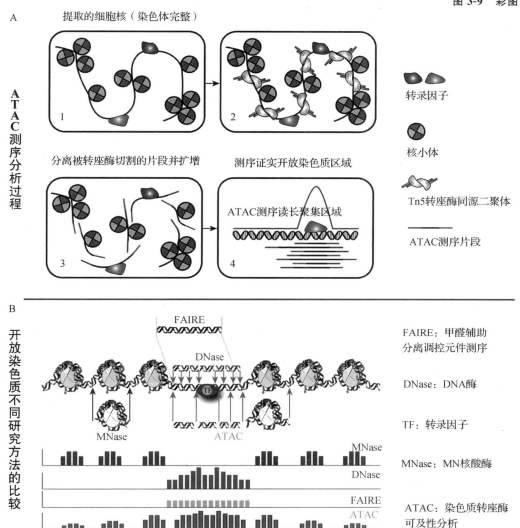

图 3-9 ATAC-seq 的过程(A)以及 4 种不同的开放染色质研究方法的比较(B)

图 A 中 Tn5 转座复合体中双线(代表 19 bp OE 序列)外侧的红色和蓝色突出线段表示测序引物。图 B 中 MNase-seq 测序获得的是核小体上缠绕的 DNA 序列。DNase-seq 与 FAIRE-seq 获得的是基因组中核小体之间的 DNA 连接区域的序列。它们之间的区别是 DNase I 由于有切割的偏好,因此切割开放染色质区域以后得到的片段大小存在差别。FAIRE-seq 由于是通过超声波无差别地处理开放染色质,获得的 DNA 片段长度大体上是一样的。需要说明的是,通过 Tn5 转座酶处理染色质获得的 DNA 序列如果不进行选择,那么它们既包含核小体上的 DNA 序列,也包含核小体之间的 DNA 连接区域的序列。图 A 根据 Grandi 等(2002)绘制,有修改;图 B 引自 Tsompana 和 Buck(2014)

DNase-seq、MNase-seq、FAIRE-seq 以及 ATAC-seq 这些方法都能够在没有任何已知的物种表观遗传信息的情况下从基因组水平上开展开放染色质研究(图 3-9B)。相比于使用 DNase-seq 和 MNase-seq, ATAC-seq 不仅没有内切酶的偏好带来的问题,还具有样品需求量少、可重复性好并且耗时短的优点。目前,该方法能够在单细胞水平上进行全基因组的开放染色质分析,成为研究开放染色质的热点方法。这些开放染色质研究方法与 DNA 甲基化研究方法一起为表观遗传学研究提供了全面和丰富的手段。

 重点回顾

1. 真核生物基因的表达状态与其染色质的开放状态或称可及性密切相关。只有开放染色质包含的基因才能在其启动子区域结合 RNA 聚合酶及其他转录因子,从而获得表达的机会。

2. 研究染色质开放性的方法包括传统的核酸内切酶处理结合高通量测序的 DNase-seq 和 MNase-seq,也有利用超声波无差别地断裂开放染色质,然后测序的 FAIRE-seq。

3. 利用来自大肠杆菌、经过人工改造后具有高频重组能力并且外侧末端序列带有测序引物的重组 Tn5 转座酶复合体的转座机制,结合高通量测序的 ATAC-seq 方法有更好的可重复性和更高的灵敏度。

 参考实验方案

Current Protocols in Human Genetics Volume 92, Issue 1

Assay for Transposase-Accessible Chromatin Using Sequencing (ATAC-seq) Data Analysis

Kristy L. S. Miskimen, E. Ricky Chan, Jonathan L. Haines

First published: 11 January 2017

 视频资料推荐

The Nucleosome Core Particle: Histone Octamer, Histone Fold | 分子生物学 | JoVE

Constitutive Heterochromatin and Facultative Heterochromatin | 分子生物学 | JoVE

Epigenetics, lncRNAs and Epigenetic Code | Genetics | JoVE

Epigenetic Regulation: DNA Methylation and Histone Modification | 生物学 | JoVE

Mapping Genome-wide Accessible Chromatin in Primary Human T Lymphocytes by ATAC-seq. Grbesa I, Tannenbaum M, Sarusi-Portuguez A, Schwartz M, Hakim O. J Vis Exp. 2017 Nov 13;(129):56313. doi: 10.3791/56313.

3.2.4 基因表达中的密码子

 概念解析

密码子:mRNA 分子中按一定顺序排列的能决定蛋白质合成时氨基酸种类的 3 个连续的核苷酸称为密码子。密码子也称三联体密码。

3.2.4.1　起始密码子与终止密码子

基因表达虽然从转录开始,但基因表达有时也特指 mRNA 指导下蛋白质的合成过程。蛋白质的合成是以 mRNA 为模板,以转运 RNA 为氨基酸的运输载体,按照 mRNA 上 3 个连续的核苷酸即三联体密码决定一个氨基酸的方式,依次将相应的氨基酸搬运到核糖体内,通过形成肽键的方式将氨基酸连接起来形成多肽。对于复杂的蛋白质分子,不同的多肽合成以后经过折叠成为具有不同空间构型的亚基,不同的亚基组合起来才能形成有生理活性的蛋白质分子,这个过程中可能还需要对肽链进行加工。例如,对肽链某些部位进行剪切及磷酸化和形成二硫键等。

肽链合成的起始部位是从 mRNA 的起始密码子 AUG(其对应的 DNA 编码序列为 ATG)开始的。原核生物起始密码子对应的是甲酰甲硫氨酸,不过,这个起始密码子对应的甲酰甲硫氨酸在蛋白质合成开始以后不久就会被水解除去。除了 AUG 能够充当起始密码子外,GUG 和 UUG 这两种密码子在一些原核生物中也能充当起始密码子。真核生物中起始密码子 AUG 对应的是甲硫氨酸。蛋白质翻译结束时,肽链合成的终止由终止密码子决定。无论是原核生物还是真核生物,终止密码子都是 UAG、UGA 或 UAA 3 种类型。翻译过程中出现上述 3 个终止密码子中的任何一个,核糖体都会停止多肽链延伸。

在一些研究论文中偶尔能看到诸如琥珀密码子或琥珀型突变体这样的描述。实际上,琥珀密码子(amber codon)指的是终止密码子 UAG。UAG 的终止作用是在大肠杆菌 T4 噬菌体的"琥珀型"突变种中发现的,当 mRNA 的一个编码某个氨基酸的密码子由于核苷酸突变为 UAG 时,肽链合成终止。T4 噬菌体突变种的发现者是德国人 R. H. Bernstein,Bernstein 这个姓在德语中意为"琥珀"。科学界有按照发现者的姓氏命名的传统,所以将 UAG 叫作琥珀突变密码子,产生 UAG 的突变称为琥珀型突变。

剩下的两种终止密码子命名沿用了琥珀密码子所用的按颜色命名的做法(这多半是出于幽默)。琥珀是类似黄色和咖啡色的一种黄棕色。除了琥珀型突变外,将产生 UAA 的突变称为赭石型突变(ochremutanl,赭石为暗棕红色),UAA 叫作赭石密码子。类似的,将产生 UGA 的突变叫作乳白突变,UGA 叫作乳白密码子(opal codon)。乳白、黄棕和棕红这 3 种颜色属于同一个颜色系列中由浅到深的暖色。

3.2.4.2　密码子的通用性与特异性

对不同类型生物密码子的研究表明,一般情况下每种氨基酸都有不止一种密码子与之对应。在组成密码子的 3 个核苷酸中,第 1 位以及第 2 位的核苷酸在决定氨基酸的种类上起主要作用,而第 3 位的核苷酸对决定氨基酸的种类方面作用有限。例如 GGA、GGG、GGC、GGU 这 4 个密码子都编码甘氨酸(Gly)(图 3-10),也就是前二位核苷酸 G 确定以后,无论第 3 位的核苷酸是哪一种,编码的都是甘氨酸。对其他氨基酸而言,同样存在一个氨基酸对应超过一种密码子的情况。所以在生物信息学分析基因的编码 DNA 序列时,处于密码子第 3 位的核苷酸通常被除去。既然绝大多数氨基酸都对应不止一种密码子,假如合成一种蛋白质或多肽时需要用到甘氨酸,那么在其编码序列中这 4 种密码子是否随机出现?实际上不同的物种对密码子的使用存在偏好。在特定的物种中,对于某种氨基酸究竟使用哪一种密码子是有倾向性的,因为不同物种细胞内搬运同种氨基酸的不同转运 RNA 的数量存在不均衡的现象。所以,利用细胞表达异源蛋白需要对编码基因序列进行优化。例如在酵母或哺乳动物细胞内表

达植物的基因,通常就要对编码区的 DNA 序列进行优化,其目的是尽量选择使用酵母或哺乳动物细胞偏好的密码子,这样就能在保证合成的蛋白质氨基酸组成和序列不变的前提下更有效地利用宿主细胞表达目的基因。

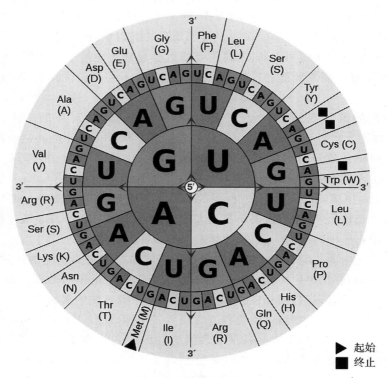

图 3-10 氨基酸密码子表

中心圆圈内的 4 个核苷酸代表密码子的第 1 位核苷酸,其外侧依次排列第 2 位以及第 3 位的核苷酸。最外层的圆环内的扇形区间代表密码子对应的氨基酸种类。图片引自维基百科(mouagip codons aminoacids table png-Bing images)

尽管绝大多数生物的密码子是通用的,但也有少数物种的密码子与常规的密码子不同。而且,大部分生物线粒体内的密码子与细胞质密码子也有不同的地方。

 重点回顾

1. 绝大多数生物细胞都使用通用的密码子。在三联体密码子中第 1 位以及第 2 位的核苷酸是决定氨基酸种类的主要因素,第 3 位的核苷酸在决定氨基酸种类方面作用相对较小。

2. 起始密码子主要是 AUG,在原核生物中也存在 UUG 或 GUG 作为起始密码子的情况。终止密码子只有 UAG、UGA、UAA 这 3 种。

3. 同一种氨基酸拥有 1 ~ 4 种不同的密码子。不同类型的生物在使用密码子方面存在偏好,为了有效利用宿主细胞的蛋白质表达系统,异源目的基因的密码子需要优化。

3.2.5　分子生物学研究中常用的报告基因

 概念解析

报告基因:指在转基因过程中为指示目的基因在宿主细胞内的状态而与目的基因一起转化、其表达产物特异、稳定并且易于检测的基因。

3.2.5.1　酵母中常用的报告基因 *ADE2*

追踪报告基因的表达是分子生物学实验中经常要用到的一种检测手段。报告基因必须具备的一个重要特点是基因表达产物特异、稳定并且易于检测。如果需要通过活体检测,报告基因还应该对细胞无毒害作用。例如,大肠杆菌中利用 *lacZ* 表达的半乳糖苷酶活性通过蓝白斑筛选鉴定阳性克隆就是原核生物中使用报告基因的一个典型例子。在其他不同类型的生物体或者细胞内也有不同的报告基因可以利用。

例如在酵母中,如果培养的不是红酵母,那么大多数情况下实验室培养的酵母应该呈现类似象牙白的颜色。但我们有时候能看到培养基平板上酵母菌落呈现粉红色,而且这种颜色会随着培养时间的延长而逐渐加深以致形成暗红色。出现这种现象的原因可能是酵母细胞内的一个基因发生了突变。或者更常见的情况是培养的酵母本身就属于特定基因突变形成的营养缺陷型菌株。

这个突变导致酵母呈现粉红色的基因就是 *ADE2*,它编码 5-氨基咪唑核苷酸(5-aminoimidazole ribotide,AIR)羧化酶。该酶催化嘌呤核苷酸从头合成过程中第 6 步的羧化反应。即催化 AIR 形成羧基氨基咪唑核苷酸(CAIR)。*ADE2* 这个基因突变或缺失导致嘌呤合成过程的中间产物 5-氨基咪唑核苷酸在液泡内积累,使酵母细胞呈现粉红色。产生这一现象的分子机制是由于酵母生长过程中会不断分裂形成新的细胞,必须复制(合成)新的 DNA 分子,而合成新的 DNA 分子需要脱氧核苷酸作为原料。细胞内嘌呤核苷酸来源有从头合成途径和补救合成途径两种方式。其中补救途径是利用核酸分解产生的核苷或碱基重新合成核苷酸,相比而言,这是一种经济快捷的核苷酸合成方式。在补救途径不能满足 DNA 需求的情况下,细胞就会启动从头合成途径。因此,在合成培养基上培养 *ADE2* 这种营养缺陷型酵母时,酵母既无法通过嘌呤从头合成途径获得嘌呤核苷酸。同时,合成培养基内也没有核苷或嘌呤碱基可以用来补救合成嘌呤核苷酸,所以 *ADE2* 突变体酵母不能生长。即使是在丰富培养基上,如果不添加腺嘌呤,这种突变体酵母也只能缓慢生长并且菌落呈现粉红颜色。不过,如果实验所用的酵母是以 *ADE2* 突变为背景的菌株但又不需要以它为选择性标记或者作为报告基因,那么只需要在培养基中添加一定量的腺嘌呤就能保证酵母正常生长,形成类似象牙白颜色的克隆。

ADE2 基因的这一特点不仅使它可以作为营养缺陷型酵母的选择性标记基因,而且可以用来作为报告基因。实际上在这两种用途中,它们依据的原理是一样的,不同的是体现出来的意义。另外,*ADE2* 作为报告基因与它作为选择性标记基因的启动子不同。作为选择性标记时,将含有组成型表达 *ADE2* 基因的质粒转化进入营养缺陷型宿主菌株 *ade2* 细胞以后,能使宿主菌株获得在腺嘌呤缺乏的培养基中生长的能力,因而宿主菌株颜色由 *ADE2* 基因缺失时的粉红色恢复为白色,以此指示成功转化质粒的克隆。而作为报告基因时,例如在酵母双杂交试验中,当测试蛋白之间无相互作用时,作为报告基因的 *ADE2* 不能被激活表达,腺嘌呤合成

受阻,中间产物 AIR 积累,酵母细胞变红。克隆表现出从开始生长时的浅粉色至时间延长后为暗红色的变化。如果测试蛋白之间能够发生相互作用,那么 ADE2 被激活表达合成腺嘌呤,以 ade2 为背景的宿主酵母克隆颜色逐渐由粉红色转变至白色。不仅如此,被测试的互作蛋白之间的相互作用强弱还可以通过克隆的颜色深浅来初步判断:测试蛋白之间相互作用越强的克隆颜色越浅;相反,克隆颜色越深则表明测试蛋白之间相互作用越弱。所以作为报告基因时,ADE2 的启动子是条件性诱导表达的;而作为选择性标记基因时,其启动子是组成型表达的。

3.2.5.2　植物中常用的报告基因 GUS

类似 lacZ 以及 ADE2 常用作大肠杆菌和酵母的报告基因,在植物转基因的检测过程中,GUS 是最常用的报告基因。GUS(即 uidA 基因,编码 β-glucuronidase,即 β-葡糖苷酸酶,又称 β-D-葡糖苷醛酸酶)是从大肠杆菌中分离出来的一种水解酶编码基因。它编码的酶能催化许多 β-葡萄糖苷酯类物质的水解。由于绝大多数植物细胞内不存在这种酶,因此 GUS 基因广泛用作检测转基因植株的报告基因。

GUS 作为报告基因的检测原理是,一种与蓝白斑筛选中用到的 X-gal 类似的化合物即 5'-溴-4'-氯-3'-吲哚-β-D-葡糖苷酸环己胺盐(X-gluc),能够被 GUS 基因的表达产物 β-D-葡糖苷酸酶催化水解产生蓝色物质。在蓝白斑筛选的章节,我们曾经介绍过 X-gal 的生色原理。实际上 X-gal 与 X-gluc 这两种生色底物的区别仅仅在于与 5'-溴-4'-氯-3'-吲哚基形成糖苷键的成分一个是半乳糖(galactose,形成 X-gal),另一个是葡萄糖环己酸的胺盐(glucose,形成 X-gluc)。而半乳糖与葡萄糖互为同分异构体。lacZ 基因编码的 β-D-半乳糖苷酶与 GUS 基因编码的 β-D-葡糖苷酸酶都作用于这两种底物的糖苷键部位。形成的产物中除了一个半乳糖,一个葡萄糖醛酸胺盐外,还有一个共同产物 5'-溴-4'-氯-3'-羟基吲哚。两个 5'-溴-4'-氯-3'-羟基吲哚分子通过氧化二聚化生成 5,5'二溴-4,4'-二氯靛蓝。它与蓝白斑筛选克隆过程中 X-gal 水解生成的蓝色物质是同一种分子。

3.2.5.3　动物细胞中常用的荧光素酶(LUC)报告基因

在动物细胞内经常使用的报告基因是荧光素酶(luciferase,LUC)基因,因为动物细胞特别是哺乳动物细胞内不含内源性的荧光素酶。荧光素酶催化的发光反应具有速度快,灵敏度高的特点,适合在活细胞中进行检测。荧光素酶有很多类型,其中最常用的是萤火虫荧光素酶,其底物是荧光素分子。在催化荧光素分子氧化过程中,除了氧还需要 ATP 分子与镁离子。另一种荧光素酶——海肾(renilla)荧光素酶的底物是腔肠素(coelenterazine)。腔肠素是绝大多数海洋生物都具有的荧光素。海肾荧光素酶除了底物腔肠素和氧外,不需要其他反应成分。在荧光素酶作用下,荧光素和腔肠素被氧化时能分别发出黄绿色荧光和蓝色荧光。

需要说明的是,不同的报告基因适用范围并不是固定不变的。尽管 GUS 常用作植物细胞内表达的报告基因,但它也可以在动物组织或细胞内作为报告基因使用。同样的,在动物细胞中广泛使用的荧光素酶报告基因也能够在酵母和高等植物中作为报告基因使用。除了上述利用在细胞内表达的酶与细胞外提供酶的催化底物反应产生色原型物质或产生荧光这种报告基因表达方式外,另一种广泛应用于各种不同生物类型的报告基因是具有自发荧光的水母绿色荧光蛋白(GFP),它不需要显色底物,只需要用一定波长的光照射 GFP 即能激发出绿色荧光。相对于前面介绍的其他报告基因,GFP 对细胞无毒,也能进行活体检测,因此使用起来更加方便。GFP 相关内容本书后面的章节有详细的介绍。

重点回顾

1. 报告基因是显示外源目的基因是否成功转化或转染进入宿主细胞并表达的重要依据。报告基因的表达产物必须特异、稳定而且容易检测。

2. 不同的报告基因有各自的特点及适用范围,检测它们表达所需的条件也不相同。

3. GFP 作为报告基因的适用范围广,检测手段也比较简单,因此是使用最广泛的一种报告基因。

参考实验方案

Current Protocols in Molecular Biology Volume 68,Issue 1

Overview of Genetic Reporter Systems

Steven R. Kain,Subinay Ganguly

First published:01 May 2001

Current Protocols in Microbiology Volume 29,Issue 1

Insertion of a GFP Reporter Gene in Influenza Virus

Jasmine T. Perez,Adolfo García-Sastre,Balaji Manicassamy

First published:01 May 2013

Current ProtocolsVolume 2,Issue 5

A Simple Quantitative Assay for Measuring β-Galactosidase Activity Using X-Gal in Yeast-Based Interaction Analyses

Laura Trimborn,Ute Hoecker,Jathish Ponnu

First published:14 May 2022

视频资料推荐

Reporter Genes:lacZ,Luc,GFP,RFP │分子生物学 │JoVE

3.2.6　基因的表达与转化

概念解析 ⋯⋯⋯⋯⋯⋯⋯⋯⋯⋯⋯⋯⋯⋯⋯⋯⋯⋯⋯⋯⋯⋯⋯⋯⋯⋯⋯⋯⋯⋯⋯⋯⋯⋯⋯⋯⋯

瞬时表达(transient expression):转入的目的基因不经过复制、传代培养和筛选,直接以转化后的初始状态在宿主细胞内表达,或者带有目的基因的载体在宿主细胞内以附加体或质粒的形式复制、传代培养并且经过选择,然后表达目的基因。

稳定表达(stable expression):含有目的基因的质粒或可转移的 DNA 元件通过整合到宿主细胞染色体的基因组 DNA 内,然后与基因组中其他基因一样通过复制、分配到子代细胞直至表达。

3.2.6.1　瞬时表达与稳定表达

分子生物学研究中,目的基因在宿主细胞内表达有两种方式,即瞬时表达与稳定表达。瞬时表达是指在基因转化或转染的早期,目的基因不经过复制、传代培养和筛选,直接以转化后的初始状态在宿主细胞内表达,或者带有目的基因的载体在宿主细胞内以附加体或质粒的形式复制、传代培养并且经过选择,然后表达目的基因。

瞬时表达载体进入细胞以后,通常经过短时间的培养即可在转基因当代细胞内观察目的基因的表达。一些基因瞬时表达载体或质粒在有选择压力的培养基中传代培养时,还能够以附加体的形式存在于宿主细胞内。基因瞬时表达过程操作简单,实验周期短(一般 12～72 h 内可以完成),它在启动子功能分析、报告基因活动检测、基因表达蛋白的亚细胞定位、信号转导途径及蛋白质之间的相互作用或蛋白质与 DNA 分子相互作用研究等方面有广泛的用途。由于进行基因瞬时表达时目的基因序列不需要整合到宿主细胞的染色体上,所以用于基因瞬时表达的载体一般不需要用来筛选的载体元件即选择性标记基因,而且目的基因表达不会受到染色体内基因表达调控元件的影响,即基因表达无位置效应,也不会受组织类型甚至个体激素水平的影响。

瞬时表达的另一个特点是进入细胞能够瞬时表达的目的基因通常有较多的拷贝数,所以基因瞬时表达的蛋白质产量较高,因此重组蛋白经常通过瞬时表达的方式来生产。不过,瞬时表达的过程既不稳定也不持久,而且通过这种方式得到的蛋白质保存时间比较短暂。尽管存在这些不足,但它仍不失为一种快速、简便的基因功能研究或蛋白质生产方法。此外,用于瞬时表达的细胞或生物体一般无须传代培养,使用完毕即灭菌处理,因此基因漂移风险小。这些优点使它在分子生物学研究中有独特的价值。

稳定表达则是含有目的基因的质粒或可转移的 DNA 元件通过整合到宿主细胞染色体的基因组 DNA 内,与基因组中其他基因一样通过复制、分配到子代细胞直至表达。它常用于经过传代培养和选择的宿主细胞或个体内过量表达、沉默或敲除目的基因,以及研究基因编码蛋白质之间的相互作用或蛋白质与 DNA 之间的相互作用等遗传分析。用于基因稳定表达的载体不仅需要用来筛选转基因阳性细胞的载体元件,还需要能够协助目的基因整合进入宿主细胞染色体的元件。用于稳定表达目的基因的载体一般都可以用来进行瞬时表达,但专用于瞬时表达的载体不能来进行基因的稳定表达。能稳定表达目的基因的阳性宿主细胞通过抗生素筛选或通过互补营养缺陷型宿主细胞筛选。目的基因稳定表达的结果通常在转化或转染的后代细胞或个体内检测,因此基因稳定表达实验的周期相对比较长。由于整合进入宿主细胞染色体内的目的基因通常只有 1～2 个拷贝,所以基因稳定表达时蛋白质产量一般不高,但具有稳定持久的特点。

无论基因是瞬时表达还是稳定表达通常都涉及细胞培养。值得注意的是,培养动物细胞或植物细胞的原生质体时,对使用的试剂纯度有较高的要求,特别是在培养基中含量高的成分尤其如此,所以生化试剂中有一类细胞培养级的产品。原因可能是分散培养的每个细胞或原生质体必须直接从培养基中吸收营养,而生理条件下植物或动物细胞是通过根系和输导组织或消化系统从环境中吸收营养,其他细胞再从输导组织或消化系统获得营养。由于外界环境中的物质被吸收进入输导组织或消化系统时已经经过了选择,所以动、植物个体的其他细胞一般不会直接接触环境中的有害物质。相反,培养的细胞是直接面对外界环境,如果培养基中存在有害物质就容易对培养的细胞造成直接的伤害。

3.2.6.2 不同的转基因途径及阳性细胞的筛选

无论是瞬时表达还是稳定表达,目的基因首先必须进入宿主细胞。通常情况下,这个过程都直接或间接地依靠载体的协助才能完成。尽管瞬时表达载体与稳定表达载体进入同种宿主细胞的途径基本一致,但不同类型的宿主细胞要求不同的转基因方法。

对于微生物,如大肠杆菌和酵母,转基因的过程相对比较简单。只要将含有目的基因的表达质粒与它们的感受态细胞混合以后通过电击或热激处理,表达质粒就能进入宿主细胞,然后以质粒或附加体的形式,或者整合进入宿主细胞基因组内表达目的基因。这个过程叫作转化。

将目的基因转入动物细胞有多种方式,常见的生化途径有脂质体转染、逆转录病毒介导的转导,以及物理方法如显微注射和电穿孔转染等途径。细胞转染是指将外源核酸分子如DNA、RNA等通过载体导入真核细胞的技术。目前进行瞬时表达的转染过程主要通过脂质体或聚乙烯亚胺作为转染试剂。脂质体转染的优势是具有较高的转染效率和可重复性。病毒介导的转导适合一些特殊的细胞类型,如针对神经细胞等非分裂性细胞的转基因操作。电穿孔转染适合向无细胞壁的细胞内导入外源基因的操作,利用这种方法能将DNA、RNA或蛋白质分子甚至病毒粒子导入细胞。显微注射则具有转基因速度快、成功率高的优点,但这种方法对设备和操作技术有较高的要求。例如在基因打靶或基因编辑研究中将拟敲除目的基因的同源重组载体注射进入胚胎干细胞或受精卵,然后筛选重组阳性干细胞或受精卵的研究就是采用显微注射的方法。

不仅如此,显微注射这种转基因方法也可以用来进行瞬时表达研究,而且除了向细胞内注射目的基因的表达质粒,还可以通过注射mRNA在宿主细胞内瞬时表达目的基因。例如对非洲爪蟾卵母细胞,直接注射目的基因表达质粒、cDNA或mRNA都能进行基因的瞬时表达分析。在多细胞生物如秀丽隐杆线虫内,也可以通过注射特定基因mRNA的方式调控基因表达。

在植物领域,一般通过农杆菌侵染、病毒载体介导,或基因枪轰击表达质粒等方式向植物细胞导入目的基因。其中农杆菌侵染植物细胞以后将单链形式的T-DNA传递到宿主植物细胞,然后T-DNA以某种方式进入细胞核。进入细胞核的T-DNA序列只有少部分被整合进入染色体的DNA中。其余的游离T-DNA能像核基因一样转录产生mRNA,然后从细胞核内释放出来进入细胞质指导合成蛋白质。利用农杆菌侵染的瞬时表达过程就是在转化以后短时间内观察这部分T-DNA内包含的目的基因表达产生的现象(表达的蛋白通常含有报告基因蛋白如GFP等)。这些游离质粒或DNA片段最后被宿主细胞的核酸酶降解或者随宿主细胞死亡而消失。如果对农杆菌侵染的宿主细胞进行抗生素(如潮霉素)筛选,那么经过多代选择培养以后,具有载体所赋予抗性的转基因宿主细胞就是整合了目的基因并且能够稳定表达的阳性细胞。所以用农杆菌介导的转基因方法既适合瞬时表达观察,也适合稳定表达分析。

借助基因枪转入外源基因的原理是利用基因枪发射高压气体的冲击作用,将吸附有目的基因表达质粒的极细金粉颗粒射入洋葱表皮细胞。然后将洋葱表皮细胞在黑暗处培养一段时间以后就可以观察基因瞬时表达的结果。基因枪也适用于对一些常规方法如农杆菌侵染难以成功的植物,目前在小麦中转基因就是通过基因枪这种手段完成的。通过基因枪转基因也与农杆菌介导的转基因情况类似:外源基因既可以在侵染的当代细胞内进行瞬时表达,也能整合进入宿主细胞的染色体内形成稳定表达。不过,通过基因枪转化的方式对质粒的需求量较大。

除了已知的同源重组和位点专一重组这些方式外,尽管现在对目的基因如何整合进入宿主染色体 DNA 中的详细过程和机理还不清楚,但稳定表达目的基因都需要有对转化的宿主细胞进行筛选的过程。动物细胞内筛选转基因阳性细胞通常是将遗传霉素 G418 的抗性基因 *neo* 或嘌呤霉素的抗性基因 *pac* 与目的基因设置在同一个载体上,然后用 G418 或嘌呤霉素对转化细胞进行初步筛选:凡是能在含遗传霉素或嘌呤霉素的培养基内存活并传代的细胞都可能是含有目的基因的转基因阳性细胞。植物细胞中转基因抗性筛选多用潮霉素。不过,最终还需要对阳性细胞转入的目的基因扩增后测序予以确认。对于整合进入宿主细胞基因组内的目的基因,用 Southern 杂交进行鉴定是最可靠的方法。

 重点回顾

1. 瞬时表达与稳定表达是目的基因在宿主细胞内处于不同存在状态下的表达方式。瞬时表达因为无须筛选步骤因而具有操作简单、实验周期短的优点。

2. 瞬时表达是在转化或转染的当代宿主细胞内显示或检测转入目的基因的表达结果。稳定表达是在转化或转染细胞经过筛选的后代细胞内显示或检测目的基因表达结果。目的基因稳定表达具有稳定持久的特点,但表达量较低。瞬时表达产生的蛋白质表达量高,但表达过程既不稳定也不持久。

3. 用于基因稳定表达的载体通常也可以用来进行瞬时表达。无论是稳定表达还是瞬时表达,目的基因表达载体进入宿主细胞的方式通常是相同的。

 参考实验方案

Current Protocols in Plant Biology Volume 1, Issue 2

An Improved Transient Expression System Using Arabidopsis Protoplasts

Yangrong Cao, Hong Li, An Q. Pham, Gary Stacey

First published: 10 June 2016

 视频资料推荐

Transfection: Inserting Genetic Materials into Mammalian Cells | Basic Methods in Cellular and Molecular Biology | JoVE

3.2.7 基因沉默和过量表达

3.2.7.1 基因沉默

基因的功能是通过它表达的 RNA 或蛋白质影响细胞甚至生物体的生命活动体现的。基因何时表达、在何种细胞内表达以及在什么条件下表达和表达量的多少都必须受到严格的调控。否则,生物体可能出现生理、生化或者遗传等方面可观察或检测的异常表型。

依据以上原理,在对功能未知基因的研究中,通常需要对目的基因的表达进行人为干预,并观察由此产生的表型,从而获得目的基因的功能信息。调控基因表达主要有两种方式,一种是基因沉默;另一种是基因过量表达。基因沉默是一种人为降低细胞内基因表达量的

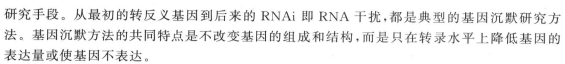

研究手段。从最初的转反义基因到后来的 RNAi 即 RNA 干扰,都是典型的基因沉默研究方法。基因沉默方法的共同特点是不改变基因的组成和结构,而是只在转录水平上降低基因的表达量或使基因不表达。

细胞或生物体经过亿万年的演化和选择,已经形成了许多应对异常情况的复杂机制。在人为降低特定基因转录水平上表达量的情况下,细胞可能会通过某些补偿机制加以平衡。例如,在基因组内存在功能相同或相似的其他基因的情况下,沉默其中一个基因可能不会产生异常表型。而且,转录水平上表达量变化也不一定能导致蛋白水平上表达量变化。即便蛋白水平上基因表达量也发生了变化,一些蛋白质需要经过修饰加工才能发挥生理功能,所以基因沉默的效果不完全是转录水平上基因的表达量决定的。这一点与基因敲除不同,因为基因敲除无论是 T-DNA 插入,EMS 诱变抑或是基因编辑都是发生在 DNA 水平上。一旦基因被突变产生肽链终止或编码不同的氨基酸,就是从根本上破坏或影响了基因编码的蛋白质功能。因此,敲除基因通常比沉默基因有更加彻底和明确的效果。

尽管在很多情况下基因敲除能为基因功能研究提供更可靠的证据,但它也存在局限。对一些功能重要但又缺乏替代基因的目的基因,基因敲除是无能为力的,因为目的基因的纯合突变体可能在胚胎发育时期就会出现异常而导致个体死亡,而杂合体又可能不显示异常表型。在这种情况下,基因沉默反而可能发挥作用,成为一种有效的甚至是必不可少的研究手段。

3.2.7.2　基因过量表达

基因表达调控的另一种方式,即过量表达提供了通过反向调控基因表达研究功能的思路。增加目的基因的表达量——通常是在野生型个体内转入一个或多个拷贝的目的基因,然后观察过量表达目的基因的转基因个体是否产生异常表型来推测基因的功能。尽管都是造成目的基因表达量发生改变,与基因沉默相比,过量表达这种方法也存在更大的局限。如果转入的基因是利用组成型表达基因的启动子,例如 35S 启动子驱动,那么产生的表型很可能不是正常生理条件下出现的状态,因为该启动子在所有时间、所有细胞内表达,而目的基因可能是组织特异性表达或特定时间、特定条件诱导下才能表达。由于组成型表达可能会干扰一些细胞正常的生理活动,进而出现异常表型。所以这种异常表型实际上与基因的正常功能无关。

采用目的基因自身的启动子驱动过量表达目的基因是否能够避免这个问题?应该说这种办法虽然防止了非组织或细胞特异表达带来的问题,但是仍然存在其他局限。因为特异地增加组织或细胞内目的基因的表达量的情况下,过量表达的蛋白也有可能干扰其他蛋白正常的代谢活动。另外,基因表达可能受细胞内外多种机制的严格调控。如果某个基因的表达量(也就是转录的 mRNA 或翻译出来的蛋白质)超出了正常范围,那么很可能引起细胞内的某种调节机制发挥作用,自动抑制基因过量表达的效果。不过,在基因沉默过程中这种可能性同样存在。

根据一些研究报道的结果和我们的观察,在高等植物中过量表达、特别是非特异性启动子驱动的基因过量表达不同目的基因产生的一个普遍现象是,过量表达的转基因植株相对于野生型植株有轻微的生长延迟和矮化现象。可能的原因是,生物经过长期的演化和选择,其体内各种生理活动都处于相对稳定和合理的状态。如果人为地过量表达某个基因,无论这个过量表达的基因最终是否对个体的表型产生明显影响,都势必增加了细胞的代谢负担。因此,在正常生长情况下过量表达某个基因不利于植物的生长发育。然而在特定情况下,过量表达某些

第 3 章　基因的鉴定、表达调控及检测

基因也能给植物带来优势。例如增强表达植物的抗病基因,在相应病害发生的情况下,过量表达抗病基因的植株比野生型植株有更强的抵抗力因而具有更好的生长状态。

 重点回顾

1. 基因沉默或过量表达都是在不改变基因结构的基础上通过人为改变目的基因表达量从而获得基因功能信息的研究手段。

2. 在一些特定情况下调控基因表达量的研究手段尤其是基因沉默有不可替代的作用。

 参考实验方案

Current Protocols in Molecular Biology Volume 72,Issue 1

RNAi in Transgenic Plants

Yanhai Yin,Joanne Chory,David Baulcombe

First published:01 November 2005

 视频资料推荐

RNAi Interference by dsRNA Injection into *Drosophila* Embryos. Iordanou E,Chandran R R,Blackstone N,Jiang L. J Vis Exp. 2011 Apr 11;(50):2477. doi:10.3791/2477.

3.3 基因表达检测

3.3.1 实时定量 PCR

 概念解析

半定量 PCR:通过 PCR 扩增检测不同样品中目标分子相对含量的一种方式。首先确定将不同样品中目标 DNA 分子有限扩增至最大值的最低循环数,然后比较在此循环数下不同样品之间目标分子 PCR 扩增产物的量,以此为基础确定样品中目标分子的相对含量。

实时定量 PCR(quantitative real-time PCR):按照限定的条件,根据 PCR 每一个循环中目标 DNA 扩增量的实时检测记录对样品中起始模板数量进行精确分析的定量方法。

阈值循环数(cycle threshold,C_T 值):实时定量 PCR 中,每个反应管内样品的荧光信号强度到达设定阈值时所经历的扩增循环数。C_T 值与模板起始浓度的对数值存在线性关系,起始模板浓度越高,C_T 值越小;起始模板量浓度越低,C_T 值越大。

荧光阈值(threshold):实时定量 PCR 仪中预先设定的代表目标 DNA 分子合成量达到可以准确识别的最低荧光信号强度值。通常情况下,荧光阈值设置为反应中检测到的第 3~15 个循环的荧光信号强度标准偏差的 10 倍。

熔解曲线(dissociation curve):实时定量 PCR 扩增反应结束后,为检测扩增产物的特异性,逐渐提高 PCR 管内的温度,并同时记录荧光信号强度随温度升高而变化得到的曲线。

3.3.1.1 半定量 PCR

检测基因在转录水平上的表达有多种方法。最可靠的应该算是 Northern 杂交(Northern blotting)和 RNA 原位杂交,因为整个检测过程不涉及 mRNA 的复制,因此这些方法能真实地反映细胞内特定基因的表达量。但是 Northern 杂交由于对实验环境及操作要求很高而有一定的难度,并且通常多达 20 μg RNA 的样品量使该方法的使用有较高的门槛。原位杂交由于同样涉及 RNA 操作并且过程繁琐也是普遍应用的一大障碍。相对而言,通过 PCR 检测目的基因在转录水平上表达量是一种简单易行的方法。不过,PCR 检测是建立在对 mRNA 进行逆转录然后扩增的基础上的基因表达检测方法,其结果受多种因素的影响。因此,必须严格限定使用条件才能得到可靠的结果。

在实时定量 PCR 出现以前,以 PCR 扩增为基础的基因表达检测方法是半定量 PCR。其原理是首先确定将不同样品中目的基因表达产物(cDNA)有限扩增至最大值的最低循环数,然后比较在此循环次数下不同样品之间该目的基因的扩增量,以此确定不同样品中起始模板即目的基因的相对数量。半定量 PCR 是对扩增的终产物定量,由于该方法比较粗略而存在较大的局限性。后来发展出来的实时定量 PCR 方法很大程度上克服了半定量 PCR 的不足。实时定量 PCR 同样是以扩增反应为基础,它为什么能更准确地反应样品中基因表达水平?

为理解其中的原因,首先必须了解这些方法的特点。终产物定量是在 PCR 结束时,对进行了相同扩增循环的等体积的待检测样品与对照样品进行琼脂糖凝胶电泳分离(如果 PCR 扩增产生的 DNA 片段足够小的话,应该用聚丙烯酰胺凝胶电泳分离),电泳结束后凝胶用荧光染料染色,通过观察和检测与产物 DNA 分子结合的荧光染料受激发产生的荧光强度,来间接判断不同样品中的目标产物的量。这种定量方法的主要缺点是不同样品之间目标分子起始模板量上的差别可以被反应速度及其随时间的变化所掩盖或放大,因为 PCR 的反应速度是一个动态变化的过程:最初的扩增循环中合成反应速度快,后来逐渐降低,最后的循环中合成反应速度趋近于零。所以终产物的量是随时间变化的反应速度与酶的活性、模板、dNTPs 的浓度等变量影响叠加的结果。

举个例子,假如在一台 PCR 仪中对一个基因或 DNA 片段同时进行 A、B 两管扩增反应。A 管中的模板浓度是 B 管中的 2^5,即 32 倍,其余的条件完全相同。反应开始时,A、B 两管中 PCR 的扩增反应速度都按照理想的 PCR 状态进行,即每扩增一个循环,产物的量在前一次的基础上增加 1 倍。当反应进行到第 25 个循环时,A 管中的酶活性降低,或由于原料、引物消耗殆尽导致后面的循环中 DNA 产物的量即分子数不再增加;而此时 B 管中酶的活性仍然较高、原料相对较为充分,还能够有效地进行扩增反应。到第 30 个循环完成时,此时 B 管中目标 DNA 产物的量就与 A 管中一样多。如果选择此时终止反应,对两个样品取相同体积的反应终产物进行凝胶电泳然后染色观察,结果会显示同样多的目标产物扩增量。由此得出 A、B 两管中模板量相同的结论。这个结论显然不正确。错误的原因就在于 A、B 两管中进行的有效扩增循环数并不相同。例如,对于 A 管,25 次以后的扩增循环都是无效的;而对于 B 管,30 次以后的扩增循环才是无效的。因此,PCR 的循环数越多其结果误差可能就越大。如果按照半定量 PCR 的策略,应该选择进行 25 个扩增循环作为目标产物定量的最低循环数,即同时对 A、B 两管进行 25 次扩增反应,然后检测扩增结果。这种方法虽然可以得出 A 管中模板的浓度高于 B 管的正确结论,但具体的差值很难准确测定。因为到了扩增后期,A 管中目标 DNA

产物合成速度与 B 管中的合成速度不一样,并且合成速度的变化速度也不相同。

3.3.1.2 实时定量 PCR 的原理

为了详细说明实时定量 PCR 如何解决这个问题,现在假设某位同学做实验非常细心,他在进行上述 PCR 产物定量实验时保持其他条件不变,但是将 A 管和 B 管都设置 35 个重复。另外,我们假定重复的各 PCR 管之间的差异可以忽略。实验开始后,每进行一次 PCR 循环该同学就同时取出一管 A 和一管 B 进行凝胶电泳,染色后通过凝胶成像仪观察以判断目标产物的量。他会发现,PCR 循环刚开始时 A、B 两管中都无目的条带出现,原因是 PCR 产物的量太少。直到反应进行到第 20 个循环结束时 A 管中才出现目的条带,此时 B 管中还没有出现目的条带。当反应进行到第 25 个循环结束时,B 管中也出现目的条带,此时 A 管中自然也有目的条带,并且会比 B 管中的目的条带更亮。但到第 30 个循环结束时,他发现 A、B 两管中的目的条带亮度一样。该同学还发现如果在完成 30 个循环以后继续增加 PCR 的循环数,然后对 PCR 产物定量时产生的结果都基本上与 30 次循环结束时的定量结果一致。由此他得出结论,根据 PCR 多次循环以后目标产物的多少来确定样品起始模板量是不可靠的。

怎样才能做到更准确地定量?该同学发现如果采用第 26~29 次 PCR 循环结束后的目标产物来进行定量,都能得出 A 管中起始模板浓度大于 B 管中起始模板浓度的正确结论,但在不同的循环完成后根据终产物的量推导出的 A 和 B 管中起始模板量得到的结果并不相同,因为到了扩增后期不同 PCR 管中反应速度不同。于是,该同学换了一种思路:他不再关注终产物的量,而是设定一个比较目标产物量的标准,具体而言就是以样品经过凝胶电泳染色后开始出现肉眼可见的荧光信号为标准,然后比较每个样品中开始出现肉眼可见的目的条带荧光信号所经历的 PCR 循环次数来比较起始模板浓度。很明显,A 管中只经过 20 次 PCR 循环就能产生肉眼可见的荧光信号即目的条带,而 B 管经历了 25 次 PCR 循环才产生肉眼可见的荧光信号。由于理想的 PCR 早期产物的量是以 2 的指数量级增加的,所以他得出 A 管中起始模板的量是 B 管中 32 倍的结论。毫无疑问,这种在 PCR 早期定量的方法比后期甚至是终产物定量的方法要好得多。该同学采用的这种每进行一轮 PCR 扩增都去检测扩增产物量的方法就叫实时定量 PCR。只不过他的这种实施手段比较原始和粗略。

实际的实时定量 PCR 原理与上面这位同学采用的策略完全相同,只不过实现的手段和定量的精细程度有较大的提高。首先,这个过程既不需要在不同时间取样检测,也不需要凝胶电泳染色观察结果,因为实时定量 PCR 仪集成了荧光信号的激发和检测系统,该系统能在毫秒级的时间间隔上检测 PCR 管中荧光信号的强度,真正做到实时定量。其次,它采用的荧光信号标准也不是"肉眼可见",而是在仪器内部预先设定一个荧光信号强度标准。虽然常用的实时荧光定量 PCR 方法中,荧光染料一开始就和其他 PCR 原料一样混合在反应系统中,但扩增反应开始前游离态的荧光分子受激发并不产生荧光信号。只有当荧光分子与不断合成的双链 DNA 分子结合,这些结合态的荧光分子才能够被激发产生荧光,然后被集成在 PCR 仪内的光学系统检测到。所以荧光信号的强度就代表了双链 DNA 分子合成的量。这一点与普通 PCR 扩增以后产物经荧光染料染色,然后根据荧光强度定量的道理是相同的。只不过实时定量 PCR 仪检测的灵敏度更高,可以更早地检测到荧光信号,而且检测过程不会对 PCR 过程和结果产生影响。必须说明的是,在最常用的以花青素类染料 SYBR Green 为基础的荧光定量 PCR 中,如果模板是双链 DNA 分子,在开始扩增前它也能结合荧光染料分子,不过由于模板浓度一般情况下都较低,产生的荧光信号很弱,对随后的荧光定量不会产生大的影响。如果用单链 cDNA 分子作为扩增模板,这种影响就更小。

　　虽然仪器检测比人眼观察的灵敏度高,能够更早地发现反应体系中的荧光信号,但是由于 PCR 管中荧光信号强度的变化幅度非常大(PCR 产物能在模板量的基础上增大几万到几百万倍),导致仪器的准确量程难以兼顾极小与极大两方面的要求。理论上 PCR 循环数越少,实时荧光定量反映出来的起始模板量就越准确。但此时检测到的荧光信号因为太弱,结果也越不可靠;而当 PCR 循环数足够多时,荧光信号的可靠性已经不成问题,但如前所述,此时的荧光信号值并不能很好地与起始模板量对应,因为越到反应后期 DNA 的合成速度下降越快,而且不同的起始模板数量导致扩增反应下降速度不同步。综合考虑两方面的因素,选择及早出现的、可靠的荧光信号就成为解决这一问题的关键。通常,实时定量 PCR 仪的缺省设置(仪器内预先设定)是以 PCR 的第 3～15 个循环中每个循环完成后采集的荧光信号标准偏差为基础,然后以标准偏差的 10 倍作为真正的 PCR 荧光信号出现的标准或者叫阈值(这个阈值原理上类似于上面例子中那个同学确定的"最开始出现肉眼可见条带"这一标准)。当各管中出现的荧光信号强度达到这个标准时的 PCR 循环数,即样品的 C_T 值就是反映各个样品中起始模板量的指标(图 3-11)。回到前面的场景,假设需要针对上述基因表达进行定量,A 管为对照样品,其 C_T 值为 17。B 管为处理样品,其 C_T 值为 22。两管 C_T 值之差即 ΔC_T 即为两管模板量比值的对数值。知道了目的基因在处理和对照样品之间的 C_T 值之差,就可以算出它们之间模板量的比值。按照上述情况,实时荧光定量 PCR 仪检测的结果就是,ΔC_T 的值为 5,说明 A、B 两管起始模板的量相差 2^5,即 32 倍。

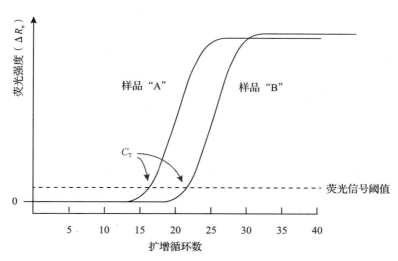

图 3-11　实时定量 PCR 的扩增曲线、荧光信号阈值以及 C_T 值

图片引自 Green 和 Sambrook(2018),有修改

3.3.1.3　实时定量 PCR 的定量方法

　　实时定量 PCR 包括绝对定量和相对定量两种类型。绝对定量一般通过定量标准曲线来确定样品中目标 DNA 分子或基因转录的拷贝数;相对定量方法则是用来比较经过不同处理的样品中目的基因表达量(cDNA)之间的差异或是目的基因表达量在不同组织或不同时间上

的差异。在多数情况下,相对定量的结果更有意义。

相对定量首先需要设置对照,因为处理样品中目的基因表达情况是根据它与对照样品中目的基因表达量比较以后确定的。然后设计基因表达的检测引物,这些引物包括检测目的基因的扩增引物以及检测样品内源的组成型表达基因(或称管家基因)的扩增引物。检测管家基因表达量是因为在不同样品间 RNA 的提取效率很难做到完全一致,所以直接比较不同样品之间目的基因表达差异来进行相对定量是不可靠的。一个广泛采用的办法是先计算出每个样品中目的基因相对于管家基因的表达比例,也就是对各个样品中目的基因的表达量作均一化处理,用 C_T 值表示就是目的基因与管家基因 C_T 值之差,即 $\Delta C_T = C_{T目的基因} - C_{T管家基因}$。这种将样品目的基因表达量相对管家基因表达量进行均一化处理的依据是不同样品之间管家基因表达量是稳定一致的。

在此基础上,以未处理样品的 ΔC_T 为对照,然后对不同处理样品的 ΔC_T 值再次作均一化处理。这样处理样品与对照样品间的 ΔC_T 值的差值,即 $\Delta\Delta C_T = \Delta C_{T处理样品} - \Delta C_{T对照样品}$ 就代表了处理样品目的基因相对于对照样品目的基因表达倍数的对数值。在目的基因与管家基因扩增效率基本相同、并且都接近理想状态即 100% 的情况下,处理样品与对照样品中目的基因表达量比值就是 $2^{-\Delta\Delta C_T}$。因为 PCR 扩增效率为 100% 时产物的增加量才符合 2 的指数级增长的规律。

虽然上述方法的原理与数据处理过程都很简单,但要获得准确可靠的结果需要对反应系统和条件进行严格的选择和优化,特别是使目的基因和管家基因片段的扩增效率达到或接近100%。除此之外,还必须保证目的基因与管家基因的扩增产物是特异的。这一点可以通过反应完成以后检查实时定量 PCR 仪上扩增产物的熔解曲线来确定。熔解曲线显示为单一峰形即表示扩增产物是单一的。不过,这个单一的 PCR 产物是否就是扩增的目的 DNA 分子还需要经过测序验证。另外,为便于统计分析,样品还需要设置至少 3 个生物学重复,每个生物学重复的样品需要至少 3 次技术性重复检测结果。

剩下的问题就是如何确定管家基因和目的基因引物的扩增效率是否符合要求。前面关于实时定量 PCR 原理的阐述中,默认引物的扩增效率是符合要求的,但实际应用时需要研究者去选择扩增效率符合要求的扩增引物。引物的扩增效率是通过绘制扩增标准曲线获得的。这里以绘制目的基因扩增引物的标准曲线为例来说明其过程。取克隆有目的基因 cDNA 片段的质粒作为模板,以 10 倍的稀释梯度连续稀释 5~6 次,然后以等体积的这些不同稀释倍数的质粒溶液为模板,用测试引物进行实时定量 PCR 扩增。扩增结束后以模板稀释梯度的对数值为横坐标,各稀释梯度对应模板扩增反应的 C_T 值为纵坐标,通过 Excel 表绘出扩增标准曲线(图 3-12)。然后在"设置趋势线格式"菜单中获得相关系数 R 和回归方程,R^2 一般应该大于 0.98。标准曲线的斜率 K 也可以从表中回归方程上直接得到(图 3-12)。如果相关系数符合要求,就可以通过标准曲线的斜率 K 计算出引物的扩增效率 e。它们之间的关系为:$K = -1/\lg(1+e)$。

如图 3-12 所示,如果标准曲线的斜率即 $K = -3.232$,那么引物的扩增效率 e 通过 Excel 的指数函数 POWER 求出来为 104%。按照上述方法,再求出管家基因的引物扩增效率,就能确定引物的扩增效率是否符合要求。一般来说,目的基因和管家基因的扩增效率在 90%~105%,就可以认为它们的扩增效率是符合要求的。

此外,还需要注意的是应该选择与目的基因表达强度较为接近的管家基因作为参照,而且

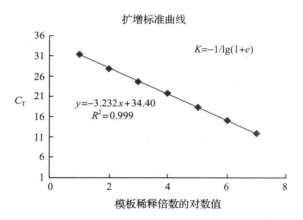

图 3-12　实时定量 PCR 标准曲线的绘制

扩增反应标准曲线的回归方程、相关系数及标准曲线的斜率可以通过 Excel 自动求出

lg	1	2	3	4	5	6	7
C_T	31.21	27.92	24.62	21.80	17.93	14.92	11.94

同时选择多个管家基因作为内参将使定量的结果更加准确。

 重点回顾

1. 实时定量 PCR 是检验基因在转录水平上表达的有效手段。该法通过比较将不同样品中目的基因扩增到产生可靠的荧光信号阈值所需要的循环数，间接获得样品中目的基因起始模板的相对含量。

2. 为消除不同样品 RNA 提取过程中效率不同对扩增定量结果带来的影响，先将目的基因与同一个样品内的管家基因比较获得相对浓度，然后再比较不同样品与对照中目的基因表达的相对浓度，从而对它们之间的差别进行定量。

3. 实时定量 PCR 对引物的特异性以及扩增效率有严格的要求。同时选择与目的基因表达量相近的管家基因，以及采用多个管家基因参考定量能更准确地对目的基因表达进行定量。

 参考实验方案

Current Protocols Essential Laboratory Techniques Volume 8，Issue 1

Real-Time PCR

Dean Fraga，Tea Meulia，Steven Fenster

First published：11 February 2014

 视频资料推荐

Real-Time Quantitative Reverse Transcription PCR for Diagnosing Viral Infections ｜ Protocol（jove. com）

3.3.2 Northern 杂交

3.3.2.1 **Northern 杂交的原理及过程**

与 Southern 杂交一样,Northern 杂交也是以核酸分子之间的碱基配对为基础的一种分子识别技术。它以生物样品中基因转录出来的 RNA 分子为检测目标。Northern 杂交过程不涉及目标 RNA 分子的扩增,它是检测基因表达最可靠的手段之一。而且,Northern 杂交还能显示样品中目标分子的大小以及与目标分子有关的 RNA 分子的情况。

Northern 杂交的原理及过程与 Southern 杂交大致一样,特别是杂交的后期,即转膜完成以后这两种杂交方法在操作程序上基本没有区别。但与 Southern 杂交不同的是,Northern 杂交的样品处理过程相对更为简单。因为从组织样品提取的总 RNA 不需要酶切处理即可直接在变性胶中通过电泳分离。原因是细胞内的 mRNA 分子本身就有不同的大小,而且大多数 mRNA 分子的长度正好在普通浓度的琼脂糖凝胶能够分辨的范围内。所以 Northern 杂交不需要像 Southern 杂交一样,先用内切酶消化基因组 DNA 分子使它们形成大小不同的片段,以便它们能够在琼脂糖凝胶中分开。与 Southern 杂交的另一个不同之处是,在琼脂糖凝胶中分离核酸时,Southern 杂交用的是非变性胶,电泳分离完毕再用 NaOH 处理使双链 DNA 分子变性形成单链;而 Northern 杂交则是用含甲醛和甲酰胺的变性琼脂糖凝胶分离不同大小的 mRNA 分子。在前面的章节已经说明,因为基因表达产生的 mRNA 分子是单链,它们可能会通过链内碱基互补配对形成二级甚至是三级结构,如果它们在琼脂糖凝胶电泳时保持这种状态,不仅杂交完毕不利于判断目标分子大小,而且目标 RNA 分子自身的高级结构也会阻止探针与它结合从而影响检测结果。使用氢氧化钠变性核酸容易导致 RNA 降解,因此,在电泳过程中一般用甲醛、甲酰胺等变性剂使 RNA 分子变性以解除其高级结构。

尽管不需要酶切处理简化了样品的处理过程,但由于 RNA 分子非常容易降解,所以无论是 RNA 提取还是随后的电泳及转膜过程,与 RNA 操作有关的任何物品或试剂方面的污染都有可能引起 RNA 降解导致 Northern 杂交失败。因此,这些阶段内任何器皿或试剂,都必须是无 RNA 酶污染的。试剂的配制必须使用 DEPC 处理的水,配制完毕再通过高压灭菌处理。各种器材如玻璃器皿、金属器材或工具都应该在 180 ℃ 的烤箱烘烤 2 h 以上。塑料离心管也需要使用无 RNA 酶污染的产品。最近有研究显示,常规的高压灭菌足以灭活以前常重点防范的 RNase A 这种稳定性很高的 RNA 酶。但确保持试剂和器材不受 RNA 酶污染,特别是不能用手或其他部位的皮肤接触溶液和 RNA 样品,仍然是必须时刻注意的问题,而这一点正是许多操作者尤其是初学者容易忽略的。虽然 Northern 杂交比 Southern 杂交省略了酶切处理样品这个步骤,但 Northern 杂交的操作过程相对于 Southern 杂交要繁琐得多,也困难得多。这也是为什么同样是检测基因表达,实时定量 PCR 目前应用较多,而 Northern 杂交应用较少的重要原因。

Northern 杂交标记探针方面,除了最传统的同位素标记,使用地高辛、生物素和辣根过氧化物酶标记是越来越普遍的做法。最近,用近红外荧光染料标记探针的方法也得到了一定程度的应用。如果使用单链 RNA 探针,那么探针的合成和使用过程中同样需要十分小心地避免 RNA 酶污染。至于杂交的过程,从探针合成到显影或显色,基本步骤与 Southern 杂交没有区别。

3. 3. 2. 2　Northern 杂交检测小分子 RNA

除了用来检测编码基因表达产生的 mRNA 分子的大小及其丰度，Northern 杂交目前也用来检测生物材料中小分子 RNA 如 small RNA(siRNA)以及 microRNA(miRNA)。一般情况下，利用 Northern 杂交检测 siRNA 或 miRNA 并不需要对样品中的小分子 RNA 进行富集。不过，检测 siRNA 或 miRNA 的具体步骤与检测常规的 mRNA 分子的 Northern 杂交有所不同。首先是 TRIzol 提取总 RNA 的过程中，异丙醇沉淀总 RNA 以后用无水乙醇替代70％乙醇漂洗，目的是避免沉淀中的小分子 RNA 被重新悬浮起来造成损失。最后将小分子 RNA 沉淀溶解在 50％的甲酰胺水溶液中而不是溶解于 DEPC 处理的水中。另外，由于小分子 RNA 的分子量较小，电泳分离阶段是通过变性聚丙烯酰胺凝胶电泳分离，然后用半干电转移法将凝胶中的小分子 RNA 转移到尼龙膜上。不过，杂交以及显影或显色过程与常规的Northern 杂交基本相同。

 重点回顾

1. Northern 杂交检测过程中不涉及基因表达产物的扩增，是检验基因转录水平上表达最可靠的方法之一。Northern 杂交既可以用来检测样品中编码基因的 mRNA 的表达量，也能够用来检验小分子 RNA(如 siRNA 以及 miRNA)的表达量。

2. 除了转膜前样品的处理存在区别，Northern 杂交与 Southern 杂交的过程及结果显示方式基本相同。

3. 由于 Northern 杂交对样品的需求量较大，同时对实验试剂和器材及操作过程要求较高，这些因素一定程度上限制了其应用范围。

 参考实验方案

Current Protocols in Toxicology Volume 7，Issue 1

Northern Blot Analysis of RNA

Marcelle Bergeron，Jari Honkaniemi，Frank R. Sharp

First published：01 May 2001

 视频资料推荐

Northern Blot to Detect and Quantify Specific MicroRNA in Total RNA Extract of Plant Tissue ｜ Protocol (jove. com)

3.3.3　Western 杂交

3. 3. 3. 1　Western 杂交原理

Western 杂交(Western blotting)又叫蛋白质印迹或免疫印迹试验。这个名称的由来除了幽默，部分原因还源于该方法的创立者所在的实验室位于美国西部。Western 杂交是定性和粗略定量检测细胞或组织样品中目标蛋白质表达的重要方法。其基本原理是：样品中目标蛋白质分子在变性聚丙烯酰胺凝胶介质中电泳以后按分子量大小彼此分开，然后将凝胶中的蛋白质分子转移到硝酸纤维素膜(NC 膜)或聚偏二氟乙烯膜（PVDF）上固定。PVDF 膜或

NC 膜以非共价键的形式吸附凝胶中经过电泳分开的蛋白质分子,并且能保持其生物学活性。吸附在膜上的特定蛋白质分子能够与该蛋白质的特异抗体发生免疫结合反应即杂交。最后通过对抗体的显色即可定位目标蛋白质的大小、浓度信息。Western 杂交的基本过程可分为蛋白质提取、电泳分离、转膜、抗体杂交和显色/显影 5 个步骤(图 3-13)。

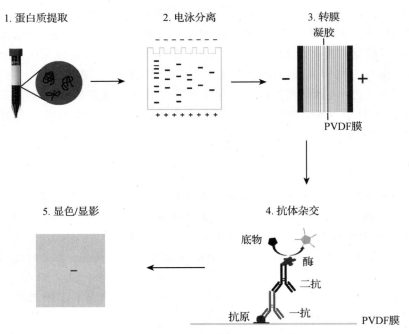

1. 蛋白质提取　　　　2. 电泳分离　　　　3. 转膜
凝胶
－　＋
PVDF膜

5. 显色/显影　　　　　　　　　　4. 抗体杂交
底物
酶
二抗
抗原　一抗　　PVDF膜

图 3-13　Western 杂交的杂交过程示意图

与核酸分子的杂交类似,Western 杂交的主要成分也可分为两种:一种是结合在膜上的蛋白质分子;另一种就是目标蛋白质分子的特异抗体。抗体在 Western 杂交中的作用类似于探针在 Southern 杂交或 Northern 杂交中的作用。

蛋白质分子转移到 NC/PVDF 膜上以前,在凝胶中的分离过程完全按照变性聚丙烯酰胺凝胶电泳(SDS-PAGE)分离蛋白质的方法进行。然后将分布在凝胶中的蛋白质分子转移到膜上,其原理与 Southern 杂交或 Northern 杂交中将通过琼脂糖凝胶电泳分开的核酸分子转移到尼龙膜上类似。同样,转膜也是 Western 杂交中的关键步骤。用于 Western 杂交的转膜方法包括毛细管印迹(图 3-13)以及电泳印迹两种主要形式。其中,电泳印迹又可分为湿法和半干转移法两种类型。湿法以及半干转膜这两种方法原理相同,不同的是转膜装置有一定的区别。具体做法是将蛋白质电泳以后的凝胶从电泳槽中取出,将它放置在与其大小一致的滤纸之上,然后在凝胶之上覆盖同样大小的 NC/PVDF 膜,膜上再覆盖滤纸,并将凝胶和膜及其外侧的滤纸夹在两层海绵之间。将上述装置移入转膜仪中,并使凝胶一侧靠近负极,NC/PVDF 膜一侧靠近正极。由于凝胶中结合了 SDS 的带负电荷的蛋白质分子在电场压力作用下向正极移动,从而转移到 NC/PVDF 膜上,并通过与膜上的疏水基团相互作用而被吸附,完成蛋白质分子由凝胶介质向膜介质的转移。

与 Southern 杂交和 Northern 杂交一样,Western 杂交之前也必须有膜上蛋白质结合位点的封闭这一步骤。目的是将膜上能够非特异结合蛋白质分子的位点用与抗原和抗体反应都不相关的其他蛋白质分子(如牛血清蛋白或脱脂奶粉)通过非特异结合占据,这样杂交时加入的抗体分子就只能与膜上特定的目标蛋白分子特异地结合。否则,抗体分子不仅能够通过抗原抗体反应特异地结合到膜上目标蛋白质条带的位置,而且还能通过非特异结合的方式吸附在膜表面的任意位置,从而增加杂交反应的背景信号。因为抗体本身也是一种蛋白质分子。利用目标蛋白质的特异抗体(一抗)和膜上的蛋白质分子杂交,此时膜上特定位置上的目标蛋白质分子就与一抗特异地结合。洗去未结合的一抗及其他成分,然后加入酶或同位素标记的第二抗体与一抗结合,随后洗去未结合的二抗,再加入酶的显色底物或进行同位素放射自显影,就能够获得目标蛋白质在膜上的位置及浓度信息。

第二抗体即针对第一抗体的抗体。作为细胞中的一种大分子蛋白质,一种动物产生的抗体(一抗)本身对其他不同种类的动物来说也具有抗原性质。因此,用一抗(通常来源于鼠或兔)去免疫异种动物(如山羊),由异种动物的免疫系统产生针对一抗产生的抗体即为二抗。需要说明的是,无论一抗是通过何种抗原免疫获得的,只要它们都是通过免疫同一种动物(如鼠或兔)得到的,那么由其中任意一种一抗免疫异源动物(如山羊)以后获得的二抗,都能与来源于同一种动物的所有一抗发生免疫结合反应。

3.3.3.2 酶标记抗体的类型及原理

对非同位素标记的探针杂交来说,显色这一步对结果影响很大。显色的原理是标记二抗对生色底物的催化作用。二抗的标记可分为酶标记二抗与荧光染料标记二抗两种主要方式。其中酶标记二抗有辣根过氧化物酶(horseradish peroxidase,HRP)标记、碱性磷酸酶(alkaline phosphatase,AP)标记以及 β-半乳糖苷酶标记等不同类型。标记的原理是抗体与酶这两种蛋白质分子在交联剂的作用下通过共价偶联在一起。例如,HRP 可以通过不同的化学试剂如过碘酸钠($NaIO_4$)与抗体交联:过碘酸钠先将 HRP 的糖基氧化成醛基,醛基与抗体的氨基(—NH_2)反应生成席夫碱,抗体分子因此与 HRP 分子通过形成稳定的化学键连接而成为酶标抗体。实际上,抗体除了能与酶交联,还能与生物素以及荧光染料等分子交联,形成生物素或荧光染料标记的抗体。

HRP 广泛应用于二抗的标记。辣根是原产于欧洲和土耳其的一种可以作为调味料的十字花科植物,在我国西北地区也有种植。从辣根中提取的 HRP 能催化过氧化氢(H_2O_2)分解成 H_2O 和氧原子或分子,同时将还原型底物氧化生成带有颜色的产物。作为很多显色反应体系中的关键成分,HRP 在生物及医学领域用途极为广泛。因为它具有分子量小、稳定而且易于提取纯化的优点。在 Western 杂交中,由于一抗与目标蛋白质分子特异地结合,在此基础上酶标记的二抗又与一抗特异地结合形成目标蛋白质-一抗-二抗-酶复合物(图 3-14)。此时如果在反应系统中加入酶催化显色底物,就能在膜上目标蛋白质所在的位置显现出特定的颜色。

HRP 的底物有不少种类,如芳香族化合物、酚类化合物和吲哚等。这些底物主要可以分为两大类:一类是生色底物如邻苯二胺(OPD),另一类是化学发光底物如酰肼类化合物 3-氨基-苯二甲酰肼(即荧光粉鲁米诺,它还常用于刑事侦查中显现疑似犯罪现场残存的痕量血迹。原理是血红蛋白中的铁离子能催化 H_2O_2 分解,释放的氧原子同时氧化鲁米诺而发出蓝光)。HRP 催化底物氧化的反应可用公式表达为:$2AH + H_2O_2 = 2A* + 2H_2O$(A 为还原型底物,* 为自由基)。例如,HRP 催化 H_2O_2 分解的同时能将 OPD 氧化成二氨基偶氮苯(DAB),生成棕色沉淀。

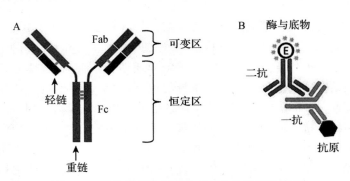

图 3-14　抗体的结构与 Western 杂交原理示意图

图 A 代表抗体结构。抗体由相同的两条较长的重链与两条较短的轻链组成。按功能可将抗体分为抗原结合区(antigen binding fragment，Fab)和可结晶片段(crystallizable fragment，Fc)两部分。抗体按组成特点可分为可变区和恒定区两部分。图 B 代表酶标记的二抗与识别抗原的一抗之间的结合。E 代表酶分子，星形符号代表酶的底物分子。从图中可以看出，一个目标蛋白质分子经过二抗结合和酶促反应以后，信号被放大了很多倍

　　碱性磷酸酶(AP)标记二抗的反应中一般用戊二醛做交联剂。具体过程是先让酶分子上面的氨基与戊二醛的醛基结合，再加入二抗蛋白形成碱性磷酸酶-戊二醛-二抗复合物。碱性磷酸酶通过水解磷酸单酯除去底物分子上的磷酸基团，生成磷酸根离子和自由的羟基。碱性磷酸酶的底物包括核酸、蛋白质、生物碱等。其中最常用的是对硝基苯磷酸(pNPP)，氯化硝基四唑氮蓝(NBT)/5-溴-4-氯-3-吲哚基-磷酸盐(BCIP)。pNPP 在碱性磷酸酶的作用下生成对硝基酚(pNP)，pNP 在 405 nm 处有最大吸收值。BCIP 在碱性磷酸酯酶的催化下会被水解产生强反应性的产物，该产物能与 NBT 发生反应，形成不溶性的深蓝色至蓝紫色的 NBT-formazan。读者可能还记得，在蓝白斑筛选中用到的 X-gal 与 GUS 染色底物 X-gluc 中都有 5-溴-4-氯-3-吲哚这个基团的身影，它是这些显色反应中起主要作用的因素。

　　如前所述，Western 杂交中的抗体的作用类似于 Southern 杂交与 Northern 杂交中探针的作用。然而，Southern 杂交与 Northern 杂交都只用到一种标记的探针。Western 杂交中却使用了两种抗体。原因何在？从原理上说 Western 杂交只用一种抗体也是可行的。例如将一抗用酶或其他分子标记，然后与膜上的目标蛋白质分子杂交，最后加入酶的底物显色。但使用两种不同的抗体有以下几方面的优势：一是二抗能够将一抗的信号放大，使整个检测更为灵敏，因为每个一抗分子可以被多个二抗分子识别，这样就将一抗信号就会放大了若干倍。因此，原来用一抗检测不出来的微量目标蛋白质因为有二抗的信号放大作用就能被检测出来了。二是用酶标记一抗不仅可能影响到一抗与抗原即与目标蛋白质分子结合的能力，而且成本高昂。因为一抗通常是使用抗原免疫小鼠或兔然后提取抗血清纯化后获得的，如果用酶标记一抗，那么每种一抗都要用 HRP 或 AP 等酶标记，这样使本来就价格不菲的抗体更加昂贵，而且还不一定足够灵敏。如果选择用酶标记二抗，那就简单得多。因为二抗一般是从山羊血清中获得的，不仅产量高，更重要的是山羊血清中的抗体(二抗)能结合所有兔源或鼠源的一抗。所以用酶标记二抗无须考虑一抗的特异性。只需要对二抗进行酶或荧光染料标记，它就能够与多种一抗发生抗原抗体反应从而将膜上的目标蛋白质条带显色定位，避免了用酶标记不同种类的一抗的过程。因此，标记二抗进行显色来检验目标蛋白质分子是 Western 杂交广泛运用的一种有效策略。

重点回顾

1. Western 杂交是检验样品中目标蛋白质分子是否存在及对其粗略定量的一种常用手段。

2. Western 杂交利用抗原和抗体之间特异反应,将样品中提取出来的蛋白质经过 SDS-PAGE 分离,并转移至 NC/PVDF 膜上,然后用目标蛋白质的特异抗体与膜上蛋白质杂交。随后用酶标记的二抗与膜上结合在目标蛋白质上的一抗杂交,最后加入酶促反应底物,通过酶催化的显色反应展示目标蛋白质在膜上的位置、大小及含量。

3. Western 杂交中用酶标记二抗显示反应结果有简化反应过程、提高检测灵敏度和可靠性的优势。

 参考实验方案

Current Protocols in Immunology Volume 89，Issue 1

Detecting Tyrosine-Phosphorylated Proteins by Western Blot Analysis

Sansana Sawasdikosol

First published：01 April 2010

 视频资料推荐

Western Blotting：Western Transfer，Antibody Detection，and Image Analysis｜Basic Methods in Cellular and Molecular Biology｜JoVE

Quantitative Western Blotting to Estimate Protein Expression Levels（jove. com）

3.3.4　原位杂交

 概念解析

原位杂交(*in situ* hybridization，ISH)：利用标记的核酸分子探针与组织切片、细胞涂片或膜上的核酸分子进行杂交。由于探针与目标核酸分子杂交结果在真实的组织结构和细胞环境下显示出来,所以称这种杂交为"原位"杂交。

3.3.4.1　原位杂交的特点及种类

分子生物学实验中,杂交反应按性质可分为两类:一类是利用核苷酸的碱基之间互补配对,如 Southern 杂交和 Northern 杂交;另一类就是利用抗原-抗体反应,如 Western 杂交、ELISA 等。

无论 Southern 杂交、Northern 杂交还是 Western 杂交,都是先将核酸或蛋白质从组织样品或细胞中提取出来,经过凝胶电泳分离随后转移到固相支持物如尼龙膜或 PVDF 膜上,然后在液体环境中与核酸分子探针或蛋白质抗体杂交,最后通过显色或显影展示目标分子在膜上(等同于凝胶中)的位置,并通过与参照分子比较确定其大小及相对含量。在这些杂交方法中,由于提取目标分子必须破坏样品组织细胞的形态和结构,所以不能提供目标分子在组织或细胞内的具体位置及其空间分布状态等信息。与此不同的是,原位杂交由于利用标记的核酸分子探针与组织切片、细胞涂片或膜上的核酸分子进行杂交,所以杂交结果能在真实的组织结构和细胞环境中显示出来。

原位杂交的种类较多。按照结果的显示方式可分为显色原位杂交(ISH)与荧光原位杂交(FISH)(图 3-15)。按照样品形态可分为组织切片原位杂交、细胞涂片原位杂交与菌落原位杂交。如果按杂交的状态来区分又可分为固相原位杂交与液相原位杂交。按杂交的核酸种类可分为 DNA 原位杂交与 RNA 包括 miRNA 原位杂交两种形式。最初的原位杂交是为了确定目的基因在染色体上的定位,属于 DNA 原位杂交。RNA 原位杂交主要是用来检测目的基

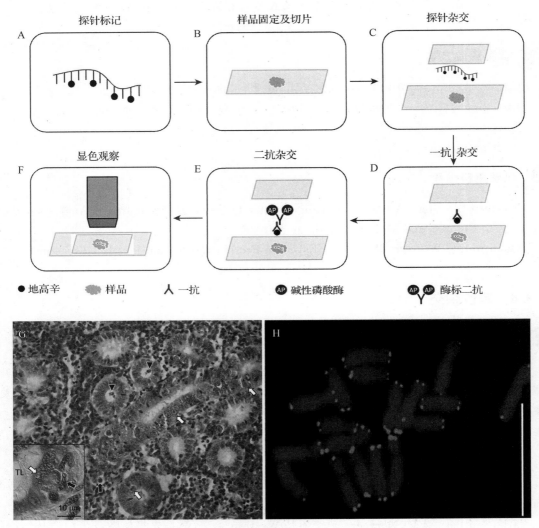

图 3-15 原位杂交的一般过程(A~F)以及显色原位杂交(G)
与染色体荧光原位杂交(H)结果

G 引自 Svavarsdottir 等(2021),为感染了黏孢子虫的鲑鱼肾脏上皮细胞切片,图中白色箭头所指的黄褐色杂交信号为用 18S rRNA 作为探针指示的不同时期的病原体。黑色箭头指示为上皮细胞的细胞核,为显示背景组织形态和结构,鱼肾脏上皮细胞被碱性染料染成蓝色。H 引自 Matoba 等(2007),为莴苣染色体用 FITC 标记的 5S rRNA 作为探针的原位杂交荧光信号(红色),染色体用 DAPI 染成蓝色。标尺=10 μm

因在组织或细胞内的表达部位及强度。

3.3.4.2　原位杂交的材料准备

图 3-15　彩图

与其他杂交方式类似，原位杂交必须具备两个条件：一是待检测的样品，二是经过标记物标记的探针。探针的标记方法与 Southern 杂交和 Northern 杂交相同。常规的原位杂交具体过程可以分为材料的固定、包埋与切片、探针标记、预杂交与杂交以及免疫荧光检测 5 个步骤（图 3-15）。

原位杂交的第一步是材料的固定。这是关系到实验成败的第一步。固定的目的是维持样品组织细胞结构的同时保持其中 DNA 或 RNA 分子的稳定。固定过程中为了使固定液充分渗透进入组织细胞，一般还需要对浸没在固定液中的材料进行抽真空处理。

对于制作新鲜组织样品的冷冻切片，固定操作步骤比较简单。材料可通过在含 10% 甲醛的磷酸缓冲液（PBS）中固定。不经过固定的组织样品也可以用来进行冷冻切片。冷冻切片不仅可以很快地得到结果，而且能够较好地保存细胞膜表面与细胞内多种酶的活性以及抗原的免疫活性。冷冻切片的另一个优势是能在样品中保留常规处理时会被溶解的成分，如液态物质。此外，冷冻切片能在不暴露于化学物质和（或）高温的情况下保持细胞形态，因此对于通过免疫荧光进行的诊断来说是一项不可或缺的技术。

对于组织细胞或染色体涂片，通常使用甲醇/醋酸溶液固定。如果是以菌落为材料进行原位杂交，则首先要将菌落转移到硝酸纤维膜上。同时要做好标记使膜上菌落的位置与平板上菌落的位置——对应，以便将来根据膜上的杂交结果确定平板上目标克隆的位置。

原位杂交的目标如果是 RNA 分子，那么保持样品内 RNA 分子的稳定是后续实验成功的前提。在杂交完成之前任何步骤都必须使用无 RNA 酶的试剂和器材，包括玻片、容器等。RNA 原位杂交中最常用的固定剂是含 4% 多聚甲醛的 PBS 溶液，因为它不易与蛋白质发生相互作用，所以不会影响杂交过程中探针分子在组织或细胞内的渗透。

包埋与切片。材料固定以后一般用石蜡或树脂包埋，以这种方式包埋的材料适合制作永久切片。样品包埋以前要经过一系列的脱水过程，这个过程与普通石蜡切片或树脂切片过程基本相同。让包埋材料充分渗透进入组织细胞是决定原位杂交成败的关键步骤之一。一般情况下，包埋以后的材料能够保存较长的时间。因此，原位杂交的材料准备阶段完成以后可以选择合适的时间进行后续的操作。包埋的材料在进入杂交过程之前还要经过切片。对 RNA 原位杂交来说，切片用的玻片及一切试剂和物品都必须无 RNA 酶污染。

3.3.4.3　原位杂交探针标记

探针的特异性也是决定原位杂交成败的关键因素之一。原位杂交的探针是一段序列已知的核酸分子。准备探针之前首先需要确定探针类型。检测基因表达的 RNA 原位杂交通常用短的单链或双链 cDNA 或寡核苷酸分子作为探针，也可以用 cRNA（即与 mRNA 互补的 RNA）分子作为探针。由于双链探针变性以后自身复性会影响探针与样品中目的核酸分子杂交，所以单链的探针比双链探针更好。另外，在 RNA 原位杂交中，由于 RNA 分子之间形成的杂交双链热稳定性最高，所以能与 mRNA 互补的单链 cRNA 探针比单链 cDNA 探针更好。

选定了探针分子的类型，接下来就要进行探针标记。探针标记可分为放射性同位素标记和非放射性标记两种主要类型。常规的 ^{32}P、^{125}I、^3H、^{35}S 等同位素都可以用来标记探针。非同位素标记主要有地高辛标记、生物素标记和荧光标记 3 种类型。荧光标记和同位素标记属于

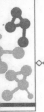

直接标记,因为标记的探针杂交以后可以直接通过显微镜或放射性自显影观察杂交信号。地高辛和生物素标记属于间接标记,因为被地高辛或生物素标记的探针还需要通过抗原-抗体反应和酶促反应显色来间接显示杂交信号。与 Southern 杂交和 Northern 杂交一样,原位杂交中探针合成方法也包括缺口平移法、随机引物法、末端标记法等。cRNA 探针则利用体外转录法合成,即利用无细胞转录体系合成探针分子。这个过程相对较为复杂。不过,很多公司有 cRNA 探针合成试剂盒可以选用。

除了同位素^{32}P 标记的探针由于半衰期较短,标记完毕应该尽快进行后续的杂交实验以外,其他化学方法标记的 RNA 探针在 -80 ℃条件下可以保存几个月,所以探针标记完成以后仍然可以先保存起来选择合适的时间进行后续的杂交反应。不过,与其他类型的核酸杂交一样,随后的预杂交、杂交及洗涤这些步骤一旦开始必须连续地进行直至完成。

3.3.4.4 原位杂交的过程

有了样品和标记探针,在进行预杂交和杂交之前样品还需要经过预处理。对于石蜡切片或树脂切片,预处理之前还必须先做脱蜡或脱树脂处理。由于样品固定以后蛋白质分子与核酸分子发生交联,这种交联能阻止杂交过程中探针渗透进入组织细胞与目标核酸分子结合,所以附着在载玻片上的样品通常还要经过蛋白酶 K 溶液和热/碱变性处理一定时间。蛋白酶 K 溶液处理样品是为了降解样品内与核酸交联的蛋白质分子,使探针分子能够更自由地渗透进入组织细胞以便与目标分子杂交。热变性处理的目的是使样品中的双链 DNA 分子解链或具有高级结构的单链 RNA 分子消除链内互补形成的二级、三级结构。尽管预处理的过程可能会造成样品形态学特征一定程度的损坏,但它是原位杂交必不可少的步骤。常用的 DNA 分子变性方法主要有碱变性和热变性两种方式。如使用热变性这种方式,可将探针的变性和样品 DNA 变性同步进行。变性时间、变性温度等参数需要通过摸索以获得最佳效果。对菌落原位杂交而言,变性的过程比较简单。即先用 NaOH 溶液将已经转移到硝酸纤维膜上的菌落裂解以释放其中的 DNA 分子,并且使 DNA 分子双链解链变性成单链,然后通过紫外交联或烘烤的方式将 DNA 单链分子固定在膜上。膜与标记探针杂交后即可显示阳性菌落在平板上的对应位置。

样品预处理完成以后,接下来的步骤是预杂交。与 Southern 杂交、Northern 杂交一样,预杂交的目的是用过量的、非特异的 DNA 或 RNA 分子与组织切片、细胞涂片或膜上核酸结合位点非特异地结合,防止杂交过程中标记探针非特异地结合在样品中因而产生较高的背景。对组织切片和细胞涂片来说,预杂交和杂交反应在载玻片上进行。也就是在载玻片的样品区域滴上适量的杂交液作为反应场所。为防止杂交液蒸发,需要加盖盖玻片并始终确保样品处于液态环境中。预杂交条件与杂交条件相同,只是预杂交液中不含探针与硫酸葡聚糖等有助于探针分子和目标核酸分子特异结合的物质。

预杂交完成以后必须立即进行杂交反应。杂交液中除了含探针分子,还含有甲酰胺、硫酸葡聚糖和 NaCl 等成分,这些成分能影响核酸分子杂交的复性动力学特性和热稳定性。杂交时要根据具体情况对杂交温度、pH、盐离子、甲酰胺、探针分子浓度等条件进行优化。常用的杂交液 pH 范围为 6.5~7.5。较高的 pH 有助于提高杂交的严谨性。杂交液中钠离子浓度能显著影响核酸分子的 T_m 值和双链复性速率,较高的盐浓度能增加杂交分子的稳定性。需要注意的是,原位杂交中样品如果在高温条件下进行长时间的反应将导致样品形态学方面的破坏。因此,通常使用变性剂如甲酰胺降低双链 DNA 分子的解链温度。一般情况下,杂交液中

50％甲酰胺能将杂交温度降至 42～60 ℃。另外,葡聚糖的聚阴离子衍生物硫酸葡聚糖具有很强的吸水能力,高浓度的硫酸葡聚糖能使核酸分子无法获得周边亲水环境中的水分子从而增加探针浓度,有助于提高核酸分子杂交效率。研究表明,如果溶液中含 10％的硫酸葡聚糖,单链 DNA 分子的退火效率大约能增加 10 倍。

杂交后的洗涤与免疫荧光检测。洗涤过程类似于 Southern 杂交与 Northern 杂交中的洗膜过程,其目的是洗去样品中未结合以及非特异结合的探针。洗涤的严谨性可通过改变洗涤液中的甲酰胺浓度、盐浓度和洗涤温度来调整。研究显示,严谨的杂交条件对于提高信号的特异性比严谨条件下的洗涤更有效。

洗涤完毕,同位素或荧光标记探针的杂交信号可以通过显影或荧光显微镜观察结果。尽管同位素标记的探针有更高的灵敏度,但出于安全因素的考虑这种标记方式使用起来并不方便。而且一般情况下,利用非同位素标记探针的检测手段也能满足大部分研究对灵敏度的要求。利用荧光探针标记的优势是可以使用多种荧光标记不同探针,然后用这些探针与同一个样品中的不同目标分子杂交。使用不同的激发光照射玻片上的样品就能观察到不同目标分子的分布情况。另外,检测时使用抗荧光衰减封片剂有助于减缓荧光淬灭。如果使用的是地高辛或生物素等间接方法标记的探针,杂交完毕还需引入免疫反应与酶促反应结合的方式完成杂交信号的显示。这些过程与 Western 杂交过程中的显色方法相同。显色切片能永久保留。对于厚度或密度较大的样品,可使用相差显微镜进行观察。

从原理上看,原位杂交与 Southern 杂交和 Northern 杂交一样属于核酸分子之间的杂交。不同之处是原位杂交发生在相对真实的组织和细胞环境中,而且进行杂交反应和杂交信号的检测空间通常局限在载玻片上,因此要在显微镜下进行检测。这种方法的优势是能够对目标分子进行组织、细胞甚至亚细胞定位,有助于揭示目标分子的生理功能。在目前采用的大多数原位杂交反应体系中,杂交信号的检测还结合了抗原抗体反应以及酶促反应。这个过程相当于将组织切片技术与 Southern 杂交或 Northern 杂交以及 Western 杂交结合起来了。由于原位杂交的步骤繁多,而且其中很多步骤都是决定杂交成败的关键,特别是 RNA 原位杂交时为防止 RNA 酶污染对使用的试剂和器材有更高的要求,因此原位杂交是一种复杂并且难度很大的实验。不过,该方法提供的信息具有直观和真实等其他方法难以比拟的优势。

重点回顾

1. 原位杂交是在样品真实的组织结构和细胞环境内,通过核酸分子探针与目标核酸分子杂交,然后以显色或显影的方式展示目标分子在样品中的具体位置和浓度信息。它能够提供其他杂交方法难以比拟的关于目标分子生理功能的细节信息。

2. 典型的原位杂交过程综合了组织切片,Southern 杂交/Northern 杂交甚至是 Western 杂交的步骤。实验步骤复杂,周期长,技术要求高。

参考实验方案

Current Protocols in Molecular Biology Volume 79,Issue 1

In Situ Hybridization and Detection Using Nonisotopic Probes

Joan H. M. Knoll,Peter Lichter,Khldoun Bakdounes,Isam-Eldin A. Eltoum

First published:15 July 2007

Current Protocols in Cell Biology Volume 23，Issue 1

Fluorescence *In Situ* Hybridization（FISH）

Jane Bayani，Jeremy A. Squire

First published：01 September 2004

 视频资料推荐

In-situ Hybridization：Detecting/Localizing Specific DNA/RNA Sequences（jove. com）

Fluorescent *In-situ* Hybridization：Principle，Use in Cytogenetics（jove. com）

Wholemount *In Situ* Hybridization for Astyanax Embryos. Luc H，Sears C，Raczka A，Gross J B. J Vis Exp. 2019 Mar 2；(145)：10. 3791/59114. doi：10. 3791/59114.

▶ 主要参考文献

Bauer A P，Leikam D，Krinner S，et al. The impact of intragenic CpG content on gene expression. Nucleic Acids Res，2010，38(12)：3891-3908.

Bhardwaj A R，Pandey R，Agarwal M，et al. Northern blotting technique for detection and expression analysis of mRNAs and small RNAs. Methods Mol Biol，2021，2170：155-183.

Bogdanović O，Lister R. DNA methylation and the preservation of cell identity. Curr Opin Genet Dev，2017，46：9-14.

Buenrostro J D，Wu B，Litzenburger U M，et al. Single-cell chromatin accessibility reveals principles of regulatory variation. Nature，2015，523(7561)：486.

Cassidy A，Jones J. Developments in *in situ* hybridisation. Methods，2014，70(1)：39-45.

Chiu W，Niwa Y，Zeng W，et al. Engineered GFP as a vital reporter in plants. Curr Biol，1996，6(3)：325-330.

Eid J，Fehr A，Gray J，et al. Real-time DNA sequencing from single polymerase molecules. Science，2009，323(5910)：133-138.

Flusberg B A，Webster D R，Lee J H，et al. Direct detection of DNA methylation during single-molecule，real-time sequencing. Nat Methods，2010，7(6)：461-465.

Garabagi F，McLean M D，Hall J C. Transient and stable expression of antibodies in *Nicotiana* species. Methods Mol Biol，2012，907：389-408.

Grandi F C，Modi H，Kampman L，et al. Chromatin accessibility profiling by ATAC-seq. Nat Protoc，2022，17(6)：1518-1552.

Green M R，Sambrook J. Constructing a standard curve for real-time polymerase chain reaction（PCR）experiments. Cold Spring Harb Protoc，2018b. doi：10. 1101/pdb. prot095026.

Green M R，Sambrook J. Labeling of DNA probes by nick translation. Cold Spring Harb Protoc，2020，2020(7)：100602.

Kim B. Western blot techniques. Methods Mol Biol，2017，1606：133-139.

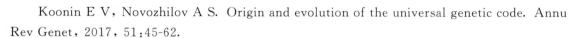

Koonin E V, Novozhilov A S. Origin and evolution of the universal genetic code. Annu Rev Genet, 2017, 51:45-62.

Korlach J, Bjornson K P, Chaudhuri B P, et al. Real-time DNA sequencing from single polymerase molecules. Methods Enzymol, 2010, 472:431-455.

Levene M J, Korlach J, Turner S W, et al. Zero-mode waveguides for single-molecule analysis at high concentrations. Science, 2003, 299(5607): 682-686.

Livak K J, Schmittgen T D. Analysis of relative gene expression data using real-time quantitative PCR and the 2(-Delta Delta C (T)), Methods 2001, 25: 402-408.

Mattei A L, Bailly N, Meissner A. DNA methylation: A historical perspective. Trends Genet, 2022, 38(7):676-707.

Metzker M L. Sequencing technologies-the next generation. Nat Rev Genet, 2010, 11: 31-46.

Reznikoff W S. Tn5 as a model for understanding DNA transposition. Mol microbial, 2003, 47(5): 1199-1206.

Roberts R J, Carneiro M O, Schatz M C. The advantages of SMRT sequencing. Genom Biol, 2013, 14(7): 405.

Sanger F, Nicklen S, Coulson AR. DNA sequencing with chain-terminating inhibitors. Proc Natl Acad Sci USA, 1977, 74(12):5463-5467.

Scherr M, Eder M. RNAi in functional genomics. Curr Opin Mol Ther, 2004, 6(2):129-135.

Smale S T. Beta-galactosidase assay. Cold Spring Harb Protoc, 2010, 2010 (5): pdb. prot5423.

Smale S T. Luciferase assay. Cold Spring Harb Protoc, 2010, 2010(5):pdb. prot5421.

Svavarsdottir F R, Freeman M A, AntonssonT, et al. The presence of sporogonic stages of *Tetracapsuloides bryosalmonae* in Icelandic salmonids detected using *in situ* hybridization. Folia Parasitol (Praha), 2021, 68:2021. 020.

Thurman R E, Rynes E. The accessible chromatin landscape of the human genome. Nature, 2012, 489(7414):75-82.

Tse O Y O, Jiang P, Cheng S H, et al. Genome-wide detection of cytosine methylation by single molecule real-time sequencing. Proc Natl Acad Sci USA, 2021, 118(5):e2019768118.

Ugolini S, Bruschi C V. The red/white colony color assay in the yeast *Saccharomyces cerevisiae*: Epistatic growth advantage of white ade8-18, ade2 cells over red ade2 cells. Curr Genet, 1996, 30(6):485-492.

Ward W W, Cormier M J. Extraction of renilla-type luciferin from the calcium-activated photoproteins aequorin, mnemiopsin, and berovin. Proc Natl Acad Sci USA, 1975, 72(7):2530-2534.

第 **4** 章
基因与蛋白质的功能研究

4.1　蛋白质之间以及蛋白质与 DNA 之间的相互作用分析

4.1.1　酶联免疫吸附

 概念解析

酶联免疫吸附测定(enzyme linked immunosorbent assay,ELISA):一种将抗原-抗体之间免疫反应的特异性与酶催化反应的灵敏性结合起来、通过酶标记抗体与样品溶液中的目标分子特异结合,再加入酶促反应底物,通过显色指示样品溶液中的抗原或抗体的存在状态及其浓度的检测方法。

4.1.1.1　ELISA 的基本原理及类型

酶联免疫吸附测定(ELISA)在医学诊断及分子生物学研究领域有十分广泛的应用。它综合利用了抗原-抗体之间免疫反应的特异性与酶催化反应的灵敏性,适合检测样品溶液中的抗原或抗体的存在状态及其浓度。为说明 ELISA 的详细原理,首先介绍 ELISA 反应中的 3 个要素。它们分别是固相载体、抗原(或抗体)、酶标记的抗体与生色底物。

实验室最常用的固相载体是由聚苯乙烯制造的 96 孔微孔板。聚苯乙烯这种材料有一个特点:它的表面对蛋白质大分子有较强的吸附作用,而且蛋白质的分子量越大吸附力量越强。产生吸附的原因是蛋白质分子表面的疏水基团与聚苯乙烯板表面的疏水基团之间的相互作用,这种吸附是非特异的。微孔板上每个微孔相当于一个独立的反应空间,其作用除了提供反应场所外,微孔的内表面与 Southern 杂交/Northern 杂交或 Western 杂交中使用的尼龙膜、NC 膜或 PVDF 膜一样,起着吸附(固定)抗原或抗体的作用。

利用这种吸附作用,将检测样品溶液中蛋白质抗体或抗原固定在聚苯乙烯微孔内表面的过程叫作包被(coating)。聚苯乙烯微孔内表面对抗体 IgG 等有较强的吸附力(抗体的分子量很大,通常在 150 kDa 以上),这种吸附一般发生在抗体重链的 Fc 区域,抗体可变区的抗原结合位点 Fab 则暴露在外并且其抗原结合能力不受影响,所以抗体的包被一般采用直接吸附法,也就是将抗体溶液或含有抗体的样品溶液直接加入微孔,通过抗体的 Fc 区域使抗体吸附在微孔内表面。其他种类的蛋白质抗原大多也可采用与抗体相似的方法包被,因为大分子蛋白质包被在聚苯乙烯表面以后,其免疫原性即它的抗原活性通常不受影响。与 Western 杂交反应的过程类似,抗体或抗原包被以后还需要有一个对固相载体表面的蛋白质结合位点的封闭过程,目的是将微孔内表面没有吸附抗体或抗原的位点用与抗原-抗体反应不相关的其他蛋白质分子覆盖或占据。封闭试剂通常用牛血清蛋白或脱脂奶粉溶液充当,目的是避免后续加入的检测抗体或抗原被非特异地吸附到微孔内表面造成对分析结果的干扰。

包被了抗体(或抗原)的微孔经过封闭以后,洗去封闭剂等未结合的溶液成分。再将酶标记的抗原(或抗体)加入微孔内混合,完成免疫结合反应。然后洗去未结合的抗原(或抗体)及其他成分,最后加入酶促显色反应底物。由于显色产物的量与样品中抗体(或抗原)的量直接相关,所以可以根据微孔内溶液颜色的深浅进行定量分析。由于酶的催化效率很高,通过催化显色底物的产生间接地放大了免疫反应的信号强度,所以 ELISA 便于检测样品中浓度很低的抗体或抗原成分。

酶标记抗体是 ELISA 反应中的核心成分。抗体的酶标记与生色底物的选择与 Western 杂交中的选择方式完全相同,即抗体通过共价结合的方式与酶分子交联。形成的酶标抗体中,抗体功能与酶的催化活性一般也不会受到影响。

4.1.1.2　直接 ELISA

按照检测的目的,ELISA 反应可以分为 4 种不同的类型(图 4-1)。如果要检测的目标分子是样品中的抗原,最简单的是一种叫作直接 ELISA 的方法。具体过程是先将提取的样品溶液加入聚苯乙烯微孔内,此时样品中的待检测抗原就包被(吸附)在微孔内表面。洗去未结合的样品成分后,向微孔内加入牛血清蛋白或脱脂奶粉溶液以封闭微孔内表面其他尚未结合蛋白质的位点。封闭完毕洗去封闭溶液,然后在微孔内加入酶标记的针对目标抗原的特异抗体并孵育一定时间。此时溶液中的抗体就会因抗原-抗体结合反应被吸附在微孔内表面的特异抗原捕获而固定下来。洗去未结合的抗体及其他成分,再加入酶的底物溶液,样品中抗原的有无和多少就能通过酶促反应产生颜色的溶液光吸收值进行判断。微孔板上不同微孔内溶液显色反应的数值可以通过酶标仪读取。直接 ELISA 只用到一种抗体,步骤简单,但其局限与 Western 杂交中使用一种抗体是相同的:灵敏度不够高,而且检测每种抗原都要用酶标记其抗体。

4.1.1.3　间接 ELISA

如果要检测的目标分子是样品中的抗体,可以采用间接 ELISA 这种方法。首先将待检测抗体识别的特异抗原结合在聚苯乙烯微孔内表面,这个过程叫抗原包被。这个包被了抗原的微孔内表面也必须用牛血清蛋白或脱脂奶粉溶液进行封闭。封闭完成后洗去微孔内封闭剂等未结合的成分。接着加入待检测的样品粗提液孵育一段时间。此时样品溶液中如果存在包被抗原的特异抗体,就会与吸附在微孔内表面的抗原发生结合反应而被固定下来。洗去微孔中未结合的成分,然后加入酶标记的针对样品中待检测抗体的抗体(即酶标二抗)继续孵育,洗去未结合的酶标二抗以及其他成分。最后加入酶的生色底物,通过测定溶液的光吸收值可以检测样品中抗体的有无及含量。与直接 ELISA 检测的是样品中的抗原不同,间接 ELISA 检测的则是样品中的抗体。而且直接 ELISA 中微孔内包被的是样品溶液中的抗原成分,间接 ELISA 包被在微孔内表面的并非样品中的成分,而是与样品溶液中抗体能发生免疫结合反应的特异抗原。另外,与直接 ELISA 相比,间接 ELISA 多了二抗的孵育和清洗的步骤。

1. 直接ELISA

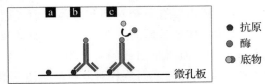

2. 间接ELISA

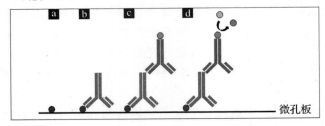

3. 双抗体夹心法

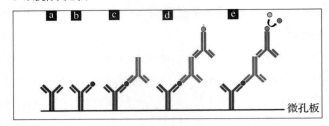

4. 竞争ELISA

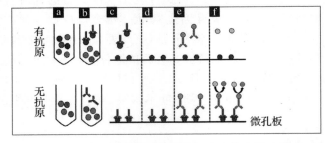

图 4-1 各种常规酶联免疫吸附方法及步骤比较

a、b、c、d、e、f 表示每种方法中不同的步骤。图中不同的"Y"形符号代表
不同类型的抗体。图片引自 Shah 和 Maghsoudlou(2016),有修改

4.1.1.4 双抗体夹心法

　　尽管直接 ELISA 能够检测样品中的抗原,但一种叫双抗体夹心法的 ELISA 方法在检测样品中的抗原时更为常用。虽然名字叫"双抗体夹心法",实际检测过程中使用了 3 种抗体,即抗原捕获抗体、抗原特异抗体和酶标二抗。首先,将抗原捕获抗体包被在微孔的内表面,洗去多余的捕获抗体溶液,再将微孔内表面用封闭液封闭。洗去封闭液后加入待检测的样品粗提液孵育一段时间,样品中的抗原就由于与捕获抗体结合而被固定在微孔内表面。洗去孵育液中未结合的成分。然后,加入针对抗原的特异检测抗体。此时检测抗体就因为与固定在微孔内表面的抗原结合被固定下来,形成捕获抗体-抗原-检测抗体复合物。洗去未结合的反应成

分,再加入针对检测抗体的酶标记抗体,即酶标二抗。此时微孔内就形成捕获抗体-抗原-检测抗体-酶标二抗 4 种成分的复合物,它们一起通过抗原捕获抗体被固定在微孔内表面。同样,洗去未结合的反应成分,最后加入酶催化底物。如果待检测样品中存在特异抗原,那么就会在溶液中产生颜色,而且依据颜色深浅能够对抗原定量。如果检测样品中没有相应的抗原,那么检测抗体无法被固定到微孔内表面,酶标二抗同样无法被固定到微孔内表面,它们在洗涤过程中会被全部清除,加入酶催化底物后微孔内不会产生颜色反应。

双抗体夹心法检测抗原有很多优点。首先,利用抗原捕获抗体固定样品中的目标抗原比直接将样品中的目标抗原包被在微孔内表面有更高的特异性。因为抗原捕获抗体与目标抗原之间为特异的结合;而目标抗原包被在微孔内表面是非特异的结合。直接包被样品中目标抗原的同时不可避免地有其他蛋白质成分也被吸附在微孔内表面,而这些包被的非目标抗原成分有可能会与后续的抗体非特异地结合,从而影响检测结果。其次,与 Western 杂交中利用二抗的优势一样,用酶标记二抗不仅排除了酶标一抗可能会影响一抗与抗原的特异结合,而且由于每个一抗分子可以结合多个二抗分子,所以能将抗原信号进一步放大,从而提高了检测的灵敏度。最后,使用酶标二抗省去了每检测一个抗原都要制备相应的酶标记抗体的繁琐过程。

尽管有上述诸多优点,双抗体夹心法也有缺点:由于样品中的抗原必须既能结合捕获抗体又能结合检测抗体,所以捕获抗体与检测抗体必须有各自不同的抗原结合位点即抗原表位以形成兼容的组合,否则就会出现它们竞争同一个抗原表位而影响检测结果。在实际应用中,双抗体夹心法常用于替代直接 ELISA 法检测样品中的大分子抗原。

4.1.1.5　竞争 ELISA

除了上述 3 种方法,还有一种叫作竞争 ELISA 的方法。该方法也用来检测样品中的抗原。之所以叫竞争 ELISA,是因为反应结果是根据已知的目标抗原与样品中待检测的目标抗原竞争结合其特异的检测抗体来确定的。具体过程是先将目标抗原的检测抗体加入待检测的样品溶液中,如果样品溶液中有目标抗原与加入的检测抗体结合,就会形成抗原抗体复合物而沉淀下来。相反,如果样品中没有目标抗原,则加入的检测抗体在样品溶液中继续以游离抗体的形式分散存在。

然后将加入了检测抗体的样品溶液离心,取上清液加入包被有目标抗原的多孔板的微孔内。孵育一定时间后洗去未结合的成分,再加入检测抗体的酶标记抗体即酶标二抗,孵育一定时间后洗去未结合的成分。最后加入显色底物。如果样品溶液中有相应的抗原存在,它与加入的检测抗体结合沉淀下来从而消耗加入溶液中的全部或部分检测抗体。最终微孔内不产生颜色或只产生较浅的颜色。

相反,如果样品溶液中无目标抗原,则加入其中的检测抗体仍以游离的状态存在于样品的上清液中。当上清液被加入微孔以后,游离的检测抗体能够与包被在微孔内表面的目标抗原特异结合而被固定下来,洗涤以后加入的针对检测抗体的酶标二抗就能够被固定在微孔内,从而催化随后加入的底物使溶液产生较强的颜色。因此,竞争 ELISA 是一种反向筛选抗原的方法。

4 种 ELISA 方法有不同的用途及特点。其中直接 ELISA、双抗体夹心法和竞争 ELISA 用来检测样品中的抗原;而间接 ELISA 则用来检测样品中的抗体。它们之中只有直接 ELISA 不需要使用二抗,其余的方法都需要使用 2 种甚至 3 种抗体。这些方法的优缺点如表 4-1 所示。

表 4-1　不同 ELISA 方法优缺点的比较（Shah 和 Maghsoudlou，2016）

	优点	缺点
直接 ELISA	快速,不需要二抗	低灵敏度,每个反应都需要标记抗体,成本高
间接 ELISA	高灵敏度,成本低,灵活,能与多种一抗组合使用	抗体之间存在干扰的风险
双抗体夹心法	样品需要量少,灵敏,特异性高	必须使用能兼容的一抗和二抗
竞争 ELISA	样品需要量少,形式固定,适合检测小的抗原,能检测抗原浓度变化范围大	特异性差,不能在稀释样品中使用

　　前文介绍了 Western 杂交或者叫免疫印迹的方法。对比 ELISA,就会发现它们很相似。从原理上来说,Western 杂交与 ELISA 都是利用抗原-抗体特异结合反应来鉴定样品中的某种蛋白质成分,而且都利用了酶促显色反应展现结果。但是,这两种方法在具体的目的和技术细节方面还是有许多不同。首先,Western 杂交用来检测样品中的蛋白质抗原;而 ELISA 既可以用来检测抗原,又可以用来检测抗体。因此,ELISA 方法有更多的变化可以适应不同的检测目的。其次,Western 杂交是首先将样品中的蛋白质提取分离,然后转移到膜上再与抗体杂交显色;ELISA 中提取的样品蛋白质不需要分离就直接进行杂交显色。由于 Western 杂交有分离的过程,所以对目标蛋白质的性质,如目标蛋白质的大小、组成、含量等方面有更细致的了解;ELISA 只能检测样品中目标蛋白质是否存在及其含量。

 重点回顾

　　1. ELISA 是通过抗原-抗体结合反应鉴定样品溶液中特定抗原或抗体的方法。它利用聚苯乙烯多孔板的微孔内表面能够吸附大分子蛋白质的特点,先将蛋白质抗原或抗体吸附在微孔表面,封闭以后加入检测抗体或抗原与之结合,随后加入酶标记抗体及其底物,显色后根据溶液颜色深浅定量样品溶液中的抗原或抗体的含量。

　　2. ELISA 反应有不同的类型,它们的功能也不一样。间接 ELISA 用来鉴定样品溶液中的抗体;直接 ELISA、双抗体夹心法和竞争 ELISA 用来鉴定样品溶液中的抗原。

　　3. 在微孔板上进行的 ELISA 反应适合同时自动检测大批量的样品。

 参考实验方案

Current Protocols in Microbiology Volume 47，Issue 1

ELISA for Molluscum Contagiosum Virus

Subuhi Sherwani，Mohammed Chowdhury，Joachim J. Bugert

First published：09 November 2017

 视频资料推荐

Enzyme-Linked Immunosorbent Assay | Cell Biology | JoVE

ELISA Assays：Indirect，Sandwich，and Competitive | Immunology | JoVE

ELISA Method：Detection of Target Protein Using Antibodies | Basic Methods in Cellu-

4.1.2　免疫沉淀、免疫共沉淀与 Pull down

概念解析

免疫沉淀(immuno precipitation,IP)：溶液中可溶性抗原与其特异抗体结合以后因凝集反应而产生沉淀的现象。IP 是研究蛋白质互作以及检测和纯化抗原常用的方法之一。

免疫共沉淀(Co-IP)：利用免疫沉淀反应,通过抗体将与抗原互作的蛋白质分子从混合溶液中分离出来的方法。

Pull down：细胞外验证蛋白质之间相互作用的一种方法。先将一种蛋白质分子作为诱饵蛋白与 GST 融合表达,并将融合表达的诱饵蛋白固定在交联有 GSH 的亲和层析离心柱上。随后将待分离的蛋白质混合溶液流经离心柱,其中与诱饵蛋白互作的目标蛋白即被固定,然后从混合溶液中分离出来,鉴定目标蛋白质即可验证它们之间的互作关系。

4.1.2.1　免疫沉淀

免疫沉淀(IP)、免疫共沉淀(Co-IP)与 Pull down 是研究蛋白质互作的 3 种常用技术。

免疫沉淀是利用抗原与抗体之间的特异结合反应来鉴定或分离目标蛋白质的一种常用方法。这个目标蛋白质在免疫沉淀反应中充当抗原的角色。其一般过程是先将组织细胞在蛋白非变性条件下裂解。离心取上清液,然后加入目标蛋白质的特异抗体孵育一定时间。细胞裂解液中目标蛋白质作为抗原与抗体 Fab 区域结合形成复合物。随后利用抗体的 Fc 区域能识别蛋白质 Protein A 或 Protein G 的特性,将上述细胞孵育液作为流动相流经表面交联有 Protein A/G 的亲和层析离心柱内的填充颗粒或磁珠。其中的抗原抗体复合物因为 Protein A/G 对抗体的 Fc 片段的识别和相互作用被固定下来。离心柱或磁珠经过缓冲液洗涤,随后用洗脱液将目标蛋白质及其抗体从离心柱或磁珠上洗脱下来。目标蛋白质及其抗体经过酶解,再经质谱分析获得肽段图谱,通过搜索 UniProt 即可确认目标蛋白质即抗原的信息。

4.1.2.2　免疫共沉淀

免疫共沉淀可以看作是免疫沉淀方法的延伸。其原理是细胞内某种未知蛋白质(目标蛋白质)如果与一种已知蛋白质存在相互作用,在蛋白非变性条件下裂解细胞后这两种互作蛋白质被释放出来,但它们仍然保持相互作用的结合状态(图 4-2)。将细胞裂解液离心取上清液,加入已知蛋白质的抗体孵育一段时间。此时,孵育液中就形成了包含未知目标蛋白质-已知蛋白质-已知蛋白质抗体的复合物。随后的步骤与 IP 一样,将含有上述复合物的孵育液作为流动相流经填充颗粒表面交联有 Protein A/G 的亲和层析离心柱,或与交联有 Protein A/G 的磁珠混匀,孵育后弃去孵育液。再用缓冲液清洗离心柱或磁珠以除去其他成分,然后将固定在层析柱或磁珠上的复合物用洗脱液洗脱下来,煮沸变性洗脱液使复合蛋白质彼此分开。变性蛋白质经酶解消化,即可经质谱鉴定分析。最后根据质谱指纹图谱确定未知目标蛋白质的种类。如果实验目的是确认已知蛋白质之间的相互作用,那么变性蛋白质经变性聚丙烯酰胺凝胶电泳分离,再进行 Western 杂交即可验证已知蛋白质的身份。

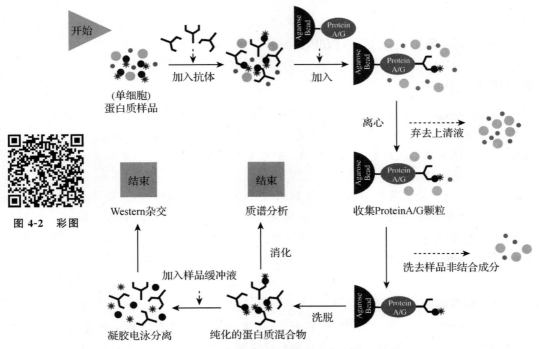

图 4-2 免疫共沉淀 Co-IP 原理示意图

其过程为细胞裂解蛋白质样品溶液中加入已知蛋白质的特异性抗体(黑色"Y"形图形),与已知蛋白质(深蓝色圆形颗粒)相互作用的目标蛋白质分子(带有光芒的灰绿色圆形小颗粒)就通过已知蛋白质与抗体连接在一起。将上述混合溶液与表面交联有 ProteinA/G 的琼脂糖凝胶颗粒孵育一定时间,离心弃去上清液。然后用缓冲液洗涤凝胶颗粒,最后用洗脱液将已知蛋白质和与之相互作用的目标蛋白质洗脱下来。洗脱下来的蛋白质经过 Western 杂交或者通过质谱分析鉴定。图片引自 Lin 和 Lai(2017),有修改

4.1.2.3 Pull down

Pull down 是用来筛选或鉴定能与已知蛋白质发生互作的目标蛋白质的一种手段。例如通过酵母双杂交获得的蛋白质相互作用的信息需要进一步确认,通常会用到 Pull down 这种方法。具体过程是:首先将已知蛋白质作为诱饵蛋白与蛋白质标签 GST(谷胱甘肽转移酶)融合表达,然后将 GST 的配体 GSH(谷胱甘肽)交联在亲和层析离心柱填充颗粒或磁珠上,再将与 GST 融合表达的诱饵蛋白与待筛选或鉴定的蛋白质溶液混合孵育,并以孵育液作为流动相流经交联有 GSH 的亲和层析离心柱或与磁珠混匀。如果待筛选或鉴定的溶液中存在能与诱饵蛋白发生相互作用的蛋白质,那么这种蛋白质就会随着诱饵蛋白通过 GST 与 GSH 结合被束缚在亲和层析离心柱填充颗粒表面或磁珠上。用缓冲液洗去未结合的蛋白质及其他成分,然后用洗脱液洗下诱饵蛋白及互作蛋白复合物。该蛋白质复合物经蛋白酶消化成为多肽后即可通过质谱分析确定与诱饵互作的蛋白质种类。如果实验目的是确定已知蛋白质之间的相互作用,那么复合蛋白质洗脱下来后经变性聚丙烯酰胺凝胶电泳,然后用捕获蛋白质的抗体进行 Western 杂交即可确定蛋白质之间是否存在互作关系。除了 GST 与 GSH,寡聚组氨酸与 Ni^{2+} 之间的亲和吸附也能够用来进行 Pull down 筛选。

4.1.2.4　3 种研究蛋白互作方法的比较

免疫沉淀、免疫共沉淀与 Pull down 这 3 种方法都建立在蛋白质相互作用的基础上,但它们之间存在区别。首先,IP 鉴定的是与抗体互作的蛋白质抗原,Co-IP 检测的是与抗体结合的抗原的互作蛋白质。因此,Co-IP 可以看作是 IP 的延伸或扩展。从另一个角度理解它们的关系就是:IP 是直接通过免疫反应将目标蛋白质固定下来然后鉴定,也就是说目标蛋白质是参加免疫反应的一方,即抗原;而 Co-IP 是指鉴定出来的目标蛋白质并非参与免疫反应的一方,而是通过与免疫反应中一方,即与抗原互作然后搭免疫反应的便车"共"沉淀下来的蛋白质。而且,Co-IP 并不能区分互作的目标蛋白质与抗原是直接相互作用还是间接相互作用。例如,目标蛋白质通过第三方与抗原蛋白质产生的间接联系与两种蛋白直接相互作用是不能用这种方法区分的。

与 IP 和 Co-IP 依赖抗原与抗体之间的相互作用不同,用 Pull down 验证或筛选相互作用的蛋白质并不限于抗原和抗体之间的互作关系。只要能够发生相互作用的蛋白质都可以通过 Pull down 这种方法来检验。从某种意义上讲,可以将 IP 或 Co-IP 看成是 Pull down 的一种特例,即互作蛋白质中的一方是抗原或者能与抗原互作的蛋白质。在验证已知蛋白质之间的相互作用过程中,作为流动相的待检测蛋白质溶液的成分是已知的,而非包含各种各样蛋白质分子的细胞裂解液。总之,这 3 种技术为研究蛋白质之间的相互作用提供了比较全面的分析手段。

 重点回顾

1. 免疫沉淀、免疫共沉淀与 Pull down 是研究蛋白质互作的 3 种常用技术。它们各有特点,适合不同的研究目的。

2. 从样品溶液中分离目标蛋白通常采用亲和层析的形式。先将蛋白及其抗体混合物流经表面交联有 Protein A 或 Protein G 的层析颗粒,借助于抗体的 Fc 区域能识别 Protein A 或 Protein G 的特性将互作的蛋白质固定在层析颗粒上。清洗以后将目标蛋白质洗脱下来,通过 Western 杂交或质谱分析即可获得目标蛋白质的信息。

3. 应用 IP 反应鉴定的目标蛋白是免疫反应中的一方;Co-IP 反应中目标蛋白质不是免疫反应中的参与者,而是与免疫反应中的一方有相互作用的分子。Pull down 鉴定的蛋白质成分不限于免疫反应这一类型,只要是能够发生相互作用的蛋白质分子,都能够通过 Pull down 鉴定。

 参考实验方案

Current Protocols in Molecular Biology Volume 125，Issue 1

Two-Step Co-Immunoprecipitation（TIP）

Maria Rita Sciuto，Valeria Coppola，Gioacchin Iannolo，Ruggero De Maria，Tobias L. Haas

First published：30 October 2018

 视频资料推荐

Immunoprecipitation（jove. com）

Co-Immunoprecipitation and Pull-Down Assays ｜ Biochemistry ｜ JoVE

JoVE Methods Collection Highlights：Protein-Protein Interactions. Barr A，Overduin M. J Vis Exp. 2019 Jun 10；(148)：59816. doi：10. 3791/59816.

4.1.3 酵母双杂交

 概念解析

上游激活序列(upstream activating sequence,UAS)：位于真核生物基因转录起始位点上游的一种顺式作用元件,其功能是结合基因特异的转录因子,从而激活基因表达。

酵母双杂交(yeast two-hybrid, YTH)：一种建立在转录因子结合顺式作用元件调控基因表达基础上的蛋白质相互作用分析方法,它是在酵母细胞内研究蛋白质之间互作的重要手段。

4.1.3.1 核体系酵母双杂交的原理

酵母双杂交可以分为核体系和膜体系两种主要类型。传统的酵母双杂交指的是核体系,膜体系又称分离泛素系统。

酵母双杂交原理概括起来就是：调控基因表达的转录因子包含两个功能彼此独立的结构域,即 DNA 结合结构域与转录激活/抑制结构域。当它们被分开以后分别与两个具有潜在相互作用的测试蛋白质分子形成融合蛋白并同时在酵母细胞内表达,同时在酵母细胞内该转录因子所调控的基因启动子下游设置一个报告基因,或者以同样的方式设置多个报告基因表达系统。假如两个测试蛋白质之间存在相互作用,就会导致转录因子的 DNA 结合结构域与转录激活结构域彼此靠近从而恢复转录因子的转录激活功能并启动报告基因表达。因此可以根据报告基因是否被激活表达来判断两个测试蛋白质之间是否存在相互作用。

真核生物中,基因的高效表达需要有基因特异的转录因子参与。例如在酵母细胞内,位于 2 号染色体上与半乳糖代谢相关的 GAL1、GAL7、GAL10 等结构基因的转录都需要 GAL4 编码的转录因子蛋白 GAL4 激活。同样,位于 12 号染色体上 GAL2 也受 GAL4 调控。这些被 GAL4 激活转录的基因有一个共同特点,那就是它们的启动子内都含有同源的 4 段长度为 17 bp、具有回文性质的上游激活序列(UAS,其序列为 CGG-N_{11}-CCG,其中 N 代表任意核苷酸)。UAS 是一种顺式作用元件。转录因子 GAL4 能特异地识别这个 UAS 序列并与之结合,然后激活上述基因高效地转录。正常情况下酵母细胞内与半乳糖代谢相关的一个转录抑制因子蛋白 GAL80 与 GAL4 结合在一起,阻止了 GAL4 的转录激活功能。只有当酵母生长环境中出现半乳糖并且无葡萄糖存在时,GAL80 才能与半乳糖分子结合引起分子构象发生改变,导致 GAL8 与 GAL4 脱离结合从而恢复 GAL4 的转录激活能力。

GAL4 蛋白包含 881 个氨基酸残基,由位于肽链 N 端的 DNA 结合结构域(binding domain, BD,由 1～147 位的氨基酸组成)与位于肽链 C 端的转录激活结构域(activating domain, AD,含 768～881 位的 114 个氨基酸残基)组成。其 BD 结构域能识别 DNA 上的特异序列 UAS；AD 结构域能启动 RNA 聚合酶高效转录。

单独的 BD 或 AD 都缺乏激活基因表达的能力,因为 BD 虽然能识别位于 GAL4 所调控基因编码区上游的 UAS 序列并与之结合,但它本身无转录激活功能。AD 虽然有激活 RNA 聚合酶转录的能力但它自己无法定位到上述基因启动子区域的顺式作用元件 UAS 上。如果将两个分开但同时在细胞内表达的 GAL4 结构域牵引到一定的距离之内,那么它们就能组合起来恢复完整转录因子的功能。除了 GAL4 的 BD 和 AD,来自不同转录因子的 BD 与 AD 组合起来也能形成具有转录因子功能的复合体。例如酵母 GAL4 的 BD 与大肠杆菌基因组 DNA 编码的一个酸性激活结构域 B42 融合得到的重组蛋白同样可以结合到 *GAL1*、*GAL7*、*GAL10* 的 UAS 上并激活这些基因的转录。

最初的酵母双杂交系统是由 Fields 和 Song(1989)在真核生物基因转录调控的研究中建立的。他们将 GAL4 的 BD 编码序列与测试蛋白 X(也称诱饵蛋白 Bait,通常是已知蛋白质)的编码序列融合,置于一个独立的穿梭质粒上;同时将 GAL4 的 AD 编码序列与另一个测试蛋白 Y(也称猎物蛋白 Prey)的编码序列融合,置于另一个穿梭质粒上。然后,利用编码大肠杆菌 β-半乳糖苷酶的 *lacZ* 作为报告基因,并且将这个报告基因置于 *GAL1* 的启动子下游。通过整合型质粒将融合在一起的上述报告基因表达单元整合进入宿主酵母基因组内。最后将编码 BD-X 诱饵融合蛋白与 AD-Y 猎物融合蛋白的表达质粒分别或同时转化进入带有上述报告基因的宿主酵母(图 4-3)。

在上述酵母双杂交体系中,如果猎物蛋白 Y 与诱饵蛋白 X 能发生相互作用,那么它们在细胞质内彼此结合就能使 GAL4 的 BD 与 AD 结构域靠近从而恢复转录激活能力。由于 GAL4 蛋白 N 端的 BD 本身带有核定位信号,组合的 GAL4 蛋白能够进入细胞核并结合在报告基因上游 *GAL1* 启动子的 UAS 元件上,然后依靠 AD 激活 UAS 下游 RNA 聚合酶启动报告基因 *lacZ* 转录。转录以后表达的 β-半乳糖苷酶水解培养基中添加的 X-gal 从而使酵母克隆呈现蓝色。否则,产生的克隆就是白色的(图 4-3)。需要说明的是,在上述酵母双杂交体系中,转入酵母的两种穿梭质粒除了分别含有能表达 BD-X 与 AD-Y 融合蛋白的基因外,还分别带有宿主突变体酵母细胞内组氨酸和亮氨酸合成过程中所缺乏的两种酶的编码基因 *HIS3* 与 *LEU2*。它们随质粒转化进入宿主酵母菌表达以后,通过互补宿主菌的营养缺陷,作为筛选阳性酵母克隆的手段。

不同生物类型中蛋白质之间的相互作用,即使是微弱的、瞬间的相互作用也能通过酵母双杂交的报告基因表达产物灵敏地显现出来。而且,通过这个双杂交系统还可以用来从 AD-cDNA 融合蛋白表达文库中筛选与 BD-X 融合蛋白发生相互作用的猎物蛋白。尽管如此,上述酵母双杂交原型系统也存在一些明显的局限。第一,最主要的问题是通过 BD-X 筛选 AD-cDNA 文库获得猎物蛋白过程中容易出现假阳性结果。第二,由于酵母转化效率较低(与常规的大肠杆菌相比,酵母的转化效率低近万倍),所以在筛库的过程中容易漏掉与诱饵互作的潜在猎物蛋白,特别是当猎物是低丰度表达基因编码蛋白的时候更是如此。第三,有些蛋白质本身就具有转录因子活性,它们与 BD 融合以后不需要与 AD 融合蛋白相互作用就能直接启动报告基因表达。第四,这种依赖转录激活作用的双杂交系统对于检测细胞质膜上蛋白质之间的相互作用无能为力。

4.1.3.2 核体系酵母双杂交原型系统的改进

针对上述问题,目前应用的酵母双杂交系统进行了许多改进。为降低双杂交筛库结果的

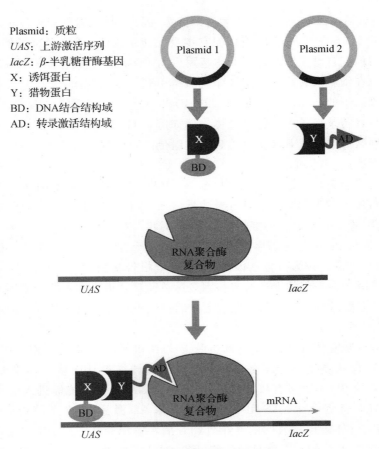

Plasmid：质粒
UAS：上游激活序列
lacZ：β-半乳糖苷酶基因
X：诱饵蛋白
Y：猎物蛋白
BD：DNA结合结构域
AD：转录激活结构域

图 4-3　核体系酵母双杂交原理图

BD 和 AD 分别代表转录因子蛋白 GAL4 的 DNA 结合结构域和转录激活结构域。BD
与诱饵蛋白 X（Bait）融合蛋白由一个质粒上的基因编码；AD 和捕获 Y（Prey）融合蛋白
由另一个质粒上的基因编码。椭圆形代表 RNA 聚合酶复合物。该复合物结合在报告
基因启动子区域以极低的水平转录报告基因。只有当基因特异的转录因子与之结合后
才能启动报告基因高效转录。折线代表转录出来的 mRNA

假阳性率，通常采用 3～4 个不同的报告基因系统来指示双杂交的结果。例如，将 *lacZ* 或
MEL1、*HIS3* 和 *ADE2* 3 个报告基因的编码序列分别置于 *GAL7*、*GAL1* 和 *GAL2* 的启动子
之下共同显示杂交结果。这 3 个 *GAL* 基因的启动子虽然都受 GAL4 激活启动转录，但它们
启动子区域的序列除了 UAS 外相似度低并且它们受诱导表达量高。如果在同一个酵母细胞
内它们都能被激活表达就说明这种激活是 GAL4 特异的。不过，宿主酵母基因组内的 *MEL1*、
HIS3、*ADE2*、*GAL4* 和 *GAL80* 这些基因都要被敲除，以免它们干扰杂交系统的功能。

需要说明的是，*HIS3* 作为报告基因与在上述酵母双杂交原型系统中 *HIS3* 与 *LEU2* 作
为筛选转化质粒的选择性标记基因的作用是不同的，尽管体现出来的结果都是组氨酸营养缺
陷型宿主酵母是否能够在不含组氨酸的合成培养基上生长。作为报告基因时，*HIS3* 是否表
达取决于细胞核内测试蛋白质之间是否存在相互作用，所以 *HIS3* 的启动子是条件性诱导表
达的。而作为转化质粒的选择性标记基因时，*HIS3* 是无条件的组成型表达。只要含有该基

因的质粒成功进入酵母细胞内，*HIS3* 就能表达并为宿主酵母提供组氨酸营养。因此，*HIS3* 基因不能既作为报告基因又作为选择性标记基因在同一个酵母杂交系统中使用。

一个比较特别的现象是，以 *HIS3* 作为报告基因的表达单元整合进入宿主酵母基因组后，当 BD-X 诱饵蛋白表达质粒转入宿主酵母时容易导致 *HIS3* 表达渗漏。即当 BD-X 表达质粒转入宿主酵母时不需要 AD-Y 的参与就可以激活报告基因 *HIS3* 表达，从而造成假阳性结果。不过，在酵母培养基中加入适当浓度的氨基三唑（3-amino-1,2,4 triazole，3-AT）能够有效地解决 *HIS3* 表达渗漏的问题。氨基三唑是一种除草剂，在酵母内它是 *HIS3* 基因表达产物咪唑甘油磷酸酯脱水酶（imidazoleglycerol phosphate dehydratase，IGPD）的竞争性抑制剂。IGPD 是植物与微生物体内组氨酸生物合成过程中的关键酶之一。只有当宿主酵母表达的报告基因 *HIS3* 有一定的强度才能合成所需的 IGPD 对抗培养基中添加的 3-AT 的竞争，从而使酵母获得足够的组氨酸生长增殖形成克隆。而单纯由报告基因 *HIS3* 表达渗漏产生的 IGPD，由于含量有限则难以抑制培养基中添加的 3-AT 的竞争，不能使宿主酵母生长增殖形成克隆。

虽然 *MEL1* 来源于酵母自身而 *lacZ* 则是来源于细菌，但作为报告基因使用时，它们的功能是类似的。*MEL1* 编码 α-半乳糖苷酶，它能在酵母细胞内合成以后分泌出去从而将培养基中的底物 X-α-gal 水解，使酵母菌落呈现蓝色。所以，选择 *MEL1* 作为报告基因时，只要将底物 X-α-gal 溶液涂布在选择性琼脂培养基表面甚至直接将溶液滴加到酵母菌落上面即可根据菌落颜色指示报告基因 *MEL1* 是否表达。如果使用外源基因 *lacZ* 作为报告基因，它表达的 β-半乳糖苷酶虽然也能水解 X-β-gal（即大肠杆菌蓝白斑筛选中使用的 X-gal）产生蓝色物质，但酵母中合成的 β-半乳糖苷酶不能像在大肠杆菌中一样被分泌到细胞外。原因可能是 *lacZ* 为外源基因，酵母细胞膜上没有相应的运输载体或分泌途径。所以，需要将酵母细胞破碎以后才能检测到 β-半乳糖苷酶的活性。具体方法是进行滤纸转移分析（filter lift assay），即先将待检测的阳性酵母克隆转移到硝酸纤维素（NC）膜上，再将 NC 膜浸入液氮中冷冻破碎细胞。然后将 NC 膜紧贴在浸润了 X-gal 溶液的滤纸之上，并使沾有酵母克隆的一面朝上。经过 37 ℃培养 1～24 h，观察 NC 膜上显色结果。与通过酵母菌落粉红色的深浅来显示报告基因 *ADE2* 的表达强度从而判断蛋白质互作强弱一样，利用 *lacZ/MEL* 表达产生克隆的蓝色深浅也能反映两个蛋白质之间相互作用的强弱。*ADE2* 作为报告基因的原理参见第3章的相关内容。

除了利用上述 4 个传统的报告基因外，目前的酵母杂交体系还广泛采用了一种新型的报告基因 *AUR1-C*，并结合真核生物的一种抗生素——金担子素（aureobasidin，AbA）来筛选酵母杂交阳性克隆。AbA 是一种环酯肽抗生素，低浓度下即可对酵母产生毒害。原因是 AbA 能够抑制 *AUR1* 基因编码的肌醇磷脂酰神经酰胺合成酶（IPC）的合成。IPC 是真菌鞘脂代谢过程中的关键酶，鞘脂类物质合成不足能引起真菌细胞膜破裂导致细胞死亡。研究发现，*AUR1* 的突变基因 *AUR1-C* 不仅能合成 IPC，而且还具有抗 AbA 的能力。将 *AUR1-C* 作为报告基因置于 *GAL7*（或 *GAL1*、*GAL2*）的启动子下游，当诱饵蛋白与猎物蛋白的相互作用导致 GAL4 的 BD 与 AD 接近时，能够启动 *GAL7* 启动子下游的 *AUR1-C* 转录，产生 IPC 催化鞘脂合成，使酵母细胞得以在含 AbA 的培养基中生长形成菌落。否则，*AUR1-C* 无法被激活转录，酵母就不能在含 AbA 的培养基中生长形成菌落。使用 *AUR1-C* 作为报告基因时，AbA 与常规的抗生素一样直接添加在酵母筛选培养基中。这种方法比起通过互补营养缺陷型酵母

筛选阳性克隆的方法更加高效,能极大地降低克隆背景。所以 *AUR1-C* 是酵母杂交体系中的一种理想的报告基因,其缺点是目前 AbA 价格昂贵。

多报告基因的策略能够大幅度降低酵母双杂交出现假阳性克隆的结果。而且,利用整合型质粒将不同的报告基因及其编码区上游的 UAS 元件整合到酵母染色体上使之能够稳定表达,可以避免通过质粒表达报告基因的酵母中,由质粒拷贝数变化引起报告基因表达水平波动造成错误的结果。目前,商业化的酵母双杂交试剂盒提供的宿主酵母一般已经在其基因组中整合了上述多个报告基因。

为降低由于质粒转化进入酵母效率不高对杂交结果的影响,还可以将表达 BD-X 与 AD-Y 融合蛋白的质粒分别转入不同结合型的单倍体酵母中,然后利用单倍体酵母结合形成二倍体的机制将两种质粒组合在同一个二倍体酵母细胞内表达。在基于 GAL4-UAS 的双杂交体系中,由于 GAL4 的 N 端也就是 BD 部分带有核定位信号,将 BD 与 AD 分开以后 AD 结构域就不再有核定位信号。虽然 BD-X 与 AD-Y 在细胞质内结合以后能够依靠 BD 的核定位信号进入细胞核从而调控报告基因表达,但给 AD-Y 添加独立的核定位信号肽也有助于检测测试蛋白之间在细胞核内的相互作用。

4.1.3.3 核体系酵母双杂交过程及阳性克隆筛选

以上述改进为基础,目前使用的核体系酵母双杂交过程可以分为载体构建,诱饵蛋白的表达强度、毒性及自激活检测,筛库,阳性克隆的鉴定 4 个步骤。

载体构建是将诱饵蛋白的编码基因通过酶切连接或同源重组等方式插入表达 GAL4 BD 结构域的质粒中以表达 BD-X 融合蛋白。同时质粒上还带有一个氨基酸合成相关酶的基因,通常是色氨酸合成相关基因 *TRP*,作为质粒转化营养缺陷型宿主酵母以后的选择性标记。另外,还要将文库基因编码序列整合进入 GAL4 AD 表达质粒以表达 AD-Y 融合蛋白,同时该质粒带有另一个选择性标记基因 *LEU2*,即亮氨酸合成相关酶的基因。猎物蛋白一般来自 cDNA 文库,因此还有文库基因编码序列与 AD 编码序列如何融合的问题。通常采用同源重组或酶切连接方式将文库基因编码序列插入质粒 AD 编码序列之后。由于文库中编码基因数量众多,融合过程中虽不能保证所有的文库基因读码框都能与上游的 AD 编码序列同框,但幸运的是,酵母在表达蛋白质时能够容忍 AD 下游基因编码序列的不同框即移码状态,仍然能正确表达融合蛋白。

诱饵蛋白表达质粒构建完成以后,还需要对它进行表达强度、毒性及自激活检验。诱饵蛋白的表达强度检验是为了确保在双杂交实验中诱饵蛋白的表达量能够满足蛋白质互作的需求。这个检测一般通过 Western 杂交进行。毒性检验是将 BD-X 表达质粒转入宿主酵母以后,在选择性培养基上观察阳性克隆与对照阳性克隆的生长速度,即通过比较相同时间内生长的阳性菌落大小来判断。如果转入 BD-X 融合蛋白表达质粒的阳性菌落明显小于对照质粒转化产生的阳性菌落,说明诱饵蛋白对宿主酵母有毒性或者诱饵蛋白与 BD 融合以后的蛋白对宿主酵母有毒性。这种情况下应该更换诱饵蛋白表达载体。自激活检验是将含有 BD-X 的质粒单独转入含有报告基因的宿主酵母细胞,然后将转化的酵母细胞涂布在选择性培养基上培养。目的是检验诱饵蛋白是否能在不与 AD-Y 结合的状态下就能单独激活报告基因的表达。如果能单独激活报告基因表达,那么需要在培养基中添加 3-AT 来抑制其活性或更换系统才能开展后续的酵母筛库实验。

筛库的过程是将分别含有 BD-X 与 AD-文库基因表达质粒的两种不同交配型的单倍体酵母培养液混合后摇菌培养大约 20 h,借助单倍体酵母结合的机制将两种表达质粒组合在同一个含报告基因的二倍体细胞内。在混合培养过程中摇菌的速度应该尽可能降低但又不至于导致酵母细胞从培养液中沉淀下来,并且还需要在培养时间符合要求以后取样在显微镜下检查杂交效果。如果视野中有 3 个酵母细胞聚集在一起说明杂交已经完成。随后将培养的酵母离心沉淀下来,将它们稀释至不同的浓度然后涂布在选择性培养基平板上培养 3～5 d 即可检查杂交结果。除了通过单倍体酵母结合的方式进行蛋白互作分析外,将两种质粒共同转化进入带有报告基因的宿主酵母也是比较常见的方式。

因为诱饵和猎物表达质粒上分别含有一个氨基酸合成相关基因作为互补营养缺陷型宿主酵母所需要营养的来源,所以杂交以后如果宿主酵母能够在二缺培养基平板上(double dropout,DDO,通常是缺 Leu 和 Trp 这两种氨基酸)生长出菌落,说明两种融合蛋白表达质粒都已经进入了宿主酵母细胞,而且宿主酵母的活性没有问题。由于宿主酵母带有报告基因例如 ADE2 和 HIS,所以只有在四缺板上(quadruple dropout,QDO,即既缺乏作为质粒选择性标记基因对应的氨基酸,又缺乏宿主酵母中作为报告基因对应的氨基酸或核苷酸。通常是除了不含二缺板上缺乏的 Leu 和 Trp,还缺 Ade 和 His 这两种成分)能够长出克隆才能初步说明测试蛋白之间发生了相互作用。在一些公司的酵母双杂交试剂盒中,两个单倍体型宿主酵母中总共带有 4～5 个不同的报告基因,例如除了上述 ADE2 和 HIS,还增加了 AUR1-C 和 lacZ 这两个报告基因以满足对杂交结果进行更为严谨筛选的需要。

杂交结果的鉴定包括对初步筛选出来的阳性克隆在选择性培养基上划线培养以确认其身份。如果平板上阳性克隆数量较多,还需要用菌落 PCR 扩增来识别阳性克隆中可能存在的重复序列。以不同的克隆为模板,如果扩增片段长度相同即意味着这些克隆是由文库中的重复序列产生的。随后,从除去了重复序列的阳性克隆酵母提取质粒,转化大肠杆菌以复制质粒。再将复制获得的质粒与 BD-X 融合表达质粒共同转化带有报告基因的酵母宿主,真正的阳性克隆质粒共转化以后得到的克隆应该仍然能够在四缺板上生长。

如果要进一步确认诱饵蛋白与文库中筛选出来的猎物蛋白的互作关系,可以采用免疫共沉淀(Co-IP)、Pull down 或者是交换双杂交载体再进行杂交的方式进行。尽管目前采用的这些措施大大提高了酵母双杂交结果的可靠性,但上述基于核体系的酵母双杂交系统对细胞质膜上蛋白质之间的相互作用检测仍然无能为力。

4.1.3.4 分离泛素型酵母双杂交系统

分离泛素型酵母双杂交系统(膜体系)的出现为克服核体系不能用来检测膜蛋白之间的相互作用这一固有局限提供了解决方案。泛素是真核生物细胞内广泛存在的、含有 76 个氨基酸残基并且高度保守的小分子量多肽。其重要功能包括通过多聚泛素化引导与其结合的蛋白质降解,以此参与调控细胞周期、DNA 修复和细胞凋亡等多种生命活动。此外,泛素蛋白还有一项重要功能就是参与基因转录调控。例如,对转录激活因子 GAL4 的单泛素化修饰能够导致 GAL4 降解,但已经被单泛素化修饰的 GAL4 也能被泛素特异的蛋白酶 UBP 识别,并通过 UBP 将泛素从 GAL4 蛋白上切除下来。去除了泛素标记的转录因子 GAL4 能够进入细胞核内激活其他 GAL 靶基因的表达。

与其他许多蛋白质分子一样,泛素蛋白如果被分成 N 端(1～34 氨基酸,N terminal part

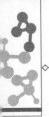

of ubiquitin,Nub)与 C 端(35～76 氨基酸,C terminal part of ubiquitin,Cub)两个独立的肽段后混合,它们能自发组织形成具有泛素活性的复合体。这种自组织能力或者叫片段之间的亲和力在不同的蛋白质之间差异较大。泛素的 Nub、Cub 两端肽段之间具有很强的亲和力,在细胞内它们不需要其他相互作用的分子牵引就能自发地组合形成有泛素活性的形式。然而,将 Nub 端肽段第 13 位的亮氨酸突变为甘氨酸或丙氨酸以后,它与 Cub 端多肽的亲和力就会显著下降。结果是它们同时在细胞内表达以后,不能自发组合成有泛素活性的形式。如果通过某种方式将这两个肽段牵引到一定距离内,它们仍然能组合起来恢复泛素活性。分离泛素型酵母双杂交系统正是利用这一特点来进行互作蛋白质的检验。

该系统的原理是,首先将待测试蛋白 X 的编码序列与泛素 Nub 的 C 端肽段编码序列融合,将它们置于一个酵母表达质粒上。同时将测试蛋白 Y 与 Cub 的 N 端肽段编码序列融合形成嵌合基因,而 Cub 的 C 端编码序列与一个能激活细胞核内报告基因表达的转录因子基因融合形成嵌合基因,将它们置于另一个酵母表达质粒上。也就是说,Nub 的 C 端连接蛋白 X;Cub 的 N 端连接蛋白 Y,Cub 的 C 端连接转录因子。当含有 Nub 嵌合基因的质粒与含有 Cub 嵌合基因的质粒在酵母细胞内共同表达时,如果被测试的蛋白 X、Y 之间能发生相互作用,那么它们的互作将使泛素的 N、C 两端肽段组合形成具有泛素活性的形式,形成 Nub-X;Y-Cub-TF(TF 为转录因子,如 GAL4)组合蛋白复合物,此时酵母细胞内能识别泛素的泛素蛋白酶 UBQ 将转录因子从 Cub 的 C 末端水解下来,随后转录因子得以进入细胞核启动报告基因(如 *AUR1-C*、*lacZ*/*MEL*、*HIS3* 和 *ADE2*)表达。杂交获得的阳性克隆可以利用金担子素筛选,或者通过酵母菌落蓝白斑筛选,或者在营养缺陷型培养基上生长筛选这些方法进行鉴别。

需要说明的是,无论是酵母双杂交的核体系还是膜体系,BD-X 的表达强度、毒性以及自激活能力和阳性克隆的鉴定过程都是必需的。

杂交结果的鉴定过程中,将从阳性酵母克隆提取的质粒转入大肠杆菌复制的原因是酵母细胞内的质粒拷贝数少,提取出来的质粒浓度低,不足以进行后续分析。转入大肠杆菌是为了让质粒能够大量复制,便于重新将质粒转入酵母确认结果以及进行测序分析。而且如前所述,酵母细胞内质粒不相容性要求不高,从阳性克隆酵母中提取的质粒可能并非单一成分,而是含有两种或多种质粒的混合物。通过将质粒转入大肠杆菌有助于挑选出含单一质粒的阳性克隆。

酵母双杂交核体系中,两个测试蛋白之间的相互作用既可以发生在核内,也可以发生在核外,但最终启动报告基因表达的转录因子是进入核内发挥作用。在膜体系中,两个测试蛋白中或者有一个存在于细胞膜(包括细胞质膜和内质网膜)上,或者两个都存在于细胞质中。这种以分离泛素蛋白互作为基础的酵母双杂交系统的最大特点是它适合检测含有细胞质膜蛋白的相互作用。而且利用泛素蛋白进行酵母双杂交的另一个优势是:泛素蛋白的分子相对于 GAL4 更小,它对与其融合的互作蛋白质的影响更轻。综合来看,酵母双杂交的核体系和膜体系一起为细胞内研究各种蛋白质之间的相互作用提供了一个相对完整的平台。

重点回顾

1. 酵母双杂交是研究蛋白质相互作用的经典方法。它包括核体系和膜体系两种互为补充的系统,分别适用于检验细胞质和细胞核内相互作用的蛋白质以及细胞膜蛋白参与的蛋白质的相互作用。

2. 酵母双杂交的理论基础是转录因子蛋白的 DNA 结合结构域与转录激活结构域是结构上可以分开、功能上彼此独立的模块化单位。如果使它们在同一个细胞内分开表达,只要通过某种方式将它们牵引到一定的距离之内,被分开的两个结构域通过组合能恢复激活基因表达的功能。

3. 为测试两个蛋白之间是否存在相互作用,先将它们分别与转录因子的 DNA 结合结构域与转录激活结构域融合,然后将它们转入同一个含有报告基因的酵母细胞内表达。如果两个测试蛋白之间存在相互作用,就能够促使结合结构域与激活结构域组合,从而恢复转录因子活性,最终激活报告基因表达。如果测试蛋白之间无相互作用,则报告基因不能表达。

4. 为增加酵母双杂交结果的可靠性,通常采用多报告基因显示结果、并将报告基因表达单位整合进入酵母基因组 DNA 形成报告基因表达菌株,同时将转录结合结构域-诱饵蛋白表达质粒与转录激活结构域-猎物蛋白表达质粒分别转入不同结合型的酵母菌株,利用单倍型酵母交配形成二倍体的机制将这两种质粒组合在含有报告基因表达单位的菌株内同时表达。

5. 酵母双杂交的过程一般包括载体构建,诱饵蛋白的强度、毒性和自激活检验,筛库,阳性克隆的鉴定 4 个步骤。

6. 无论是酵母双杂交的膜体系还是核体系,激活报告基因表达的转录因子都要进入细胞核内。但两种体系中转录因子恢复活性的途径不同。

 参考实验方案

Current Protocols in Protein Science Volume 95，Issue 1
Yeast Two-Hybrid Assay to Identify Interacting Proteins
Aurora Paiano，Azzurra Margiotta，Maria De Luca，Cecilia Bucci
First published：21 August 2018

Current Protocols in Protein Science Volume 52，Issue 1
Membrane-Based Yeast Two-Hybrid System to Detect Protein Interactions
Nicolas Lentze，Daniel Auerbach
First published：May 2008

 视频资料推荐

Yeast Two-Hybrid Assay to Determine Protein Self-Association in Yeast Cells (jove. com)
Reverse Yeast Two-Hybrid System to Identify Mammalian Nuclear Receptor Residues that Interact with Ligands and/or Antagonists. Li H，Dou W，Padikkala E，Mani S. J Vis Exp. 2013 Nov 15；(81)：e51085. doi：10. 3791/51085.
Split-Ubiquitin Based Membrane Yeast Two-Hybrid（MYTH）System：A Powerful Tool for Identifying Protein-Protein Interactions. Snider J，Kittanakom S，Curak J，Stagljar I. J Vis Exp. 2010 Feb 1；(36)：1698. doi：10. 3791/1698.

4.1.4 双分子荧光互补与荧光素酶互补试验

概念解析

双分子荧光互补(bimolecular fluorescence complementation,BiFC):将黄色荧光蛋白分子 YFP 从特定氨基酸位点分开形成两个非荧光活性片段,当它们分别与两个测试蛋白质融合以后在细胞内同时表达时,如果测试蛋白之间存在相互作用,两个分开的 YFP 片段就会被牵引到很小的范围内从而恢复 YFP 荧光活性,在激发光照射下产生黄色荧光。借助这个体系能够在细胞内测试两种蛋白之间是否存在相互作用。

荧光素酶互补试验(split-luciferase complementation assay,split-LUC):双分子荧光互补试验的一种变化形式。与基于 YFP 分子的 BiFC 类似,将荧光素酶分子分开成为两部分,它们分别与待测试的两种蛋白质分子融合,然后在细胞内同时表达以检测测试蛋白之间是否存在相互作用。与 BiFC 不同的是,最后显示结果时需要在反应体系中加入荧光素酶的底物才能通过观察荧光判断测试蛋白之间是否存在相互作用。

4.1.4.1 双分子荧光互补

双分子荧光互补(BiFC)是另一种细胞内鉴定蛋白质分子之间相互作用的有效方法。与酵母双杂交这样的经典方法相比,BiFC 不仅过程比较简单,实验周期也短很多,因此目前应用比较广泛。在说明 BiFC 的原理之前,先解释一下"荧光"这个概念。荧光是指当某种物质分子在常温下经过特定波长的入射光照射以后,由于电子从基态跃迁到高能量的不稳定激发态,随后激发态的电子返回基态,同时发出比入射光波长更长的发射光以释放激发时吸收的能量。这种发射光即为荧光。入射光一旦停止,荧光也随即消失。与荧光不同的是,反射光是由入射光照射物体表面时被改变了原来的方向形成的,反射光没有吸收和激发的过程,所以反射光和入射光的波长完全一样。

BiFC 方法的建立源于对水母绿色荧光蛋白(GFP)肽段之间相互作用的深入研究。GFP 是一个由 238 个氨基酸残基组成的小分子单体蛋白,在蓝色激发光照射下能产生绿色荧光。其空间结构由 11 个 β-折叠围成的桶状结构以及贯穿于桶中心的 α-螺旋组成(图 4-4)。GFP 的发色团位于桶中心的 α-螺旋内,由其中第 65～67 位的丝氨酸-酪氨酸-甘氨酸残基组成。α-螺旋与 β-折叠通过它们之间的氨基酸环(loop)连接。有意思的是,通过突变 GFP 不同位点的氨基酸能够产生一系列 GFP 变化体。

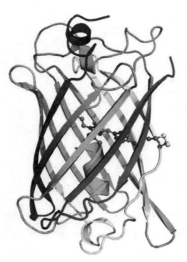

图 4-4 GFP 蛋白结构的条带模型

展示不同颜色的片状 β-折叠围成的桶状结构与内部的 α-螺旋。中心区域球棍模型代表 GFP 分子中由 3 个氨基酸残基构成的发色团。图片引自 Remington(2011)

根据这些 GFP 的变化体被激发产生的荧光颜色将它们分别命名为 YFP(黄色荧光蛋白)、RFP(红色荧光蛋白)、CFP(青色荧光蛋白)等。

研究发现,从 YFP 肽链的第 154 位与第 155 位氨基酸之间或第 172 位与第 173 位氨基酸之间分开 YFP 分子使之形成分别含 N 端和 C 端氨基酸的两个多肽,然后用两个反向平行的亮氨酸拉链分别与它们连接。当连接有亮氨酸拉链的 YFP 的 N 端和 C 端多肽在细胞内共同表达时,由于亮氨酸拉链之间的闭合作用使 YFP 的 N 端和 C 端肽段相互靠近形成有 YFP 活性的组合蛋白质。此时用 YFP 的激发光照射组合蛋白,就能激发产生 YFP 荧光。而当 N 端多肽或 C 端多肽单独表达,或者将它们同时在细胞内表达,在激发光照射都不能产生 YFP 荧光。这个结果说明只有空间距离足够近时,含 YFP 蛋白 N 端的多肽片段才能与含 YFP 蛋白 C 端的多肽片段相互识别,并聚集在一起形成有完整 YFP 活性的蛋白复合体。

根据上述事实可以设想,如果用两个能够相互作用的蛋白质替代亮氨酸拉链,应该也能产生类似的结果。因此,研究人员将两种具有潜在相互作用的蛋白质编码 DNA 序列分别与编码 YFP 蛋白 N 端多肽的 DNA 序列以及编码 C 端多肽的 DNA 序列融合,然后将表达这两种融合蛋白的质粒转化进入农杆菌,再将两种农杆菌混合以后侵染植株细胞,如烟草叶片表皮细胞。转基因烟草叶片在黑暗中培养一段时间后,在荧光(共聚焦)显微镜下观察细胞受激发光照时是否有 YFP 荧光出现就可以判断细胞内待检测的两种蛋白质之间是否存在相互作用。GFP 的衍生蛋白如 CFP、BFP(蓝色荧光蛋白)以及 Venus 等也具有类似的性质和用途。

BiFC 技术的最大优势是在细胞内被检测蛋白质之间是否存在相互作用可以直接通过观察荧光的有无来判断,而不是依赖间接的效应体现。例如酵母双杂交中蛋白质之间是否发生相互作用是根据报告基因是否能够被激活表达来判断的。而报告基因是否被激活表达又是通过 X-gal 被分解显色或转化后的宿主酵母是否产生颜色或者是否能够生长形成克隆来体现。不仅如此,BiFC 还可以用来检验同一个细胞内多组蛋白质之间的相互作用(每组蛋白质形成一个独立的 BiFC 系统),以及用来鉴定同种蛋白质分子之间在细胞内是否会形成同源二聚体或多聚体。此外,BiFC 还可以用来观察互作蛋白质的亚细胞定位等。由于直观和方便,特别是除了激光共聚焦显微镜以外不需要其他特别的仪器设备,BiFC 这种方法在细菌、植物及哺乳动物细胞中得到了普遍的应用。

为适应不同的检测目的,以 BiFC 系统为基础还发展出普通型以及增强型两种类型。普通型 BiFC 系统形成的 YFP(或 CFP/RFP)荧光强度较低,适合研究相互作用较强的蛋白质。增强型 BiFC 系统 YFP(或 CFP/RFP)的 N 端和 C 端的部分氨基酸经过定点突变,导致 YFP(或 CFP/RFP)荧光增强。这种系统便于观察相互作用弱的蛋白质导致的荧光信号。

尽管 BiFC 系统具有上述优势,它也存在一些缺点。首先是荧光信号的产生相对于蛋白质之间的相互作用有一个滞后的时间,因此不能实时检测蛋白质之间的互作。其次是分开的两个 YFP 肽段之间有自发组合的问题。例如共定位到同一种细胞器的两种蛋白质之间本来没有相互作用,但由于它们之间的距离很近,导致 YFP 的 N 端和 C 端多肽片段能够自发组合产生荧光,由此得出错误的结论。最后,由于细胞内生物大分子被激发光照射以后能产生与 GFP 波长部分重叠的自发荧光,因而难以进行精确的定量分析。此外,早期的 BiFC 系统对温度比较敏感,一般 30 ℃以下的生长环境有利于细胞内 YFP 的 N 端和 C 端多肽片段产生互补效应,而且温度越低越有利于片段之间的互补;当温度较高时,N 端和 C 端多肽片段间形成有活性的荧光蛋白的能力下降,原因可能是受分子热运动的影响。这对于通过 BiFC 研究哺乳

动物细胞在生理条件下蛋白质的相互作用来说是一个挑战。不过，目前已有适合这种条件下检验蛋白质之间相互作用的 BiFC 系统。

4.1.4.2 荧光素酶互补试验

除了 GFP 及其衍生的系列荧光蛋白，海肾荧光素酶(renilla luciferase)也常用来进行蛋白质的互作研究，这种方法叫荧光素酶互补试验(split-LUC)。海肾荧光素酶是一种小分子的单体蛋白，它包含 311 个氨基酸残基。荧光素酶互补试验的原理与 BiFC 的原理相似，同样是将待检测的两种蛋白编码基因分别与海肾荧光素酶的 N 端多肽编码序列与 C 端多肽编码序列连接成嵌合基因置于不同的质粒上，然后将它们共同转入动物细胞或植物细胞原生质体。最后破碎细胞并加入荧光素酶的催化底物腔肠素。在细胞内如果两种蛋白之间存在相互作用，它们的互作能将荧光素酶的 N 端肽段和 C 端肽段牵引到足够小的空间内形成有催化活性的荧光素酶。在氧分子参与下这种有催化活性的荧光素酶能将其底物腔肠素氧化，同时产生蓝色荧光。这个过程除了荧光素酶和腔肠素、氧分子以外不需要 ATP 及其他分子参与。由于荧光素酶互补试验系统不引入其他限制性的因素，使用起来也很简单和方便。它的另一个优势是可以对活体细胞实时观察，特别是适合进行定量分析。此外，荧光素酶互补试验系统还适合蛋白质互作受激素、小分子化合物调节的研究，以及通过外源施加激素或其他小分子化合物观察它们对蛋白质互作的影响等情况。

需要说明的是，荧光素酶除了以分离组合的方式显示蛋白质之间的互作这一用途外，它本身也能够作为测试启动子活性以及酵母双杂交或单杂交系统中的报告基因使用。

 重点回顾

1. 双分子荧光互补(BiFC)与荧光素酶互补试验(split-LUC)是细胞内研究蛋白质之间相互作用简单有效的手段。

2. BiFC 的原理是 YFP 等荧光蛋白分子从蛋白质特定的区域分割成 N 端和 C 端两个可以互补的多态肽以后，分别连接两个有潜在相互作用的测试蛋白。在同一个细胞内表达以后如果两个测试蛋白存在相互作用，它们的接触将使与之连接的 YFP 的两端肽段彼此靠近，从而恢复 YFP 的功能，在 YFP 激发光的照射下产生荧光。否则不能产生荧光。

3. 荧光素酶互补试验的原理与 BiFC 的原理类似，但检测蛋白质互作时需要加入 LUC 的底物腔肠素，并且还要有氧分子参与氧化发光反应。

 参考实验方案

Current Protocols in Cell Biology Volume 29，Issue 1

Visualization of Protein Interactions in Living Cells Using Bimolecular Fluorescence Complementation (BiFC) Analysis

Chang-Deng Hu, Asya V. Grinberg, Tom K. Kerppola

First published：01 January 2006

Current Protocols in Chemical Biology Volume 6，Issue 3

A Biocompatible "Split Luciferin" Reaction and Its Application for Non-Invasive Bioluminescent Imaging of Protease Activity in Living Animals

Aurélien Godinat，Ghyslain Budin，Alma R. Morales，Hyo Min Park，Laura E. Sanman，Matthew Bogyo，Allen Yu，Andreas Stahl，Elena A. Dubikovskaya

First published：09 September 2014

 视频资料推荐

Split Luciferase Complementation Assay to Identify Specific Protein-Protein Interactions ｜ Protocol (jove. com)

Bimolecular Fluorescence Complementation. Wong K A，O'Bryan J P. J Vis Exp. 2011 Apr 15；(50)：2643. doi：10. 3791/2643.

Detection of Protein Interactions in Plant using a Gateway Compatible Bimolecular Fluorescence Complementation (BiFC) System ｜ Protocol (jove. com)

4.1.5　双荧光素酶报告基因检测

 概念解析

荧光素酶(luciferase)：指以荧光素、腔肠素等分子为催化底物,使它们氧化同时发出生物荧光的一类氧化还原酶的总称。

4.1.5.1　荧光素酶催化的发光反应

前文讲了荧光的概念,并且了解到水母绿色荧光蛋白(GFP)在激发光的照射下能够发出比激发光波长更长的荧光。这一类的发光反应属于物理变化。除此之外,自然界还有一类通过化学反应而发光的现象,如细菌发光、萤火虫发光就是如此。尽管将通过化学反应发出的光也称为荧光,但这些生物荧光与通过激发光照射荧光物质产生的荧光原理并不相同,因为它们没有激发照射过程。生物荧光是利用化学反应产生的能量激发某种物质分子的外层电子跃迁到激发态,随后激发态的电子回落到基态,同时辐射发光以释放能量。这类荧光的共同特点是通过生物体内荧光素酶的催化将底物氧化同时产生荧光,在此过程中还可能需要其他分子的参与。

过去研究较多的荧光素酶有 3 种。它们分别是萤火虫荧光素酶(firefly luciferase)、海肾荧光素酶(renilla luciferase)和细菌荧光素酶(bacterial luciferase)。萤火虫荧光素酶需要在氧气、ATP 和镁离子同时存在的条件下催化荧光素氧化,同时产生黄绿色荧光(波长 540～600 nm)。而海肾荧光素酶只需要氧气就可以催化底物腔肠素氧化产生蓝色荧光,其波长为460～540 nm。细菌荧光素酶通过氧化还原型的黄素单核苷酸($FMNH_2$)和脂肪醛(RCHO),同时产生蓝绿色荧光(波长 490 nm)。不过,细菌荧光素酶由于对温度比较敏感,在哺乳动物研究中作为报告基因应用不多。

与其他类型的报告基因相比,荧光素酶催化的发光反应有如下特点:①反应速度快。荧光素酶一旦翻译,不需要翻译后加工,能立即产生催化活性即催化底物氧化并发出荧光。因此检测每个样品的荧光只需几秒钟。②灵敏度高。在所有的化学发光反应中,荧光素酶的发光产物具有最高的量子效率(量子效率等于发射的荧光光子数/激发光子数)。③检测范围广,其检测线性范围宽达 7～8 个数量级。即强度相差 1 000 万倍以上同一类型的两种荧光都能被检测到,并且检测的信号强度与其荧光强度成正比。

值得一提的是,荧光素酶催化的发光完全依赖对底物的氧化反应。由于植物与哺乳动物细胞内无内源的荧光素酶活性,所以无背景荧光干扰,而且这种荧光检测的灵敏度高,特别适合精确的定量分析。与此不同的是,广泛应用的 GFP 及其衍生的荧光蛋白,虽然有只需要激发光照射、不需要加入任何底物的优势,但细胞内一些大分子物质在激发光的照射下也能同时产生类似的自发荧光,所以对作为报告基因的 GFP 荧光难以精确定量。

荧光素酶在分子生物学实验中,尤其是涉及哺乳动物培养细胞实验中作为报告基因的应用较广。其中一类试验叫作双荧光素酶报告基因检测(dual-luciferase reporter)。这是一种通过瞬时表达在细胞内检测顺式作用元件与反式作用因子互作的方法,包括检测转录因子与基因启动子区域顺式作用元件结合调控基因表达,以及检测 miRNA 通过结合基因靶序列调控基因表达两种类型。

4.1.5.2 双荧光素酶报告基因检测转录因子与顺式作用元件结合调控基因表达

双荧光素酶报告基因检测名称来源于试验中使用了两种荧光素酶,即萤火虫荧光素酶以及作为内参的海肾荧光素酶。检测一般在转染了荧光素酶表达质粒的动物细胞内进行。其原理是,在没有反应底物限制的情况下,检测样品发出的荧光强度与细胞内荧光素酶的表达量成正比。因此可以根据检测到的荧光强度代表样品细胞内荧光素酶的表达量。而细胞内作为报告基因的荧光素酶的表达量又由启动子区域的顺式作用元件与相关的转录因子调控决定。

双荧光素酶报告基因检测的过程包括载体构建、荧光检测和结果分析 3 个主要步骤。载体构建是指构建含有待测顺式作用元件以及基本启动子和荧光素酶编码基因的质粒以及相应的组成型表达转录因子的质粒。通常在含有萤火虫荧光素酶编码序列的质粒上,将待检测的顺式作用元件克隆到萤火虫荧光素酶编码区上游的基本启动子前端。同时将转录因子基因编码序列用组成型表达的启动子驱动并将它们克隆到另一个质粒上(图 4-5)。为便于比较不同处理样品之间荧光信号的强度,还需要设置一个内参荧光信号,即通过一个组成型表达的、与处理条件无关的荧光信号校正不同样品间的荧光强度,避免不同样品间由于培养细胞的数量以及转染和细胞裂解的效率不同造成对实验结果分析的干扰。通常将组成型表达的海肾荧光素酶基因置于另一个独立的质粒上。因此,上述双荧光素酶报告基因检测系统中使用了 3 种不同的质粒。目前一种流行的做法是将两种荧光素酶报告基因集成到同一个载体上,但它们有不同的启动子,即一个是待测试顺式作用元件以及基本启动子连接在萤火虫荧光素酶编码基因序列上游,另一个是组成型表达的启动子启动海肾荧光素酶基因表达。将两种荧光素酶报告基因设置在同一个质粒上,能够进一步降低不同样品间两个报告基因质粒转染效率不一致带来的影响。而且它们与组成型表达的转录因子质粒构成的双质粒报告基因系统也更加简洁。

在荧光检测阶段,首先要将上述荧光素酶基因表达质粒与转录因子表达质粒通过共转染的方式引入培养的动物细胞。同时,为使测试结果更可靠,还应该设置只有培养细胞以及转染试剂和荧光素酶反应底物的空白对照,并且每个样品至少设置 3 次重复以进行统计分析。将

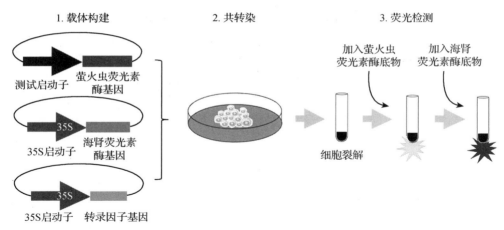

图 4-5　双荧光素酶报告基因检测转录因子与顺式作用元件互作的过程示意图

转染细胞培养一定时间以后离心收集细胞,加入细胞裂解液,离心取上清液。先向其中加入萤火虫荧光素酶的底物、ATP 和镁离子,混匀并测定萤火虫荧光素酶催化产生的荧光强度。然后在细胞裂解上清液中加入海肾荧光素酶底物腔肠素,混匀,随后测定海肾荧光素酶催化产生的不同波长的荧光强度(图 4-5)。

在结果分析阶段,先分别计算每个样品的每种荧光强度值减去相应空白对照的荧光强度值。然后计算每个样品萤火虫荧光强度与海肾荧光强度的比值。最后获得重复样品的荧光强度比值的平均值。比较转录因子与荧光素酶基因表达质粒的共转染细胞样品与无转录因子表达的空载体与荧光素酶基因表达质粒共转染细胞对照样品的两种荧光强度比值,即可判断转录因子是否与测试的顺式作用元件互作对萤火虫荧光素酶表达产生增强或降低的调控效果。

在上述双荧光素酶报告基因检测体系中,海肾荧光素酶属于组成型表达,其表达强度只受细胞数量、质粒转染效率和细胞裂解效率的影响。与此不同的是,萤火虫荧光素酶的表达除了同样受上述因素的影响外,还受测试转录因子调控的影响。由于实验的目的是评估共转染的质粒中转录因子表达对报告基因表达的影响,所以,通过计算两种荧光强度的比值消除对照和处理样品之间由相同因素造成的差别能聚焦转录因子对报告基因表达调控作用的影响。使用海肾荧光素酶作为内参的做法,从作用上看类似于实时定量 PCR 中采用管家基因将不同样品中的目的基因表达量进行均一化处理的策略。同时,萤火虫荧光素酶和海肾荧光素酶没有同源性,它们的氧化底物也不相同,而且它们发出的两种荧光的波长基本没有重叠,因此同一个样品中两种不同的荧光检测之间不会产生干扰。此外,荧光素酶在哺乳动物以及高等植物细胞内的半衰期短,样品处理以前积累的荧光素酶对检测结果的影响不大。

双荧光素酶报告基因检测试验中,荧光素酶以及转录因子表达质粒除了通过转染的方式进入培养的动物细胞,在植物中还可以用类似双分子荧光互补试验中所用的方式,如将两种包含不同质粒的农杆菌混合以后注入烟草叶片。培养一段时间以后取烟草叶片细胞破碎,离心取上清液依次加入反应底物,分别测定不同波长的荧光强度进行分析。

4.1.5.3　双荧光素酶报告基因研究 miRNA 对靶基因的表达调控

双荧光素酶报告基因检测的另一个用途是研究 miRNA 对靶基因的表达调控。细胞内miRNA 调控靶基因的表达一般是通过其 5′端根区序列(seed region,也译作"种子"区域)与目的基因转录出来的 mRNA 上靶点序列结合,从而阻止 mRNA 翻译或者降解 mRNA 分子实现的。根区指 miRNA 分子 5′端第 2～8 位最为保守的 7 个核苷酸组成的区域,它通常能与目标 mRNA 上的靶位点序列完全互补。

在识别或验证 miRNA 调控靶基因的研究中,一般将基因的测试靶点序列设置在萤火虫荧光素酶基因编码区下游的 3′UTR 内。通过对表达反式作用因子(即 miRNA)与表达顺式作用元件即报告基因下游的 miRNA 靶位点序列的两种不同质粒组合转染细胞,然后加入反应底物进行荧光测定从而验证 miRNA 对目的基因 mRNA 翻译的抑制作用。这个过程中还要设置一系列的对照以排除可能存在的其他因素对荧光定量结果分析的干扰。其中反式作用因子一方包括人工合成的 miRNA 模拟分子(miRNA mimic)和不含 miRNA 模拟分子的空载体(miRNA mimic NC)。顺式作用元件一方包括野生型基因的靶序列 Target-WT,以及对该靶序列定点突变的序列(Target-Mut)以及空载体(Target-NC)。通过对上述两方之间共 6 种不同组合的质粒进行共转染(表 4-2),然后测定每种组合产生的荧光检测值以判断 miRNA 是否对候选基因的表达起抑制作用。

除了测定萤火虫荧光素酶的表达强度,同样需要测定作为内参的海肾荧光素酶表达强度。而且,为使定量结果可靠,还需要设置只有细胞、转染试剂和荧光素酶反应底物的空白对照。不仅如此,具体实验过程中每一种组合至少有 3 次重复。反应结果中如果 Target-WT 与 miRNA mimic 的组合有显著低于其他组合的荧光强度值,则说明它们之间存在特异的相互作用。

表 4-2　miRNA 调控靶基因 Target 序列的检验及对照设置

项目	Target-WT	Target-NC	Target-Mut
miRNA mimic NC	①②③	①②③	①②③
miRNA mimic	①②③	①②③	①②③

注:miRNA mimic 指表达人工合成的 miRNA 模拟分子的质粒;miRNA mimic NC 指空载体阴性对照;Target-WT 指表达荧光素酶下游测试靶点序列的质粒;Target-NC 指表达荧光素酶但无测试靶点序列的阴性对照质粒;Target-Mut 指表达荧光素酶以及突变测试靶点序列(突变序列通常设计为野生靶点序列的互补序列)。①②③代表 3 次重复实验。

近几年,一些新的荧光素酶如高斯(Gaussia)荧光素酶和海萤(Cypridina)荧光素酶的出现为双荧光素酶报告基因检测带来了更多的优势。这些荧光素酶不仅分子量更小、催化产生的荧光强度更高,而且很多属于分泌蛋白,即它们在细胞内表达以后直接分泌出来进入溶液中,因此检测荧光素酶催化底物产生荧光时无须裂解细胞,直接在转染的细胞培养液中加入底物及其他反应所需条件即可,简化了检测过程。

 重点回顾

1. 双荧光素酶报告基因检测是在细胞内研究反式作用因子(包括转录因子和 miRNA)与顺式作用元件互作的一种技术。

2. 研究转录因子与顺式作用元件互作对基因表达的影响时,顺式作用元件位于报告基因的 5′非编码区;而研究 miRNA 调控基因表达时,通常将顺式作用元件置于报告基因的 3′非编码区。

3. 荧光素酶检验具有反应速度快,灵敏度高,在高等动、植物细胞内无背景信号,适合精确的定量分析等优势。采用双荧光素酶报告基因能消除不同样品因转染和裂解效率与细胞内表达效率不同造成的差异。

4. 新型荧光素酶的出现使双荧光素酶报告基因检测具有更广阔的应用前景。

 参考实验步骤

Current Protocols in Molecular Biology Volume 131，Issue 1

Rapid and Efficient Synthetic Assembly of Multiplex Luciferase Reporter Plasmids for the Simultaneous Monitoring of Up to Six Cellular Signaling Pathways

Alejandro Sarrion-Perdigones，Yezabel Gonzalez，Koen J. T. Venken

First published：15 June 2020

Current Protocols in Chemical Biology Volume 6，Issue 1

Luciferase Reporter Assay in *Drosophila* and Mammalian Tissue Culture Cells

Chi Yun，Ramanuj DasGupta

First published：14 March 2014

 视频资料推荐

High-Throughput Functional Screening Using a Homemade Dual-Glow Luciferase Assay. Baker J M，Boyce F M. J Vis Exp. 2014 Jun 1；(88)：50282. doi：10.3791/50282.

4.1.6 染色质免疫共沉淀

 概念解析

染色质免疫共沉淀(chromatin immuno precipitation assay,ChIP)：以抗体和抗原的相互作用为基础,从细胞中选择性地富集并分离与已知转录因子等蛋白质特异结合的DNA元件的分析方法。ChIP还能用来研究组蛋白与DNA的相互作用以及多种蛋白质与DNA的相互作用。

X-ChIP(cross-linked ChIP)：交联染色质免疫共沉淀。即首先用甲醛固定细胞内相互作用的DNA元件与转录因子蛋白,然后通过与已知转录因子特异抗体的结合分离DNA元件的方法。这种方法适合分析转录因子与基因组DNA之间联系不十分紧密的相互作用。

N-ChIP(native ChIP)：天然染色质免疫共沉淀。即在加入目标蛋白质的特异抗体之前不使用甲醛固定细胞中与蛋白质分子结合的染色质DNA的ChIP方法。这种方法适合分析组蛋白与基因组DNA之间联系紧密的相互作用。

4.1.6.1 DNA与蛋白质互作的检测方法

染色质中除了组成型表达的基因,其他绝大多数基因的表达受生物体内在因素的控制或不同的外界环境因素的诱导或抑制,所以在不同的组织和细胞内基因的表达强度和表达时间存在差异。即便在同一个细胞内,通常数以万计的基因能够协调一致地有序表达也需要有精确的调控。

转录水平上的调控是基因表达调控的重要方式。它通过基因特异的转录因子结合基因启动子区域的顺式作用元件,然后与结合在启动子序列上、以 RNA 聚合酶为核心的基础转录装置相互作用,从而增强或抑制目的基因高效表达。转录因子与顺式作用元件的结合过程属于 DNA 与蛋白质相互作用的一种形式。除了受转录因子的调控,基因转录水平的表达还受到表观遗传(epigenetic)调控,如基因组 DNA 和组蛋白的甲基化与去甲基化、组蛋白乙酰化等方式的影响。实际上,表观遗传调控途径也主要是通过影响转录因子与基因启动子的结合实现的。因此,研究转录因子蛋白与基因组 DNA 在染色质环境下的相互作用是阐明真核生物基因表达调控机制的重要基础。

前面的章节已提及,研究顺式作用元件与转录因子相互作用的方法主要有滤膜结合实验、凝胶阻滞、酵母单杂交、染色质免疫共沉淀(ChIP)以及双荧光素酶报告基因检测 5 种类型。凝胶阻滞是一种细胞外检验 DNA 分子即顺式作用元件与蛋白质相互作用的方法。其原理是利用放射性同位素标记的 DNA 分子与纯化的转录因子蛋白孵育,然后进行聚丙烯酰胺凝胶电泳。如果它们之间存在特异地相互作用,那么在电场力的作用下,DNA 分子在凝胶中的移动速度将会受到蛋白质结合带来的额外阻力而变慢。原因是用于凝胶阻滞实验的顺式作用元件 DNA 分子一般只有 20 多个核苷酸的长度,其分子量较小,为 1 万～2 万 Da。分子量通常为 2 万～3 万 Da 的转录因子蛋白的结合能显著影响 DNA 分子在聚丙烯酰胺凝胶介质中的移动速度。

滤膜结合实验利用蛋白质分子以及单链 DNA 分子能够结合到硝酸纤维素膜上,而双链 DNA 分子不能结合硝酸纤维素膜这一区别来检验 DNA 分子与特定蛋白质分子之间的相互作用。具体的做法是先将特定的转录因子蛋白结合在硝酸纤维素膜上,然后将待检测的基因启动子序列或基因组序列断裂成一定长度的核苷酸片段以后与结合了转录因子蛋白的硝酸纤维素膜孵育一段时间,洗去未结合的 DNA 分子。再将膜上的蛋白质和与它结合的 DNA 分子洗脱下来分析即可获得它们的互作信息。以上两种方法都属于细胞外研究 DNA 与蛋白质分子相互作用的方法。

酵母单杂交实验虽然能够在细胞内检验动植物基因组 DNA 分子与蛋白质分子的相互作用,但在酵母细胞内异源表达的蛋白质与 DNA 分子相互作用与真实细胞环境下它们之间的相互作用还是有一定的区别,因为酵母细胞属于单细胞生物,与动植物相比有许多不同的特点。双荧光素酶报告基因检测虽然能够在同源或异源细胞内检验转录因子与顺式作用元件之间的相互作用,但它依赖质粒上的 DNA 序列与转录因子互作分析。质粒上裸露的 DNA 序列与染色质 DNA 序列也存在明显区别。因此上述方法都存在一定的局限。目前研究真实细胞环境下 DNA 与蛋白分子相互作用的唯一方法是染色质免疫共沉淀,即 ChIP。

4.1.6.2　ChIP 的原理

ChIP 利用了抗体(IgG)能同时与两种不同性质的抗原结合的特性。从结构上看,抗体由靠近其蛋白质 N 端的可变区(Fab)与靠近其 C 端的稳定区(Fc)组成。这两个区域都有结合抗原的能力。在 ChIP 试验中,第一种抗原是要研究的与特定基因启动子区域顺式作用元件特异结合的目标转录因子。因为抗体是以这个转录因子蛋白或者它的部分肽段为抗原经过免疫动物获得的,它们的结合部位为抗体的 Fab 区域。第二种抗原是前面已经介绍过的、来源于金黄色葡萄球菌细胞壁内的 Protein A(类似的情况还有来源于链球菌的 Protein G),它们是细菌细胞壁抗原的主要成分。Protein A 有 5 个抗体结合区域,能够非特异地结合大多数抗体重链的 Fc 区域。

　　ChIP 试验中,Protein A 通常被共价交联到亲和层析离心柱的填充颗粒或磁珠颗粒上,它们之间通过氨基的交联可以用戊二醛处理来实现,这种离心柱有商业化的产品销售。生理条件下,转录因子与受它调控基因的启动子区域顺式作用元件结合形成复合物,所以当细胞核内 DNA 与蛋白质分子复合物被甲醛固定时,能将它们瞬间"凝固"起来,保持了细胞内蛋白质与 DNA 分子相互作用的真实状态(图 4-6)。甲醛固定的另一个优点是这种固定是可逆的,一般情况下不影响固定以后对 DNA 与蛋白质的后续分析,即蛋白质抗原与抗体结合反应以及 DNA 分子的扩增通常不会因为前期的甲醛固定而受影响。

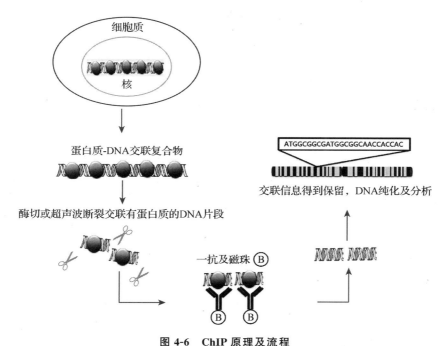

图 4-6 ChIP 原理及流程
图片引自 Mundade 等(2014),有修改

　　随后将被甲醛固定的染色质用超声波或限制性核酸内切酶切断为一定长度的染色质小片段(这些小片段长度一般在 200~1 000 bp)。离心除去不溶性杂质,在包含了上述转录因子与顺式作用元件的上清液中,加入所要研究的转录因子的特异抗体孵育一定时间。此时,特异抗体-转录因子-顺式作用元件复合物就形成了。将含有此复合物的混合溶液流经填充颗粒表面交联有 Protein A 的亲和层析柱时,由于特异抗体-转录因子-顺式作用元件复合物中抗体的 Fc 区域能识别离心柱上交联的 Protein A 蛋白抗原,所以就被锚定在层析柱上。其余非特异的 DNA、蛋白质或者是它们的复合物则随溶液流出层析柱。简而言之,ChIP 试验中利用 Protein A 这个抗原是为了将特异抗体-转录因子蛋白-顺式作用元件复合物从其他细胞成分的混合物中分离出来。

随后层析柱经过缓冲液洗涤,再用洗脱液将固定在层析柱上的转录因子与顺式作用元件复合物洗脱下来。加入蛋白酶 K 解除 DNA 与转录因子蛋白的偶联后,用酚/氯仿处理分离其中的 DNA 片段。再以纯化的 DNA 片段为模板,通过预先设计的一系列针对启动子不同区域的 PCR 引物进行扩增,然后将成功扩增的产物进行测序就能获得与目标转录因子特异结合的、包含顺式作用元件的 DNA 序列(图 4-6)。因为只有与转录因子特异结合的 DNA 片段才能从不同的染色质片段中通过亲和层析被分离出来,并为相应的 PCR 引物提供模板进行扩增。

抗体是动物免疫系统的重要组成成分,不同抗体的 Fab 区域针对不同的抗原。但它们的 Fc 区域大多能够非特异地结合金黄色葡萄球菌的 Protein A 或链球菌的 Protein G,由此可以推测这两种微生物在动物免疫系统演化过程中充当着重要的角色。形象地说,相比于其他的微生物,金黄色葡萄球菌与链球菌一定是动物免疫系统常抓不懈、重点关注的"对手"或"敌人"。

4.1.6.3 ChIP 的不同类型

ChIP 是目前研究转录因子与顺式作用元件结合最可靠的方法。它还可以用来研究组蛋白的各种共价修饰与基因表达的关系。上述 ChIP 方法中由于使用了甲醛等使蛋白质与 DNA 固定的交联剂,所以这种方法又叫作交联免疫共沉淀(cross-linked ChIP,X-ChIP)。由于甲醛交联在某些情况下可能导致目标蛋白质表面抗原的掩盖或改变,因此有时会出现抗体不能捕捉到目标抗原(即转录因子)的情况。为应对这种情况,还有一种不使用固定剂促进蛋白质与 DNA 交联的非交联免疫共沉淀类型(native ChIP,N-ChIP)。这两种方法各有特点。N-ChIP 中,用特异抗体结合未固定的蛋白质抗原,它更适合研究染色质中与 DNA 紧密结合的组蛋白修饰相关的表观遗传学研究。而 X-ChIP 则适合开放染色质中转录因子与 DNA 之间结合并不十分牢固的互作研究。

随着高通量测序技术的出现,派生出将 ChIP 与高通量测序结合起来的 ChIP-seq 方法。该方法的原理是通过 ChIP,将与特定转录因子结合的基因组 DNA 片段收集起来,然后以这些 DNA 片段为基础加上接头后扩增构建文库,通过对文库中 DNA 测序获得与转录因子互作的 DNA 序列信息。运用类似的原理,如果使用染色质中组蛋白的特异抗体进行 ChIP-seq,就能在基因组中定位与组蛋白互作的 DNA 序列信息。

蛋白质与 DNA 分子之间基于 ChIP 的互作研究方法除了以上两种,最近还发展出更加简单高效的方法,其中有代表性的是 CUT&RUN 以及 CUT&TAG。这两种方法同样都利用了金黄色葡萄球菌细胞壁成分的 Protein A 或链球菌细胞壁成分 Protein G 作为桥梁,同时将核酸酶或转座酶与转录因子的特异抗体联系起来,极大地提高了核酸酶或转座酶切割染色质 DNA 的特异性。CUT&RUN 技术原理如图 4-7 所示,先将具有凝聚细胞作用的伴刀豆蛋白 A 通过共价交联在磁珠上,然后加入待分析的细胞。加入的细胞就通过伴刀豆蛋白 A 的凝聚作用间接地固定在磁珠上。随后加入洋地黄皂苷处理使细胞膜的通透性增加,再将目标转录因子的抗体加入其中。此时转录因子的特异抗体即可透过细胞膜与核膜进入细胞核内与结合在顺式作用元件上的转录因子结合。然后将融合有 Protein A 的核酸酶 MNase 加入到上述细胞孵育液中。由于融合有 MNase 的 Protein A 进入细胞核以后能被抗体的 Fc 区域识别和结合,MNase 就被限定在相应转录因子附近的 DNA 区域然后切割染色质 DNA。随后细胞核内被切割下来的染色质 DNA 片段扩散到细胞外。将这些 DNA 片段用带有硅基质膜的离心柱富集或酚/氯仿处理以后加入乙醇和醋酸钠沉淀收集,再加上接头扩增,建库测序即可获得与目标转录因子互作的 DNA 序列信息。由于该方法中 MNase 核酸酶先从细胞外进入细胞核,并对与目标转录因子结合的染色质 DNA 进行切割,切割产生的目标染色质 DNA 片段渗透出细胞外而得到收集和鉴定,所以给这种方法取了一个"切完逃逸"(CUT&RUN)的名字。

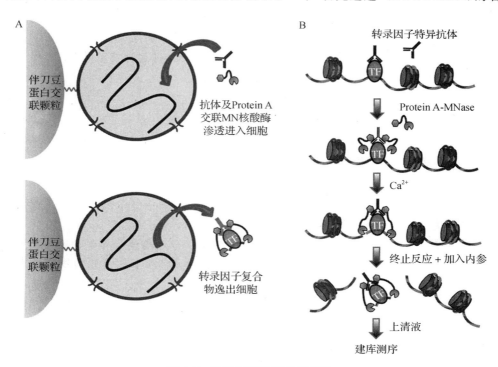

图 4-7   CUT&RUN 技术原理图
图 A 显示 CUT&RUN 中抗体与 Protein A 复合物出入细胞的状态;图 B 显示抗体与 Protein A 复合物在细胞内的相互作用过程。TF:转录因子。图片引自 Skene 和 Henikoff(2017),有修改

另一种方法叫作"CUT&TAG",即切完标记。CUT&TAG 的步骤与 CUT&RUN 类似,即先将细胞通过伴刀豆蛋白固定、洋地黄皂苷处理增加细胞膜的透性、加入特定转录因子的抗体孵育。不同的是,随后 CUT&TAG 利用带有测序引物的大肠杆菌重组 Tn5 转座酶复合体而不是用核酸酶与抗原 Protein A 融合。通过与转录因子互作的抗体识别 Protein A 的特性引导重组 Tn5 转座酶复合体对与转录因子结合的 DNA 序列进行切割并同时插入扩增引物。因为重组 Tn5 转座酶复合体的外侧末端序列 OE 的 5′端带有测序引物。最后,以此引物序列对细胞孵育液进行扩增、建库测序即可获得与特定的转录因子互作的染色质 DNA 序列信息。由于在建库测序之前增加了对目标染色质片段的扩增过程,这种方法能大幅度地降低背景信号,所以降低了对测序深度的要求,并且这种方法对样品量的要求也降低了很多。CUT&TAG 甚至可以用来对单细胞进行与蛋白质互作的 DNA 序列分析。

CUT&RUN 与 CUT&TAG 这两种基于 ChIP 的方法与此前在开放染色质研究中讲到的 MNase-seq 与 ATAC-seq 方法很相似。的确,在切割染色质 DNA 的方式上这两类方法都是一致的。不同的是,用于开放染色质研究的 MNase-seq 与 ATAC-seq 方法中,利用核酸酶

或转座酶无区别地切割细胞核染色质中所有没有被转录因子或组蛋白保护起来的区域，获得的是全基因组水平上开放染色质区域的信息。而 CUT&RUN 与 CUT&TAG 方法中，核酸酶或重组转座酶的作用是围绕抗体所限定的特定转录因子的开放染色质区域进行定点切割，获得的是与特定转录因子互作的开放染色质区域的 DNA 序列信息。

以 ChIP 为基础衍生出的研究 DNA 与蛋白质互作的方法很多，但它们都是以蛋白质为诱饵的研究方法，或者说它们用转录因子蛋白去"钓"与之互作的顺式作用元件。在下文我们还会讲到以 DNA 为诱饵的研究方法，该方法是通过顺式作用元件这种特定的 DNA 序列去"钓"与之互作的转录因子蛋白。这种方法就是酵母单杂交。

 重点回顾

1. 染色质免疫共沉淀是研究细胞内 DNA 与蛋白质互作的最可靠方法。传统的 ChIP 通过将真实细胞环境下互作的转录因子与顺式作用元件用甲醛固定，然后用内切酶或超声波处理使染色质断裂成小的片段，离心后的上清液中再加入特定转录因子的抗体，通过抗体与 Protein A 的结合将与特定转录因子互作的顺式作用元件分离出来。对分离出来的 DNA 片段进行扩增测序即可获得其序列信息。

2. 使用甲醛交联的 ChIP 叫作 X-ChIP，适合转录因子与染色质这种结合不牢固的互作研究。不使用甲醛交联的 ChIP 叫作 N-ChIP，适合组蛋白与 DNA 之间有较为牢固结合的互作研究。

3. 除了传统的 ChIP，目前还发展出更加简洁高效的 CUT&RUN 与 CUT&TAG 这两种基于 ChIP 的方法。它们具有特异地切割与目标转录因子互作的染色质片段的特点，灵敏度和特异性比常规的 ChIP 更具优势。

 参考实验方案

Current Protocols in Plant Biology Volume 1，Issue 2

Profiling of Transcription Factor Binding Events by Chromatin Immunoprecipitation Sequencing（ChIP-seq）

Liang Song，Yusuke Koga，Joseph R. Ecker

First published：10 June 2016

 视频资料推荐

Chromatin Immunoprecipitation-ChIP：X-ChIP and N-ChIP│分子生物学│JoVE

An Efficient Protocol for CUT&RUN Analysis of FACS-Isolated Mouse Satellite Cells. Ghaibour K，Rizk J，Ebel C，Ye T，Philipps M，Schreiber V，Metzger D，Duteil D. J Vis Exp. 2023 Jul 7；(197)：65215. doi：10.3791/65215.

Profiling of H3K4me3 Modification in Plants using Cleavage under Targets and Tagmentation. Tao X，Gao M，Wang S，Guan X. J Vis Exp. 2022 Apr 22；(182)：62534. doi：10.3791/62534.

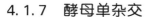

4.1.7 酵母单杂交

4.1.7.1 酵母单杂交实验的原理

酵母单杂交(yeast one-hybrid)是在酵母双杂交基础上发展起来的一种细胞内研究顺式作用元件与转录因子相互作用的技术。与酵母双杂交一样,酵母单杂交的依据是真核生物转录因子包含 DNA 结合结构域 BD 与转录激活(或抑制)结构域 AD 两个结构可分、功能独立的单位。酵母双杂交研究的是两个已知蛋白质之间的相互作用,或者一个已知蛋白与 cDNA 文库中基因编码的未知蛋白之间的相互作用。酵母单杂交则是已知顺式作用元件,需要查找或验证与这个顺式作用元件结合的转录因子。这个顺式作用元件相当于酵母 *GAL* 系列基因(包括 *GAL1*、*GAL2*、*GAL7*、*GAL10*)启动子区域内与转录因子 GAL4 结合的 17 bp 的上游激活序列 UAS。

传统的酵母单杂交步骤是,首先构建包含 TATA-box 等最基本启动子序列与报告基因编码序列的质粒。然后将已知的顺式作用元件以单个或串联重复甚至三联重复的形式置于基本启动子上游,形成包含顺式作用元件-基本启动子-报告基因编码序列的结构。也有将已知基因的整个推测的启动子序列以单拷贝的形式置于报告基因上游的做法。这种情况下,由于启动子序列包含了多个顺式作用元件,筛选出来的结果可能包含很多不同类型转录因子。为了使杂交结果更加可靠,酵母单杂交中通常使用两种报告基因,如 *AUR1-C*、*HIS3* 或 *lacZ*,能同时启动两个报告基因表达的候选转录因子基因很大程度上就排除了由偶然因素导致的假阳性结果。

为了使报告基因表达更稳定,通常将构建完成的顺式作用元件-基本启动子-报告基因编码序列通过酵母整合型质粒线性化以后转化进入宿主酵母细胞,利用载体上的酵母同源基因序列与宿主酵母基因组中的同源基因序列重组,将上述不同的报告基因表达序列分别整合到酵母染色体 DNA 中。由于报告基因表达质粒也包含作为互补营养缺陷型酵母的氨基酸或核苷酸合成相关基因,所以它成功整合进入酵母基因组以后就使宿主获得了合成相应的核苷酸或氨基酸的能力。不过,它们能否互补宿主酵母所缺乏的全部营养或满足其他生长的要求,还要看报告基因能否被特异的转录因子激活表达。

在酵母双杂交一节已经说明,将报告基因整合在酵母染色体上能克服将它置于质粒之上的杂交系统中,由于宿主酵母内质粒拷贝数不稳定对杂交结果带来的影响。而且,将报告基因表达系统整合进入染色体还可以更真实地模拟真核生物基因表达调控的状态。因为在质粒上报告基因及其上游的调控序列是属于裸露的 DNA,但当它们整合在酵母染色体上以后则是与组蛋白结合形成染色质的组成部分。不过,酵母整合型质粒较附加体型质粒转化效率更低。完成了上述步骤,就获得了基因组中整合有测试的顺式作用元件启动子与报告基因表达单元的宿主酵母菌株。

为了筛选 cDNA 文库中能够编码与顺式作用元件结合的转录因子,还需要将转录因子 GAL4 的转录激活结构域 AD 部分的编码序列与被筛选物种或组织的 cDNA 文库中不同基因的编码序列融合,生成包含 GAL4 激活结构域 AD 序列融合 cDNA 的表达文库,或者是 AD 编码序列与物种的转录因子 cDNA 文库序列结合形成的表达文库。这个过程可以通过给 AD 编码序列一端加上同源序列然后与含有相同同源序列接头的 cDNA 文库质粒通过同源重组融

合,或者通过位点专一重组以及通过酶切连接的方式将它们融合起来形成 AD-cDNA 融合表达质粒文库。融合蛋白中 cDNA 编码蛋白的作用类似于 GAL4 蛋白中 DNA 结合结构域即 BD 的作用。随后将融合表达文库质粒转化进入整合有顺式作用元件-基本启动子-报告基因编码序列的报告基因表达酵母菌株。如果 AD-cDNA 融合表达文库蛋白中含有能与报告基因上游顺式作用元件结合的转录因子,那么它在识别和结合报告基因上游顺式作用元件的同时将导致与其融合表达的 AD 结构域激活 RNA 聚合酶,启动报告基因高效表达。通过对报告基因表达的阳性克隆确认以后提取质粒,并在大肠杆菌中复制,测序即可初步获得目标转录因子基因的信息。对初步获得的目标转录因子可以采用凝胶阻滞即 EMSA 或双荧光素酶报告基因检测进一步验证。

概括起来,酵母单杂交主要包括 4 个步骤:①构建含有顺式作用元件-基本启动子-报告基因的整合型质粒,然后转化酵母并筛选含有报告基因的酵母菌株;②构建 AD 融合候选基因的表达质粒文库;③将 AD 融合表达的文库质粒转化进入报告酵母菌株细胞;④筛选与鉴定阳性酵母克隆。

4.1.7.2 酵母单杂交的其他类型

与上述传统的酵母单杂交方法相比,目前一些公司开发出来的酵母单杂交系统更加简单和方便(图 4-8)。例如,Clonetech 公司的酵母单杂交系统只使用 *AUR1-C* 这一种报告基因,并且将上述步骤的第二步省略,直接将两端含有同源序列的 cDNA 文库质粒与带有相应同源序列的 AD 结构域的表达质粒一起,同时转入含有顺式作用元件-基本启动子-报告基因的宿主酵母菌株。利用 AD 编码序列与 cDNA 的文库序列在酵母细胞内完成同源重组并表达形成融合蛋白,然后进入细胞核内。其中能够与顺式作用元件结合的 AD 融合转录因子蛋白即可启动报告基因 *AUR1-C* 表达,使宿主酵母能在含金担子素 AbA 的培养基上生长形成克隆。

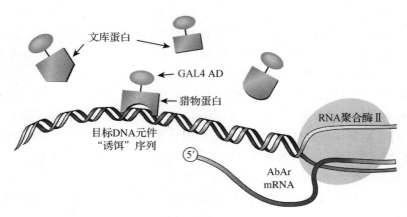

图 4-8 酵母单杂交原理图

AbAr mRNA:转录的 AbA 抗性的报告基因 mRNA;GAL4 AD:转录因子的激活结构域。
图片引自 Clontech

除了可以通过将融合有 AD 的候选基因 cDNA 文库质粒转化进入含有报告基因的宿主酵母,还可以通过单倍体酵母结合形成二倍体的方式将含有 AD 融合 cDNA 文库质粒的单倍体酵母与含有报告基因表达系统的单倍体酵母结合到同一个二倍体酵母细胞内。值得一提的是,在酵母单杂交中这两种方法各有特点:通过质粒转化进入含有报告基因的宿主酵母这种方式筛选获得的转录因子数量较多但可重复性差;而通过单倍体酵母结合的方式筛选获得的转录因子数量较少但可重复性好。另外,无论是酵母双杂交还是单杂交,筛选阳性克隆都需要有足够的培养时间。由于诱饵蛋白与猎物蛋白或顺式作用元件与转录因子融合蛋白相互作用有强有弱,所以启动报告基因的能力也有较大的差别,导致阳性克隆生长的速度不同。相互作用强的情况下长出阳性克隆只要 3 d 时间,相互作用弱的情况下可能需要 2 周的培养时间。

尽管酵母单杂交系统提供了一种在细胞内根据顺式作用元件筛选转录因子基因的实用方法,但由于转录因子基因的 cDNA 在整个组织或细胞 cDNA 文库中所占比例较少,并且它们的表达量通常较低,所以这种筛选方法有时难以获得高的筛选效率。因为低拷贝数的基因表达产物是否能成功地包含在 cDNA 文库中是一个问题;即便已经进入 cDNA 文库,它们是否能有效地转化进入酵母也不能保证。如果转录因子不能转化进入酵母,自然就没有机会通过影响酵母的生长得到鉴定。此外,cDNA 文库中转录因子基因的转录本是否属于全长 cDNA 也可能对筛选结果产生影响。针对上述问题,目前在少数模式生物中已经建立起转录因子基因的全长 cDNA 文库。不过,这样的转录因子文库只是包含了目前已知的全部转录因子基因。对一些目前未知的转录因子,筛选它们只能通过全长 cDNA 文库进行。

 重点回顾

1. 酵母单杂交是在细胞内通过已知的顺式作用元件去筛选或验证与之互作的转录因子基因的一种手段。

2. 酵母单杂交与酵母双杂交依据的原理相同,但单杂交过程中只需要 GAL4 的 AD 激活结构域。即用未知的转录因子编码序列替代 GAL4 的 BD 的编码序列与 GAL4 的 AD 编码序列组合形成具有转录激活能力蛋白的表达质粒,转入含有已知顺式作用元件及报告基因的酵母菌株。如果转录因子能识别相应的顺式作用元件,就能够通过与转录因子融合表达的 GAL4 的 AD 结构域激活下游报告基因表达。

3. 酵母单杂交过程中利用转录因子文库替代 cDNA 文库筛选候选转录因子有助于提高单杂交的成功率。

参考实验方案

Current Protocols in Molecular Biology Volume 55,Issue 1

Yeast One-Hybrid Screening for DNA-Protein Interactions

Pieter B. F. Ouwerkerk,Annemarie H. Meijer

First published:01 August 2001

视频资料推荐

A Modified Yeast-One Hybrid System for Heteromeric Protein Complex-DNA Interaction Studies. Tripathi P,Pruneda-Paz J L,Kay S A. J Vis Exp. 2017 Jul 24;(125);56080. doi:10.3791/56080.

4.1.8 单克隆抗体

概念解析

杂交瘤细胞(hybridoma)：通过将同一种动物品系经过抗原免疫的 B 淋巴细胞与骨髓瘤细胞融合形成的杂交细胞。杂交瘤细胞具有亲本细胞的遗传特性，既能像 B 淋巴细胞一样分泌抗体，又能像骨髓瘤细胞一样在体外无限增殖。

单克隆抗体(monoclonal antibody, McAb)：由单一的效应 B 细胞分裂增殖产生的高度均一、仅针对某一特定抗原决定簇的抗体。

抗体基因重排(gene rearrangement)：在 B 淋巴细胞分化过程中，祖 B 细胞内形成抗体重链和轻链的各个基因家族众多的外显子通过剪切组合产生数量巨大的不同幼稚 B 淋巴细胞的过程。

体细胞超突变(somatic hypermutation)：B 淋巴细胞的一种适应性分化机制。幼稚 B 细胞受抗原刺激以后，在增殖过程中抗体可变区的编码序列发生高频率的突变，分化形成一系列与抗原亲和性略有不同的成熟 B 细胞。其中与抗原有最高亲和力的 B 细胞分化成记忆 B 细胞和效应 B 细胞。

次黄嘌呤/氨基蝶呤/胸腺嘧啶核苷(hypoxanthine/aminopterin/thymidine, HAT)**培养基**：用于筛选杂交瘤细胞的选择性培养基。该培养基中除了含有适合正常白细胞生长的成分以外，还含有次黄嘌呤 H、氨基蝶呤 A 和胸腺嘧啶核苷 T。

4.1.8.1 抗体的产生及其特点

抗体是动物免疫系统的重要组成部分，它由 B 淋巴细胞分化形成的浆细胞合成和分泌。如图 4-9 所示，B 淋巴细胞起源骨髓中的造血干细胞(hematopoietic stem cell, HSC)。干细胞是指同时具有通过分裂自我更新能力和分化能力的细胞。造血干细胞的一部分细胞分化成祖 B 细胞(pro-B cell)，祖 B 细胞在骨髓中分化形成前体 B 细胞(pre B cell)以及随后的分化过程中，抗体重链和轻链编码基因家族成员分别通过基因重排形成数量巨大的幼稚 B 细胞(naive B cell)群体。幼稚 B 细胞转移至淋巴器官后受到抗原刺激，抗体基因可变区序列通过体细胞超突变形成一系列与抗原亲和性略有不同的成熟 B 细胞群体。其中与抗原有最高亲和力的 B 细胞一部分分化形成记忆 B 细胞，其余的大部分分化形成能产生抗体的效应 B 细胞即浆细胞。虽然每个成熟的 B 淋巴细胞只产生识别一种抗原决定簇的抗体，但祖 B 细胞在成熟过程中通过不同基因片段随机重排形成大量的幼稚 B 细胞，而每个幼稚 B 细胞在受到抗原刺激后通过体细胞超突变形成一系列与抗原亲和性略有不同的成熟 B 细胞。因此，最终形成不同抗体的潜力是十分惊人的。

抗原决定簇或称抗原表位是决定抗体特异性的关键因素，它一般由 6～8 个氨基酸组成。一个抗原上可以带有多个抗原决定簇，而每个抗原决定簇只能够被一个 B 淋巴细胞表面受体所识别，因此同一种抗原通过免疫动物细胞产生的抗血清，实际上可能包含多种针对不同抗原决定簇的抗体，这些混合抗体属于多克隆抗体。针对同一个抗原内不同抗原决定簇的多克隆抗体可以结合不同的抗原——只要这些抗原含有这些抗体识别的任意一个或多个抗原决定簇。多种不同抗体的同时存在导致在抗原-抗体识别过程中可能发生交叉反应，从而增加背景

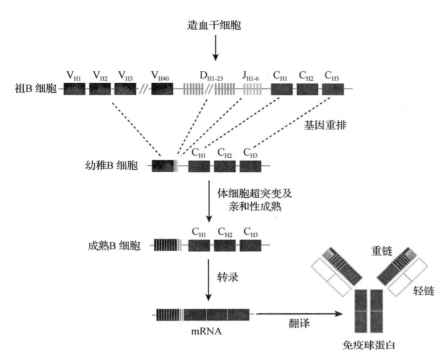

图 4-9 抗体重链基因通过重排、表达产生抗体重链蛋白过程示意图

造血干细胞（HSC）的一部分分化成为祖 B 细胞（pro B cell），祖 B 细胞分化成幼稚 B 细胞（naive B cell）的过程中，抗体重链编码基因可变区的 V、D、J 基因家族与编码恒定区 C 基因家族成员通过基因重排，最后每个幼稚 B 细胞的重链编码基因只包含分别来自可变区 V、D、J 基因家族的一个成员与恒定区 C 基因家族成员。幼稚 B 细胞经过抗原刺激后发生体细胞基因超突变，即抗体可变区编码序列发生高频突变，形成与抗原亲和性略有不同的不同重链编码基因。抗体的轻链由可变区 V、J 和恒定区 C 组成，其产生过程与重链类似。图片根据 Takara：Profiling mouse B-cell receptors with SMART technology（takarabio. com）修改

信号，影响实验结果。如果能从被抗原激活的 B 细胞中，筛选出针对某种特定抗原决定簇分化的效应 B 细胞即浆细胞进行培养，就可以得到由单个浆细胞经分裂增殖而形成细胞群，即单克隆。由单个效应 B 细胞克隆产生的抗体即为针对单一抗原决定簇的单克隆抗体。

4.1.8.2 杂交瘤细胞的制备

生产单克隆抗体这一设想在 1975 年由分子生物学家 Cesar Milstein、Georges J. F. Kohler 和 Niels K. Jerne 通过细胞融合技术创建杂交瘤细胞得以实现。他们将能够在体外长期培养并增殖的纯系小鼠骨髓瘤细胞与经过抗原免疫的同一品系小鼠的 B 淋巴细胞融合，形成杂交瘤细胞系。这些杂交瘤细胞既有骨髓瘤细胞能够在体外无限增殖的特性，又有效应 B 细胞所具备的产生和分泌抗体的能力。然后对这些杂交瘤细胞进行培养筛选，选择其中能产生特定抗体的单细胞进行体外培养，或将它接种于小鼠腹腔，经过一段时间通过单个细胞增殖得到的单克隆细胞系就能分泌大量高浓度的均一抗体。这些抗体分子的氨基酸组成和顺序、蛋白结构和识别抗原的特异性都完全一致。在培养过程中，只要没有发生变异，单克隆细胞系在不同时间所分泌的抗体都能保持完全一致的特性。这种抗体即为单克隆抗体。

单克隆抗体的具体制备过程是首先用抗原免疫动物以获得效应 B 淋巴细胞。如图 4-10 上所示,先给小鼠体内注射某种抗原,培养一段时间后取出小鼠脾脏(脾是最大的淋巴器官),此时脾脏内已经形成经过抗原刺激、能够产生抗体的成熟 B 淋巴细胞。将其破碎研磨,制成脾脏细胞悬浮液。然后在其中按一定的比例加入同一品系小鼠的骨髓瘤细胞与促细胞融合剂聚乙二醇,使两种细胞融合形成杂交瘤细胞。接下来的步骤是对融合后的杂交瘤细胞进行筛选,也就是将融合细胞分散在含有筛选培养基的多孔板中进行培养,从中选择成功融合的杂交瘤细胞。

4.1.8.3　杂交瘤细胞的筛选

杂交瘤细胞的筛选原理是活细胞必须进行新陈代谢,即用分裂形成的新细胞替换衰老死亡的细胞。细胞分裂之前必须进行 DNA 复制。DNA 复制的原料是 4 种脱氧核苷酸。一般细胞内核苷酸的合成有从头合成和补救合成途径两种方式。从头合成途径又叫新生途径,它是通过磷酸、核糖、氨基酸等一些简单的小分子逐步合成核苷酸分子;补救合成途径又称再生或再利用途径,它利用核酸分解产生的核苷或碱基重新合成核苷酸分子。在人以及哺乳动物器官中,肝脏是核苷酸从头合成最活跃的器官,而脑和骨髓等高度分化的组织细胞因丧失了核苷酸从头合成能力只能依靠补救途径合成核苷酸。由于来源于骨髓的骨髓瘤细胞是次黄嘌呤-鸟嘌呤磷酸核糖转移酶(HGPRT)的缺陷型细胞株,而 HGPRT 是嘌呤核苷酸补救合成途径中的关键酶。所以,骨髓瘤细胞不仅与骨髓细胞一样不能通过从头合成途径产生嘌呤核苷酸,也无补救合成嘌呤核苷酸的能力。

细胞内嘌呤(包括腺嘌呤和鸟嘌呤)脱氧核苷酸与胸腺嘧啶脱氧核苷酸的从头合成途径能被抗风湿病的重要药物甲氨蝶呤或其类似物氨基蝶呤(aminopterin,A)抑制(图 4-10A)。氨基蝶呤是叶酸的类似物,它能与叶酸竞争二氢叶酸还原酶从而干扰二氢叶酸还原成有生理活性的四氢叶酸。四氢叶酸是细胞内一碳单位转移酶系统中的辅酶,或者说是一碳基团的载体,参与腺嘌呤、鸟嘌呤、胸腺嘧啶核苷酸的从头合成(图 4-10B)。胞嘧啶从头合成不需要四氢叶酸参与,因此氨基蝶呤不影响胞嘧啶的从头合成。

当培养基中有氨基蝶呤存在时,细胞只能依靠补救途径合成这 3 种核苷酸分子,或者直接依靠在培养基中添加这 3 种核苷酸存活。补救合成途经中,次黄嘌呤核苷酸是腺嘌呤脱氧核苷酸和鸟嘌呤脱氧核苷酸补救合成途经中共同的原料,因此,在培养基中有氨基蝶呤存在的情况下,如果添加次黄嘌呤及胸腺嘧啶核苷,那么杂交瘤细胞由于能够通过次黄嘌呤 H 补救合成嘌呤核苷酸(A 和 G),以及同时添加的胸腺嘧啶核苷 T,再加上通过从头合成胞嘧啶核苷酸 C 就能存活。

根据以上原理,在含有次黄嘌呤、氨基蝶呤和胸腺嘧啶核苷成分(即 HAT)培养液的多孔板内,骨髓瘤细胞因为既无从头合成脱氧核苷酸的能力,又因为属于 HGPRT 缺陷型细胞而不能利用次黄嘌呤补救合成嘌呤核苷酸分子,所以很快死亡。来源于脾脏的淋巴细胞虽然其嘌呤以及胸腺嘧啶核苷酸的从头合成途径被氨基蝶呤抑制,但它含有正常的 HGPRT,能够利用次黄嘌呤通过补救途径合成腺嘌呤核苷酸 A 和鸟嘌呤核苷酸 G,再加上培养基中添加的胸腺嘧啶核苷合成胸腺嘧啶核苷酸 T,以及它能够从头合成的胞嘧啶核苷酸 C,所以淋巴细胞在 HAT 培养液内能够合成新的 DNA 分子。然而,淋巴细胞不能在体外长期存活,因此也逐渐死亡。只有淋巴细胞与骨髓瘤细胞融合形成的杂交瘤细胞,既能通过补救与从头合成途径以及

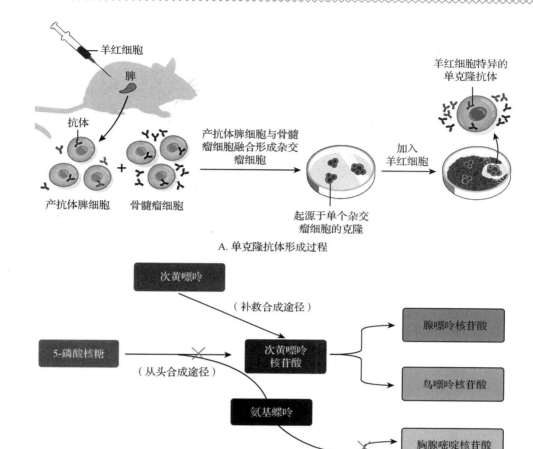

A. 单克隆抗体形成过程

B. 细胞内核苷酸合成途径及其抑制原理

图 4-10　单克隆抗体的制备过程（A）以及核酸从头合成途径及其抑制原理（B）

图 A 引自 Rajewsky 等（2019），有修改。图 B 中的"×"表示氨基蝶呤抑制嘌呤核苷酸以及胸腺嘧啶核苷酸从头合成途径

添加的胸腺嘧啶核苷从而能为 DNA 分子合成提供必要原料（淋巴细胞赋予杂交瘤细胞的特点），又具有无限增殖的特点（骨髓瘤细胞赋予杂交瘤细胞的特点），所以能够在 HAT 培养基上持续地生长、分裂增殖。不过，能在多孔板小孔内生存的杂交瘤细胞中，含有针对不同抗原决定簇的杂交瘤细胞类型，产生的抗体属于多克隆抗体。因此必须对它们做进一步的筛选或者亚克隆。

4.1.8.4　单克隆抗体的筛选

　　筛选能产生特定单克隆抗体的杂交瘤细胞的传统方法是有限稀释法。具体的做法是将待筛选的杂交瘤细胞从培养板的小孔内吸取出来，并对细胞进行分散处理、计数。然后用含 HT 的培养液将这些细胞稀释至一定浓度。此时在筛选培养液中继续添加 H 和 T 这两种 DNA 合成原料是由于它们有助于杂交瘤细胞更好地存活，因为刚筛选出来的杂交瘤细胞比较脆弱，而且淋巴细胞的核苷酸从头合成能力不强。随后，将上述细胞稀释液加入含 HT 培养液的 96 孔培养板内，并在 96 孔板同一列小孔中加入相同浓度的稀释液作为重复。然后将剩余的细胞稀释液再次稀释 5 倍或 10 倍，从中取相同体积的溶液分别加入 96 孔板的下一列小孔内。重复此稀释过程直至最后一列时每孔内的细胞数在 0.5～1 个为止。盖上含梯度稀释细胞的培养板盖，将它放在二氧化碳培养箱中培养 7～10 d。使用二氧化碳培养箱是因为二氧化碳能与细胞培养液中的碳酸盐形成缓冲体系，有助于维持细胞培养液中 pH 的稳定性，这种缓冲体系模拟了动物细胞生存的内环境。

培养完成以后，离心并吸取培养板小孔内的上清液进行抗体检测。这个过程可以用酶联免疫吸附方法中的间接 ELISA 法检测抗体。即先将免疫小鼠所用的抗原包被在另一块微孔板的微孔内，随后用封闭溶液封闭微孔内表面，洗涤微孔以后加入待检测的上清液孵育，孵育完成后洗去微孔内的未结合成分，再加入酶标二抗（酶标二抗无须考虑一抗的特异性）孵育一定时间，然后洗去未结合成分，最后加入显色底物。微孔内显现颜色即为抗体检测阳性。选择抗体检测呈阳性的小孔内的细胞再次按上述方法进行稀释，培养以后检测其中的抗体，直到最后稀释的细胞在所有孔中都为阳性。说明此时的细胞已经是由单一细胞分裂形成的克隆了。这个筛选过程通常要进行 3～5 轮才能获得符合条件的单克隆细胞系。因此，单克隆细胞的筛选是一个较为繁琐的过程。为了提高筛选效率，现在逐步采用流式细胞技术结合有限稀释法筛选符合条件的杂交瘤细胞。最后通过将筛选出来的杂交瘤细胞注射进入小鼠腹腔或进行体外培养的方式使细胞分裂增殖，并获得大量的单克隆抗体。如果在筛选出来的单克隆细胞株中加入适量的冻存液，能够将它们放置在液氮中长期保存。

由于单克隆抗体是由单个效应 B 细胞的无性繁殖系（或称为克隆）所产生和分泌的高度均一、仅识别和针对某一特定抗原决定簇的抗体，它具有特异性强和可重复性好，并且交叉反应少的突出优点。而且杂交瘤细胞株能够长久保存，因此可以不限量地产生完全相同的抗体。这些特性使它在生命科学研究及医学领域特别是作为诊断试剂或靶向治疗药物方面具有广泛的用途。例如 ELISA、流式细胞技术、免疫印迹和各种应用到抗体的显色反应中的抗体，都可以使用杂交瘤技术获得单克隆抗体从而使反应具有更高的特异性。在医学诊断及治疗方面，利用单克隆抗体结合特定的药物分子可以对目标细胞进行定向精准治疗或杀伤。正是由于单克隆抗体技术具有如此重要的应用潜力，该技术的发明者获得了 1984 年的诺贝尔生理学或医学奖。

尽管如此，单克隆抗体技术也存在一些局限。例如骨髓瘤细胞与淋巴细胞融合的过程操作起来有一定的难度，筛选单克隆细胞株的过程也比较复杂。另外，由于每个抗原分子只能结合一个单克隆抗体分子，每个单克隆抗体分子也最多只能结合两个抗原分子。因此，抗原和单克隆抗体分子混合以后的聚集度低，不易发生凝集和沉淀反应。所以，很多利用抗原-抗体凝集反应进行的检测方法中不能使用单克隆抗体。

🕮 重点回顾

1. 造血干细胞分化过程中，与抗体形成相关的不同区域的基因簇通过重排形成数量众多的能够编码不同重链和轻链基因的幼稚 B 细胞。幼稚 B 细胞在淋巴器官内经过抗原刺激，通过体细胞超突变以及亲和性成熟成为只能产生一种特定抗体的效应 B 细胞及记忆 B 细胞。

2. 由同一品系的小鼠骨髓瘤细胞与成熟的 B 淋巴细胞融合形成的杂交瘤细胞既有骨髓瘤细胞能在体外无限增殖的特点，又具有 B 淋巴细胞产生特异抗体的能力。因此由单个杂交

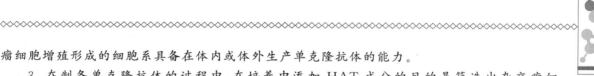

瘤细胞增殖形成的细胞系具备在体内或体外生产单克隆抗体的能力。

3. 在制备单克隆抗体的过程中,在培养中添加 HAT 成分的目的是筛选出杂交瘤细胞,而随后在 HT 培养基上通过有限稀释法或与流式细胞技术结合 ELISA 检测是为了从杂交瘤细胞中进一步筛选出能产生特定单克隆抗体的杂交瘤细胞。

 参考实验方案

Current Protocols in Immunology Volume 80,Issue 1
Monoclonal Antibodies to Human Cell Surface Antigens
Alice Beare,Hannes Stockinger,Heddy Zola,Ian Nicholson
First published:01 February 2008

 视频资料推荐

Hybridoma Technology (jove. com)
Producing Monoclonal Antibodies Using Hybridomas ∣ Immunology ∣ JoVE

4.1.9 流式细胞技术

 概念解析

前向角散射光(forward scatter,FSC):流式细胞仪检测得到的、入射激光束正前方 $1°\sim6°$ 范围内的衍射光。它反映液流中细胞或颗粒的大小和形状。FSC 的强度是细胞或颗粒直径与入射激光波长 d/λ 的函数。

侧向角散射光(side scatter,SSC):流式细胞仪检测得到的、与入射激光束和液流方向垂直的散射光,也称 90°散射光,它由细胞或颗粒折射和反射照射它们的激光产生。SSC 反映的是细胞或颗粒表面和内部的结构和密度特点。

4.1.9.1 流式细胞仪的工作原理

流式细胞技术是一种对呈直线状态快速流动的单细胞或生物粒子进行多参数定量分析或分选的方法。它综合了免疫荧光、流体力学、光电信号接收和转换以及计算机技术,能够在保持细胞或生物粒子结构和功能不被破坏的情况下,通过荧光抗体的协助,捕获多种分子水平上的信息从而对细胞或生物粒子进行分析或分选。该技术不仅在细胞周期分析、外周血细胞的免疫分型、细胞程序性死亡分析与细胞因子检测等研究领域有广泛的用途,而且在药物筛选中也有突出的价值。

流式细胞仪主要由液流系统、光电系统、信号处理系统组成(图 4-11)。液流系统包括流动室和液流驱动装置两部分。在流动室内细胞悬浊液通过气压驱动以极细的液流形式连续快速喷出,液流孔的直径可以根据细胞或粒子的大小调整,使它刚好允许细胞或粒子呈单列通过。同时,利用气压驱动的缓冲液(通常是磷酸缓冲液 PBS)包裹细胞或粒子液流形成稳定的双层单细胞液柱。即液柱的中心是细胞或粒子液流,其外围是缓冲液组成的液流。包围细胞或粒子流的缓冲液也叫"鞘"液。从流动室喷嘴喷出的单个细胞或粒子依次通过仪器的检测区域即光电系统。光电系统主要由激光发射聚焦装置及光信号检测装置组成,它们分别位于流动室喷出的液柱两侧。采用激光是因为它具有更好的单色性和激发效率。光信号发射、聚焦及检测体系是一个由复杂的透镜、分光镜和滤光片组成的系统,它先将激光器发出的激光聚焦,然后照射在检测样品也就是呈单列高速流动的液柱上。样品液柱中的细胞或粒子受激光照射以后,产生的不同波长的散射光信号与荧光信号,这些信号分别被相应的检测装置捕获并转换生成电信号。信号处理系统则由信号放大器和数据处理设备组成。

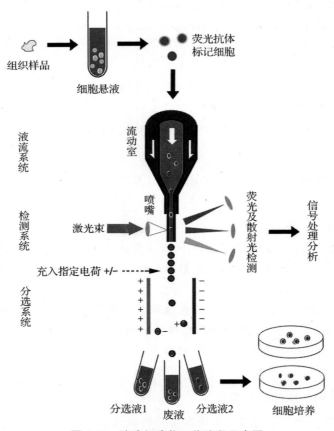

图 4-11　流式细胞仪工作流程示意图

白色箭头代表流动室内的液流包括样品细胞悬浊液与外侧的鞘液的流动方向。在流动室的喷嘴部位,鞘液包围着极细的细胞悬浊液使其中细胞或粒子呈单列喷出,随后在信号检测区域受激发产生散射光信号与荧光信号。分选的原理是压电晶体产生高频振动使喷出的液柱均匀断裂成微小的液滴,每个液滴最多只能包含一个细胞或粒子,符合条件的液滴被注入指定的电荷作为液滴分选的基础。图中三角形和长方形分别代表由透镜及滤光片等组成的光学信号接收和转换系统。为显示方便,图中的仪器部件的尺寸和细胞大小没有按相同的比例绘制

4.1.9.2　流式细胞仪的分析过程

流式细胞仪的工作流程为:首先将待分析的组织用胰蛋白酶或胶原蛋白酶处理成分散的单细胞悬浊液,如果待分析的是酵母或血细胞则不需要这个步骤,然后将经过荧光染料标记的

特异单克隆抗体与细胞悬浊液混合。此时悬浊液中特定的细胞因为特异抗体的识别和结合而被荧光染料标记。常用的荧光染料包括异硫氰酸荧光素(FITC)、碘化丙啶(PI)、藻红蛋白(PE)等。需要说明的是,使用不同荧光染料标记的不同单克隆抗体可以同时检测同一个样品中的不同抗原,也就是不同的细胞或粒子,包括对它们进行分选。

被荧光染料标记的细胞或粒子随样品悬浮液首先进入流动室。随后它们被鞘液包裹着从喷出的连续液柱中呈单列依次通过仪器的检测区域时,被聚焦的激光束照射后能产生散射光信号和荧光信号。其中的散射光信号是细胞或粒子对激光束衍射、折射和反射产生的,它由细胞或粒子的物理特性决定,不受染色等细胞制备技术的影响。虽然细胞或粒子结合有荧光染料分子标记的单克隆抗体,但无论是染料分子还是单克隆抗体,它们的尺寸相比于细胞或生物粒子来说小得多,所以它们的结合不足以影响细胞或粒子的物理特性。散射光信号包括前向角散射光(forward scatter,FSC,即激光束正前方 1°~6° 范围内的衍射光。FSC 的强度是细胞或粒子直径与入射激光波长 d/λ 的函数)与侧向角散射光(side scatter,SSC)。SSC 的方向与激光束和液流方向垂直,也称 90° 散射光,它由细胞或粒子折射和反射照射它们的激光产生(图 4-12)。前向角散射光体现细胞或粒子的大小、形状;侧向角散射光反映细胞或粒子表面光滑程度及内部结构等信息。细胞或粒子的直径越大,其 FSC 值越大;细胞表面突起或内部颗粒等能够引起激光散射的因素越多,其 SSC 值就越大。将 FSC 与 SSC 这两种散射光信号组合起来可以构成二维点阵图,从图中能够区分不同的细胞或粒子亚群。

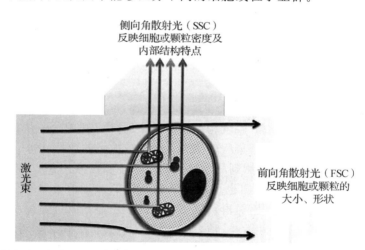

图 4-12　激光束照射样品中的细胞或生物粒子产生的前向角散射光与侧向角散射光示意图

图片根据 Adan 等(2017)修改

被荧光抗体标记的细胞或粒子依次通过检测区域时,除了产生上述散射光信号,还因荧光抗体受激光激发能够同时产生荧光。光电系统的荧光检测装置检测到的某种特定的荧光信号反映了被荧光抗体标记的细胞或粒子正在通过检测区域。所以,综合分析细胞或粒子亚群的前向角散射光与侧向角散射光及其荧光模式,能够识别细胞或粒子的种类及数量。值得注意的是,无论细胞是否被荧光抗体识别、结合而被标记,它们本身由于含有生物大分子,受激光照射也能产生自发荧光,形成荧光背景噪声。如果细胞或粒子自发荧光较强的话可能会干扰标记抗体的荧光信号。所以为了提高信噪比,试验前需要对标记抗体的荧光染料进行选择。除了选择有较高的信噪比的荧光染料，还需要设置阴性对照，以便从被测样品的荧光信号中减去细胞或粒子自发荧光以及它们与抗体非特异结合产生的荧光。

流式细胞仪产生的检测数据采用列表排队的方式存储（表 4-3）。也就是将通过检测区域的细胞或粒子编号，然后依次记录每个细胞或粒子的前向角散射光信号值、侧向角散射光信号值、荧光信号值。如果使用了多种荧光染料标记的不同抗体，那么在记录时还要区分不同通道内的荧光信号，即不同的荧光种类。第一个细胞或粒子的这些参数记录完毕接着就是第二个细胞或粒子的同类的信息，这些信息依次排列记录在表格中。

表 4-3　流式细胞仪数据记录表

Events #	FSC	SSC	FL1 (FITC)	FL2 (PC)	FL3 (APC)	...
1	120	550	70	400	60	
2	100	400	90	300	45	
3	80	200	60	100	70	
4	110	600	80	200	80	
⋮						

检测数据展示方式主要有一维（单参数）直方图（也就是柱状图）和二维的点阵图（散点图）。此外，还有二维等高图、密度图、假三维地形图等。在一维直方图上，X 轴表示荧光或散射光信号强度，不同信号强度的区域代表不同类型的细胞或粒子。Y 轴表示各个不同区域内具有相同光信号特征的细胞或粒子出现的频率，即反应细胞或粒子的数量。一维直方图只能显示一个通道内的信息。

二维点阵图是二维图中应用最广的形式。如前所述，以前向角散射光和侧向角散射光信号的相对强度值分别作为 X 轴和 Y 轴就构成了二维点阵图。图中每一个散点代表被检测到的一个细胞或粒子。因此，散点的密集程度代表了细胞或粒子的数量。每一个散点的 X 轴和 Y 轴值分别代表两个不同通道内检测到的该粒子的光学特征数值。依靠二维点阵图可以区分不同的细胞或粒子亚群。二维点阵图也可以由两种不同的荧光信号分别组成 X 轴和 Y 轴。其优点是便于统计，因为不同的细胞类群可以用不同的颜色显示。特别是以 FSC 和 SSC 为参数的二维点阵图能反映细胞或颗粒大小、活力和颗粒度，它提供的信息相对于荧光信号更真实可靠。类似于地图上用等高线表示相同的高度，流式二维等高图用环线表示具有相同细胞密度的区域。假三维地形图是在二维等高图的基础上经过计算机处理使结果更具直观视觉效果的一种形式。

4.1.9.3　利用流式细胞仪对细胞或粒子进行分选

除了对流经检测区域的细胞或粒子进行识别和统计分析，流式细胞仪还能够对它们进行分选。分选的原理是从流动室喷出的细胞或粒子经过激光照射并记录各种光学信号以后，通过超声压电晶体产生高频振动（将高频电信号加载到压电陶瓷上，产生高频声信号即机械振动，这个过程与超声波清洗仪的原理相同），使液柱受振动断裂成一连串微小而均匀的液滴，并且每个液滴中最多只包含一个细胞或粒子。这是进行单细胞或粒子分选的关键。振动速度可以达到每秒产生上万个液滴。由于液滴中的细胞或粒子在形成液滴前各种参数即散射光信号和荧光信号已经被测量和记录,每个液滴的身份也随即被确定。符合特定要求的液滴通过充电脉冲发生器被充入指定电荷(正或负),然后当带电液滴进入带有偏转板的高压静电场时,带电液滴因电场力的作用发生偏转(可以根据液滴所带电荷的正负发生向左或向右的偏转)进入指定的容器收集,从而达到分选细胞或粒子的目的。不符合条件的细胞或粒子则不发生偏转,它们被收集后以废液的形式流出(图 4-11)。

借助单克隆抗体与荧光染料标记相结合的优势,流式细胞仪检测具有很高的特异性和灵敏度。而且,流式细胞仪对样品也有广泛的适应性,细胞或颗粒直径在 $0.2 \sim 50\ \mu m$ 的样品都可以通过前向角散射光(FSC)测量。流式细胞仪的另一大突出优势是通过光学技术与计算机技术的结合能够高通量地处理样品。即便是数量庞大的细胞群体,流式细胞仪也能够在很短时间内在单细胞水平上对它们进行多参数定量分析和分选收集。目前,流式细胞仪可以同时测定的参数可达 10 多种。大型的流式细胞仪可以对千万数量级的细胞进行实时分析或分选。由于流式细胞仪具有强大的处理能力,通常情况下要求被分析的细胞或粒子有足够的数量。

重点回顾

1. 结合荧光标记单克隆抗体的特异识别作用,流式细胞仪能够对溶液中分散培养的单细胞或生物粒子进行高通量多参数的分析或筛选。

2. 分析筛选的基础是荧光标记抗体识别的不同细胞或粒子在入射激光照射下有不同的散射光信号和荧光信号。根据这些信号可以区分不同的细胞或粒子的类型并能够将它们分开收集。

3. 流式细胞仪具有强大的分析和筛选能力。它是细胞周期、细胞凋亡研究以及药物筛选等领域的强大工具。

参考实验方案

Current Protocols in Cytometry Volume 23,Issue 1

Measurement of Cytogenetic Damage in Rodent Blood with a Single-Laser Flow Cytometer

Stephen Dertinger,Dorthea Torous,Nikki Hall,Carol Tometsko

First published:01 February 2003

视频资料推荐

Flow Cytometry｜Cell Biology｜JoVE

Flow Cytometry and FACS:Isolation of Splenic B Lymphocytes｜Immunology｜JoVE

4.1.10　噬菌体展示技术

概念解析

噬菌体展示技术(phage display technology):将外源基因编码序列插入噬菌体衣壳蛋白编码基因中,通过与衣壳蛋白一起表达呈现在噬菌体衣壳表面,从而将外源基因与其表达

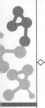

以后产生的表型信息联系起来的一种基因功能研究技术。

淘洗(panning/washing)：通过亲和层析从噬菌体文库中筛选衣壳蛋白中含有能与特定蛋白质相互作用的外源基因编码蛋白的噬菌体的过程。

4.1.10.1 噬菌体展示过程

在构建一个物种基因文库或基因表达文库的时候需要将其片段化的基因组 DNA 或者是 cDNA 序列整合进入克隆载体，这些克隆载体可以由质粒、黏粒、细菌或酵母的人工染色体充当。除此之外还有一种方法是利用 λ 噬菌体的基因组作为载体，即将某个物种片段化的基因组 DNA 或者是 cDNA 序列替换位于 λ 噬菌体基因组内的部分非必需序列，从而使该物种片段化的 DNA 整合进入噬菌体基因组，这个过程叫作包装。如果用来包装的噬菌体群体数量足够大，那么它们应该含有该物种基因组的全部 DNA 或者是 cDNA 序列。这样的噬菌体群体就构成了基因文库或基因表达文库。包装不涉及被 λ 噬菌体基因组整合的外源基因表达，这类文库只能用来筛选某个物种特定的核酸序列。

噬菌体展示技术则是通过噬菌体将外源基因及其表达以后产生的表型信息联系起来的一种途径。它实现了基因筛选与基因表达产物功能研究的融合。噬菌体展示技术最初是在丝状噬菌体 M13 中建立的。这种噬菌体由位于衣壳内部的环状基因组 DNA 分子以及围绕基因组 DNA 的 5 种数量不同的衣壳蛋白组成（图 4-13A 和 B）。其中位于噬菌体外壳中间部位的衣壳蛋白 pⅧ 数量众多（共有 2 700 个分子）。而位于端部的 4 种衣壳蛋白 pⅢ、pⅥ、pⅦ、pⅨ 数量很少。1985 年，美国密苏里大学的 George P. Smith 将大肠杆菌核酸内切酶 EcoRⅠ 基因的部分序列克隆到丝状噬菌体 M13 的衣壳蛋白基因 pⅢ 中，获得了在衣壳蛋白中成功表达 EcoRⅠ 部分多肽的噬菌体。该噬菌体能与 EcoRⅠ 的抗体结合，说明在噬菌体衣壳表面表达的 EcoRⅠ 肽段具有与天然 EcoRⅠ 核酸内切酶部分相似的结构和生物学活性。

4.1.10.2 噬菌体展示技术的应用

依照这个原理，1990 年，英国科学家 Jame K. Scott 和 Gregory P. Winter 发展出利用噬菌体展示筛选能与抗体结合的蛋白质抗原编码基因的技术。其具体做法是先将抗体用生物素标记，再将表达展示不同蛋白质肽段的噬菌体群体与生物素标记的抗体混合。其中能与抗体结合的噬菌体就是能表达相应特异肽段抗原的噬菌体。这种噬菌体也因此被生物素间接标记。然后将噬菌体与抗体的混合物转移至表面包被有链霉亲和素的培养皿孵育。由于生物素与链霉亲和素之间有很强的亲和力，被生物素间接标记的噬菌体就通过生物素与链霉亲和素之间的亲和力固定在培养皿表面。洗去培养皿内不能结合的其他噬菌体。然后将与生物素标记抗体结合的特定噬菌体洗脱下来，用洗脱液重新感染大肠杆菌进行复制以富集表达特异肽段的噬菌体。最后提取噬菌体的 DNA，测序即可确定抗原肽段的基因编码序列。

这种尝试意义重大，如果交换抗体与抗原的角色，就相当于开辟了一条可以利用噬菌体展示群体筛选与抗原特异结合的抗体蛋白的有效途径。目前运用这种思路进行特异抗体筛选的常规做法是，首先从经过抗原免疫的动物脾脏中提取 RNA，转录构建 cDNA 文库。这个 cDNA 文库中包含 B 淋巴细胞成熟过程中经过轻、重链基因重排以及体细胞超突变产生的百万级甚至更多的抗体基因编码分子。然后分别用针对抗体基因重链可变区和轻链可变区的引物对文库 cDNA 进行扩增。再将扩增获得的重链和轻链可变区的 cDNA 片段通过编码甘氨酸和丝

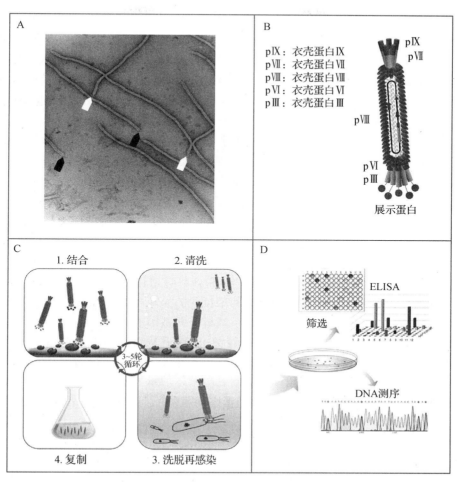

图 4-13　噬菌体展示以及淘洗过程示意图

A:丝状噬菌体 M13 的电镜照片。图中黑色箭头指示噬菌体尖端的蛋白 pⅦ/pⅨ,白色箭头指示噬菌体钝端的衣壳蛋白 pⅢ/pⅥ。B:丝状噬菌体 M13 的结构模型示意图。图形下端圆球代表噬菌体 pⅢ 展示的外源蛋白质分子。C:噬菌体的"淘洗"过程。包括结合、清洗、洗脱再感染和增殖四个阶段的 3～5 轮循环。D:通过酶联免疫吸附与测序鉴定目的基因。注意,图 B、C、D 中为了显示噬菌体的组成,衣壳蛋白与展示蛋白相对于噬菌体的比例放大了很多倍。图 A 引自 Petrenko(2018);图 B、C、D 引自 Peltomaa 等(2019)

氨酸的连接序列连接,形成人工重组的编码抗体可变区片段(single-chain fragment variable, ScFv)的单链抗体基因文库。这种单链抗体只包含一条轻链和重链的可变区,而动物 B 淋巴细胞产生的抗体是二价的,即每个抗体都有两条相同的重链和轻链。

由于抗体基因的可变区是决定抗体特异性的关键,将重组单链抗体基因文库中 ScFv 编码序列通过插入噬菌体 M13 的衣壳蛋白编码基因进行表达,即可将抗体可变区的肽段展示在丝状噬菌体 M13 表面,形成重组单链抗体的噬菌体展示文库。用这个文库噬菌体感染大肠杆菌,然后将裂解释放的噬菌体作为流动相,使之流经表面交联有免疫动物使用的抗原的离心柱填充颗粒。其中能与抗原特异结合的噬菌体就被吸附到离心柱上,其余不能结合的噬菌体则

随流动相中的溶剂和其他成分流出,此过程也叫"淘洗"(图 4-13C)。随后将结合有特定噬菌体的离心柱用缓冲液清洗,再用酸性或碱性缓冲液洗脱结合在离心柱上的噬菌体,并将它们收集起来重新感染大肠杆菌。培养一段时间以后提取大肠杆菌中的噬菌体,再次与固定在离心柱填充基质上的抗原结合进行筛选即淘洗,以富集能与离心柱上抗原特异结合的噬菌体。经过几轮富集以后,通过对噬菌体插入序列 PCR 扩增测序即可获得被展示的抗体可变区蛋白编码基因信息(图 4-13D)。

噬菌体展示与淘洗过程在很大程度上模拟了动物免疫系统内抗体的生成,特别是抗原-抗体相互识别的机制,而且被展示的蛋白质相对稳定并具有良好的免疫原性。同时,噬菌体具有结构简单、易于培养、增殖迅速、使用成本低廉等有利条件,所以噬菌体展示技术在建立抗体库、制备抗体、药物筛选、鉴定蛋白质之间或蛋白质与 DNA 分子之间的相互作用方面有广泛的用途。此外,噬菌体展示技术还特别适合根据某种蛋白质或多肽的随机位点去搜索能够与这个随机位点相结合的互作蛋白编码基因序列。某种蛋白质或多肽的随机位点相当于形成了一个抗原决定簇,与这个抗原决定簇特异结合的蛋白就相当于抗体。可以用作展示的噬菌体包括丝状噬菌体 M13、λ 噬菌体 T4、λ 噬菌体 T7 和杆状噬菌体等。后来发展出来的展示技术包括使用细菌和酵母作为展示的载体。这些展示技术的原理相似,只是载体和宿主有所不同。目前已经发展出利用无细胞的蛋白质合成体系进行外源基因表达的展示技术。

生产抗体的传统方法完全依赖对动物进行免疫,然后从动物的血液或器官中分离抗体。这个过程不可避免地会对动物造成伤害。随着技术的进步和社会文明程度的提高,将来利用免疫动物获得抗体可能会受到越来越多的限制。噬菌体展示技术就是有希望取代利用动物生产抗体的途径之一。此外利用植物资源,如转基因烟草生产 IgG 抗体也是一种可行的途径。

 重点回顾

1. 噬菌体展示技术能将插入噬菌体衣壳蛋白编码序列的外源基因表达成为具有相对独立的结构和生物学活性的蛋白质或多肽,并呈现在其衣壳蛋白表面,实现了基因筛选与基因表达产物功能研究的融合。

2. 噬菌体淘洗模拟了动物免疫系统中抗体与抗原的识别机制,能够筛选出与蛋白质抗原分子特异结合的抗体及其编码基因序列。

3. 除了噬菌体展示,目前还发展出细菌、酵母甚至是无细胞展示系统。它们在抗体制备、药物筛选方面有重要意义。

 参考实验方案

Current Protocols in Immunology Volume 48,Issue 1

Phage Display of Single-Chain Antibody Constructs

Itai Benhar,Yoram Reiter

First published:01 May 2002

视频资料推荐

Using Phage Display to Select Proteins with High Affinity to a Target Protein | Protocol(jove.com)

Construction of Synthetic Phage Displayed Fab Library with Tailored Diversity. Huang G, Zhong Z, Miersch S, Sidhu S S, Hou S C, Wu D. J Vis Exp. 2018 May 1;(135):57357. doi:10.3791/57357.

4.2 基因功能研究方法

4.2.1 正向遗传学与反向遗传学

 概念解析 ···

基因本体论(gene ontology,GO):基因本体论是一个通过当前科学研究获得的、并能随研究发展更新的有关基因全面功能的数字化生物资源汇编体系。它由基因本体联合会建立的一系列数据库组成,包括从分子功能(molecular function)、细胞组分(cellular component)和生物过程(biological process)3 个方面描述具体基因在生物体内的作用或功能。

4.2.1.1 正向遗传学

透过现象看本质是人们认识事物的普遍规律。在遗传学中,现象就是表型,本质就是基因。所以经典的分子遗传学研究方法是根据自发突变或人工诱变导致生物个体产生的某种异常表型,通过寻找相关基因的变化从而阐明基因的功能。例如对遗传性疾病镰状细胞贫血病人的遗传和分子病理研究就是如此:最初发现的是在缺氧环境中病人体内的红细胞形态异常,随后通过电泳发现其红细胞的血红蛋白电泳行为异常,对病人异常的血红蛋白测序发现其 β 链中第 6 位的谷氨酸被缬氨酸取代,最后确定病人血红蛋白中氨基酸的改变是由编码谷氨酸的基因发生点突变(由 GAG 突变为 GTG)造成的。

同样,对水稻抗白叶枯病基因 *Xa21* 的克隆也是以表型为基础,先将抗白叶枯病的西非长药野生稻(*Oryza longistaminata*)的抗病性状通过杂交引入水稻品种 IR24 构建近等基因系,然后运用图位克隆方法将这个基因定位并鉴定。这种从表型入手,逐渐深入分析直到最终阐明引起表型变化的内在分子机理的研究途径就是正向遗传学研究方法。在分子生物学进入遗传学领域的早期,正向遗传学研究方法是阐明基因功能的主要途径。

依靠正向遗传学方法阐明或表征基因的功能需要有合适的突变或性状不同的材料。然而基因自发突变不仅频率较低,而且由于自然选择的作用,不同历史时期产生的大部分突变材料也难以留存。因此,依靠从自然界所能获得的突变材料难以满足对基因组中功能基因进行全面分析的需要,而且利用正向遗传学方法表征基因功能还有费时费力的局限。

4.2.1.2 反向遗传学

随着基因组测序的普及以及转基因技术的逐渐成熟,特别是基因编辑技术的迅速发展,获取基因序列信息并通过转基因的方式人为引入突变已经变得越来越容易。这些技术能够让研究人员通过沉默或突变特定基因的方式在分子水平上改变目的基因的结构和组成,或调控目的基因的表达,从而引起个体产生可观察或可检测的异常现象即表型。这种先操控目的基因

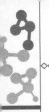

然后寻找相关表型变化,最终将基因与表型对应起来即表征基因功能的策略就是反向遗传学研究方法。反向遗传学研究方法以前主要有利用化学诱变、辐射诱变、转座子或 T-DNA 插入等方法创制突变体,或利用 RNAi 沉默目的基因来观察可能产生的异常表型这些类型。随着基因打靶、条件性基因敲除与基因编辑技术的出现及发展,反向遗传学研究方法有了更多选择。特别是目前应用 CRISPR-Cas9 对目的基因进行编辑,然后根据突变体的异常表型进行分析以确定基因的功能已经是反向遗传学研究领域的主流手段。不过,由于基因功能冗余而导致敲除或沉默基因不能产生异常表型也是常常遇到的问题。

反向遗传学研究中,无论通过哪种具体的方法,表征基因功能都需要在基因和表型之间建立联系。如果推测某种异常表型是由某个基因突变引起的,就需要在不同的层次上寻找证据将基因的表达变化与观察或检测到的表型变化联系起来,并且明确二者之间的因果关系。

以植物为例,如果某个基因的功能不可替代,那么突变该基因一定会导致个体出现异常的表型,沉默该基因也可能有类似的结果,并且产生的表型变化是有规律可循的。例如,突变可能导致基因编码的蛋白质合成提前终止,或产生功能异常的蛋白质,或导致基因编码蛋白质的表达量下降或增加。所以就可以先从分子水平入手检验突变的蛋白质与野生型蛋白质功能上的区别或者是蛋白质在表达量上的区别。例如对膜上的运输蛋白,可以通过比较突变以后其运输底物能力是否下降、消失或加强获得相关信息。接着根据基因编码蛋白质的细胞和亚细胞定位信息,通过与野生型细胞的比较,了解突变、降低或者是增加这种蛋白质表达量后可能对细胞的形态、结构和功能产生什么影响。然后可以在植物体内观察基因表达蛋白质的组织定位。可能的情况下检测突变体和野生型表达该基因的组织结构和与蛋白质分子功能相关的各种生理指标,对比它们之间的区别,从而判断突变、降低或增加基因表达量对组织或器官形态和生理特征带来的影响。最后,在植株水平上比较突变体与野生型之间包括形态、结构和生理功能各方面指标的差别。

如果从分子水平开始一直到植株水平,突变体或基因沉默植株中出现的各种异常变化都与突变或沉默某个特定基因造成的分子功能变化直接相关,并且可以合乎逻辑地推导出细胞、组织和植株水平上的各种异常表型都建立在突变的蛋白质分子功能或改变蛋白质表达量的基础上,那么就可以初步确定这个基因的突变或沉默导致了植株个体的某种异常表型,或者说某种异常表型是由这个基因突变或沉默造成的。所以,在不同层次上的对比分析野生型和突变体的各种分子和生理指标相当于在基因和表型之间架起了联系的桥梁(图 4-14)。这种分析方法尤其适合反向遗传学研究。实际上,这种基因功能的分析思路与生物信息学中基因本体论的内容有一定的相似性。本体的意思类似于全面描述一个事物需要应用的角度或者参数的集合。基因本体论(GO)是从分子功能、细胞组分和生物过程 3 个方面描述具体基因在生物体中的作用或功能。分子功能可以理解为基因表达的蛋白质分子承担的某种具体作用,如运输、催化或结合等;细胞组分是指这种蛋白质分子在细胞结构中存在的部位或定位;生物过程是指由一系列分子共同完成的某种生物学活动,如 DNA 复制、氧化磷酸化等。

4.2.1.3 基因功能验证

无论是采用正向遗传学方法还是反向遗传学方法,从逻辑推理的角度来说,表征基因的功能最有说服力的证据还需要有基因回补实验。也就是将野生型基因转入这个基因被删除或被破坏的突变体中,如果突变表型在表达野生型基因以后消失,就能更有力地证明前面基因功能

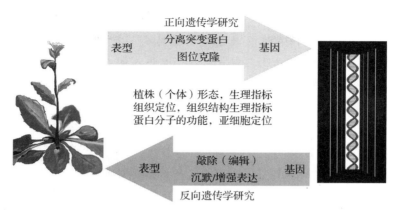

正向遗传学研究

分离突变蛋白

图位克隆

表型　　　　　　　　　　　　基因

植株（个体）形态，生理指标
组织定位，组织结构生理指标
蛋白分子的功能，亚细胞定位

表型　　敲除（编辑）　　　　基因
　　　　沉默/增强表达

反向遗传学研究

图 4-14　正向遗传研究和反向遗传学研究相互关系示意图（以植物为例说明）

表征工作的可靠性。然而，在有关植物基因功能表征的实际研究报道中却很少用到基因回补这一手段。主要原因是反向遗传学研究方法一般建立在通过转基因敲除目的基因形成突变体的基础之上，而回补需要在转基因形成的突变体基础上再次转基因。由于第二次转基因的筛选手段必须与第一次转基因的筛选手段不同，即需要选用不同的抗生素和抗性基因体系。所以实施过程比较繁琐。为避免上述困难，实际研究中通常使用目的基因的 2 个或 2 个以上突变位点的突变株系与野生型对照进行分析和比较来鉴定基因功能。如果同一个基因的不同突变位点的株系都有一致的、且与基因表达蛋白质分子水平上的功能变化相关的表型，就可以认为这些表型是由该基因突变或表达变化造成的。

🍵 重点回顾

1. 正向遗传学与反向遗传学是表征基因功能的两种不同策略。

2. 基因功能研究中，正向遗传学方法是从个体出现的异常表型入手，逐步深入分析直到最终确定引起表型变化的内在分子机理即基因的变化。反向遗传学手段则是先通过改变细胞内基因的结构或表达量，然后观察可能出现的表型变化，最终建立并证明基因变化与表型变化之间的因果关系。

4.2.2　图位克隆方法的基本原理(1)

概念解析

图位克隆（map-based cloning）：又称定位克隆（positional cloning），是指根据与目的基因紧密连锁的分子标记通过染色体步移或染色体登陆等途径逐步逼近并最终定位目的基因的方法。

近等基因系（near iso-genic lines，NIL）：是指遗传背景相同或相近、仅在某个特定性状或其遗传基础即基因上存在差异的一组生物品系。

分子标记（molecular marker）：属于遗传标记的一种。广义的分子标记是指可遗传并且可以检测的 DNA 或蛋白质序列。狭义的分子标记是指能反映生物个体或种群基因组中某

种差异的特异性 DNA 片段。

　　紧密连锁(close linkage)：通过有性生殖繁殖后代的生物在进行减数分裂形成配子时，位于同一条染色体上的不同基因常常联结在一起进入同一个配子，这种现象叫作连锁。一般认为遗传距离在 1 厘摩(1 cM，也就是两个基因之间的交换重组频率为 1‰)以内的两个遗传位点属于紧密连锁。

4.2.2.1　图位克隆的含义

　　图位克隆又称定位克隆(positional cloning)，是指根据与目的基因紧密连锁的分子标记通过染色体步移或染色体登陆等手段逐步逼近并最终定位目的基因的方法。图位克隆是早期表征基因功能的主要手段。依据是生物个体的表型是由其基因型决定的，而功能基因在基因组内都有相对稳定的位置或叫基因座。如果通过观察和分析能够确认研究对象的某种异常表型是由单基因突变造成的，那么就能够在既不知道目的基因的具体序列，又不知道目的基因表达产物相关信息的情况下，通过图位克隆锁定目的基因在染色体上的具体位置。

　　通过图位克隆定位基因虽然不需要知道目的基因本身的任何具体信息，但必须满足两个条件：一是有仅根据目的基因的"有"或"无"建立起来的物种遗传分离群体即近等基因系；二是已有该物种的物理图谱，也就是要有一定数量的分子标记。理解图位克隆的原理首先需要掌握近等基因系、分子标记和紧密连锁这些概念。

　　近等基因系是基因近似相等的同种生物的不同品系，即遗传背景相同或相近，仅有某个特定性状或其遗传基础(即基因)存在差异的一组生物品系。简单地理解，就是除了感兴趣的目的基因在两个不同品系的遗传材料中是有或无的区别外，其他所有的基因都相同。所以，几乎仅在目标性状上存在差异的两种基因型的个体就构成了近等基因系。

　　分子标记属于遗传标记的一种。广义的分子标记是指可遗传并且可以检测的 DNA 或蛋白质序列。狭义的分子标记是指能反映生物个体或种群基因组中某种差异的特异性 DNA 片段。这里的分子标记采用其狭义定义，是物种 DNA 水平上遗传多态性的直接反映。作为分子标记的 DNA 片段长度通常较短，一般是几十个核苷酸或者几个核苷酸，甚至一个核苷酸就能构成一个分子标记。对于染色体上线性排列的基因而言，分子标记相当于对目的基因在染色体上的位置进行描述或定义的路标，不仅如此，它还能够指示路标所在的 DNA 片段来自哪个亲本。分子标记越多对目的基因的描述就能够越准确、具体。

　　紧密连锁的意思是两个遗传位点在染色体上距离很近。根据基因的连锁互换规律，通过有性生殖繁殖后代的生物在进行减数分裂形成配子时，位于同一条染色体上的不同基因通常联结在一起分配进入同一个配子，这种现象叫作连锁；在进行减数分裂形成四分体时，位于同源染色体上的等位基因有时会随着非姐妹染色单体之间的互换而发生交换，因此产生了基因重组。同一条染色体上两个遗传位点相距越远，它们之间发生分离随后重组的概率越大。相反，如果两个遗传位点之间距离越近，它们不分离即连锁的概率就越大。这种遗传距离通常用摩尔根(M)来表示。它是以现代遗传学奠基人摩尔根的名字命名的单位。遗传距离用减数分裂时两个遗传位点之间的重组频率代表。一般认为两个遗传位点之间的遗传距离在 1 厘摩(1 cM，也就是重组频率为 1‰)以内就属于紧密连锁。在水稻这种模式植物中，1 cM 的距离大致相当于 0.25 Mb 的 DNA 长度；而在人类基因组中，1 cM 距离大致相当于 1 Mb 的 DNA

长度。如果两个遗传位点之间发生重组的频率极低，也就是说它们几乎像一个遗传位点一样参与同其他遗传位点之间的连锁和互换，说明这两个位点之间的遗传距离十分接近，它们之间的关系就叫共分离。

通过图位克隆定位目的基因首先要获得目的基因的近等基因系。近等基因系一般是通过连续回交获得的：对带有目标性状的亲本（基因供体亲本）与拟引入这一目标性状的亲本（基因受体亲本，或称轮回亲本）进行杂交，再用带有目标性状的杂交后代与轮回亲本多次回交，回交至一定世代后（一般要 6～7 代），其杂种后代自交分离，分离后代中带有目标性状的个体与轮回亲本即构成一对近等基因系。除了通过连续回交这种途径，还有从突变体中分离或者从杂交高世代群体材料中分离近等基因系等途径。

4.2.2.2　图位克隆的过程

举一个例子来说明如何获得近等基因系。假设在一个粳稻品种中发现一株水稻的米粒是红色的，如果红色米粒这种性状能够遗传，而且通过杂交显示出单基因控制的特点，即让红色米粒水稻与正常颜色米粒的水稻杂交，子一代全为红色米粒植株，子一代自交分离产生近似 3：1 的红：白色子二代米粒植株，就能够判断米粒红色为单基因控制的显性性状。有了以上信息，就可以开始构建近等基因系。

首先选择一个遗传背景尽可能清楚的水稻品种，如日本晴作为母本，与具有红色米粒的父本水稻杂交。然后以红色米粒的杂交一代植株作为父本，用日本晴作为母本继续杂交。当这个过程重复 7 个杂交世代后，再让杂交后代自交分离。此时可以近似认为自交后代中具有红色米粒的植株与轮回亲本日本晴之间，除了控制红色米粒的基因以外不存在其他区别。因为连续的回交使原来父本除了控制米粒红色的基因以外的其他基因都被受体亲本日本晴的基因取代了。这样通过多轮杂交产生的红色米粒水稻株系与受体亲本日本晴就构成了近等基因系。回交次数越多，产生的近等基因系越接近理想状态，不过花费的时间和成本也越高。

有了近等基因系，就可以对目的基因进行定位。一般情况下，凡是能在近等基因系间揭示DNA 多态性即差异的分子标记就极有可能位于目的基因的两侧。DNA 多态性是指不同个体之间体现在 DNA 序列上的差异。找到能代表近等基因系的不同个体间 DNA 差异的分子标记，就有很大概率找到了与目的基因接近或者本身就是目的基因所在的遗传位点。

所以，图位克隆的关键一步就是在近等基因系中找到与目的基因紧密连锁的分子标记。一个生物品系的分子标记可以有很多个，它们分布在不同的染色体上。寻找其中与目的基因紧密连锁的分子标记也有各种不同的方法。早期的方法通常先将目的基因定位到具体的染色体上，即通过选择已知染色体定位的基因、分子标记或某种性状与目的基因的纯合突变体杂交，子一代自交以后统计子二代两种性状的分离比。两种性状如果按自由组合的规律出现（9：3：3：1）就说明它们不在同一对染色体上。相反，如果两种性状在子二代群体中按基因分离规律分布（3：1 或 1：1）则说明它们分布在同一对染色体上。通过这种方式不断尝试即可将目的基因定位到具体的染色体上。

有了目的基因的染色体定位信息，就可以寻找与它紧密连锁的分子标记。早期的图位克隆利用限制性片段长度多态性（restriction fragment length polymorphism，RFLP）寻找与目的基因紧密连锁的分子标记。首先，将构成近等基因系的两个不同个体基因组 DNA 分别用

限制性内切酶（如 *Hind*Ⅲ 和 *Eco*RⅠ）消化，产生大小各异的 DNA 片段。然后将它们通过琼脂糖凝胶电泳，这些酶切的不同 DNA 片段就按大小在凝胶介质上分开。再将琼脂糖凝胶中分开的 DNA 片段变性生成单链后转移到尼龙膜上以备杂交。这个过程与 Southern 杂交完全一样。

　　随后用与目的基因在同一条染色体上的不同分子标记序列作为模板制作探针，与转移到尼龙膜上的限制性酶切 DNA 片段杂交。这个过程可以从染色体的一端开始依次用不同的分子标记序列作为模板合成探针进行杂交，其中以绝大多数分子标记为模板制作的探针与膜上 DNA 片段杂交以后在近等基因系之间没有差异。但可能有个别分子标记制成的探针，与膜上 DNA 片段杂交后能够显示不同的条带，即 DNA 多态性。这个分子标记极有可能就是要寻找的与目的基因紧密连锁的 DNA 序列。随后再从同一条染色体的另一端开始用不同的分子标记为模板标记探针进行杂交，直到发现与目的基因紧密连锁的分子标记。这样就将目的基因初步定位到染色体上的两个分子标记之间。

　　目的基因在染色体上初步定位后通常还需要一个精细定位的过程，即将基因定位到基因组物理图谱上的一个狭小的区间，以减少筛查目的基因的工作量。如前所述，分子标记越多，定位才能越精确。精细定位的过程一般通过遗传作图来实现。例如水稻中常用的 F_2 群体作图的具体步骤是，选择一个与目的基因的纯合突变体性状有显著差异的水稻亲本杂交，子一代自交获得子二代。在数千个子二代群体中，利用与已知分子标记在同一条染色体上的其他分子标记，根据它们与目的基因之间的重组频率获得与目的基因更紧密连锁的分子标记。简而言之，就是某个分子标记与目的基因在子二代同一植株中同时出现的比例越高，即重组频率越低，它们彼此在染色体上的距离就越近。选择目的基因两侧不同的分子标记统计它们与目的基因的重组频率，能将目的基因定位到基因组 DNA 中一个几十千碱基对的狭小区间内。

　　随后用与目的基因最接近的分子标记序列作为探针与红色米粒个体植株的基因文库杂交，从中获得阳性克隆。由于基因文库是由大片段的基因组 DNA 插入载体形成的，获得阳性克隆以后还需要将阳性克隆中的大片段的基因组 DNA 酶切形成较小的片段构建亚克隆文库，然后筛查亚克隆文库获得目的基因。筛查亚克隆的过程要用到染色体步移（chromosome walking 或 genome walking）的方法。也就是以筛查到阳性克隆的分子标记为模板合成探针，与转移到膜上的亚克隆 DNA 序列杂交，从中找到第一个亚克隆序列，如果该序列中不含突变基因，则以第一个亚克隆插入片段的前端序列作为模板合成探针从文库中筛选第二个亚克隆，如此反复向前推进直到发现差异序列，即发现可能导致产生红色米粒的突变基因。这种沿染色体的一个方向逐步向前筛查克隆的方法叫作染色体步移。如果分子标记与目的基因足够接近，通过分子标记探针直接从基因组 DNA 克隆中杂交获得含目的基因的克隆，无须经过染色体步移的过程，这种方式称为染色体登陆。除此之外，通过筛查基因表达文库也能获得突变基因的信息。

　　初步确定目的基因后，还需要通过遗传转化进行功能互补验证基因功能。功能互补实验是检验基因功能最直接和可靠的方法。

　　虽然利用上述方法在基因组比较小的物种中能够有效地克隆到目的基因，但整个过程仍然十分繁琐，同时工作量巨大。部分高等植物基因组极其复杂，一些物种属于同源或异源多倍体，因此基因组中存在大量的重复序列，或者目的基因靠近着丝点。遇到这些情况依靠染色体步移的方法可能无法进行下去。尽管存在这些困难,图位克隆仍然是过去二三十年来表征基因功能的有效手段。很多有重要功能的基因就是通过这种途径定位的。随着测序技术的快速发展和新的分子标记的出现,目前已经发展出更为高效便捷的新图位克隆方法,这些内容将在下文中继续介绍。

 重点回顾

1. 图位克隆是一种正向遗传学研究方法,是指根据与目的基因紧密连锁的分子标记在染色体上的位置通过染色体步移等途径逐步逼近、最终定位目的基因的方法。

2. 图位克隆的前提是要有以目的基因"有"和"无"为依据建立的近等基因系,以及一系列能够指示近等基因系中染色体 DNA 片段具体位置的分子标记。

3. 凡是能够在近等基因系的不同品系之间揭示差异的分子标记就是与目的基因紧密连锁的分子标记。

4. 找到了与目的基因紧密连锁的分子标记,很多情况下还需要通过遗传作图将目的基因进行精细定位到染色体上的一个狭小区间,然后通过染色体步移或染色体登陆等方法定位目的基因。

4.2.3 图位克隆方法的基本原理(2)

 概念解析

单核苷酸多态性(single nucleotide polymorphism,SNP):在基因组水平上由单个核苷酸的变异所引起的 DNA 序列多态性。这种多态性是稳定和可遗传的。SNP 已经成为一种应用广泛的新型分子标记。

分离群体分组分析法(bulk segregant analysis,BSA):又称混合分组分析法。指利用在目标性状上存在对立的两个亲本杂交,从其子二代分离群体中选取对立表型差异极端的足够数量的个体分别组成两组混合样品,提取基因组 DNA,运用高通量测序技术分别对两个混合样品的基因组测序。通过发现两组样品在 SNP 的等位基因频率上存在的显著差异,从而定位与目标性状相关联的 SNP 位点。

4.2.3.1 分离群体分组分析法

利用近等基因系结合限制性片段长度多态性(RFLP)或扩增片段长度多态性(amplified fragment length polymorphism,AFLP)等方法定位目的基因虽然有效,但整个过程十分繁琐,因为获得近等基因系是一项费时费力的工作。而且通过 RFLP 寻找与目的基因紧密连锁的分子标记以及通过染色体步移确定目的基因也具有相当的挑战性。为此,科学家们开发出可以替代的新技术,极大地提高了图位克隆的效率,缩短了克隆基因的时间,扩展了它的应用范围。

首先,针对构建近等基因系耗时费力的问题,Michelmore 等(1991)提出一种叫作分离群体分组分析法(bulk segregant analysis,BSA)的替代方法,并利用它成功地在莴苣中筛选出了与霜霉病抗性基因连锁的分子标记。其过程是从抗病和不抗病的两个莴苣亲本杂交形成子二代群体中,选取具有抗病和不抗病表现的相同数量(如 20～50 个)的株植组成两个独立的群体(除此例中的抗病和不抗病外,植株的高和矮、种子的重和轻等也能够构成这样具有对立表型的群体,并且它们之间的差异越显著越好)。然后分别从两个独立群体的不同个体中等量取样混合,提取基因组 DNA;或者从同一群体的每个植株提取 DNA 后取等量的 DNA 混合形成一个混合的 DNA 池(DNA pool)。这样就形成了两个独立的、分别来自两个表型对立群体的混合 DNA 池。每个池中 DNA 都是同一个群组中不同个体基因组 DNA 的混合物。由于选择两个分组群体时是以目的基因决定的某种特定性状的有或无为标准,只要选择的群体数量足够大,就可以认为这两个 DNA 池中除了目的基因是有或无的区别以外,不存在其他差异。实际上,这种思路与前面介绍的近等基因系的概念非常相似。因此,也有人将这两个 DNA 池叫"近等基因池"。BSA 的原理简单而巧妙,是一个非常好的方法。此外,利用杂交子一代与隐性亲本测交产生的个体也可以用来构建近等基因池。

4.2.3.2　单核苷酸多态性分子标记

除了应用 BSA 替代近等基因系,在寻找与目的基因紧密连锁的分子标记方面后来也有更多便捷高效的方法。以 RFLP 为基础的第一代图位克隆方法逐渐被随后发展起来的以 PCR 扩增为基础的第二代分子标记技术 AFLP 所取代。由于测序技术的发展,目前图位克隆中定位基因应用更多的是以高通量测序为基础的第三代分子标记。特别是以 BSA 结合高通量测序技术获得的单核苷酸多态性(SNP)分析目前已经成为图位克隆的主流方法。

SNP 是指在基因组水平上由单个核苷酸的变异所产生的 DNA 序列多态性。也就是在一个群体中基因组 DNA 特定的核苷酸位置上存在两种或两种以上不同的核苷酸,并且每一种核苷酸在群体中稳定存在而且比例都大于 1%。如果某种核苷酸出现的比例小于 1%,这种状态的核苷酸通常被认为是点突变造成的。点突变可能在物种演化进程中因为发生回复突变而消失或产生不利的性状而被淘汰,所以是一种不稳定的状态。需要说明的是,SNP 虽然同样是由单个核苷酸突变造成的,但这是针对其起源来说的。点突变只有在长期的自然选择中稳定地保留下来并且在群体中的比例大于 1% 的情况下才能称为 SNP。所以,基因组中已经存在的 SNP 不仅能够遗传而且非常稳定。正因为如此,SNP 才能够作为识别不同类群或品种的特征性分子标记。例如,从火车站随机找出两个人,对他们的基因组进行 DNA 测序,就会发现他们的 DNA 序列中大约有 99.9% 的部分是相同的。而能够让他们彼此不同的正是大约 1/1 000 的差异核苷酸。这些差异核苷酸大部分属于 SNP。实际上,法医学领域对个体身份的认定就是根据人类群体中 DNA 具有高度的 SNP 多态性,并且这种多态性能够稳定遗传来判断的。

SNP 是可遗传的变异中最常见的类型,它由单个核苷酸的转换(transition,嘌呤核苷酸被嘌呤核苷酸取代,或嘧啶核苷酸被嘧啶核苷酸取代)或颠换(transversion,嘌呤核苷酸被嘧啶核苷酸取代,或嘧啶核苷酸被嘌呤核苷酸取代)引起,或者由核苷酸的插入或缺失所致。但通常所说的 SNP 并不包括插入或缺失这两种情况,原因是功能基因编码区内单个核苷酸的插入或缺失将导致移码突变的严重后果,以至于这样的突变不能在群体中稳定遗传下来形成 SNP。不仅如此,虽然单核苷酸的替换有多种可能的情况,例如 C 可以被 T、G、A 甚至是 U 替换,所以理论上 SNP 既可能是 2 等位多态性(即 C→T),也可能是 3 或 4 等位多态性(即 C→

T；C→G；C→A；C→U），但实际上 C 被 T 替代的可能性最大。前文曾经提及，CpG 二核苷酸这种形式普遍存于真核生物基因组 DNA 中。基因编码区 CpG 中的 C 常常被甲基化，甲基化的 C 容易脱去氨基形成 T。由于碱基配对，当 C 脱去氨基形成 T 以后，另一条链上相对应的 G 被 A 替代的概率最大。其余的替代概率几乎可以忽略。由于在群体中比例大于 1‰的核苷酸稳定变异才能称为多态性，所以通常说的 SNP 都是指二等位多态性。人类基因组 DNA 中大约每 1 000 个核苷酸就会出现一次 SNP，其总数估计在 300 万以上。水稻基因组中 SNP 分布更密集，因为水稻基因组内 GC 含量较高。由于 SNP 除了具有数量巨大、分布广泛的特点外，还具有稳定性好以及二等位多态性适合自动检测等优点，所以它被普遍认为是第三代分子标记的代表。

4.2.3.3 BSA 与 SNP 结合定位目的基因

SNP 作为分子标记在图位克隆方面应用的一个突出优点是，它不仅数量多便于基因精确定位，而且适合对数量性状（即由多个基因控制的性状）基因的定位。2012 年，Takagi 等采用 BSA 方法，通过全基因组测序结合 SNP 分析，获得了控制水稻高矮这两种表型的数量性状基因。具体过程是选择具有"高"和"矮"两种不同性状的水稻进行杂交（图 4-15A）。杂交一代进行自交获得杂交二代群体 F_2。由于高、矮是由多个数量性状基因控制的表型，在 F_2 群体中就会出现高矮不同的植株个体。对 F_2 的所有植株进行高度测量，结果显示植株的高度呈正态分布，即特别高的植株和特别矮的植株数量较少，而高度居中的植株数量较多。

从 F_2 代植株群体中分别挑选出最高的植株以及最矮的植株各 20～50 个，然后通过在每个植株叶片上打孔的方法，取等量叶片混合各自形成一个独立的样本库。分别从这两个独立的混合样本库中提取基因组 DNA 形成两个近等基因池，然后对它们进行高通量测序，并使测序的深度保持在 6 以上（测序深度即测序获得的总核苷酸数与该物种基因组总核苷酸数的比值。可以粗略地认为是对基因组序列重复测定的次数。测序的深度越大，获得的 SNP 就越详细）。

有了基因组 DNA 测序结果，就能够分析其中的 SNP 指数值。SNP 指数是指的某一 SNP 位点上测序获得某种等位核苷酸占测序覆盖该位点所有核苷酸的比例。对第二代测序方法而言，假设参考基因组序列上某个 SNP 所在的 DNA 区域被 10 个读长序列所覆盖，那么这个 SNP 序列的测序总覆盖度就是 10（图 4-15B）。在这 10 个读长序列中如果有 4 个读长序列含有相对于参考序列的 SNP，也就是说有 4 个读长序列在某一特定核苷酸位点出现与参考序列不一致的核苷酸，那么就定义该位点的 SNP 指数为 0.4。如果该位点所有的核苷酸都与参考序列不同，那么该位点的 SNP 指数就为 1。相反，如果该位点所有的核苷酸都与参考序列相同，那么该位点的 SNP 指数就为 0。

图 4-15C 中显示了在上述与高和矮相关的两个近等基因池中 SNP 指数的分布情况。横坐标代表 SNP 指数在某条染色体上的相对位置，图中每一个点代表一个 SNP，红棕色曲线代表 SNP 指数的平均值。从图 4-15 中可以看出，绝大部分 SNP 指数的平均值大约在 0.5。其含义是这些 SNP 指数在高、矮两组样品中均匀分布，没有显著差异。但图中每个池内分别有一个 SNP，其指数值接近于 1 和 0，而且它们处于同一条染色体相对应的位置上。因此，指数值为 1 以及 0 的 SNP 位点即为与高、矮这两种对立性状紧密连锁的 SNP 位点。所以，高矮这种数量性状基因在染色体上的位置就可以确定了。剩下的工作就是基因功能验证。

分子生物学研究方法与技术原理

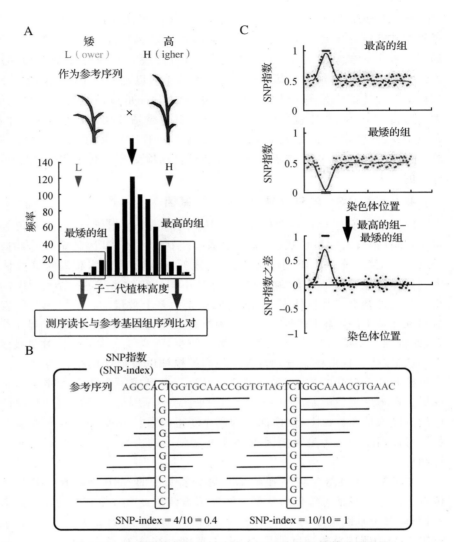

图 4-15　彩图

图 4-15　分离群体分组分析法结合 SNP 定位目的基因原理图

A：选择具有高（higher，H）、矮（lower，L）对立形状的水稻植株构建 BSA 等位基因池。B：高通量测序获得包含某一核苷酸位点的测序读长数量。C：根据各位点的 SNP 指数定位与对立性状连锁的 SNP 位点。图片引自 Takagi 等（2012），有修改

　　通过对上述高、矮这两种数量性状基因定位过程的描述可以看出，高通量测序结合 BSA 和 SNP 分析的整个过程只需要将水稻材料种植到杂交第二代即可进行分组取样、测序分析。由于获取材料的时间以及测序成本大幅度下降，这种方法受到了广泛的欢迎。SNP 还可以用来进行全基因组关联分析（genome wide association study，GWAS），即利用基因组中数量巨大的 SNP 作为分子标记，进行全基因组水平上的对照分析或相关性分析，即统计分析每个 SNP 与目标性状之间的关联性大小，从而筛选出与变异性状关联的 SNP。

此外,克隆数量性状相关基因还有一种叫作 MutMap 的方法。具体步骤是首先用甲基磺酸乙酯(EMS)诱变一个具有参考基因组序列的作物品种,如水稻日本晴的种子。然后从经过诱变的种子长成的群体中选择具有某种隐性突变性状的纯合植株作为亲本,使之与未经诱变的野生型日本晴水稻杂交。从子一代自交获得子二代。在子二代中出现性状分离即部分植株具有突变体表型,而另一部分具有野生型表型。选取其中具有突变体表型的 F_2 代不同植株个体(从杂交 F_2 代中选择突变性状的个体是为了确保突变性状是稳定可靠的),混合取样提取基因组 DNA 测序。将测序获得的读长序列与参考基因组序列进行比较获得 SNP 分布情况。其中相对于参考基因组序列 SNP 指数显示为 1 的位点即为与目的基因紧密连锁的 SNP 分子标记。该方法在 BSA 分组基础上直接利用参考基因组序列,省去了对与突变性状相对应的野生型群体样本的测序,进一步降低了工作量。这种方法在水稻等农作物的遗传改良方面具有十分重要的意义。

虽然通过辐射诱变也能获得突变植株,但辐射诱变如 γ 射线或快中子照射容易使基因组 DNA 出现大片段的缺失。EMS 诱变则通常产生单碱基突变。因此,EMS 诱变更适合基于 SNP 的基因图位克隆分析。

图位克隆作为一种正向遗传学研究手段在农作物许多重要性状基因的克隆、特别是数量性状基因克隆方面发挥着越来越重要的作用。可以预见,充分利用现有的这些技术以及将来可能出现的更加简捷高效的图位克隆方法,分子辅助育种技术将获得更广阔的应用前景。

 重点回顾

1. 新一代的图位克隆方法通过分离群体分组分析法结合高通量测序分析单核苷酸多态性分子标记定位目的基因。

2. 分离群体分组分析法 BSA 与近等基因系法有基本相同的作用。相对于构建近等基因系,这种方法应用起来更简单方便,而且节约时间。

3. 单核苷酸多态性是指在基因组水平上由单个核苷酸的变异所引起的 DNA 序列多态性。SNP 虽然是由单个核苷酸突变造成的,但基因组中已经存在的 SNP 不仅能够遗传而且非常稳定。它们数量众多,非常适合作为分子标记定位目的基因。

 参考实验方案

Current Protocols in Molecular Biology Volume 108,Issue 1

Next-Gen Sequencing-Based Mapping and Identification of Ethyl Methanesulfonate-Induced Mutations in *Arabidopsis thaliana*

Xue-Cheng Zhang, Yves Millet, Frederick M. Ausubel, Mark Borowsky

First published:01 October 2014

 视频资料推荐

QTL Mapping and CRISPR/Cas9 Editing to Identify a Drug Resistance Gene in *Toxoplasma gondii*. Shen B, Powell R, Behnke M S. J Vis Exp. 2017 Jun 22;(124):55185. doi:10.3791/55185.

4.2.4 基因打靶

 概念解析

胚胎干细胞(embryonic stem,ES):由动物早期胚胎(原肠胚期之前)或原始性腺中分离出来的全能性细胞,具有体外培养无限增殖、能够自我更新和多向分化的特性。

4.2.4.1 基因打靶的原理

基因打靶(gene targeting)或称为靶向基因技术,是 20 世纪 80 年代出现的一种定向改变生物体内遗传信息即基因的技术手段。它建立在基因同源重组(homologous recombination)以及胚胎干细胞(ES)的培养、转染和筛选技术基础之上。从理论上说,基因打靶几乎可以应用于任何基因的敲除或替换等遗传操作,而无须考虑被敲除基因的大小和转录活性。基因打靶的效果可以是稳定持久的,也可以是条件化的。不过,在不同的物种中应用基因打靶的成功率存在较大差别。

基因打靶技术出现之前,在单细胞微生物如细菌或酵母中通过同源重组能够高效地获得目的基因的突变菌株。因为单细胞微生物个体体积小,群体数量庞大,用于同源重组的载体即便以很低的效率转化进入宿主细胞并且发生同源重组,也能有较大的机会获得重组细胞。对于培养的动物细胞系来说,同源重组也能像在微生物中一样经过简单筛选获得重组细胞系,尽管获得重组细胞的比例较低。然而对于哺乳动物和高等植物,通过同源重组获得目的基因的突变个体难度极大。部分原因是高等动、植物细胞内同源重组不是其 DNA 修复的主要方式,其重组酶的活性不高,因此重组效率很低。另外的原因是在高等动、植物中,通过同源重组获得的阳性细胞发育成独立的个体比较困难。对于植物细胞而言,根据细胞的全能性,通过调整激素配比能够使由单个细胞分裂形成的愈伤组织分化出芽、生根并最终形成完整的植株。然而,目前的技术还不能使重组的单个高等动物细胞发育成完整的个体。如果采用向细胞注射或病毒(细菌)侵染细胞的方式在受体动物细胞内引入重组载体,虽然可能获得外源基因替换宿主基因后形成的重组细胞,但个别或少数体细胞的突变并不能引起个体产生明显的表型,而且这种重组体细胞很难遗传给下一代。

虽然对处于单细胞状态的受精卵进行基因同源重组处理,理论上能够比较容易地获得转基因阳性细胞并由此发育成突变个体,但高等动物特别是哺乳动物卵细胞的数量极其有限,即便获得了转基因阳性的受精卵细胞,目前的技术条件下也无法通过体外培养的方式使动物受精卵发育成完整的个体,尽管理论上动物细胞也具有全能性。因此单纯通过同源重组技术在高等动、植物中进行基因敲除虽然有成功的报道,但难以得到广泛的应用。

上述问题通过利用胚胎干细胞进行同源重组,然后经过体内培养筛选重组个体的基因打靶技术得以解决。1989 年,美国科学家 Mario Capecchi、Oliver Smithies 与英国科学家 Martin Evans 成功进行了小鼠体内的基因定向敲除即基因打靶的尝试。他们因此获得了 2007 年诺贝尔生理学或医学奖。胚胎干细胞(ES)是具有分化全能性的动物细胞,具有体外无限增殖并分化形成包括胚胎在内的任何组织或细胞的能力。以模式动物小鼠为例,基因打靶的原理是,首先获得小鼠的 ES 细胞系,然后利用显微注射或电穿孔的方式将目的基因两端带有同源序列的线性化重组载体（同源序列内侧含遗传霉素 G418 的抗性基因 *neo*）导入 ES 细胞，并通过 G418 抗性筛选等方法获得转入重组载体并成功重组的转基因阳性 ES 细胞。这些阳性 ES 细胞内用抗生素抗性基因和报告基因经过同源重组替换了原来的目的基因。最后通过显微注射或者胚胎融合的方法将重组 ES 细胞引入受体小鼠囊胚阶段的胚胎内。由于 ES 细胞具有分化的全能性，这些重组的 ES 细胞在胚胎内能够发育形成包括生殖细胞在内的一系列成体组织。由于受体小鼠囊胚也含有大量的未经同源重组改造的 ES 细胞，所以胚胎发育的结果是形成嵌合体小鼠，即小鼠体内含有经过同源重组改造以及未经同源重组改造的两种基因型的细胞。嵌合体小鼠发育成熟后产生的部分生殖细胞内含有经重组改造的突变基因。通过回交即让嵌合体雄性小鼠与正常雌性小鼠交配，从产生的后代小鼠中选择杂合体的雌、雄小鼠杂交。从它们的后代中能够分离出目的基因突变的纯合 ES 转基因小鼠品系。

4.2.4.2　基因打靶重组细胞的筛选

在基因打靶过程中，对转入同源重组载体以后阳性 ES 细胞的筛选是重要环节。同源重组建立在外源 DNA 片段两端的同源臂与 ES 细胞染色体内被敲除的目的基因两端相应同源序列发生交换的基础上。交换有单交换与双交换两种形式。单交换导致外源 DNA 片段通过一端的同源序列插入 ES 细胞的基因组 DNA 中。双交换的结果是外源 DNA 片段通过两端的同源序列替换 ES 细胞染色体上同源 DNA 序列内侧的基因。这一点与在前文讲到的单酶切导致序列插入或切除、双酶切导致序列替换的过程是类似的。

重组载体中，两端同源臂序列的内侧用遗传霉素抗性基因 *neo* 以及报告基因替代拟敲除的目的基因序列（图 4-16）。因此，同源重组完成以后带有 G418 抗性基因的 ES 细胞才能在含 G418 的培养基中存活，这种筛选方式为正筛选。不过如上所述，无论重组载体与 ES 细胞染色体 DNA 发生了单交换还是双交换，产生的 ES 细胞都含有 *neo* 基因。它们都能在含 G418 的培养基上生长。但是发生单交换的 ES 细胞中目的基因并没有被替换敲除。因为单交换的结果是转入的外源序列通过同源序列的一端插入到基因组中而非替换 ES 细胞基因组中的目的基因。因此，单纯依靠 G418 的正筛选存在漏洞。

针对上述问题，后来在单纯依靠抗生素抗性筛选基础上，发展出用 G418 抗性结合胸苷激酶基因（*TK*）进行正、负筛选重组 ES 细胞的方法。*TK* 基因编码的胸苷激酶催化核苷酸补救合成途径中的胸腺嘧啶核苷的磷酸化。胸苷激酶还能将培养基中无毒的丙氧鸟苷（GNAC）代谢生成毒性物质导致细胞死亡，因此可以利用带有 *TK* 基因的 ES 细胞在含 GNAC 的培养基中不能存活有这一原理，对重组以后的 ES 细胞进行反向筛选或者叫作负筛选。进行负筛选是为了剔除因为单交换而具有的 G418 抗性的 ES 细胞，提高筛选同源重组敲除目的基因的成功率。如图 4-16 所示，进行正、负筛选的具体做法是在重组载体同源序列外侧的一端设置一个 *TK* 基因表达单元，同源序列内侧仍然是 *neo* 基因。将重组载体导入受体 ES 细胞后，由于发生了同源重组的 ES 细胞只带有 *neo* 基因并且不含 *TK* 基因，就能在同时含有 G418 和 GNAC 的培养基中存活；而整个重组载体由于单交换插入 ES 细胞基因组 DNA 后，由于受体 ES 细胞带有 *TK* 基因，它的表达导致细胞死亡。

自基因打靶技术问世以来，已经利用它在多种动物中成功地实施了基因敲除等遗传操作。目前仅在小鼠中通过基因打靶敲除的基因就数以万计。这项技术为通过动物模型研究人类疾病相关基因的功能提供了重要支撑。

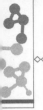

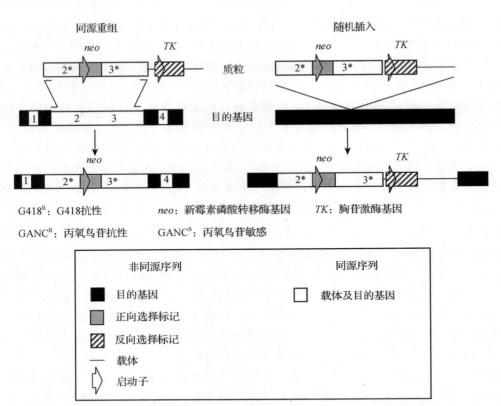

图 4-16　基因打靶载体与胚胎干细胞内目的基因同源重组以后阳性细胞正、负筛选原理图
左侧图形表示基因打靶载体与目的基因发生双交换的同源重组过程及结果。右侧图形表示基因打靶载体在基因组中发生单交换插入的过程及结果。图片引自 Mortensen（2006），有修改（编者注：原图右边显示同源重组载体随机插入宿主细胞基因组 DNA 中，但在有同源序列的情况下重组载体在宿主基因组同源位点一侧插入的可能更大）

🔖 重点回顾

1. 基因打靶是一种定向改变生物体内遗传信息即基因的技术手段。它在哺乳动物基因功能研究中发挥了重要作用。

2. 基因打靶首先利用同源重组替换敲除 ES 细胞基因组中的目的基因，然后将阳性 ES 细胞注入发育中的动物胚囊，使之发育成嵌合体动物。然后通过嵌合体动物进行杂交筛选获得纯合的基因敲除动物品系。

3. 重组 ES 细胞的选择利用正、负筛选的策略能有效地降低假阳性 ES 细胞出现的概率。

🧪 参考实验方案

Current Protocols in Molecular Biology Volume 62，Issue 1

Human Somatic Cell Gene Targeting

Todd Waldman，Carolyn Lee，Tagvor G. Nishanian，Jung-Sik Kim

First published：01 May 2003

Current Protocols in Neuroscience Volume 40，Issue 1

Overview of Gene Targeting by Homologous Recombination

Richard Mortensen

First published：01 October 2006

 视频资料推荐

In-vitro Mutagenesis and Knockout Mice ｜生物学｜ JoVE

4.2.5 条件性基因敲除

 概念解析

条件性基因敲除（conditional knockout，CKO）：通过大肠杆菌 P1 噬菌体内的 Cre/*LoxP* 或类似的重组系统将小鼠体内目的基因表达限定于某些特定类型的组织细胞或发育的特定阶段，从而达到对目的基因表达人为调控以研究其功能的技术。

4.2.5.1 Cre/*LoxP* 重组系统的原理

以同源重组为基础的基因打靶技术自出现以来，在医学领域特别是以动物模型小鼠的基因功能研究中发挥了重要作用。在某些情况下研究人员需要了解在不同条件下或者不同组织中表达或敲除某个特定基因对个体产生的影响，因此需要一种条件性基因敲除的手段。

大肠杆菌 P1 噬菌体重组系统 Cre/*LoxP* 的发现满足了这种需要。P1 噬菌体与 λ 噬菌体一样属于温和（溶原）噬菌体，它们不仅形状相似，而且 P1 噬菌体的基因组 DNA 也为线性双链分子。当它侵染大肠杆菌以后，线性的 DNA 分子同样也发生自身环化。不过溶原状态下，环化的 P1 噬菌体基因组 DNA 分子以类似于质粒的形式存在于宿主体内，随后通过复制随宿主细胞分裂分配到子细胞中，而不是像 λ 噬菌体基因组 DNA 一样整合进入宿主基因组 DNA 中。P1 噬菌体线性 DNA 分子环化的过程需要其基因编码的环化重组酶（cyclization recombination enzyme，Cre）以及位于 P1 噬菌体基因组 DNA 两端具有反向重复序列的 *LoxP* ［locus of crossing over（x），P1］位点共同参与。

Cre 是一种位点特异性重组酶，属于 Int 整合酶超基因家族成员。Int 整合酶超家族包括酪氨酸家族以及丝氨酸家族两大类。P1 噬菌体的 Cre 属于酪氨酸家族。同属于该家族的还有 λ 噬菌体的整合酶 Int，它与识别序列分别构成 Int/*attB*，*attP* 重组系统，即在大肠杆菌与 λ 噬菌体位点专一重组章节中介绍的重组系统。此外，还有酵母的 FLP 重组酶，该酶与酵母 *FRT* 序列一起构成 FLP/*FRT* 重组系统。

Cre 由 343 个氨基酸残基组成。它具有内切酶的特点，能介导两个或两个以上的 *LoxP* 位点之间 DNA 序列的特异性重组，使两个 *LoxP* 位点间的 DNA 序列被删除、插入、交换重组或发生序列倒转。与 λ 噬菌体与大肠杆菌的 Int/*attP*，*attB* 系统通过整合酶与整合宿主因子等蛋白质作用下发生 DNA 序列切割和交换重组一样，Cre/*LoxP* 与 FLP/*FRT* 重组系统的重组本质也是在特定的 DNA 序列上进行切割，同时在符合条件的情况下交换切割产生的线形、

环状甚至超螺旋的 DNA 分子并重新连接。同样,在 *LoxP* 序列符合条件的情况下,不借助任何其他辅助因子,Cre 既能在细胞环境内发挥作用,也能在离体环境中行使功能。

如图 4-17A 所示,每个 *LoxP* 位点序列核苷酸长 34 bp,包括两端各 13 bp 的反向重复序列臂与中间的 8 bp 核心序列。13 bp 的反向重复序列是 Cre 的识别与结合 DNA 的区域,每个 *LoxP* 位点结合两个 Cre 分子。由于不同的 *LoxP* 位点之间通过 Cre 切割、交换和重组发生在非对称的 8 bp 的核心序列内,因此,不同方向的 *LoxP* 位点之间重组具有不同特点。如图 4-17B 所示,重组可以分成 4 种情况:

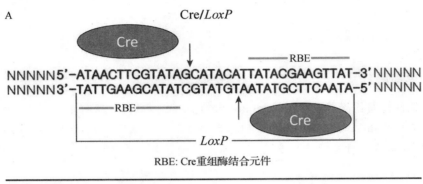

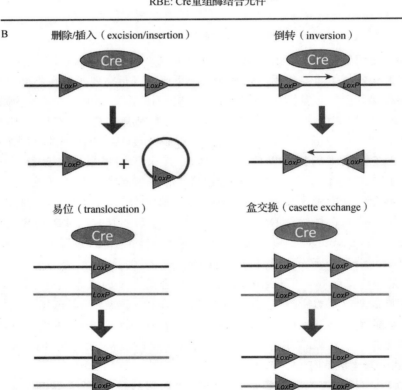

图 4-17　Cre/*LoxP* 系统的组成及在不同的 *Lox* 位点之间的作用方式

图 A 为 *LoxP* 的组成序列。中间红色的 8 bp 序列为 Cre 重组酶切割的位点,切割产生 6 bp 的黏性末端。两边各 13 bp 的倒转重复序列为 Cre 重组酶的结合位点。图 B 为不同的同源 *LoxP* 位点之间的序列进行切割、交换重组的方式。蓝色及黄色线条代表不同的 DNA 分子

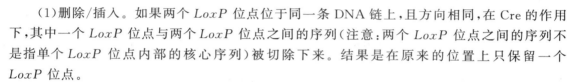

（1）删除/插入。如果两个 *LoxP* 位点位于同一条 DNA 链上，且方向相同，在 Cre 的作用下，其中一个 *LoxP* 位点与两个 *LoxP* 位点之间的序列（注意：两个 *LoxP* 位点之间的序列不是指单个 *LoxP* 位点内部的核心序列）被切除下来。结果是在原来的位置上只保留一个 *LoxP* 位点。

（2）倒转。如果两个 *LoxP* 位点位于同一条 DNA 链上，但它们的方向相反，在 Cre 的作用下，两个 *LoxP* 位点中间的序列发生倒转，即位点之间的序列被切割下来以后以反向互补的形式连接在原来的两个 *LoxP* 位点之间。

（3）易位。如果两个 *LoxP* 位点分别位于两条不同的 DNA 链上，那么 Cre 能介导 DNA 链在两个 *LoxP* 位点处断裂然后交换 DNA 链并重新连接。

（4）盒交换。在两条不同的 DNA 链中，如果每条 DNA 链都分别带有两个同向的 *LoxP* 位点，那么，在 Cre 的作用下两条 DNA 链交换两个同向 *LoxP* 位点之间的 DNA 序列。

4.2.5.2　条件性基因敲除的原理

值得注意的是，Cre 在介导 *LoxP* 位点之间 DNA 序列重组的过程中，能容忍 *LoxP* 位点两臂序列中的部分核苷酸的突变。突变形成的一些新的 *Lox* 位点与 Cre 一起甚至可能具有更高的重组效率。相反，*LoxP* 位点中的核心序列突变形成的 *Lox* 位点与 Cre 一起形成的系统重组效率很低。这些突变形成的新 *Lox* 位点中，一部分与原来的 *LoxP* 位点是兼容的，即它们与野生型 *LoxP* 位点彼此之间能够相互识别并发生重组。也有一些突变形成的 *LoxP* 位点与原来的 *LoxP* 位点之间不能互相识别并且发生重组，因而形成不兼容的 *LoxP* 系统。

由于 Cre 介导的 *LoxP* 位点之间的重组是一个动态、可逆的过程，所以，在 Cre 存在的条件下，发生了重组的 DNA 片段也能够回复到重组以前的状态。在基因功能研究中这种不稳定的状态是需要避免的。一种可以消除这种可逆反应的巧妙办法如图 4-18 所示，利用两组互不兼容的 Cre/*Lox* 系统，例如 Cre/*LoxSYS* 1 与 Cre/*LoxSYS* 2，使 GFP 融合标记的倒置目的基因 GENE-GFP 的每一侧都有一个方向相同但不属于同一个系统的 *Lox* 位点，并且使两组 Cre/*Lox* 系统的 4 个 *Lox* 位点在基因两端反向交替排列。然后将倒置的标记目的基因及其两侧的 *Lox* 位点置于特定的启动子之下。可以预测，此时如果启动目的基因表达，转录出来的目的基因反向互补序列不能指导合成正确的蛋白质。

然而，如果在同一个细胞内同时表达 Cre 的编码基因，在 Cre 的参与下，无论以 *LoxSYS* 1 还是以 *LoxSYS* 2 位点为基础，由于都符合倒转反应的条件，中间倒置的目的基因序列与临近的一个不兼容的 *Lox* 位点首先会发生倒转重组反应，形成正向目的基因一端带有 3 个同向的 *Lox* 位点（*LoxSYS* 2、*LoxSYS* 1、*LoxSYS* 2 或 *LoxSYS* 1、*LoxSYS* 2、*LoxSYS* 1），另一端含有一个方向相反的 *Lox* 位点（*LoxSYS* 1 或 *LoxSYS* 2）的局面。在 3 个同向相邻排列的 *Lox* 位点中，中间的 *Lox* 位点与其左、右两侧的 2 个同向的 *Lox* 位点属于不同的系统，所以它就相当于同一个 *Lox* 系统的两个同向 *Lox* 位点之间的普通序列。这种结构正好满足 Cre/*LoxP* 系统删除/插入反应的条件，因此 3 个同向的 *Lox* 位点中间的 *Lox* 位点序列与其外侧的任意一个 *Lox* 序列一起被切除下来。结果是启动子下游正向的目的基因两侧分别带有一个方向相反但互不兼容的 *Lox* 位点，它们之间即便在 Cre 存在的条件下也很难再次发生重组反应。因此，目的基因能够在启动子的带动下稳定表达正确的编码序列。采用类似的策略，只要将上述系统中的 GENE-GFP 设置为正向序列，也可以让它在诱导条件下关闭表达即表达反向互

补序列。利用这些特点,可以根据需要选择 *Lox* 位点序列的种类和排列方式,以适应特定的基因突变或修复要求,扩展了该系统的应用范围。不过,虽然不同的 Cre/*Lox* 系统能使基因操作有更多的变化,但同一环境中太多的系统容易造成彼此的干扰。

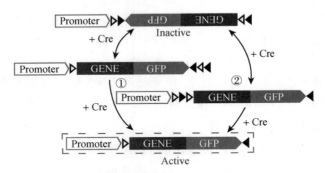

Promoter:启动子　　　Cre:重组酶　　　　　Active:有活性
GENE:基因　　　　　　GFP:绿色荧光蛋白　　Inactive:无活性

图 4-18　利用两组不兼容的 Cre/*LoxP* 系统获得条件性稳定表达的基因
启动子 Promoter 启动条件性表达的目的基因 GENE-GFP。*LoxSYS* 1 与 *LoxSYS* 2 为两个互不兼容的 *Lox* 系统。在 Cre 的作用下,第一次倒转重组发生在目的基因两侧的 *LoxSYS* 1 位点(途径①)或 *LoxSYS* 2 位点(途径②)之间,属于可逆反应。第二次删除重组发生在三个同向的 *Lox* 位点之间,属于不可逆反应。图片引自 Fenno 等(2014),有修改

4.2.5.3　条件性基因敲除的应用

上述针对 Cre/*LoxP* 重组系统的特点及其应用是以非细胞环境为场景描述的。实际应用条件性基因敲除一般发生在动物体内。因此,还存在如何将 Cre/*LoxP* 系统引入动物体内的问题。目前,这个过程主要是依靠同源重组途径,即以基因打靶的方式将 Cre 与 *LoxP* 这两个重组要素分别转入不同的动物个体内,然后通过转基因动物杂交将它们组合在同一个体内,这种策略一方面有助于提高转化效率,更重要的是能够选择将不同条件要素组合实现更灵活的条件性基因敲除的需求。

以人类疾病相关基因研究中广泛使用的动物模型小鼠为例,对它进行条件性基因敲除的一般过程是,首先在拟敲除基因的一个或几个重要的外显子两侧的内含子区域内分别加上两个同向排列的 *LoxP* 位点,然后将此植入了 *LoxP* 的位点序列的目的基因两端加上该基因两侧的同源序列构建同源重组载体。通过电穿孔或显微注射的方式将此同源重组载体转入小鼠胚胎干细胞(ES),成功进行了同源重组的阳性 ES 细胞内带有 *LoxP* 位点的目的基因就替换了基因组中原来的野生型基因。将此重组 ES 细胞注射进入小鼠囊胚阶段的胚胎内发育成嵌合体小鼠。同时,根据研究的需要选择一个组织特异性表达或发育阶段特异性表达的启动子驱动 Cre 表达,然后将此序列两端加上相应的同源臂序列,并以同样的方式重组进入 ES 细胞。将重组的 ES 细胞注射入小鼠囊胚阶段的胚胎内,获得带有 Cre 表达单元的嵌合体小鼠。

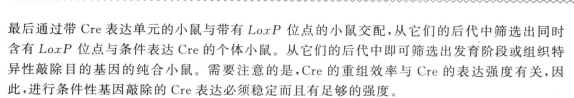

最后通过带 Cre 表达单元的小鼠与带有 $LoxP$ 位点的小鼠交配,从它们的后代中筛选出同时含有 $LoxP$ 位点与条件表达 Cre 的个体小鼠。从它们的后代中即可筛选出发育阶段或组织特异性敲除目的基因的纯合小鼠。需要注意的是,Cre 的重组效率与 Cre 的表达强度有关,因此,进行条件性基因敲除的 Cre 表达必须稳定而且有足够的强度。

此外,利用可诱导的启动子驱动 Cre 基因表达,还能够获得在各种诱导条件下敲除或表达特定基因的转基因小鼠突变体。这种将 Cre 与 $LoxP$ 序列分别通过基因打靶途径转入小鼠的方法,其优势除了能够实现条件性基因敲除,还具有很大的灵活性,因为通过选择具备这两个要素的不同转基因小鼠品系之间的杂交组合能够获得针对同一个基因在不同条件下敲除的突变体,或者是获得在同样的表达条件下敲除不同基因的突变小鼠,可以省略很多在小鼠中进行的费时费力的转基因敲除以及筛选工作。

Cre/$LoxP$ 系统由于识别序列长达 34 bp,所以特异性非常好。同时,由于重组系统成分简单、使用灵活方便,该方法在医学研究领域应用十分广泛。目前通过 Cre/$LoxP$ 进行条件性基因敲除获得的小鼠已经有 3 000 种以上。利用它通过条件诱导基因表达相当于在动物体内设置了一个可以人为控制的开关,能够选择在特定的组织或特定的时间表达目的基因。由于部分基因被敲除以后是胚胎或幼年期致死的,所以常规的基因打靶研究方法难以成功。通过 Cre/$LoxP$ 体系能够使基因在特定条件下的部分组织选择性地表达,有效地拓展了基因打靶的应用范围。条件性基因敲除在神经系统基因功能的研究中尤其重要。

 重点回顾

1. Cre/$LoxP$ 重组系统来源于大肠杆菌 P1 噬菌体内线性基因组 DNA 分子环化过程中的位点专一重组酶及其识别序列之间的相互作用。利用这个重组系统,根据目的基因两端所带 $LoxP$ 位点的不同可以对目的基因进行删除、插入、倒转、替换等操作。

2. 将条件性表达 Cre 的表达单元与带有 $LoxP$ 位点的目的基因表达单元分别通过基因打靶途径转染进入动物个体获得转基因阳性动物品系,通过将含有这两个要素的不同小鼠杂交筛选就能获得很多种不同条件组合下敲除或表达目的基因的转基因动物,这种方式相对于常规的基因打靶具有更加方便灵活的特点。

3. 条件性基因敲除扩展了基因打靶技术的应用范围,提高了基因打靶技术的使用效率。

 参考实验方案

Current Protocols in Molecular Biology Volume 85，Issue 1

Recombineering-Based Procedure for Creating Cre/loxP Conditional Knockouts in the Mouse

Jason Bouvier，Jr-Gang Cheng

First published：January 2009

 视频资料推荐

A Cre-LoxP Recombination Approach for the Detection of Cell Fusion *In Vivo*. Sprangers A J，Freeman B T，Kouris N A，Ogle B M. J Vis Exp. 2012 Jan 4；(59)：e3581. doi：10.3791/3581.

4.2.6　基因编辑技术原理及应用

 概念解析

　　规律性间隔的短回文重复簇(clustered regularly interspaced short palindromic repeat, CRISPR)：普遍存在于细菌和古菌中的一种获得性免疫系统的组成部分。由一系列被相同长度的不同间隔序列隔开的带有回文结构的重复序列组成。它们转录出来以后与系统其他组分结合并经过剪切形成部分双链的 RNA 分子，引导系统特有的核酸内切酶对外源入侵的 DNA 分子中符合条件的位点进行双链切割，破坏入侵 DNA 编码序列从而保护自身免受影响。

　　PAM(protospacer adjacent motif)：前间隔区序列邻近基序，它是 CRISPR-Cas9 体系定位外源入侵 DNA 分子进行双链切割位点的依据。PAM 由外源 DNA 分子中 3 个特定序列的脱氧核苷酸组成，形式通常为 5'-NGG-3'。

4.2.6.1　CRISPR-Cas9 基因编辑系统的组成

　　基因编辑或者叫基因组编辑(genome editing)是近十几年以来发展迅速、影响深远的一类分子生物学研究技术。其中出现较早的 ZFN、TALEN 等基因编辑技术虽然使人为操控细胞内的基因序列成为现实，但由于它们采用的手段相对复杂、编辑效率低，同时使用成本高难以得到广泛的应用。随后出现的 CRISPR 使基因编辑变得不仅高效而且简单易行。因此，它在生物学、农业及医学领域有广阔的应用前景。

　　基于 CRISPR 的基因编辑技术源于 1987 年日本大阪大学石野良纯等的发现：*E. coli* 中存在一些高度同源的 29 bp 的重复序列(repeat)，这些重复序列被 32 bp 互不相同的间隔序列(spacer)分开。当时他们不知道这些有规律出现的序列在细胞中承担什么功能，对大肠杆菌来说有何意义。后来研究人员在很多细菌和古菌的基因组中发现类似的现象。不过，重复序列与间隔序列在不同细菌或古菌中长度有一定区别。由于重复序列中存在 5～7 bp 具有回文结构的核苷酸序列，因此它们被命名为规律性间隔的短回文重复簇(clustered regularly interspaced short palindromic repeat，CRISPR)。同时研究人员发现在 CRISPR 基因座附近总是存在一些具有核酸酶活性的蛋白质编码基因，因此将它们命名为 CRISPR 相关蛋白编码基因 Cas(CRISPR associated protein)(图 4-19)。直到 2007 年，CRISPR 与 Cas 才被发现与细菌的适应性免疫(或者叫获得性免疫)有关。这些规律性间隔的短回文重复簇实际上是原核生物基因组内广泛存在的一种防御机制。与细菌体内存在的限制性核酸内切酶作用类似，其功能是破坏侵入细胞的外源 DNA 分子。2012 年，德国科学家 Emmanuelle Charpentier 和美国科学家 Jennifer Doudna 的研究共同揭示了 CRISPR-Cas9 通过基因编辑破坏入侵 DNA 分子的原理。她们也因此获得 2020 年的诺贝尔化学奖。

　　不同种类的细菌或古菌中有不同类型的 CRISPR-Cas 系统，它们的组成复杂程度各异。其中成分最简单、研究最深入的是来自产脓链球菌的 CRISPR-Cas9 系统。该系统进行基因编辑只要 3 个必需的组成部分，即 crRNA、tracrRNA 和 Cas9 核酸酶(图 4-19)。crRNA 的意思是 CRISPR 起源的 RNA(CRISPR-derived RNA)，它由 CRISPR 基因座中的 spacer 与 repeat 序列转录以后剪切形成。tracrRNA 为反式激活 RNA(trans-activating RNA)，因为它的编码基因与 crRNA 的编码基因部分序列同源但属于不同的基因位点,所以 tracrRNA 与 crRNA 能够结合形成部分双链的向导 RNA 分子,然后激活并引导 Cas9 对靶 DNA 分子进行剪切而得名。Cas9 是 Cas 操纵子编码的一系列 Cas 相关蛋白中的成员之一,它是一种 RNA 导向的双链 DNA 结合蛋白,并且具有核酸酶活性。

4.2.6.2　CRISPR-Cas9 系统的编辑过程

自然状态下,CRISPR-Cas9 系统发挥作用的过程可分为 3 个阶段,即间隔序列捕获期(spacer acquisition)、CRISPR-Cas9 表达期或者叫作 crRNA 生成期(crRNA biogenesis)及 DNA 干扰期(DNA interference)(图 4-19)。

在间隔序列捕获期,噬菌体或外源入侵质粒侵染细菌时,它们的 DNA 分子被宿主的内切核酸酶切割成短的 DNA 片段,符合条件的切割片段作为 protospacers(前间隔序列)被整合进宿主基因组的 CRISPR 基因座中,成为新的间隔序列即 spacer(这个过程由 Cas 操纵子编码的 Cas1、Cas2 等蛋白质完成)。CRISPR 重复簇中已经存在的间隔序列则是以前外源入侵 DNA 分子被剪切后整合进细菌 CRISPR 基因座留下的"记录"。彼此不同的间隔序列被相同的重复序列(repeat)隔开。在间隔序列和重复序列附近还存在编码一系列 Cas 蛋白的 Cas 操纵子以及能转录生成 tracrRNA 的编码基因,它们属于不同的基因位点并且存在于不同的操纵子中。

第二阶段为 CRISPR-Cas9 表达期。同一个 CRISPR 基因座中多个交替排列的间隔序列与重复序列一起被转录,生成长链的 crRNA 前体(pre-crRNA)。同时,不同基因位点上功能相关的 tracrRNA 和 Cas9 编码基因也被转录出来。由于转录生成的 tracrRNA 分子的部分序列能与 pre-crRNA 中由重复序列转录形成的区域互补结合,它们形成一系列有部分双链区域的 RNA 杂合分子以后,在 Cas9 的参与下,引发宿主细胞内双链 RNA 特异的 RNae Ⅲ 对它进行剪切,形成一系列含部分双链的成熟短链向导 RNA(guide RNA,gRNA)分子。每个成熟的 gRNA 包含一个由间隔序列转录出来的 20 个核苷酸的单链区域,以及由重复序列转录形成并与 tracrRNA 配对、长度为 19～22 bp 的双链区域(图 4-19)。由同一个 pre-crRNA 前体分子与多个 tracrRNA 分子配对剪切形成的不同 gRNA 分子之间的区别在于它们未配对的间隔序列不同。

第三阶段为 DNA 干扰期。成熟的 gRNA 分子中未配对的间隔序列与外源入侵的同源靶 DNA 序列配对,同时引导核酸酶 Cas9 对靶 DNA 进行切割。gRNA 的作用类似于核酸酶 Cas9 与外源入侵的同源靶 DNA 分子之间的媒介。被切割的外源入侵 DNA 分子除了含有能与间隔序列配对的同源靶序列以外,在配对靶序列的互补链的 3′ 端还必须有前间隔区序列邻近基序(即 PAM,一般由 3 个特定序列的脱氧核苷酸组成,其序列通常为 5′-NGG-3′)。如果符合上述条件,Cas9 核酸酶就在外源入侵靶 DNA 序列 PAM 位点 5′ 端上游区域的第 3 位与第 4 位核苷酸之间进行 DNA 双链切割产生断裂。其结果是入侵的 DNA 分子被剪切破坏,宿主菌因此免受侵害。

利用 CRISPR-Cas9 系统对基因组 DNA 进行编辑时,由于 Cas9 核酸酶导致的基因组 DNA 双链断裂对细胞而言是一种严重伤害,所以细胞必须对它进行修复。修复过程中如果没有可以利用的 DNA 模板为修复提供指导,那么就要通过非同源末端连接(NHEJ)这种修复方式将断裂的双链重新连接起来。然而,NHEJ 这种修复方式由于没有模板容易产生错误,因此,在双链断裂处(即 PAM 5′ 端上游区域的第 3 位与第 4 位的核苷酸之间)经常出现替换、缺失或插入个别核苷酸甚至是一段核苷酸序列的情况。由此可见,CRISPR-Cas9 介导的基因编

辑实际上是 Cas9 核酸酶切割引起的基因组 DNA 分子双链断裂以后修复过程中产生的错误造成的。而且这个连接修复过程存在随机性，部分细胞内可能产生缺失、替换一个或多个核苷酸的突变，另一些细胞内可能产生插入、替换一个或多个核苷酸的突变。同样也有细胞能进行正确连接而不产生突变。因此，在检测 CRISPR-Cas9 系统针对基因组 DNA 同一靶点编辑的突变细胞或个体时，可能检测到多种不同的突变类型。

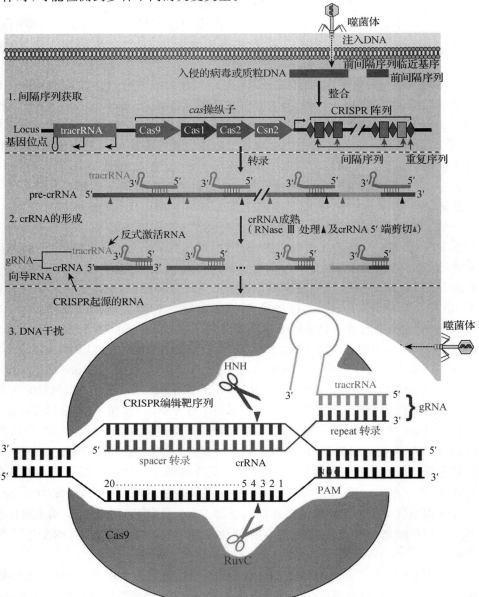

图 4-19 彩图

图 4-19　CRISPR-Cas9 系统组成结构以及编辑过程示意图

虚线部分分割的区域代表基因编辑过程的 3 个阶段。紫色剪刀与赭黄色剪刀代表 Cas9 蛋白的 HNH 同源结构域与 RuvC 同源结构域。3 个红色核苷酸为 PAM 序列。图片引自 Jiang 和 Doudna(2017)，有修改

需要强调的是,在上述对 CRISPR-Cas9 基因编辑过程的描述中出现了两种同源序列。第一种是 tracrRNA 编码基因的部分序列与 CRISPR 基因座中的重复序列部分同源,依靠这两种同源序列之间的配对形成了部分双链的 gRNA 分子。第二种是 gRNA 分子中由 CRISPR 基因座中间隔序列转录出来的未配对序列与入侵的外源靶 DNA 序列同源,它们之间的配对结合锁定了 Cas9 的切割目标。

对目的基因进行编辑过程中选择靶点时为什么需要 PAM? 研究发现,PAM 可能是 CRISPR-Cas9 系统识别"自己"与"异己"的策略。细菌的 CRISPR 基因座 DNA 序列中也有能与 gRNA 单链序列配对的间隔序列,因为 gRNA 中单链部分的序列本来就是由 CRISPR 基因座内间隔序列转录出来的,但 CRISPR 基因座中间隔序列邻近的重复序列中无 PAM,所以核酸酶 Cas9 不能对其进行切割,而只是切割含有 PAM 的外源入侵同源靶 DNA 分子。不过,真核生物细胞基因组中没有 CRISPR 基因座,但使用 CRISPR-Cas9 系统对目的基因进行编辑时仍需要选择含有 PAM 的位点,这个事实说明 PAM 除了有对上述细菌自身 DNA 的保护功能外,它可能也是 Cas9 核酸酶结合靶 DNA 序列或行使酶切功能所必需的。值得注意的是, Cas9 核酸酶是一个能够同时结合 RNA 和 DNA 分子的蛋白质,这一点在生物大分子中是比较少见的。

对 Cas9 核酸酶的结构研究表明,它的酶切功能区实际上包含与两个核酸内切酶即 HNH 和 RuvC 同源的结构域,其中与 HNH 同源的结构域特异地切割靶 DNA 分子中与 crRNA 互补的 DNA 单链,与 RuvC 酶同源的结构域负责切割靶 DNA 序列的非互补链,即含有 PAM 的单链。诱变这两个区域中的任何一个都会导致 Cas9 与靶 DNA 分子结合后只能产生具有单链缺刻而非双链断裂的 DNA 分子。这种具有单链缺刻的 DNA 分子在 DNA 连接酶的作用下能完全恢复原状,因此不能产生突变。

gRNA 中的间隔序列与外源靶 DNA 序列互补配对过程中,远离 PAM 的一端(PAM 上游 10~12 位以上)能容忍一些核苷酸的错配,但这种情况可能导致脱靶效应产生,即编辑发生在与靶序列相似的其他序列上。目前,已经陆续开发出多种可以显著降低脱靶效应的高特异性基因编辑系统,以及针对特定核苷酸定点突变的基因精确编辑系统。

4.2.6.3　CRISPR-Cas9 基因编辑技术的运用

CRISPR-Cas9 虽然属于原核生物适应性免疫体系的组成部分,但它的基因编辑功能同样能够运用到真核生物中。由于整个 CRISPR-Cas9 系统组成只有 tracrRNA、crRNA 和 Cas9 核酸酶 3 个必要成分,并且其中只有 crRNA 的间隔序列部分是基因特异的,所以在实际应用时可以将转录生成 crRNA 的重复序列部分与转录生成 tracrRNA 的 DNA 编码序列连接起来置于同一个启动子控制之下,针对不同基因编辑位点构建编辑载体时,只需要将不同的间隔编码序列整合进来,转录以后就可以形成一个人工重组的 gRNA 分子。

如果将表达重组 gRNA 分子的 DNA 单元与表达 Cas9 核酸酶的 DNA 单元集成到同一个载体上,那么整个 CRISPR-Cas9 系统使用起来就非常方便:只需要根据目的基因的靶序列合成间隔序列,再将其整合进入上述载体就完成了表达 gRNA 分子以及 Cas9 核酸酶的载体构建工作。当这个重组的 CRISPR-Cas9 系统整合进入宿主细胞基因组 DNA 后,在细胞核内转录即可形成 gRNA 分子,但 Cas9 核酸酶还需要在细胞质内合成。因此,为适应真核生物的细胞结构,一般在设计基因编辑载体时需要在 Cas9 蛋白编码序列一端或两端加上核定位信号,因为细胞质内合成的 Cas9 核酸酶首先必须进入细胞核内才能对 DNA 序列进行切割。这种一步到位的巧妙设计省略了自然状态下 CRISPR 系统发挥作用所需要 3 个阶段中的前两个阶段,大大简化了基因编辑流程。目前,很多实验室已经构建了专门用于特定物种内进行基因敲除或突变的 CRISPR-Cas9 载体。

4.2.6.4 多基因编辑

利用 CRISPR-Cas9 还能对多个目的基因同时进行编辑。借助所有生物细胞共有的 tRNA 形成机制来进行多基因编辑方法就是其中的一种。

真核生物 tRNA 基因大小为 400~500 bp。与蛋白质编码基因一样,tRNA 基因的 5′端上游有启动子序列,3′端有转录终止序列。不同的是,mRNA 的编码基因一般是单拷贝基因,而细胞内 tRNA 基因是多拷贝基因,它们表达时转录形成的 tRNA 前体包含许多重复的 tRNA 序列。转录后加工过程中两种分别能特异地识别每个 tRNA 序列 5′端与 3′端的 RNA 酶(如植物中的 RNase P 和 RNase Z)能够对 tRNA 前体进行剪切,形成多个成熟的 tRNA 分子。

利用细胞内 tRNA 的这种形成机制,将能转录形成不同 gRNA 的 DNA 序列两端分别连上 tRNA 的 5′端和 3′端的 DNA 编码序列使之形成一个独立的单位,再将不同的单位串联在一起置于 tRNA 基因的启动子与终止序列之间。这个重组的 tRNA 基因转录出包含 tRNA 与多个 gRNA 的前体,它们被特定的 RNA 酶识别剪切,形成 tRNA 和各种 gRNA 分子。不同的成熟 gRNA 引导核酸酶 Cas9 对不同的目的基因靶序列进行双链切割、NHEJ 连接产生核苷酸替换、插入或缺失造成突变。这样就能达到同时对多个靶基因进行编辑的目的。原核生物的 tRNA 形成过程与真核生物的类似,因此这种多基因编辑技术有广泛的适用性。利用多基因克隆(Golden Gate Cloning 或 Gibson Assembly)方法结合 CRISPR-Cas9 能够对多达几十个基因同时进行编辑。

需要说明的是,CRISPR-Cas9 系统首先要进入细胞并整合进入基因组 DNA 中,然后才能转录出 gRNA 以及表达 Cas9 核酸酶对目的基因进行编辑。动物细胞的基因编辑可以通过将 gRNA 与编码 Cas9 核酸酶的 mRNA 直接注射到受精卵细胞内使其发挥作用。高等植物中,目前进行基因编辑的 CRISPR-Cas9 系统主要还是依靠农杆菌 T-DNA 插入的方式整合进入植物细胞基因组内。

从 CRISPR-Cas9 基因编辑原理的阐明到现在不过 10 多年时间,但它带来的改变和影响是前所未有的。这种基因编辑技术的日渐成熟和广泛应用,不仅能为基因功能研究提供强大的工具,而且也为一些棘手的遗传疾病治疗带来了新的希望。尽管基因打靶在高等动物的基因功能研究中发挥了重要作用,但相比较而言,以 CRISPR 为基础的基因编辑技术更具优势。首先,基因编辑技术在微生物、植物和动物包括人在内的众多物种中都有很高的编辑效率。而基因打靶的主要应用领域是在哺乳动物中。因此,基因编辑技术的使用范围更广。其次,即便在哺乳动物这一基因打靶技术最成功的领域,基因编辑技术也表现出更高的效率。因为通过显微注射进行基因打靶获得阳性 ES 细胞的比例一般情况下在 1%~10%,而基因编辑技术在很多情况下显示近 100% 的成功率,以至于能够利用基因编辑技术对受精卵直接编辑,然后选取编辑成功的受精卵植入受体动物子宫完成个体发育。这样就免去了从嵌合体动物中筛选纯合突变品系的繁琐过程。因此基因编辑技术更加简单高效。最后,基因编辑技术使用的技术门槛更低,因为对植物和微生物,基因编辑技术都只需要简单的转基因操作即能完成。总之,以 CRISPR 为基础的基因编辑技术可以说是到目前为止最强大的基因定向改造技术。

如前所述,CRISPR 是原核生物防御系统的一个组成部分。回顾脊椎动物免疫系统中抗体的形成机制就会发现,抗体的形成过程似乎是对 CRISPR 机制的一种借鉴。因为它们都是从备选的基因库中表达出多种产物,其中都包含针对某种特定外源入侵分子的表达产物。更奇妙的是,在变幻无穷的生命现象中这种相似并非个例。

 重点回顾

1. CRISPR 是原核生物细胞内广泛存在的一种获得性免疫机制。依靠它进行基因编辑的原理是通过 CRISPR 系统中具有核酸酶性质的 Cas9 对间隔序列识别的靶 DNA 位点进行切割形成双链断裂,利用细胞对基因组 DNA 双链断裂位点的重新连接过程中出现的核苷酸缺失、插入或替换等错误造成目的基因突变。

2. CRISPR-Cas9 基因编辑系统中,3 个必要成分是 crRNA、tracrRNA 和 Cas9 核酸酶。其中只有 crRNA 的间隔序列部分是靶基因特异的,因此可以将其余的编码基因集成到一个载体上,使用时只需要根据编辑对象选择间隔序列插入 crRNA 编码基因的相应位置,即可完成基因编辑载体的构建。然后通过不同的转基因途径进入细胞对宿主的目的基因进行编辑。

3. 利用 tRNA 形成机制,可以同时进行多基因编辑,方便实施细胞内多基因敲除研究。

4. CRISPR-Cas9 基因编辑系统是目前操作简单方便、应用广泛、编辑效率最高的一种基因编辑技术。

 参考实验方案

Current Protocols Volume 1,Issue 11

A Robust Protocol for CRISPR-Cas9 Gene Editing in Human Suspension Cell Lines

Joanna D. Wardyn, Allison S. Y. Chan, Anand D. Jeyasekharan

First published:08 November 2021

 视频资料推荐

Gene Editing Using CRISPR-Cas9 System (jove. com)

CRISPR and Pre-CRISPR RNA (crRNAs) (jove. com)

4.2.7　根癌农杆菌与植物转基因

 概念解析

Ti(tumor inducible)质粒:农杆菌中的肿瘤诱导质粒。它除了包含复制起始位点,还含有转移 DNA 即 T-DNA 序列以及转移所需的一系列毒性基因 *vir*,能够在农杆菌基因组其他基因的协助下将 T-DNA 及其之间的序列转移至高等植物细胞基因组中。

T-DNA(transfer DNA):农杆菌肿瘤诱导质粒中可转移的 DNA 元件。包括转移必须的左右边界序列以及左右边界之内非必需的 3 个激素合成相关基因。

双元载体系统：指完成 T-DNA 转基因必需的毒性基因与 T-DNA 元件分别由两种不同的质粒载体提供的植物转基因载体系统。

4.2.7.1 根癌农杆菌的转基因原理

利用根癌农杆菌（*Agrobacterium tumefaciens*）侵染植物愈伤组织是目前植物转基因的常用方法。依据类似的原理可以用来转基因的还有发根农杆菌（*Agrobacterium rhizogenes*）。从早期通过转基因沉默或过量表达目的基因来研究基因功能，到后来建立模式植物（如拟南芥和水稻）突变体库，以及最近利用基因编辑技术 CRISPR-Cas9 对目的基因定点突变都常常用到这种方法。在对植物的基因编辑中，虽然编辑位点是由 gRNA 的间隔序列决定的，但进行编辑的 CRISPR-Cas9 系统必须首先整合进入植物基因组中表达，然后才能发挥基因编辑功能。目前，CRISPR-Cas9 系统整合进入植物基因组主要依靠根癌农杆菌的 T-DNA 系统。

利用 T-DNA 插入来转基因是借助于自然界中根癌农杆菌的肿瘤诱导质粒的转基因功能实现的。天然的肿瘤诱导质粒 Ti 除了有质粒的基本元件即复制子以外还含有转移基因的两个必要成分，一是 T-DNA，这是 Ti 质粒转移进入植物细胞基因组的元件，其核心组分包含左右各 25 bp 的边界序列（T-border）及位于左右边界序列之内、与植物肿瘤（oncogene，或者叫"癌"，恶性肿瘤的俗称，这是根癌农杆菌名称的由来）形成相关的 3 个基因，它们分别控制植物生长素、细胞分裂素以及冠瘿碱合成（图 4-20A）。这些激素合成相关基因的表达能引起植物被侵染部位细胞过度增殖形成肿瘤。需要指出的是，T-DNA 的左右边界是 T-DNA 转移的必需成分，但左右边界之间的致瘤基因却并非必需，它们是可以被删除或替换的。Ti 质粒能将包含肿瘤诱导基因在内的 T-DNA 序列切割形成单链并将其转移进入植物细胞，然后整合到细胞核基因组 DNA 中。其中与植物激素合成有关的基因表达导致植物的根、茎部位的细胞增殖产生肿瘤（图 4-20A）。

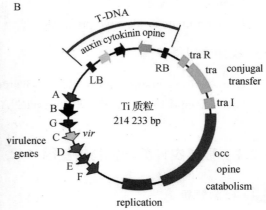

图 4-20 植物茎部被农杆菌侵染形成的肿瘤(A)以及 Ti 质粒结构及组成示意图(B)
auxin、cytokinin、opine 分别为生长素、细胞分裂素和冠瘿碱合成基因；virulence genes(*vir*)：毒性基因；opine catabolism(occ)：冠瘿碱代谢基因；replication：复制起点；conjugal transfer：结合转移功能区；tra R、tra、tra L：结合转移操纵子；LB：left boder，左边界序列；RB：right boder：右边界序列。图 B 根据 Williams 等 (2012)修改

Ti 质粒中 T-DNA 转移所需的第二个必要成分是位于 T-DNA 区域外的一系列毒性基因 vir，由近 10 个操纵子组成(图 4-20B)。它们负责感受和响应植物受伤害状态下产生的芳香族化合物信号的诱导，以及从 Ti 质粒上剪切、释放、转移和整合 T-DNA 单链进入宿主植物细胞基因组 DNA 的过程。除此之外，根癌农杆菌细胞核基因组 DNA 内还有一些与侵染有关的基因座，它们也是完成 T-DNA 侵染宿主植物所必需的。

Ti 质粒的 T-DNA 转移进入植物基因组的过程是，植物受伤后会产生一些芳香族化合物，如乙酰丁香酮或 α-羟基乙酰丁香酮等，以抑制伤口附近的病原微生物生长。这些芳香族化合物也能诱导伤口附近的根癌农杆菌向伤口处聚集，并且诱导根癌农杆菌细胞内 Ti 质粒上的毒性基因 vir 表达。毒性基因表达出来的多种蛋白质导致 Ti 质粒的 T-DNA 序列被剪切、复制、转移进入宿主植物细胞，并整合进入细胞核基因组 DNA 中。T-DNA 从 Ti 质粒上被剪切下来开始到进入宿主植物细胞核这个阶段处于单链状态。单链 T-DNA 转移类似于细菌 F 因子在细胞间的转移。这个过程相当复杂，虽然单链 T-DNA 如何整合进入植物细胞核基因组 DNA 中还不为人知，但这并不影响对其转移机制的充分利用。需要说明的是，进入宿主植物细胞核的 T-DNA 分子中只有极少数能整合进入植物基因组 DNA 中，然后像宿主细胞核内基因一样复制、分配和表达。其余的游离 T-DNA 在宿主植物细胞核内能够转录。转录产物与植物自身基因转录产物一样进入细胞质指导合成相应的蛋白质。利用农杆菌侵染植物细胞进行瞬时表达就是细胞核内游离 T-DNA 所包含的外源基因表达的结果。

细胞内与 T-DNA 转移类似的一种现象是，转座子也能随机插入到基因组的不同位置中。这两种转基因元件的相似之处在于：T-DNA 的左、右边界序列与转座子两端的重复序列都是一段短的 DNA 同源序列，并且它们的转移都需要其他蛋白质分子的协助。不过，DNA 转座过程中只需要转座子两端重复序列内侧基因编码的转座酶就能介导转座子在基因组中的移位，而 T-DNA 插入则需要左、右边界序列外的一系列毒性基因以及农杆菌基因组内部分基因表达产物共同发挥作用。前文中提到同样属于细胞防御系统的 CRISPR 与抗体的形成机制也有一定程度的相似。这些有趣的相似可能有助于阐明它们一些尚未明了的分子机制。

4.2.7.2 人工重组的 T-DNA 转基因系统

用来进行转基因研究的根癌农杆菌是经过人工选择的重组菌株。以最常使用的根癌农杆菌 EHA105 为例简要说明其工作原理。首先，EHA105 基因组中带有利福平抗性基因。其次，该菌株的 Ti 质粒上还带有链霉素抗性基因。同时，该菌株除了 Ti 质粒因突变无法转移其 T-DNA，其余所有的基因功能正常。

如果在上述含无法转移的缺陷型 Ti 质粒的农杆菌 EHA105 中转入一个人工构建的、含有正常转移功能 T-DNA 序列的中间载体(这个中间载体实际上是一种含有大肠杆菌复制子与农杆菌复制子的穿梭质粒)，并且在此中间载体中用目的基因、选择性标记基因与报告基因替代 T-DNA 序列中原生的 3 个致瘤基因，那么成功转入了中间载体的农杆菌在乙酰丁香酮的诱导下，其 Ti 质粒所含的毒性基因就能够表达。虽然缺陷的 Ti 质粒上的 T-DNA 无法转移，但中间载体上有正常转移功能的重组 T-DNA 在毒性基因及农杆菌基因组表达产物的协助下能够进行剪切、释放、转移并整合进植物细胞核基因组的 DNA 中。

既然天然 Ti 质粒的 T-DNA 左右边界之间致瘤基因并非必需，为什么不直接对具有正常转移 T-DNA 功能的 Ti 质粒进行上述致瘤基因的替换改造，而是引入一个带有重组 T-DNA

功能的中间载体？原因是 Ti 质粒很大（＞160 kb），而且拷贝数少，不仅提取和转化这种质粒效率太低，它也不能在大肠杆菌内复制。特别是由于 Ti 质粒很大，不可避免地含有较多的酶切位点，因此能用来进行 DNA 重组的酶切位点必然很少。相反，引入的中间载体不仅小巧便于进行遗传操作，而且它在大肠杆菌和农杆菌中都能复制与生存。

以上述方式，农杆菌体内无 T-DNA 转移功能的缺陷型 Ti 质粒，与人为转入的含有正常转移功能的重组 T-DNA 中间载体一起就构成了农杆菌转基因的双元载体系统，即 *Vir* 毒性基因与 T-DNA 这两种转基因的必要元件分别位于不同的质粒上。除此之外，利用农杆菌转基因还有一元载体系统。一元载体系统首先利用 Ti 卸甲载体（即除去或突变了致瘤基因的 Ti 质粒，其 T-DNA 转移功能正常）与人工转入的、不能在农杆菌内复制的中间载体进行重组，因为中间载体上面带有 Ti 质粒的同源序列。同样，中间载体同源序列内侧带有目的基因以及用于筛选的抗生素抗性基因与报告基因。重组的结果是中间载体同源序列内侧的基因替换原来 Ti 卸甲载体上突变了的致瘤基因。由于中间载体不能在农杆菌细胞内自我复制，所以它只有与农杆菌细胞内的 Ti 卸甲载体发生同源重组，才能使 Ti 卸甲载体获得由中间载体带来抗生素抗性。结果是这个重组形成的 Ti 质粒能在农杆菌的协助下完成 T-DNA 的转移过程。它也因此成为农杆菌转基因的一元载体系统（因为 *vir* 毒性基因与 T-DNA 元件位于同一个复制子所控制的重组 Ti 质粒上）。相比于二元载体系统，由一元载体系统介导的转基因植物具有 T-DNA 插入的拷贝数少（利用双元载体系统经常会出现转基因阳性植株基因组内有两个或以上 T-DNA 插入位点的复杂情况），并且很少出现载体上 T-DNA 以外的其他序列整合进入植物基因组中的优点。

由于侵染植物的根癌农杆菌 EHA105 是带有利福平抗性的菌株，所以培养该农杆菌的培养液中要添加利福平以抑制其他杂菌的生长；同时由于该农杆菌中的 Ti 质粒含有链霉素抗性基因，所以为保证其 Ti 质粒不在复制过程中丢失，培养液中也需要加入链霉素。另外，当含有 T-DNA 转移功能的中间载体转化进入上述农杆菌细胞时，为筛选出含中间载体的阳性菌株还需要加入中间载体质粒所含抗性基因对应的抗生素，通常是卡那霉素或氨苄青霉素。因此，培养转化了中间载体的农杆菌需要在培养液中同时加入利福平、链霉素和卡那霉素或氨苄青霉素 3 种抗生素。

4.2.7.3　利用 T-DNA 在植物中转基因

与自然状态下根癌农杆菌侵染植物受损伤的组织不同，人工转基因过程中通常用农杆菌侵染植物的愈伤组织或者花、叶等器官。愈伤组织由一群脱分化的细胞组成，它们有继续分化形成各种植物组织或植株的潜力。如果用目的基因、潮霉素抗性基因与 GFP 报告基因替代农杆菌 Ti 质粒左、右边界之间的致瘤基因，在毒性基因等表达蛋白的帮助下，T-DNA 成功侵入植物愈伤组织并整合进入细胞核基因组 DNA 中，那么该植物细胞及其分裂后代就具有抗潮霉素的能力，因而能够在含潮霉素的培养基上分裂生长。而未能获得 T-DNA 插入所带来的潮霉素抗性基因的愈伤组织则在含潮霉素的培养基上逐渐褐变、枯萎死亡。除了利用潮霉素筛选，还可以通过检测转基因的愈伤组织或植株是否能被激发产生 GFP 荧光来鉴定它是否成功地插入了 T-DNA 序列。

以水稻转基因过程为例（图 4-21），先用高浓度的生长素诱导水稻颖果产生愈伤组织，随后用含有重组 T-DNA 的农杆菌侵染水稻愈伤组织，再经过抗生素反复筛选。即先用头孢霉素杀死与愈伤组织共培养的农杆菌,再用潮霉素除去没有通过农杆菌侵染获得潮霉素抗性的阴性愈伤组织。潮霉素筛选一般要进行 2～3 轮。反复运用潮霉素筛选是为了彻底杀死阴性愈伤组织,避免愈伤组织分化以后形成嵌合体植株(也就是形成的水稻植株部分细胞是转基因阳性的,另一部分细胞是阴性的)。然后就可以调整培养基中激素配比,促使阳性愈伤组织分化产生水稻的茎和根。需要注意的是,应该使阳性愈伤组织先分化出茎(芽),然后再分化出根。因为先分化出的茎能够合成生长素促进不定根的生长,有助于分化幼苗的成活,而且先分化出茎能够进行光合作用,为根的分化提供更多的营养。在促进愈伤组织分化的阶段,低的生长素(常用萘乙酸)与细胞分裂素(常用激动素)浓度比有助于茎的分化。茎的分化完成后再用高生长素与细胞分裂素浓度比的培养基培养,有助于分化出根。

　　由于暗培养有利于愈伤组织的形成和分裂,因此在诱导愈伤、农杆菌侵染及筛选阶段都要在黑暗中进行。而光照培养有助于愈伤组织的分化,所以到了茎分化阶段需要在光照培养条件下进行。转基因水稻幼苗形成以后,在移植栽培以前还要经历一个练苗的阶段,即逐渐增加光照强度同时降低环境中的湿度,这种处理有助于幼苗更好地适应温室或稻田自然环境。

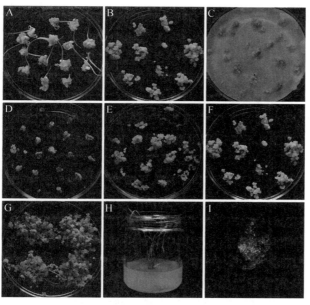

图 4-21　彩图

图 4-21　通过农杆菌侵染水稻愈伤组织转基因过程

A:诱导愈伤组织;B:愈伤继代培养;C:侵染共培养;D:第一次选择培养;E:第二次选择培养;F:预分化培养;G:分化出苗;H:壮苗;I:愈伤组织 GUS 染色鉴定。图片引自李晓旭等(2021),有修改

　　利用农杆菌作为媒介对植物进行转基因的方式,除了水稻中通过侵染愈伤组织,还有在拟南芥中用农杆菌侵染花序,以及在烟草等植物中采取花粉管导入或叶片注射农杆菌等方法。最近,我国的研究人员利用发根农杆菌侵染橡胶草等植株根茎交界处的上端部分,获得阳性新根以后切段培养,无须经过侵染愈伤组织,成功地获得了转基因的再生植株。这些方法都涉及 T-DNA 在宿主细胞内的随机插入,因此在分析转基因植株的表型时,还要考虑到 T-DNA 插

入宿主细胞基因组本身可能导致基因突变产生的表型,尤其是在转基因阳性植株含有一个以上的 T-DNA 插入位点的情况下。如果对编辑目的基因产生的不同突变株系的表型存有疑问,就需要对这些株系的 T-DNA 插入位点进行测序检查。如果获得的同一个基因不同编辑位点的突变株系具有相同的表型,但它们来源于同一个 T-DNA 插入突变株系,那么就要考虑这种表型是由 T-DNA 插入某个功能基因引起的突变,还是由目的基因被编辑产生的突变。

 重点回顾

1. 通过根癌农杆菌转基因是高等植物领域应用最广的转基因方式之一。

2. 天然的根癌农杆菌通过其肿瘤诱导质粒中的 T-DNA 以及毒性基因等成分将 T-DNA 左右边界及其之间的肿瘤诱导相关基因序列进行切割转移、整合进入宿主植物细胞基因组 DNA 中并完成表达,造成被侵染的植物细胞增殖产生肿瘤。

3. 利用根癌农杆菌的 T-DNA 转移机制,用外源目的基因以及抗生素抗性基因和报告基因替换 T-DNA 左右边界序列之间的肿瘤诱导基因,然后借助于农杆菌的 T-DNA 转移机制能将外源目的基因整合进入植物基因组中进行敲除或表达,实现转基因过程。

4. 在人为构建的 T-DNA 转基因体系中,如果在 T-DNA 转移之前将毒性基因与 T-DNA 序列分别置于不同的载体之上,就构成了转基因的双元载体系统。如果将这两个必要元件置于同一个载体之上则构成一元载体系统。

 参考实验方案

Current Protocols in Plant Biology Volume 1, Issue 2

Generation of Stable Transgenic Rice (*Oryza sativa* L.) by *Agrobacterium*-Mediated Transformation

Yi Zhang, Jun Li, Caixia Gao

First published: 10 June 2016

 视频资料推荐

Agrobacterium-Mediated Genetic Transformation: A Method to Genetically Transform the Rice Genome via Genetically Engineered *Agrobacterium tumefaciens* (jove. com)

4.2.8 蛋白质组学研究方法

 概念解析

蛋白质组学(proteomics):蛋白质组学是研究生物体或器官、组织、细胞甚至细胞器内蛋白质组成及其变化规律的一门科学。它是基因组学在生理学层面的映射,也是联系遗传学与生理学的桥梁。蛋白质组学方法的创立和发展依赖于蛋白质分离技术、生物质谱技术与生物信息学等方法的融合、创新和突破。

4.2.8.1 蛋白质组学研究方法概述

对样品中不同蛋白质的分离是鉴定蛋白质种类并测定其含量的基础。早期蛋白质组学研究中最为常用的蛋白质分离方法是双向电泳技术(two-dimensional electrophoresis,2-DE)。双向电泳根据蛋白质等电点和分子量的不同将它们分开。首先,从生物组织或细胞中提取蛋白质,经等电聚焦将具有不同等电点的蛋白质分开并排列在线形凝胶介质(胶条)中的不同位置(第一维,水平方向),然后将线性凝胶胶条水平地放置于垂直平板电泳凝胶介质(胶板)的上端,通过电泳使其中按等电点差异线性分布的不同蛋白质分子在变性聚丙烯酰胺凝胶中按分子量大小再次分离(第二维,垂直方向)。分离的蛋白质经考马斯亮蓝或硝酸银染色后在凝胶上显现为蓝色或银色的蛋白质斑点。利用这种方法,每个样品在凝胶平面上最多可以检测到3 000个左右的蛋白质斑点。

蛋白质分子鉴定的传统方法是通过酶切与氨基酸自动分析仪获得蛋白质的氨基酸组成及序列。然而,这种方法不仅分析速度慢而且对蛋白质样品的量要求较高,难以胜任对数以千计的蛋白质分子的鉴定要求。因此,能够高通量地鉴定蛋白质分子质量的质谱仪(mass spectrometer,MS)成为蛋白质组学分析的强大工具。

虽然蛋白质双向电泳与质谱分析技术奠定了蛋白质组学的基础,但双向电泳操作过程复杂,并且对特殊蛋白质(如极端等电点、极端分子量、低丰度蛋白质)分离的效果不好,可重复性相对较低,已经逐步被其他蛋白质分离方法取代。其中运用多维液相色谱与串联质谱联用(liquid chromatography-tandem mass spectrometry,LC-MS/MS)的鸟枪法(shotgun)已经成为目前蛋白质组学研究的主流方法。

鸟枪法大体上可以分为样品准备、质谱分析、肽段鉴定3个阶段(图4-22)。首先提取生物样品中的混合蛋白质,利用蛋白酶将混合蛋白质消化形成不同的肽段,随后肽段混合物进入液相色谱仪。由于不同的肽段在色谱仪层析柱的固定相与流动相中分配系数不同,它们从液相色谱仪中流出的时间不同而被分离,然后已经分开的不同肽段进入串联质谱仪。最终依据不同肽段在质谱仪中的分析结果结合数据库检索获得肽段的序列信息,从而实现对蛋白质的鉴定。尽管早期的蛋白质组学方法与目前主流的方法在分离蛋白质的方式与途径上存在较大的区别,但在鉴定蛋白质这一环节都依赖质谱分析。

4.2.8.2 生物质谱技术

质谱仪是蛋白质组学研究中的核心设备,它是一种通过测量离子质荷比(即质量/电荷,m/z)来分析肽段质量和氨基酸组成的仪器。质谱仪主要由离子源、质量分析器和离子检测器组成。蛋白质酶解形成的肽段分子在高真空条件下的离子源中被离子化,其中的带电离子经过电场加速进入质量分析器时由于质荷比不同而彼此分开。被分开的肽段离子再经离子检测器扫描,采集得到的信号经过放大和计算机处理,形成质谱图。此时形成的图谱叫一级质谱图(MS1)。一级质谱能精确地测定多肽的分子量,但不能测出肽段的氨基酸序列,也不能分辨具有相同分子量的不同分子。

为了获得关于肽段组成更详细的信息,即了解肽段的氨基酸组成与排列方式,可以在一级质谱的基础上进行二级质谱分析(MS2)。具体方法是选择感兴趣的母离子肽段,即一级质谱中产生的特定肽段,通过高速惰性气体流对其进行碰撞致使其碎裂从而获得产生的碎片离子信息。例如,常见的串联质谱仪的三重四极杆质量分析器是将两个质量分析器Q1和Q3串联

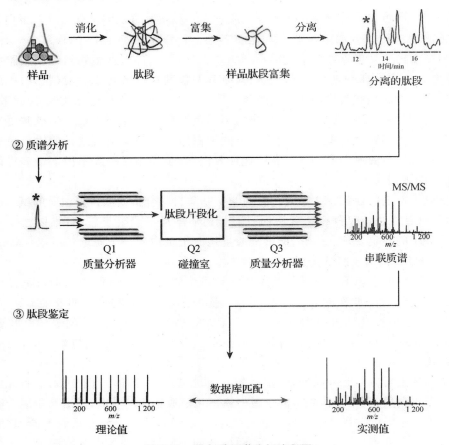

图 4-22　蛋白质组学分析流程图

①首先提取组织样品中的蛋白质,然后用蛋白酶将蛋白质水解形成混合多肽,混合多肽经过液相色谱分离。②经液相色谱分离的肽段进入串联质谱仪,它们被离子化以后根据肽段质荷比(m/z)的不同被分开,形成一级谱图,然后部分肽段在碰撞池形成碎片离子后,形成二级谱图。③利用二级谱图搜索相应的蛋白质数据库,可获得肽段的序列信息。在质谱图中,横轴代表质荷比(m/z),纵轴代表离子的相对丰度。Q1 和 Q3 代表质量分析器,Q2 代表质量分析器之间的碰撞室。图片参考 Nesvizhskii(2010)

起来,并在它们之间设置一个碰撞室 Q2,Q2 的作用是将一级质谱形成的肽段离子进一步打碎,以便进入 Q3 进行二级质谱分析(图 4-22)。与一级质谱只能精确测定肽段的分子量不同,二级质谱能够获得部分肽段的序列信息。

　　利用蛋白质组学技术鉴定蛋白质的策略是根据样品的二级质谱图搜索蛋白质序列数据库,从而获得蛋白质的氨基酸序列信息。由于每种蛋白质酶解后生成的肽段不同,不同的肽段具有独特的理论碎片离子二级谱图,将实验获得生物二级谱图与理论谱图进行对比,即可鉴定肽段的氨基酸序列。MaxQuant(https://www.maxquant.org/)是目前蛋白质组学数据分析最常用的搜库软件,它不仅支持多种质谱仪厂家仪器产生的原始数据,还同时支持标记定量和非标记定量分析,免费且分析界面友好。搜库时需要输入蛋白质酶解时所采用的蛋白酶名称,以及蛋白质修饰等信息。

4.2.8.3　定量蛋白质组学分析

除了鉴定特定生物组织或细胞内的蛋白质种类,蛋白质组学的另一个重要用途是对不同样品中的蛋白质丰度进行分析,由此发展出定量蛋白质组学方法。因为蛋白质是基因功能的执行者,通过分析不同样品中特定蛋白质的含量变化有助于透彻地理解生物体生理变化的分子基础。早期的定量蛋白质组学分析方法主要是荧光差异双向电泳(two-dimensional fluorescence difference gel electrophoresis,2D-DIGE)。其具体过程是先将处理样品与对照样品中的蛋白质提取出来,取等量蛋白质分别用能够与蛋白质发生反应的花青素类系列染料 Cy3、Cy5 或 Cy7 等进行标记,然后取等量的标记样品混合,并进行双向电泳。电泳完毕后分别用不同染料对应的激发光照射双向电泳凝胶平面,从而生成不同的荧光图像。通过比较两种不同荧光信号强度获得表达丰度差异显著的蛋白质斑点,切取这些蛋白质斑点进行胶内酶解,进而通过质谱鉴定蛋白质种类。虽然该方法可以在同一块凝胶上显示两个样品中的蛋白质种类及其表达丰度,并且可以采用内标消除了不同凝胶之间的实验误差,但是其灵敏度、分辨率和通量仍然受限于 2DE 分离方法,很难实现对蛋白质的大规模精确定量,给后期的蛋白质功能分析带来困难,所以这种方法逐渐被其他新的方法替代。

目前,细胞培养氨基酸稳定同位素标记(stable isotope labeling by amino acids in cell culture,SILAC)技术、相对和绝对定量同位素标签(isobaric tags for relative and absolute quantitation,iTRAQ)技术、串联质谱标签(tandem mass tag,TMT)技术、非标记(label-free)定量技术,以及无标记定量 SWATH(sequential windowed acquisition of all theoretical fragmentions)技术等在蛋白质组学研究中得到了更广泛的应用。

SILAC 属于体内标记。原理是在细胞培养过程中加入轻、重同位素标记的必需氨基酸(通常为赖氨酸或精氨酸),使得平行培养的两种细胞(如正常组织细胞与病理组织细胞)分别被含轻、重同位素的氨基酸标记,然后分别收集细胞并提取蛋白质。再取等量的两组蛋白质混合,酶解后通过质谱鉴定,通过比较质谱获得的同位素标记肽段质谱峰的峰面积,实现对不同样品中蛋白质的定量分析。

与 SILAC 不同,iTRAQ 是体外标记法。它采用包含不同的同位素但具有相同分子质量的一组试剂作为标签对不同的样品进行标记。iTRAQ 试剂包括 3 个部分,即报告基团、平衡基团和肽反应基团。这里以能够同时标记 4 组样品的 4 标 iTRAQ 试剂为例,其报告基团有 4 种,它们的相对分子质量分别为 114、115、116 和 117,其平衡基团相对分子质量分别为 31、30、29 和 28。由于报告基团与平衡基团的分子量之和相同,它们与相同的肽反应基团连接以后就形成了 4 种相对分子质量没有差别的同位素标签。iTRAQ 方法的具体过程为,分别提取处理和对照样品(即 1 个对照和 3 个处理样品)的蛋白质,并将它们酶解形成多肽。然后分别加入不同的 iTRAQ 试剂与之反应(图 4-23)。通过肽反应基团与样品的多肽氨基末端以及赖氨酸侧链发生共价交联,就实现了利用 iTRAQ 试剂对每组样品中的所有肽段进行标记。随后取不同的标记样品等量混合进行质谱分析。由于不同样品中相同的肽段被 iTRAQ 试剂标记以后仍然具有相同的分子量,它们的混合物在一级质谱图中形成没有差异的单一峰。但将具有单一峰形的特定混合肽段进行碎裂后,其报告基团、平衡基团、肽反应基团之间的化学键发生断裂,释放出报告基团和平衡基团。其中平衡基团由于不带电荷而发生中性丢失。被差异同

位素标记的带电报告基团则被质谱仪检测和记录,并且在质谱低质量区产生报告离子峰。不同报告离子峰的强度反映了被相应同位素标记的肽段在不同样品中的相对丰度信息。同时,与常规的质谱分析一样,根据二级质谱中的肽段碎片离子峰的质荷比可以计算出肽段的氨基酸序列信息。

TMT 也是一种体外标记法,其标记原理与实验过程与 iTRAQ 类似。

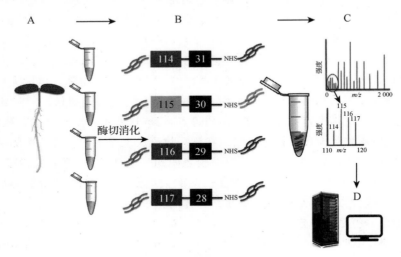

图 4-23　iTRAQ 技术原理图

A:样品(芽)蛋白质提取;B:样品同位素标记;C:质谱分析;D:数据分析。图 B 中标有 114、115、116 和 117 的方块代表 iTRAQ 试剂中含同位素的报告基团;31、30、29 和 28 的黑色方块代表平衡基团;NHS 代表肽反应基团。m/z:质荷比。图片参考 Vélez-Bermúdez 等(2016)

与 2-DE 和 2D-DIGE 技术相比,上述基于同位素标记的蛋白质定量技术具有更高的灵敏度、更大的检测通量和更好的重现性。但它们也具有一定的局限性。例如同位素标记试剂昂贵、不同样品之间标记效率存在差异,而且利用同位素只能对有限数量的实验样品进行标记等。与此不同的是,label free 定量蛋白质组学方法可以克服这些方法的局限。因此,目前基于一级谱图质谱峰面积的 label free 定量蛋白质组学技术已得到较广泛的应用。该技术的基本原理是:肽段在一级谱图中的离子信号强度与其浓度成正比。通过比较一级谱图中肽段的峰面积,可以分析不同样品中相应蛋白质的相对丰度差异。该技术的优势主要包括:样品制备简单,无须使用昂贵的稳定同位素标签,成本低廉;每个样品单独进行酶解和质谱检测,实验设计灵活。然而,这种方法对质谱仪的稳定性、实验人员的操作技术等要求很高。在实验过程中,只有保证对不同样品的操作具有良好的稳定性和可重复性,才能减少系统误差。

利用上述定量方法对样品进行质谱分析时,都是对离子化的肽段进行选择性分析,因此会失去一部分肽段的信息。近年来,一种全面分析离子化肽段的 SWATH 定量方法得到了越来越多的关注和应用。利用该方法进行质谱分析时,首先通过高速扫描离子化的样品肽段来获得扫描质量范围内全部离子的信息,同时将质谱扫描质量范围划分为以一个固定大小(如 25 Da)为间隔的一系列质量区间。然后依次对每个质量区间内的所有离子进行碎裂,再对碎裂得到的所有离子碎片进行二级质谱分析,并且依据一级质谱离子峰面积进行蛋白质定量。由于 SWATH 采用数据非选择性采集的方式,能够对复杂样品中几乎所有可检测的离子进行

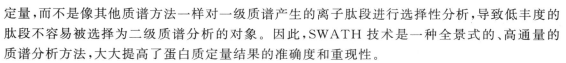

定量,而不是像其他质谱方法一样对一级质谱产生的离子肽段进行选择性分析,导致低丰度的肽段不容易被选择为二级质谱分析的对象。因此,SWATH 技术是一种全景式的、高通量的质谱分析方法,大大提高了蛋白质定量结果的准确度和重现性。

近年来,定量蛋白质组学技术发展迅猛。特别是随着生物质谱仪的灵敏度和扫描速度不断提高,以及与其配套的应用软件的分析能力不断增强,使得通过这种途径获得的蛋白质(多肽)信息正在接近植物基因组产生的数据量。这些蛋白质组学技术的不断进步,为在全基因组范围内开展高通量的蛋白质丰度、翻译后修饰和蛋白质互作等大数据分析,从而获得细胞信号与代谢通路的全息图谱提供了可能。

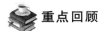 **重点回顾**

1. 蛋白质组学是继基因组学之后发展起来的在细胞器、细胞、组织、器官或生物体水平上分析蛋白质表达种类及其含量的分析手段。其依赖的主要工具是质谱仪。

2. 双向电泳是蛋白质组学早期研究中最为常用的蛋白质分离方法。它根据蛋白质等电点和分子量的不同在电场中将不同的蛋白质在二维凝胶平面上分开。

3. 现阶段蛋白质组学研究主要依赖于液相色谱与串联质谱联用(LC-MS/MS)技术。该技术的基本过程可以分为样品准备、LC-MS/MS 分析、数据库搜索鉴定蛋白质 3 个阶段。

4. 定量蛋白质组学是通过荧光或同位素标记比较不同处理条件下同种蛋白质的表达差异,从而发现其中与表型密切关联的蛋白质的种类及其含量变化。目前,常用的定量蛋白质组学技术主要包括:细胞培养氨基酸稳定同位素标记(SILAC)技术、相对和绝对定量同位素标签(iTRAQ)技术、串联质谱标签(TMT)技术、非标记定量(label-free)技术和 SWATH 技术。

 参考实验方案

Current Protocols in Protein Science,Volume 95,Issue 1,e74
Quantitative Comparison of Proteomes Using SILAC
Jingjing Deng,Hediye Erdjument-Bromage,Thomas A. Neubert
First published:20 September 2018

Current Protocols in Plant Biology,Volume 2,Issue 2,Pages 158-172
Plant iTRAQ-Based Proteomics
Pubudu P. Handakumbura,Kim K. Hixson,Samuel O. Purvine,Christer Jansson,Ljiljana Paša-Tolić
First published:21 June 2017

Current Protocols in Mouse Biology,Volume 7,Issue 2,Pages 130-143
Application of SWATH Proteomics to Mouse Biology
Yibo Wu,Evan G. Williams,Ruedi Aebersold
First published:19 June 2017

Total Protein Extraction and 2-D Gel Electrophoresis Methods for *Burkholderia* Species. Billie Velapatiño, James E. A. Zlosnik, Trevor J. Hird, David P. Speert. J Vis Exp. doi：10.3791/50730

Comprehensive Workflow of Mass Spectrometry-based Shotgun Proteomics of Tissue Samples. Ayushi Verma, Vipin Kumar, Saicharan Ghantasala, Shuvolina Mukherjee, Sanjeeva Srivastava. J Vis Exp. doi：10.3791/61786-v

4.2.9 分子生物学研究中的电生理学方法

 概念解析

静息电位(resting potential,RP)：由于细胞质膜对不同离子的通透性不同导致的膜内、外电荷分布不均衡产生的电势差,它主要是由钾离子外流所形成的一种电-化学平衡电位。

动作电位(action potential,AP)：指可兴奋的细胞受到刺激时在静息电位的基础上产生的可扩展和传递的一系列有规律的电位变化过程。

电生理学(electrophysiology)是研究生物电信号的性质及其变化规律的科学。它通过记录包括个体、组织、细胞甚至是细胞膜的一部分产生的电信号变化来分析研究对象的生理功能状态。分子生物学领域运用最广泛的电生理学技术是电压钳(voltage clamp)与膜片钳(patch clamp)。它们可以用来研究膜上转运蛋白包括载体与离子通道的功能及其调控特点。无论是电压钳、电流钳(current clamp)或者膜片钳,它们都是由电极以及控制电路组成的。电极是探测电信号的装置,其大小和形状随研究目的的不同而异。心电图所使用的电极探测面积一般为几个平方厘米,而测量单个细胞电信号的微电极尖端直径通常只有几微米,甚至在 1 μm 以下,这种尺寸的电极能够在细胞水平甚至是分子水平上对单个离子通道或载体的电生理活动进行研究。不同用途的电极虽然大小相差悬殊,但它们的工作原理基本相同。控制电路则是能够通过电极对细胞或膜片产生的电流或电压进行测量和控制的电子元件系统。

4.2.9.1 细胞的电生理学特性

要了解电生理学研究的基本原理首先要从细胞的结构特点说起。无论是什么细胞,都有细胞质与细胞质膜这两种成分。细胞质膜是将细胞外的无机环境与细胞内有生命活动的独立结构单位即原生质体分开的屏障。它由磷脂双分子层与覆盖、镶嵌或贯穿于其中的蛋白质分子组成。膜上的这些蛋白质分子大部分与细胞间的信号传递和物质交换有关,它们是沟通细胞内、外环境的桥梁。细胞外环境主要由各种无机分子和离子组成,细胞内原生质体则由各种简单和复杂的有机与无机分子以及离子组成。

无论是植物、动物还是微生物细胞,其细胞内、外的离子浓度是不均衡的。这种不均衡及其维持机制是区分生命系统与非生命系统的本质属性。正常情况下细胞内钾离子浓度很高,一般可以达到 100 mmol/L 以上,是细胞内浓度最高的阳离子;但钠离子浓度很低,通常只有几毫摩尔。相反,细胞外则是钠离子浓度高而钾离子浓度低。这种膜内外离子浓度的不均衡是由膜对不同离子的通透性不同造成的。例如,钾离子既能通过细胞膜上钾离子运输载体从细胞外被主动吸收进入细胞内部,在一定条件下也能通过细胞膜上的钾离子通道从细胞内迅速释放出去。因此,在一定程度上细胞膜对钾离子是通透的,但钠离子却不能以同样的方式出入细胞。细胞膜这种对钾离子的通透与对钠离子的不通透性造成了膜内、外两侧电荷分布的不平衡,形成内负外正的电荷分布势态。当外流的钾离子在细胞膜外积累到一定程度以至于能够通过静电斥力阻止细胞内钾离子继续外流而达到稳定状态时,如果将两个微电极分别置于细胞膜的内、外两侧,就能够检测到细胞膜内外存在电势差。这种由细胞膜内负外正的电荷分布势态形成的电势差就是细胞的静息电位。

如上所述,静息电位主要是由钾离子外流所形成的一种电-化学平衡电位。更细致的研究表明,除了钾离子外,细胞膜内、外的钠离子与氯离子浓度对膜电位也有一定的影响。如果以膜外侧的电位为参照即将其赋值为零,那么细胞膜静息电位的值通常在$-100 \sim -10$ mV之间。细胞膜所处的这种内负外正的稳定电荷分布势态叫作极化状态。

细胞处于稳定的极化状态时,带电的离子,无论是阴离子还是阳离子,当它们通过细胞膜上载体运输进入细胞或通过离子通道释放出去都必然引起细胞膜内外电位的变化并产生跨膜电流,也就是膜电位会相对于静息电位发生改变,甚至可能产生一系列有规律的膜电位变化过程,即产生动作电位。因此,通过记录膜电位的瞬时变化能够判断细胞是否正在吸收/释放某种带电离子。这就是通过电生理学研究能够了解膜上离子运输蛋白或离子通道功能的分子基础。

4.2.9.2 电压钳的原理

记录或测量细胞膜电位变化需要使用电压钳。电压钳又叫电压钳制或电压固定。它既可以指一种装置,也可以代表一种技术手段。其原理是假如细胞膜的静息电位为U,离子作跨膜移动时产生跨膜离子电流为I,离子通过膜的难易程度即膜的通透性用膜电阻R或膜电阻的倒数——膜电导G表示。根据欧姆定律$I=U/R=UG$。在既无离子进入细胞也无离子运出细胞的状态下,也就是没有跨膜电流产生的情况下,细胞膜的静息电位保持不变,说明细胞膜的通透性没有发生改变。当有离子出入细胞时,如果使膜电位(U)保持在一个固定值,通常是稳定在静息电位上,那么只要测出的跨膜电流(I)的值,就能知道膜电导即膜通透性的变化情况。简单地说,就是在膜电位保持不变的情况下,根据测量跨膜电流就能够知道是否有某种离子正在出入细胞。电压钳的作用就在于此。在电生理学中电压钳主要用来研究离子通道的生理功能。与此不同的是,电流钳则是人为控制细胞膜的电流使之稳定,然后记录在不同刺激条件下膜电位相对于静息电位的变化。电流钳主要用来研究可兴奋细胞的动作电位。相比较而言,尽管电压钳的应用更加广泛,但电流钳的工作模式更符合真实细胞膜电位的变化情况。

电压钳如何测量离子出入细胞产生的电流?以双电极电压钳为例说明其工作原理(图4-24A)。双电极电压钳由一个电位测量电极,一个电流注入电极和一个反馈放大器即控制系统组成。反馈放大器有两个输入端和一个输出端,其中一个输入端连接电位测量电极,通过它能够实时测定膜电位的数值并了解其变化,另一个输入端接受指令电位。指令电位是操作者设定的一个电压值。为了使细胞处于一个相对稳定的状态,指令电位通常设置成等于细胞膜的静息电位。反馈放大器的输出端则连接电流注入电极。与测量细胞膜的静息电位时将一个电极置于膜外、另一个电极置于膜内不同,双电极电压钳的两个电极都要插入细胞内部。其中电位测量

电极与跟随器电路以及反馈电压放大器相连接,承担记录电压及控制膜电位的功能。电流注入电极负责向细胞内注入与膜上离子电流大小相等方向相反的电流。实际上电位测量电极与电流注入电极结构上并无区别,只是由于它们连接的控制电路不同,所以承担着不同的功能。

反馈放大器的工作原理是:当细胞膜上无跨膜电流产生时,细胞膜电位不会发生变化,因此指令电位与实测的膜电位相等。当某种带电离子由离子通道或载体蛋白出入细胞时会产生跨膜电流,导致细胞膜通透性改变,因此细胞的膜电位也会同时发生变化。此时电位测量电极测得的膜电位与指令电位之间存在差别,于是反馈放大器通过电流注入电极向细胞内注入与带电粒子出入产生的电流方向相反的电流,这个注入电流的大小与正在出入细胞膜的离子形成的跨膜电流大小相等。因此跨膜电流净值重归于零,即膜电位的变化为零,膜电位因而保持在指令电位的水平。由于通过反馈放大器向细胞注入的电流大小是已知的,结果相当于实时测定了带电粒子经过通道或载体出入细胞时产生的跨膜电流大小。从本质上说,电压钳的工作原理就是在电压钳制期间,通过注入电流精确地对抗离子通道或载体产生的跨膜电流而使膜电位保持恒定。英国生理学与生物物理学家 Alan Lloyd Hodgkin 和 Andrew Huxley 因发明电压钳技术并通过它研究神经的兴奋与传导获得了 1963 年诺贝尔生理学或医学奖。

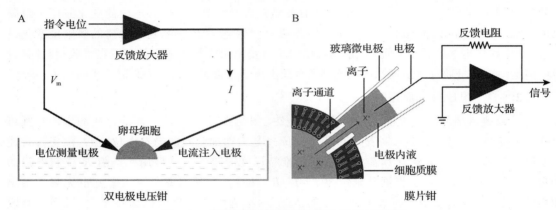

图 4-24 双电极电压钳(A)与膜片钳(B)原理图

V_m 为测量电位;I 为注入电流

由于电压钳工作时电极必须插入细胞内部,对于非洲爪蟾(*Xenopus laevis*)卵母细胞这样体积巨大而膜阻抗相对较小的细胞而言,双电极电压钳是适合的研究工具。但对于较小的细胞(如大多数的神经细胞),同时插入两根电极比较困难。此时使用单电极电压钳更为方便。单电极电压钳与双电极电压钳的原理相同。电极的结构都是由一个玻璃微吸管以及吸管内的金属丝组成。不同的是,单电极电压钳用同一个电极向细胞内注入电流并测量膜电位的值。玻璃微吸管能够测量膜电位,其内部的金属丝则能向细胞内注入电流。不过,单电极电压钳注入电流的时间与测量膜电位的时间是分开的,目的是避免它们之间的相互干扰。另外,使用单电极电压钳的条件是测量对象也就是细胞膜或者是膜片要有相对于电极高得多的阻抗。这种情况下分散在电极上的电压才能够足够小而不影响测量结果。

电生理学领域通常采用非洲爪蟾卵母细胞作为研究材料。因为非洲爪蟾卵母细胞具有数量多、在离体环境中存活时间长、个体大(直径 1~1.2 mm)便于操作的特点,它与酵母一样是在单细胞水平上研究真核生物细胞内基因功能及其表达调控的理想系统。而且外源基因不仅能以 mRNA 的形式,也能以质粒 DNA 的形式注射进入卵母细胞进行表达。当外源基因注射进入卵母细胞并培养一段时间以后即可通过记录在特定的外界环境离子刺激下,细胞膜是否产生跨膜电流甚至是动作电位,同时与对照细胞比较从而判断外源基因表达的蛋白是否具有运输某种离子的能力。此外,非洲爪蟾卵母细胞也能用来研究不带电荷的分子运输,例如将预测的葡萄糖分子运输蛋白基因在非洲爪蟾卵母细胞内表达以后,测定它们对标记底物(如^{14}C同位素标记的葡萄糖分子)的吸收量,并通过与对照细胞的比较来判断表达的运输蛋白是否能在膜上运输葡萄糖分子。

4.2.9.3 膜片钳

现代电生理学研究中越来越多地使用膜片钳(图 4-24B)。膜片钳本质上是一种单电极电压钳或电流钳。它是用玻璃微管(微管尖端约 1 μm)在微小的生物膜片(单位面积可以小到几个平方微米,在此面积的膜上仅分布有 1～3 个离子通道)上研究单个离子通道或载体功能的技术。作为电压钳使用时,膜片钳可以记录通过离子通道的离子电流来反映细胞膜上单一(或几个)离子通道内的分子运动状态。因此,膜片钳技术又叫作单通道电流记录技术。作为电流钳使用时,膜片钳能够记录可兴奋细胞动作电位的变化过程。与双电极电压钳或单电极电压钳工作时需要插入细胞内部不同,膜片钳利用负压使细胞膜片吸附在玻璃微管尖端形成高阻抗的接触(术语叫"封接"),它们之间阻抗能达到吉欧级(1 GΩ＝10^9 Ω)。

膜片钳测量时既能以吸附的方式紧贴在细胞质膜上,这种情况下细胞是完整的。它也能将一小片细胞膜通过负压吸附在玻璃微管尖端从而使被吸附的膜片从完整的细胞上剥离出来。这种情况下吸附在玻璃微管尖端上面的是独立于细胞其他结构的一小块膜片。玻璃微管内部安装有一根金属丝作为探针,该探针连接着极为灵敏的电流放大器。如上所述,吸附在玻璃微管尖端的细胞膜片上面几乎仅分布有一个离子通道或载体蛋白分子。当通过玻璃微管将膜电位钳制在某一固定数值时,在一定条件下,如果此膜片内离子通道开放所产生的电流流进玻璃微管,微管内侧的探针接触以后就能够测出此电流的大小,该电流即代表单一离子通道内形成的电流。膜片钳技术的出现将细胞水平与分子水平的生理学研究联系在一起,是目前神经科学领域研究离子通道最重要的技术。德国马普生物物理化学研究所的 Erwin Neher 和 Bert Sakmann 也因对膜片钳研究的突出贡献,荣获 1991 年诺贝尔生理学或医学奖。

4.2.9.4 细胞的兴奋性与动作电位

前文在介绍膜电位时提到了动作电位。尽管所有的细胞都有静息电位,但只有可兴奋的细胞才能产生动作电位。可兴奋的细胞主要是指动物的神经细胞、肌肉细胞和部分腺体细胞。少数植物如含羞草、猪笼草的部分细胞也能产生动作电位。动物细胞的动作电位主要由钠离子、钾离子和钙离子通道的活动引起,而植物细胞的动作电位主要由钙离子通道的活动引起。而且,即便是可兴奋的细胞,也只有阈上刺激,即强度超过阈值的刺激,才能引起细胞产生动作电位。阈刺激则是刚好能使膜电位去极化引发动作电位的刺激。

动作电位是指可兴奋的细胞受到刺激时在静息电位的基础上产生的可扩展和传递的一系列有规律的电位变化过程,它与兴奋以及神经冲动描述的是细胞的同一种生理活动状态。动作电位由峰电位与后电位组成(图 4-25)。峰电位是电位快速变化阶段的电位,包括膜电位迅速上升的去极化阶段(此时细胞膜上钠通道开放导致大量的钠离子内流,细胞呈现膜内正外负的电荷分布势态)以及膜电位下降的复极化阶段(此时细胞钾通道开放导致钾离子外流)。

峰电位是动作电位的主要组成部分,通常意义上的动作电位主要是指峰电位。动作电位的产生是快速和可逆的,例如神经纤维的动作电位一般历时 0.5~2.0 ms,电位的幅度为 90~130 mV。动作电位超过零电位水平约 35 mV,这一段正值电位称为超射。后电位是缓慢的电位变化过程,包括负后电位和正后电位。在后电位阶段,细胞膜上的钠钾泵开启,分别将钠离子泵出膜外并将钾离子泵入细胞内,逐渐恢复细胞内钾离子浓度高、钠离子浓度低的极化状态。

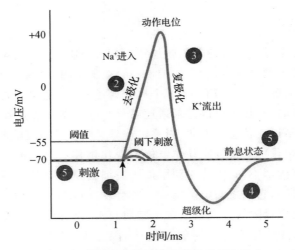

图 4-25　神经兴奋与动作电位的组成及特点

图片引自 https://www.moleculardevices.com/what-action-potential。展示了细胞膜的极化、复位和超极化过程。细胞膜电位包括静息电位和动作电位

 重点回顾

1. 电生理学研究依据的原理是,正常情况下细胞膜有一个稳定的膜电位即静息电位。当离子通过膜上的离子通道或载体蛋白进出细胞时,必然引起膜电位的变化。如果控制膜电位使之保持不变,同时用外加电流精确对抗离子跨膜运输产生的电流,就能够根据外加电流的大小推断某种正在进行跨膜运输的离子形成的电流大小。

2. 电生理学研究装置有电压钳、电流钳和膜片钳几种形式。电压钳适合研究膜上离子通道的功能。电流钳适合研究可兴奋细胞的动作电位。

3. 膜片钳又称为单通道电流记录技术(虽然它也可以检测整个细胞离子通道流过的电流)。它能在仅含一个离子通道的细胞膜片面积上检测带电粒子出入通道时极其微小的电流及其变化。

 参考实验方案

Current Protocols in Toxicology Volume 17，Issue 1

Principles of Electrophysiology：An Overview

Toshio Narahashi

First published：01 November 2003

Current Protocols in Neuroscience Volume 93，Issue 1

Ex Vivo Whole Nerve Electrophysiology Setup，Action Potential Recording，and Data Analyses in a Rodent Model

Sharon Sun，Jorge Delgado，Negin Behzadian，David Yeomans，Thomas Anthony Anderson

First published：14 July 2020

 视频资料推荐

Patch Clamp Electrophysiology：Principle & Applications ｜ Neuroscience ｜ JoVE

4.3 生物信息学研究方法

4.3.1 基因与蛋白质结构预测

4.3.1.1 生物信息学与基因结构预测

生物信息学（bioinformatics）是研究生物信息的采集、存储、分析、解释和传播等方法与技术的科学。其快速发展建立在分子生物学、特别是基因组学和后基因组学时代对迅速获得的海量数据进行分析的需要，同时也是计算机技术快速发展所支持的基础上。随着高通量测序技术的出现，大规模基因组测序项目的实施以及蛋白质组学和转录组学等研究领域的不断扩展，生物信息学在解析以基因功能为核心的复杂问题方面发挥着越来越重要的作用。

基因是生物体内遗传信息结构和功能的基本单位，准确预测基因不仅是基因组测序以后的工作重点，而且对于解析基因功能、深刻理解遗传变异的分子基础以及疾病发生机制具有重要意义。基因预测或者称基因注释的任务是根据基因组序列预测基因的编码区，包括对外显子和内含子的辨识，以及基因表达调控相关元件的分析等。基因预测的方法主要有从头预测、同源序列比较以及转录本组装等类型。

从头预测是根据基因编码区的统计学特征，例如哺乳动物编码基因启动子区域通常含有 CpG 岛，来发现基因组中潜在的编码基因；或者基于已知同源序列生成的隐马尔可夫链（HMM）模型预测基因。同源序列比较预测基因的依据是亲缘关系较近的物种之间功能相关基因不仅具有序列相似性，而且它们在基因组内分布有共线性的特点。通过对模式生物基因组内不同基因在染色体上的位置及其排列顺序的了解能够发现与它相近的物种中同源基因的相关信息。转录本组装包括根据 RNA-seq 测序结果以及早期利用表达序列标签（EST）序列将基因定位在基因组中。这些方法能够比较准确地预测基因的结构及其表达信息，包括基因的可变剪切以及非编码基因等相对复杂的情况。

常用的基因在线预测工具包括美国国家生物技术信息中心（National Center for Biotechnology Information，NCBI）提供的对输入核酸序列进行编码区预测的 ORFfinder。它通过使用通用的密码子或特殊密码子将输入序列所有可能的编码区域及其氨基酸序列展示出来，有助于发现编码基因。此外，NCBI 的序列搜索工具 BLASTX 也能用来进行基于序列相似性分析的 DNA 编码区域预测。BLASTX 先将 DNA 序列翻译成 6 种可能的蛋白质序列，包括根据正、负链各 3 种读码框序列所编码的蛋白质序列,然后根据每一种翻译的蛋白质序列与蛋白质数据库中的序列进行比对,从而判断所搜索的 DNA 序列是否属于蛋白质编码基因。

4.3.1.2 蛋白质结构预测

蛋白质的结构预测是生物信息学的重要内容。蛋白质具有一级、二级、三级、四级结构。一级结构是指蛋白质肽链的氨基酸组成和排列顺序。通过蛋白酶水解、氨基酸自动分析仪或质谱分析等方法能获取关于蛋白质一级结构详细而准确的信息。二级结构主要指由氨基酸组成的多肽主链的空间位置及分布形式,包括 α-螺旋、β-折叠、β-转角和无规卷曲等几种形式。二级结构不涉及氨基酸侧链基团的性质及其结构。尽管二级结构形式有限,但它在确定蛋白质的三级、四级结构甚至是功能方面有重要意义。蛋白质的三级结构是指球状蛋白质的多肽链在二级结构的基础上相互配置而形成特定构象和空间结构。这种构象可以独立存在并行使功能,也可以与其他多肽形成的三级结构亚基组合形成更复杂的四级结构。蛋白质的四级结构是指由三级结构形成的亚基组合形成的空间构象。通常情况下,将蛋白质的二级、三级、四级结构统称为三维结构或高级结构。蛋白质结构预测就是在已知其一级结构的基础上预测其高级结构。

蛋白质二级结构预测主要是依据已知蛋白质的序列及其二级结构进行分析,从中获得规律指导其他蛋白质的结构预测。目前,较为常用的方法包括:PHD、PSIPRED、Jpred、PREDATOR、TMpred。DeepTMHMM 则用于预测蛋白质序列中的跨膜的 α-螺旋。

蛋白质三维结构预测是一项复杂且具有挑战性的任务。由于蛋白质种类繁多,其空间结构几乎是无限的。蛋白三维结构预测有以下几种策略。

第一种也是最常用的方法是同源建模。它以已知蛋白质的三维结构作为模板来预测未知蛋白质的结构。已知结构蛋白质的数量越多,可用于参照的样本就越丰富,预测结果也就越准确。目前,已有近 10 万种蛋白质的三维结构通过 X 射线晶体衍射、核磁共振或冷冻电镜等实验方法得到解析。随着蛋白质结构数据库的不断扩充,未来利用同源建模预测未知蛋白质结构的可靠性将不断提高。

第二种方法是从头预测。即不依赖于已知结构的蛋白质来预测未知蛋白质的结构。从头预测主要根据刚性的肽平面和侧链基团的性质来推测蛋白质分子的空间结构。这种预测方式需要对蛋白质分子的化学特性,特别是侧链基团之间的相互作用及其影响有深入的研究。事实上,对已知结构的蛋白质进行详细研究也是深入了解侧链基团相互作用及其影响的重要基础。蛋白质三维结构预测软件较多,比较流行的有 Phyer2 以及 SWISS-MODEL 等。由于蛋白质结构预测是一项十分复杂的工作,所以准确性很难保证,在过去很长时间里蛋白质三维结构预测结果只能作为一种参考。

不过,最近几年由于人工智能(AI)的应用,通过机器学习预测蛋白质三维结构取得了显著的进展。其中最具代表性的当属 AlphaFold2(https://alphafold.ebi.ac.uk/),它由英国 DeepMind 公司开发。AlphaFold2 通过深度学习大量的蛋白质序列和结构数据,根据蛋白质序列中氨基酸之间的相互作用和约束关系建立模型能够准确地预测蛋白质的空间结构。即便对于结构复杂的蛋白质,AlphaFold2 预测的准确度也能达到 90% 以上(图 4-26)。令人惊奇的是,这个准确度与通过实验方法即 X 射线晶体衍射、核磁共振或冷冻电镜获得的结果准确度不相上下。类似的人工智能支持的蛋白质结构预测工具还有 RoseTTAFold(其网络服务版本为 Robetta,http://robetta.bakerlab.org)。不仅如此,最近开发出来的 AlphaFold 3 能够高度准确地预测生物分子之间结构上的相互作用,包括蛋白质与配体、酶与底物、蛋白质与核酸、抗原与抗体等分子之间的相互作用。这些研究工具无疑对解析蛋白质的结构及其功能机制与药物设计有重要意义。

T1037 / 6vr4
90.7 GDT
(RNA polymerase domain)
RNA聚合酶结构域

T1049 / 6y4f
93.3 GDT
(adhesin tip)
黏附素末梢

● 实验结果
● 计算机预测结果

图 4-26 **AlphaFold2 预测的两种蛋白质的结构(图中蓝色部分)与实验获得的这两种蛋白的结构(图中绿色部分)的比较** 从图中可以看出蛋白质的预测结构与根据实验获得的结构几乎完全重叠。GDT 值为评价预测准确性的指标。图片引自 DeepMind(https://www.deepmind.com/)

图 4-26 彩图

相对于蛋白质的结构预测,蛋白质的功能预测可能更有意义。目前,通常是根据与功能已知蛋白质的氨基酸序列相似性为基础预测未知蛋白质的功能。虽然这种方法也显示出一定程度的可靠性,但总体而言,目前蛋白质的功能预测仍然是一个需要长期努力的研究领域。不过,随着蛋白质结构预测的逐渐完善以及人工智能的不断发展和应用,能准确预测蛋白质功能的将来也许并不遥远。

 重点回顾

从对不同途径获得的各种类型的生物数据进行分析解读到利用人工智能预测生物大分子的结构、功能以及相互作用,生物信息学都将发挥越来越重要的作用。

 参考实验方案

Current Protocols in Protein Science Volume 86,Issue 1
Computational Prediction of Protein Secondary Structure from Sequence
Fanchi Meng, Lukasz Kurgan
First published:01 November 2016

 视频资料推荐

Predicting Protein Structure & Function with I-TASSER | Protocol (jove.com)

4.3.2　分子系统发生分析

进化距离(evolutionary distance)：在分子系统发生分析中,两条同源序列自分歧以后同源位点上发生的氨基酸(或核苷酸)替代次数叫作进化距离。

信息简约位点(parsimony-informative site)：多序列比对形成的同一列核苷酸或氨基酸中至少存在两种状态、并且每种状态的位点至少在两个分类单元中出现,这样的位点称为信息简约位点。

4.3.2.1　分子系统发生树的组成及构建要求

无论是基因结构和功能预测,还是基因的表达调控分析,生物信息学在这些方向的研究对象都是单一或数量有限的基因。对于一个基因家族或蛋白质家族来说,生物信息学的应用主要是进行分子系统发生分析,即研究同源基因或蛋白质甚至物种之间的亲缘关系及其演化路径。相对于早期各种以表型为基础的系统发生分析方法,以核酸序列(实际上也包括蛋白质序列)为基础的基因信息具有更加本质的属性。因为基因或蛋白质序列是生物个体遗传信息的直接代表,它们能够为系统发生分析提供更可靠的线索。

系统发生分析的结果通常以"树"的形式呈现,这种"树"被称为系统发生树或进化树(图4-27)。系统发生树由不同数量的节点和连接节点的"树枝"组成,它们描述了现存的不同分类单元(如基因、蛋白质或物种等生物实体)之间的亲缘关系和演化路径。节点包括中间节点(或称内部节点)和末端节点。末端节点代表现存的不同分类单元,即基因、蛋白质或物种等生物实体。而内部节点则代表在系统发生过程中根据现存分类单元推测出现的、存在于过去不同时期的共同祖先。内部节点的分枝表示一个新的物种形成事件,即由一个共同祖先分化形成两个新的分类单元(末端节点),或形成两个新分类单元的共同祖先(仍为内部节点)。连接两个有直接传承关系节点(即亲代和子代)的线段即为树枝,其长度代表节点之间的进化距离(evolutionary distance)。进化距离是指两个节点序列在每个同源位点上差异核苷酸或氨基酸的数量。因此,系统发生树展示了现存分类单元的演化路径以及路径中每个树枝两端之间的序列变化程度,树枝越长代表树枝两端序列差异越大。

系统树分为有根树和无根树两种类型(图4-27)。在有根树中,除了内部节点和末端节点外,还有一个特殊的节点被指定为其他节点的起点或称根节点,它代表树中所有不同分类单元的共同祖先。有根树不仅展示了不同分类单元之间的相对关系,还显示了它们演化的时间顺序。无根树展示了分类单元之间的相对关系,但缺乏共同祖先信息。任何一个节点都可以是树的根节点。不同分类单元在系统树上的分枝情况、树根的有无及其位置构成了系统树的拓扑结构。

构建分子系统发生树的前提是要有一系列同源的核苷酸或蛋白质序列。这些序列可以通过人工收集,或设定一定的标准后通过搜索数据库自动获取。NCBI 的 Entrez 和 BLAST (Basic Local Alignment Search Tool)是最常用的序列搜索工具。基于关键词的 Entrez 搜索相对简单,但它依赖于数据库中序列注释的完整性和准确性。基于序列相似性的 BLAST 搜索使用了复杂的序列比对算法,相对于 Entrez 搜索,其结果更全面。

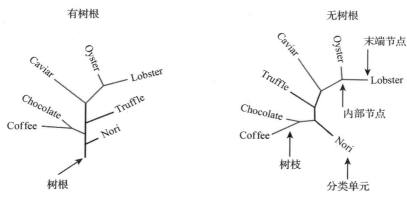

图 4-27　系统发生树的类型及其组成示意图

为简单起见,对系统发育树中每种类型的组成元素只选择其中之一作为代表用箭头标注。图片引自 Baldauf(2003),有修改

在系统发生分析中,只有同源序列才能用来构建系统发生树。同源序列是指源自一个原始共同祖先的不同序列。确定序列是否具有同源关系可以通过以下两个方面判断。首先,可以通过序列所属物种的生物学特征进行判断,即通过比较物种之间的形态结构、生理生化特征和演化历史来确定相关序列的同源性。其次,可以根据序列相似性进行判断。通常情况下,蛋白质序列中含有共同的保守结构域或序列相似度在 40% 以上,就可以认为这些蛋白质是同源的。依据是同源序列的保守结构域在演化过程中相对稳定,它们不容易发生变化。相似性分析可以使用序列比对算法来进行。一般来说,使用核酸序列更适合分析亲缘关系较近的物种,因为核酸序列能够提供比蛋白质序列更丰富的演化信息。而分析亲缘关系较远的物种常使用蛋白质序列,即氨基酸序列。因为蛋白质序列相对于核酸序列在演化过程中更为稳定,原因是核苷酸序列的变化并不一定会导致氨基酸序列变化,而蛋白质是生理功能的直接体现者。因此,在系统发生分析中,选择适当的序列类型(核酸或蛋白质)可以更好地理解物种之间的亲缘关系和演化历程。

4.3.2.2　序列比对

构建分子系统发生树的过程通常包括序列比对、选择进化模型、建立系统发生树以及树的可靠性检验 4 个步骤。

序列比对是生物信息学分析的基石。除了构建系统发生树,它还在基因组分析、蛋白质结构预测和功能注释等领域中扮演着重要角色。由于组成 DNA 的核苷酸可以用 A、G、C 和 T 4 个字母代表,而组成蛋白质的 20 种氨基酸也能够用不同的单字母符号代表,所以核酸或蛋白质序列的比对可以看成是对字符串的比较。序列比对的目的是通过引入空位(gap)将不同序列中的相同核苷酸或氨基酸最大限度地进行匹配,以展示它们之间的相同或相似程度及其分布区域。可以将这个比对过程理解为"求同存异"。"求同"意味着将不同的比对序列中相同的氨基酸或核苷酸位点最大限度地对应起来,它们代表了序列演化过程中保持不变的位点。"存异"是保留比对以后序列中能体现差异的氨基酸或核苷酸位点,包括不同氨基酸或核苷酸之间的替代以及插入或缺失(InDel)这些变化类型,它们代表演化过程中发生了变异的位点。

按比对序列数量可以将比对分为两序列比对(成对比对或两两比对)和多序列比对。多序列比对可以被看作是两序列比对的扩展，因此两序列比对是多序列比对的基础。常见的两序列比对方法包括点阵法（dotplot）和动态规划算法（dynamic programming）。点阵法的原理相对简单，它将参与比对的两个序列分别作为行和列构成一个矩阵。在矩阵的任意位置上，如果行和列对应的字符相同，就用一个点表示。矩阵中所有位置比对完成以后，将其中相邻的点划线连接起来，就能够将两个序列中相同序列的区域对应排列起来。尽管这种方法简单直观，但它只能显示比对序列中相同的序列区域，而不能显示相似的序列区域，例如化学性质相似的氨基酸也不能通过点阵法对应排列，因此有一定的局限。

动态规划算法在生物信息学中应用非常广泛。动态规划的核心思想是将一个复杂的问题分解为许多重叠的子问题，然后为每一个重叠的子问题求出最优解决方案，再将子问题的解组合起来从而获得复杂问题的答案。例如，如果要寻找一条从宿舍步行到实验室的最佳路径，按照动态规划算法的思路，这个路径是从离开宿舍的第一步，以及经过若干连续的中间步骤最终到达实验室的每一步连接起来组成的。这个将整个路径分解成若干连续步骤的想法就是将求解的复杂问题转换成重叠子问题的思路。其次，从第一步开始，每一步都存在向哪个方向迈步最优的问题，这相当于是在寻找子问题的最优解。子问题的最优解是需要动态规划的，因为路途中间可能存在障碍，如有建筑物或运动的车辆需要避开，因此每走一步都要根据眼前的情况调整下一步的前进方向。这个寻路过程实际上就是一个动态规划过程。

按照动态规划的思路，在序列比对过程中寻找两条序列最佳匹配的方式，就是将它分解成一条序列中每一个核苷酸或氨基酸与另一条序列中不同核苷酸或氨基酸之间的对应排列。然后评估每一种不同的排列方式的优劣，通过确定序列中每一个核苷酸或氨基酸（包括空位）的最优排列方式并将它们串联起来即构成两条序列的最优比对结果。

运用动态规划算法进行序列比对包括全局比对与局部比对两种基本算法。全局比对是指将参与比对的两条序列中的所有核苷酸或氨基酸字符进行匹配。它主要用来搜索数据库中相似性较高的序列，也常用于系统发生分析。全局比对的代表性算法是 Needleman-Wunsch 算法。局部比对则适合搜索或匹配序列中局部相似度较高的区域，从而发现有价值的信息。例如在真核生物中，同源基因的外显子区域相对比较保守，而在内含子区域的序列相似度一般较低。此时用全局比对不利于发现同源基因之间的保守区域，用局部比对则能够相对容易地找到其中的保守区域。局部比对的代表性算法是 Smith-Waterman 算法。NCBI 使用的序列搜索工具 BLAST 就是基于序列局部比对的一种搜索方法。也有一些比对工具如 MAFFT 兼有全局比对和局部比对的功能。

基于动态规划的 Needleman-Wunsch 算法和 Smith-Waterman 算法的过程相似。它们都是将参与比对的序列，例如长度分别为 m 和 n 的两条序列，分别作为行和列构建一个具有 $(m+1) \times (n+1)$ 结构的打分矩阵（图 4-28 和图 4-29），然后通过赋值函数为矩阵中的每一个位点即小方格赋值。例如在 Needleman-Wunsch 算法中，先将左上角位点赋值为零，然后从它开始按照每向下或向右移动一个小方格的距离扣除一分的规则依次为第一行和第一列的所有位置打分。矩阵中其余小方格的分值则根据它左侧或上方位点的分值加上移动到当前位置的得分，以及它左上方位点的分值加上该位点对应的行和列上的字符是否匹配的得分来确定。即比较从当前位点的左侧、上方和左上方三个不同位点移动到当前位点所得的分值，并选取其中最大得分作为当前位点的分值。

当矩阵中所有位点的得分计算完毕，再从矩阵的右下角位点开始向左上角回溯以获得最佳的匹配路径。回溯的方式是用带箭头的线段画出相邻的两个位点之间的起始关系。回溯的规则是首先检查每个位点对应的行和列上的字符是否一致。如果一致,就向左上方回溯。如果左方或上方的分值大于左上方的分值,那么也要同时向最大分值的方向回溯。如果位点对应的行和列上的字符不一致,则比较当前位点左上方、左侧和上方的得分值,选择其中最大得分的位点作为回溯的方向。由于回溯过程中可能存在某些位点的三个方向中有两个方向的值相同且都为最大,因此最终的回溯路径可能不止一条。这种情况代表比对结果不是唯一的。重复这个过程直到到达左上角的位点。

回溯完毕,根据选定回溯的路径,将其中每个位点所对应的行和列上的核苷酸或氨基酸进行上下对齐排列。在这个过程中可能还需要在行或列的不同位点之间插入空位,以便最大限度地将两条序列之间代表相同核苷酸或氨基酸的字符对应起来。回溯路径中,箭头指向左上方,则将横向序列和纵向序列的对应位点的核苷酸或氨基酸上下对齐排列。箭头水平指向左侧方向表示在纵向序列对应的位置中应该加入空位,箭头指向上方表示在横向序列中对应的位置应该加入空位。插入的空位代表其中一条序列相对于另一条序列在演化过程中删除(或在对应的序列位点上插入)的核苷酸或氨基酸。

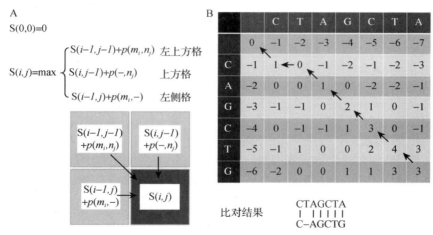

图 4-28　序列全局比对中位点的赋值函数(A),序列比对打分矩阵、最优回溯路径及比对结果(B)
图中打分矩阵位点赋值规则为,首先从第一行与第一列从零开始每向下或向右移动一个单元格扣除 1 分。其余位点的得分规则为,如果位点对应的行和列核苷酸一致,则令 $p(m_i,n_j)=1$;如果位点行和列对应的核苷酸不一致,则令 $p(m_i,n_j)=-1$。按照这个规则,比较当前位点左侧,上方和左上方位点的分值加上从这些位点移动到当前位点的得分,从中选取最大值为当前位点的分值,即可得到图中的打分矩阵,回溯最优路径并得到序列比对结果

两种算法的区别在于矩阵中位点的赋值函数的设定以及回溯的起点和终点不同。Smith-Waterman 算法中,如图 4-29 所示,第二行和第二列全部被赋值为零。其余位点的赋值规则为每向下或向右移动一位在原位置分值基础上扣除 2 分,而行和列对应的序列相同则在左上角分值的基础上加 3 分。比较三个方位上的分值并取其中最大值为当前位点上的分值。如果某个位点经计算最大分值为负值,则将其赋值为零。Needleman-Wunsch 回溯时从矩阵的右下角开始,直到到达左上角为止。而 Smith-Waterman 回溯是从矩阵中具有最大分值的位点开始,直到位点得分为零时终止(图 4-29)。

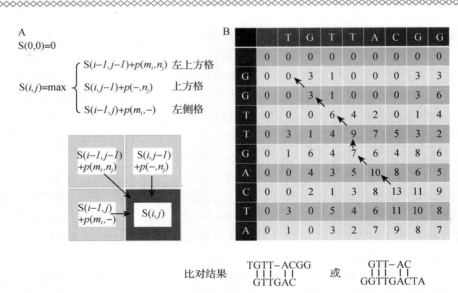

$$比对结果 \quad \begin{matrix} TGTT-ACGG \\ |\ |\ |\ \ \ |\ | \\ \ \ \ \ GTTGAC \end{matrix} \quad 或 \quad \begin{matrix} GTT-AC \\ |\ |\ |\ \ \ |\ | \\ GGTTGACTA \end{matrix}$$

图 4-29　序列局部比对的位点赋值函数（A），打分矩阵、最优回溯路径以及比对结果（B）

图中打分矩阵位点赋值规则为，第一行以及第一列的所有位点赋值为零。其余位点如果行和列对应的核苷酸一致，则令 $p(m_i, n_j)=3$；如果位点行和列对应的核苷酸不一致，则令 $p(m_i, n_j)=-3$。同时，令 $p(m_i,-)=p(-, n_j)=-2$，即除第一行和第一列以外的任何位点向右或向下移动一个单位扣除 2 分。如果位点最大得分计算出来后为负值则取值为零。按照这个规则，比较当前位点左侧、上方和左上方位点的分值加上移动到当前位点的得分，从表格中选取最大值即可得到图中的打分矩阵。回溯时从矩阵中最大值开始，直至分值为零时终止

　　多序列比对应用建立在两序列比对基础上的多维动态规划算法。此外，还有一种应用更广泛的渐进式算法，通过逐步添加序列进行比对。首先，在多个序列中选择相似度最高的两条序列作为基础，对它们进行两序列比对匹配。其次，逐步加入其他序列，进行相应的两序列比对匹配，直到所有序列都被依次加入并完成匹配。这种方法的优势在于能够较好地处理大规模序列比对的问题。目前有许多序列比对工具，包括 Clustal W（采用渐进式算法）、Clustal Omega、Muscle、MAFFT 等。这些工具虽然运用了不同的算法，但所得的结果大体上是相似的。随着生物信息学的不断发展，新的序列比对算法还在不断出现。

　　尽管全长序列的多重比对结果能够用于构建系统发生树，但如果序列之间存在较大差异，通常需要除去相似度低的序列区域，包括两端没有匹配的序列以及中间匹配结果不佳的序列。只保留其中的保守区序列来构建系统发生树。因为保守序列才能更好地反映不同分类单元之间的亲缘关系。除去比对序列中相似度低的区域即进行序列修剪可以通过目测判断的方式（这种方式带有主观性）进行，也可以利用诸如 Gblock 和 MEME 等修剪工具来完成。修剪以后参与构建系统发生树的各个分类单元具有相同的长度，这个长度由核苷酸或氨基酸符号与其中的空位符号"—"（indel）组成。需要注意的是，宽松的修剪规则允许保留序列中存在的空位符号，而严格的规则要求除了两端剪齐以外，还要移除所有含有空位符号的列；更严格的规则除了要求序列不含空位符号，还要求删除相似度较低的列。

　　对序列比对结果进行修剪时，选择何种修剪规则取决于研究的具体目的和数据特点。假设需要构建一个界或门的系统发生树以反映这个系统内所有属的亲缘关系，这时不同序列间

的差异可能会很大。如果采用含有过多差异的序列建树,它们之间的亲缘关系可能难以得到准确的体现。但如果选择严格的修剪规则,即只保留比对序列中相似度较高的核心保守区域,就可以减少系统发育树的噪声,从而获得更可靠的结果。相反,如果研究目的是构建一个属内不同物种的系统发生树,由于序列间的差异不会太大,选择相对宽松的修剪规则,则能够保留更多体现物种之间差异的细节信息。

4.3.2.3 进化距离与替代模型

有了经过比对和选择即修剪的同源序列,就能够利用它们构建能够反映同源序列之间亲缘关系和演化路径的系统发生树。构建系统发生树有不同的方法。其中距离法、最大似然法和贝叶斯法都要求选择适当的核苷酸或氨基酸替代模型。最大简约法则不需要使用核苷酸或氨基酸替代模型。选择替代模型的目的是将序列比对结果转化为不同序列之间的进化距离值,然后根据这些进化距离值确定系统发生树的拓扑结构与树枝长度。

在分子系统发生分析中,两条同源序列自分歧以后同源位点上发生的氨基酸(或核苷酸)替代数叫作进化距离。进化距离是衡量两条序列之间差异程度的指标。通常有两种不同的进化距离评估方式,即 p 距离和校正距离。以氨基酸序列比对结果为例,p 距离代表差异氨基酸的比例,即 $p = n_d/n$,其中 n 为两条比对序列中的氨基酸总数,n_d 代表差异氨基酸的数量。p 距离是一种相对粗略的距离计算方法,因为它没有考虑多重替代(两条同源序列的同源位点上的核苷酸或氨基酸经历过多次替代)、平行替代(两条同源序列的同源位点上的两个核苷酸或氨基酸经历过相同的替代)和回复替代(两条同源序列的同源位点上的核苷酸或氨基酸经历过某种替代以后再次发生替代并恢复到发生替代以前的状态)的情况。因此,仅仅根据差异氨基酸的比例来计算进化距离低估了氨基酸的实际替代次数,特别是在氨基酸替代频繁发生的同源序列之间。为了解决这个问题,在计算分子进化分析中引入了校正距离的概念。校正距离是基于氨基酸或核苷酸替代模型计算的进化距离,所以选择不同的替代模型计算出的校正距离有所不同。校正距离包括泊松校正距离和 Γ(伽马)校正距离。泊松校正距离 d 假设每个同源位点上的氨基酸替代都是独立发生的,并且不同位点上每年的氨基酸替代概率相同。基于这个假设,d 距离通过对 p 距离进行泊松校正得到,计算公式为 $d = -\ln(1-p)$。d 距离代表两条序列间同源位点上氨基酸替代数的泊松模型估计值。然而,泊松校正距离的计算没有考虑同一位点不同氨基酸之间替代频率的差异,也没有考虑不同位点氨基酸替代频率的差异。为了更真实地评估进化距离,计算分子进化分析中引入了一种称为 Γ 距离的计算方法,它假定氨基酸替代速率服从 Γ 分布。与 d 距离相比,Γ 距离的计算过程更为复杂。核苷酸的进化距离同样存在 p 距离和校正距离两种计算方法,但其模型选择和计算过程比氨基酸的 p 距离和校正距离的计算还要复杂。

在构建分子系统发生树的过程中,进化距离的计算是通过运用氨基酸或核苷酸替代的数学模型实现的。不同模型假设了不同的氨基酸或核苷酸替代速率,因此,选择不同的替代模型实际上就是选择不同的进化距离计算方法。目前可选择的替代模型种类较多,比较常用的包括核苷酸替代的广义时间可逆模型(general time reversible model,GTR)系列的 GTR+I+G(I 代表不变位点比例,G 代表位点速率变异的 Γ 分布)和速率同质性模型以及氨基酸替代模型(如 PAM、JTT、BLOSUM 和 WAG)等。其中氨基酸替代模型通常是根据分析已有的同源蛋白质的氨基酸组成得到的经验模型。模型的选择是根据模型与数据之间的吻合程度来确定

的。很多构建系统发生树的工具都有根据序列数据选择进化模型的功能。对于相似程度较高的同源序列,使用简单模型(如不使用 Γ 校正距离)可能在获得系统树的正确拓扑结构方面效果更好。

4.3.2.4 用距离法构建系统发生树

构建系统发生树的方法可以大致分为两类,即距离法和离散数据法。距离法相对简单,主要基于同源序列之间的相似以及差异来构建系统发生树。用距离法构建系统树实际上是一个将不同的分类单元逐步聚类的过程。聚类的意思是将类似的单元放入同一个组中。由于序列之间相似程度存在差别,所以,不同的序列被放进不同相似度的组(即类)内的顺序不同。最终形成由不同等级的类构成的系统发生树。

下面以距离法中最简单的非加权算术平均值法(UPGMA)为例简要说明其过程。首先,各分类单元通过两两比对,得到的结果经过修剪后保持相同的长度。然后根据氨基酸或核苷酸替代模型将比对结果转换成进化距离值。两个序列间不匹配的核苷酸或氨基酸越少,即它们之间距离越小,代表它们之间的亲缘关系越近。如图 4-30 所示,假设有 5 个具有亲缘关系的分类单元 1、2、3、4、5,它们任意两个序列之间的距离分别为 d_{12}、d_{13}、d_{14}、d_{15}、d_{23}、d_{24}、d_{25}、d_{34}、d_{35}、d_{45}。首先选择其中距离最小的一对序列(如 d_{23})为基础进行聚类,即将它们合并成一个新的复合分类单元即最小的类(2*3),再计算这个复合分类单元(2*3)与其他序列即 1、4、5 之间的进化距离值。复合分类单元与其他分类单元之间的进化距离为组成复合单元的两个分类单元分别与相应的分类单元距离的非加权算术平均值,即 $d_{1(2*3)}=(d_{12}+d_{13})/2$。以此类推,$d_{4(2*3)}=(d_{24}+d_{34})/2$;$d_{5(2*3)}=(d_{25}+d_{35})/2$。然后选择其中进化距离最小的一组序列构成新的复合分类单元。假如其中 $d_{5(2*3)}$ 的值最小,那么此时新的复合单元就包含了三个不同的分类单元 5*(2*3)。最后计算 $d_{1(5*(2*3))}$ 与 $d_{4(5*(2*3))}$ 的距离值,即 $d_{1(5*(2*3))}=(d_{15}+d_{12}+d_{13})/3$;$d_{4(5*(2*3))}=(d_{45}+d_{24}+d_{34})/3$。假设 $d_{1(5*(2*3))}$ 的值最小,根据计算结果形成包含所有分类单元的结构与树枝长度的图形即为图 4-30B 所示的系统发生树。需要说明的是,本例中没有涉及具体的数值,无法对它们之间的距离大小进行量化分析,因此树枝的长度即进化距离没有在图中体现出来,所展示的是体现不同分类单元之间相对位置的拓扑结构树。

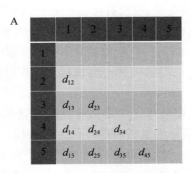

图 4-30　序列间的距离(A)以及通过 UPGMA 算法生成的系统发生无根树(B)

1、2、3、4、5 为参与比对的 5 条序列,每对序列之间的距离如图 A 中所示。图 B 为根据 UPGMA 构建的系统发生树。d_{12}、d_{13}、d_{14}、d_{15}、d_{23}、d_{24}、d_{25}、d_{34}、d_{35}、d_{45} 分别代表不同数字表示的两条序列之间距离

分子系统发生分析中常用的邻接法（neighbor joining，NJ）也是一种基于距离的建树方法。它从一个星状树开始，即首先将所有的分类单元都连接在唯一的内部核心节点上，通过比较任意两个分类单元之间的距离，选择其中距离值最小的两个分类单元聚类，然后将它们从原来唯一的内部节点中分离出来，形成一个新的内部节点。随后，在所有的分类单元（包含新聚类形成的复合分类单元）再次计算每两个分类单元之间的进化距离，并将其中最小的一对分离出来形成新的节点。不断重复这个过程，直到所有的分类单元聚类完毕并形成新的内部节点。在二歧树中（类似于植物学中的二叉分枝），由于每个内部节点都只能有 3 个分枝，所以在上述聚类完成以后如果某个节点上连接有 4 个分枝，还需要将此节点进一步分开。

比较同属于距离法的 UPGMA 和 NJ 建树方法可以看出，UPGMA 的建树策略是将分类单元一个一个地加上去形成更大的类即新的复合分类单元，而 NJ 法是将分类单元一对一对地从最初唯一的类中分出来形成更小的类。当同源序列之间相似度较高时，邻接法建树是比较好的选择，因为在此情况下系统发生树有较高的可靠性，同时由于计算量较少，建树速度也比较快。此外，基于进化距离的建树方法还有最小二乘法。

4.3.2.5　离散数据法构建系统发生树

离散数据法（又称独立元素法）的建树的思路与距离法完全不同。简单地说，离散数据法的思路是首先列举出包含所有分类单元的所有可能的拓扑结构树即备选树。然后按照某种方式依据比对结果对所有的备选树进行计算和比较，从中选择最符合条件的树作为最优树。这就是离散数据法也叫树搜索方法的原因。最终选择的系统发生树综合考虑了比对序列中每一列所包含的所有不同核苷酸或氨基酸所蕴含的信息。

怎样对不同拓扑结构的备选树进行比较？不同的建树方法采用不同的策略。离散数据法主要包括最大简约法（maximum parsimony，MP）和最大似然法（maximum likelihood，ML）。最大简约法中，对于使用核苷酸序列的分类单元来说，任意位点上的核苷酸，无论现在是哪一种，它的祖先有 4 种可能，即 A、G、C、T。如果使用氨基酸序列，任意位点上氨基酸的祖先就有 20 种可能。因此，对于任意一种拓扑结构的备选树，都可以根据现存序列推断其每个位点的祖先核苷酸或氨基酸状态，然后计算出从共同祖先开始需要通过多少次的核苷酸或氨基酸替代才能形成目前的状态。最后比较所有可能的拓扑结构备选树的位点替代值，其中具有最小替代值的那棵拓扑树就是阐明它们之间亲缘关系的最优树。这种构建系统发生树的方法称为最大简约法。最大简约法不需要引入假设，也就是不使用氨基酸或核苷酸替代模型来计算进化距离。其依据是一种叫奥卡姆剃刀原理或者简约性原理的哲学思想：解释一个过程最好的理论是所需假设最少的理论。因此，最大简约法没有可靠的数学理论基础。

最大似然法通俗理解就是最大可能性法。它基于已知序列的样本，在采用特定模型的基础上，建立一个描述序列从初始状态经过演化转变为已知序列的概率函数表达式，并计算出最有可能产生这种序列的模型参数值。在最大似然法中，进化模型、树的拓扑结构以及分支长度都属于模型参数。如果已确定了进化模型并指定了树的拓扑结构，那么只需要优化分支长度这个参数，使该拓扑结构树的似然值最大化。最后，从所有备选的拓扑结构树中选择具有最大似然值的树作为最优树。

建立描述序列从最初状态演化为现存状态的概率函数表达式要全盘考虑序列比对的结果。由于参与建树的比对序列包含多个列的信息，而每一列之间的关系是彼此独立的。根据

概率计算中的乘法原理,一个备选系统树的似然值为树中每一列似然值的乘积。某一列的似然值为该列内每个可能被替代的核苷酸或氨基酸的似然值之和。而每一列中某个特定核苷酸或氨基酸的似然值是每种可能的取代核苷酸或氨基酸的出现频率、替代概率与预期替代数三者的乘积。这个计算过程比较复杂,具体内容可以参考陈铭主编的《生物信息学》(第 3 版)。最大似然法就是在所有候选的拓扑结构树中通过比较得出具有最大似然值的树作为最终树。换言之,这棵最优树能够根据替代模型以最大的概率(最有可能)从共同的祖先序列开始演化为现存的各种不同序列。

离散数据法建树都要求从已知的全部备选树中选择最优树。然而,无论是 MP 还是 ML 方法,虽然列举出所有可能的拓扑结构树的穷举法可以确保找到其中的最优树,但对稍微复杂一些的序列数据,如分类单元数量超过 10,使用穷举法分析所有可能的备选树将产生巨大的计算量(表 4-4),实际上很难做到。在此情况下只能转换策略,即不再追求得到最优树,而是寻找一棵某种搜索方式下的最优树。常用搜索方法包括分支限界法和启发式搜索。

表 4-4 n 个物种的无根树(T_n)和有根树数目(T_{n+1})(引自《计算生物进化》,杨子恒著)

	3	4	5	6	7	8	9	10	20	50
T_n	1	3	15	105	945	10 395	135 135	2 027 025	2.22×10^{20}	2.84×10^{74}
T_{n+1}	3	15	105	945	10 395	135 135	2 027 025	34 459 425	8.2×10^{21}	2.75×10^{76}

以构建 MP 树为例,分支限界法的思路如下:首先,指定一棵树(如一棵 NJ 树)并计算其树枝长度(所有信息简约位点包含的最小核苷酸替代数的总和为树枝长度)作为上限。然后,在所有的分类单元中选择彼此距离最大的三个分类单元构建一棵起始树,通过向其中每次加入一个分类单元来逐步形成不同拓扑结构的树。而且每加入一个分类单元,都计算其树枝长度。如果某种加入方式导致树的树枝长度大于指定的 NJ 树的树枝长度,就放弃这种拓扑结构及其后续加入分类单元的树。当所有分类单元都加入后,如果获得的树枝长度小于预先指定的 NJ 树的树枝长度,则用更小树枝长度的树替换原先指定的树。重复这个过程直到找不到更小树枝长度的树为止。分支限界法也只适用于搜索分类单元数量中等的数据集(10~20)。在构建不同拓扑结构树的过程中,除了逐渐加入分类单元形成不同结构的树,还可以通过分支交换法形成更多不同拓扑结构的树。这种方法同样适用于搜索 ML 树。如果分类单元数量更多,则需要采用启发式搜索等更高效的方法。

以搜索最大似然树为例,启发式搜索的大致过程可以分为两步。首先,按照与上述方法相似的策略以三个分类单元为基础构建一棵先导树,并逐渐加入新的分类单元。每加入一个新的分类单元时,都计算形成的不同拓扑结构树的最大似然值,并从中选择具有最大似然值的树作为下一步加入新的分类单元的基础,逐步加入新的分类单元然后计算并选择具有最大似然值的树,直到所有的分类单元都包含在系统树中。随后,选择其中具有最大似然值的树作为临时树,通过分支交换、分枝剪切重接或二分树再接等方式变换出树的另一种拓扑结构,并计算其最大似然值。不断重复这个过程,直到最终获得似然值最大的树。与分支限界法一样,启发式搜索能够搜索到一棵符合搜索条件的最优树,但采用这种简化搜索策略获得的不一定是真正意义上的最优树。而且即使采用启发式搜索,由于最大似然法建树的计算量很大,尤其是在需要进行多次重复抽样的 bootstraping 验证时,需要耗费大量时间。因此对计算机性能要求较高,建树的速度也较慢。同样的,启发式搜索也能用来搜索最大简约树。

在最大似然树中,树枝的长度代表树枝两端分类单元的基因或蛋白质之间的差异度或进化量,它是核苷酸或氨基酸替代速率与时间的乘积。通常在系统树的下方还附有比例尺,如0.01,表示这种长度代表序列之间 1% 的差异度。如果参与建树的不同物种的核苷酸或氨基酸替代速率一致,那么树枝的长度也代表它们之间的分化时间。在 NJ 树中,树枝长度表示进化距离;在 MP 树中,树枝长度代表核苷酸或氨基酸状态替代的次数。

4.3.2.6 系统发生树的可靠性检验

无论是使用距离法还是离散数据法构建系统发生树,所得的结果都需要经过可靠性检验。系统发生树的可靠性是通过计算树中各树枝的 bootstrap 值确定的。计算树枝 bootstrap 值的方法称为自检法、自举法或自展法(bootstrapping)。它采用放回抽样的方式,从实际的数据集中随机抽取与原始序列相同数量的核苷酸或氨基酸形成新的序列,然后使用这些新序列按照与原始树完全相同的建树方法构建一棵树。如果基于新的组合序列构建的系统树与原始树具有相同的树枝结构,则将其赋值为 1,否则赋值为 0。通过多次重复抽样建树(如 100~1 000次),统计得到的百分数就是某个树枝的 bootstrap 值。其值越大,说明该分枝的可靠性越高。一般认为系统树中 bootstrap 值大于 70% 的分枝是可靠的。此外,检验系统发生树的可靠性还有不采用放回抽样的折刀法。

大体上说,距离法适合亲缘关系较近的物种之间的系统发生分析,而离散数据法对分析亲缘关系较远和较近的物种间的系统发生关系都适用。除此之外,还有一种离散数据建树的方法,即贝叶斯推断(Bayesian inference,BI)。该方法采用基于后验概率的建树方法。先验概率与后验概率的区别,通俗地理解就是:事件没有发生,要求出事件发生的概率即可能性大小是先验概率;如果事件已经发生,要求出该事件发生的原因是因为某个因素引起的可能性大小,是后验概率。所以贝叶斯推断和其他建树方法相比有着完全不同的逻辑。如果采用不同的原理和方法对同一组数据进行分析都得到一致的结果,这样的结果就有更高的可信度。

以上根据单个基因或蛋白质的同源序列构建的系统发生树称为基因树。它虽然能为物种的演化提供参考,但它本身并不能代表物种之间的演化路径和彼此之间的亲缘关系,尽管基因树与物种树在多数情况下是一致的。将组成物种的全部或多数基因作为一个整体来研究它与其他物种的演化关系形成的树称为物种树。相比而言,物种树可以提供更全面可靠的信息。然而,构建物种树需要花费更多的时间和精力。一种可以替代的方案是:由于原核生物如细菌rRNA 基因十分保守并且具有种属特异性,所以不同物种 16S rRNA 基因之间的系统发生关系普遍用作不同细菌种属关系的指针。真菌之间的亲缘关系则以 18S rRNA 的基因树为代表。总之,以蛋白质或核酸分子序列为基础的系统发生分析提供了不同于物种形态、结构和生理功能之外的视角。其优势在于即使没有现存物种远古祖先化石证据,也能对它们的演化途径进行合乎逻辑的推理。因此,系统发生分析有时是阐明生物物种之间亲缘关系重要甚至在某些情况下是唯一的途径。基于核酸和氨基酸序列的系统发生分析在微生物的分类和演化关系的研究中更是发挥着不可替代的作用。

 重点回顾

    1. 分子系统发生分析是利用核酸或蛋白质分子序列作为基因、物种或其他分类单元的特征性数据,通过比较并根据它们之间的相似与差异大小建立有一定拓扑结构和树枝长度的系统发生树,从而阐明各个分类单元之间的亲缘关系及其演化路径。

    2. 系统发生树由节点和树枝组成。节点可分为内部节点和末端节点两种类型。树的末端节点代表现存的不同分类单元,树的内部节点为目前已经消亡的、现存分类单元的不同时期的共同祖先。两个具有传承关系的相邻节点的连线即为树枝。树枝长度代表树枝两端序列的差异度。系统树可分为有根树与无根树两种类型。有根树中的根节点是其他节点的进化起点,它也指示了不同序列的进化方向。无根树没有指定的树根,任何一个节点都有可能是根节点。

    3. 系统发生树的构建步骤一般可分为序列比对、选择进化模型、构建系统树和树的可靠性检验 4 个步骤。

    4. 只有同源物种的分子数据才能用来构建系统发生树。根据同源序列比对结果构建系统发生树主要有基于进化距离的方法(如常见的邻接法)和基于离散数据的方法(如最大简约法和最大似然法)。它们有不同的建树逻辑和实现途径。同样的数据依据不同方法构建的系统发生树之间吻合度越好说明树的可靠性越高。

 参考实验方案

Current Protocols in Bioinformatics Volume 00,Issue 1

Multiple Sequence Alignment Using ClustalW and ClustalX

Julie D. Thompson, Toby J. Gibson, Des G. Higgins

First published:01 August 2002

Current Protocols in Bioinformatics Volume 15,Issue 1

Getting a Tree Fast:Neighbor Joining, FastME, and Distance-Based Methods

Richard Desper, Olivier Gascuel

First published:01 October 2006

 视频资料推荐

Evolutionary Relationships and Phylogenetic Trees │生物学│ JoVE

Evolutionary Relationships:Using BLAST to Test Evolutionary Hypotheses - Procedure │ Lab Bio │ JoVE

Using Phylogenetic Analysis to Investigate Eukaryotic Gene Origin │ Protocol (jove. com)

4.3.3　16S rRNA 基因与环境微生物多样性调查

    微生物生态学研究中需要对特定环境中存在的微生物种类进行调查和分类。然而,自然界中绝大多数微生物(90%以上)目前难以进行纯培养,因此通过培养鉴定微生物这种传统方

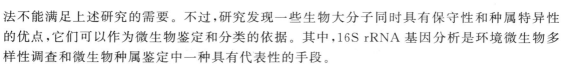

法不能满足上述研究的需要。不过,研究发现一些生物大分子同时具有保守性和种属特异性的优点,它们可以作为微生物鉴定和分类的依据。其中,16S rRNA 基因分析是环境微生物多样性调查和微生物种属鉴定中一种具有代表性的手段。

16S rRNA 是原核微生物核糖体的组成部分(图 1-3)。如前所述,原核生物的核糖体 rRNA 按沉降系数可分为 23S rRNA、16S rRNA 和 5S rRNA 3 种组分,它们由不同的基因编码,并存在于所有细菌之中。除了 rRNA,核糖体中还含有多种蛋白质分子。由于 rRNA 基因在同种微生物之间高度保守,而且具有种属特异性,所以它们被认为是微生物种属鉴定和系统发生分析的特征性分子。在这 3 种编码 rRNA 的基因中,23S rRNA 基因序列长度为 2 900 bp,虽然它含有足够多的遗传信息,能够用来进行相同物种或不同物种间的比较分析,但实际应用起来较为不便。因为传统的分析方法都是以 rRNA 基因为模板,先进行 PCR 扩增然后测序。扩增 23S rRNA 基因全长有一定难度,而且即便扩增成功,早期的自动测序方法(即 Sanger 双脱氧链终止法)一个测序反应无法涵盖其序列全长。5S rRNA 基因长度为 120 bp,它包含的遗传信息十分有限,也不适合用来进行不同种属的微生物比较鉴定和系统发生分析。相比之下,16S rRNA 基因序列全长约为 1 540 bp,其大小适中,既包含足够的遗传信息又能方便地进行扩增测序,所以被广泛地用来进行微生物种属鉴定和系统发生分析。

16S rRNA 基因包含交替排列的 9 个可变区和 10 个保守区(图 4-31)。保守区在所有细菌之间保持不变,可变区则随细菌种类的不同而异。正因如此,16S rRNA 基因被细菌学家和分类学家广泛接受为细菌系统分类研究中最常用的分子钟,即能够反映物种演化速度的特征性 DNA 分子指标。分子钟是基于特定分子的核苷酸或氨基酸在单位时间内以恒定速度发生替代的一种变化尺度或参考标准。实际上,16S rRNA 分析为细菌系统发生分析和重建提供了重要线索。例如,现在普遍采用的生物三域分类系统,即细菌域、古菌域和真核生物域,就是以 16S rRNA 基因为基础划分而来的。在动物和植物领域,研究它们的演化和相互关系最可靠的依据是化石。由于微生物几乎没有化石可以利用,所以 16S rRNA 基因被称为"细菌化石"。值得注意的是,16S rRNA 是核糖体 30S 亚基的组成部分,其具体生理功能涉及蛋白质合成过程中核糖体与 mRNA 的识别以及与 tRNA 结合等。蛋白质合成是细胞最重要的生命活动之一,这可能是 rRNA 基因具有突出稳定性或保守性的根本原因。

以 16S rRNA 基因为依据进行微生物种属鉴定或种群调查时,传统的分析方法包括样品核酸提取、16S rRNA 基因的 PCR 扩增和 DGGE 指纹图谱分析 3 个主要步骤。最初的 16S rRNA 序列分析是从提取样品中的 RNA 开始的,先用酚提取法提取样品的 RNA,然后通过逆转录将 RNA 转录成 cDNA 再进行 PCR 扩增。现在通常直接提取样品中的 DNA 作为扩增 16S rRNA 基因的模板。由于环境样品中通常存在多种微生物,而扩增引物是根据原核生物 16S rRNA 基因的保守区序列设计的,所以扩增产物是样品中具有相同长度的不同微生物种类的双链 DNA 分子的混合物。一般根据 16S rRNA 基因的可变区 V3、V4 和 V5 设计了特定引物进行扩增(图 4-31)。其中以包含 V3、V4 区域的扩增最为常见。扩增 PCR 产物长度最长可达 500 bp。

样品中不同微生物 16S rRNA 基因的可变区扩增以后需要先将它们分开才能进行鉴定。由于根据可变区扩增的 DNA 片段长度相同,常规的琼脂糖凝胶或聚丙烯酰胺凝胶电泳无法将它们分开。利用 DGGE,长度相同但核苷酸组成不同的 DNA 分子也能在变性剂浓度梯度分布的凝胶不同位置部分解链滞留从而被分开,由此获得能反应不同微生物种类及其丰度的

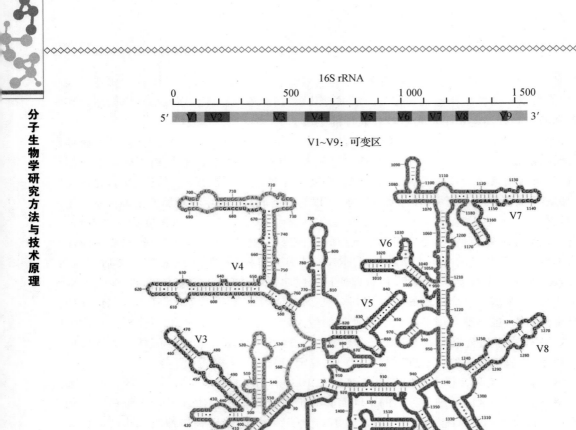

V1~9：可变区

V1:69~99
V2:137~242
V3:433~497
V4:576~682
V5:822~879
V6:986~1 041
V7:1 117~1 173
V8:1 243~1 294
V9:1 435~1 465

可变区核苷酸序列用粗体字符表示

图 4-31　细菌 16S rRNA 的基因组成及其 RNA 的二级结构

二级结构图片引自 Yarza 等(2014)，有修改

电泳结果，即为 DGGE 指纹图谱。为了获得数字化的指纹图谱，将 DGGE 结果通过扫描仪进行扫描并输入计算机，然后使用软件(如 Molecular Analysis)进行条带自动识别和分析。经过扩增的样品中长度相同的不同双链 DNA 分子通过 DGGE 以后分开形成不同的条带，每个条带代表一个微生物优势菌群。条带的颜色深浅则反映了微生物种群的丰度：某种微生物在样品中所占的比例越高，其条带颜色越深。

随着高通量测序技术的发展与普及，在进行环境微生物种群调查时，直接对样品中 16S

rRNA 基因的扩增产物测序分析已成为当前的主流分析方法。由于扩增片段的长度与它所包含的信息成正比,16S rRNA 的全长测序比仅根据部分保守区序列测序能够提供更全面和丰富的信息。测序结果经过聚类分析得到具体的物种信息。目前普遍采用聚类标准是将 16S rRNA 基因序列相似性大于或等于 97% 的原核生物认定为同一个种。同一种环境中不同种属的微生物的数量体现了生物多样性的丰富程度。微生物多样性分析中经常会提到 α-多样性与 β-多样性这两个概念。其中 α-多样性是指特定区域或生态系统内的生物多样性,即一个样品内的微生物多样性。β-多样性指不同生态环境群落之间的物种组成差异,即体现的是样品之间的微生物多样性。

在微生物种群调查方面,通过 16S rRNA 基因可变区序列扩增结合 DGGE 这样的传统方法只能大致了解某个样本中有多少种微生物,但不知道这些微生物具体属于什么种类。而 16S rRNA 基因扩增结合高通量测序不仅能知道样本中有多少种微生物,而且能知道它们的具体种类。

尽管 16S rRNA 基因分析为微生物的种属鉴定提供了相对简单方便的方法,但它也存在一些问题。例如一些细菌或古菌细胞内存在多个 16S rRNA 基因,原因是其中一些基因来源于不同微生物细胞之间的基因水平转移,因此同一个物种的不同个体内 16S rRNA 基因序列并不一定完全相同。所以,以 16S rRNA 基因为基础的种属鉴定就存在取舍的问题。此外,还存在根据 16S rRNA 基因对微生物种属鉴定的结果与已有的基于其他生物学特征分类结果不吻合的情况。这些情况说明这种方法并不适合所有的微生物物种分类。不过,有研究显示,23S rRNA 基因与 16S rRNA 基因在原核生物的鉴定和分类方面也有同样的价值。因此,结合 23S rRNA 基因的分析可能为解决上述问题提供帮助。不仅如此,一些广泛存在的保守的蛋白质编码基因也表现出系统发生分析方面的参考价值。

另外,以 16S rRNA 测序来研究微生物群落的组成以及相对丰度的情况下,这个微生物群落只包括细菌和古菌。然而实际的环境中不仅有细菌和古菌,还包括病毒以及真菌、原生动物等。因此,单纯依靠 16S rRNA 测序并不能全面反映环境中的微生物种类及其分布特征。

最近几年出现的宏基因组测序(metagenome sequencing)采用不加选择地对环境样品中所有微生物的总 DNA 进行高通量测序与分析。该方法同样能进行物种分类、物种丰度分析以及进行菌群比较。虽然有研究显示根据宏基因组测序得到的微生物多样性调查结果与根据 16S rRNA 基因测序得到的结果是类似的,但它在调查的全面性方面更具优势。

 重点回顾

1. 原核生物核糖体组成成分 16S rRNA 的编码基因序列具有种属特异性并且在物种内保守的特点,因此适合作为原核生物分类的分子依据。

2. 16S rRNA 基因分为可变区和保守区两种类型的序列,它们交替排列。保守区域的序列在不同的物种之间非常稳定,而可变区域虽然长度一致,但在不同物种中序列存在差异。

 参考实验方案

Current Protocols in Mouse Biology Volume 7, Issue 2
Microbiota Analysis Using an Illumina MiSeq Platform to Sequence 16S rRNA Genes
Alexis Rapin, Céline Pattaroni, Benjamin J. Marsland, Nicola L. Harris

First published：19 June 2017

 视频资料推荐

16S rRNA Sequencing：Identifying Bacterial Species by PCR | Microbiology | JoVE

Efficient Nucleic Acid Extraction and 16S rRNA Gene Sequencing for Bacterial Community Characterization. Anahtar M N，Bowman B A，Kwon D S. J Vis Exp. 2016 Apr 14；(110)：53939. doi：10. 3791/53939.

Next-Generation Sequencing of 16S Ribosomal RNA Gene Amplicons. Sanschagrin S，Yergeau E. J Vis Exp. 2014 Aug 29；(90)：51709. doi：10. 3791/51709.

主要参考文献

陈铭. 生物信息学. 3 版. 北京：科学出版社,2018.

黄原. 分子系统发生学. 北京：科学出版社,2012.

李晓旭,王蕊,张利霞,宋亚萌,田晓楠,葛荣朝. 水稻基因 OsATS 的克隆及功能鉴定. 作物学报,2021,47 (10)：2045-2052.

刘振伟. 实用膜片钳技术. 北京：北京科技大学出版社,2016.

Abramson J，Adler J，Dunger J，et al. Accurate structrue prediction of biomolecular interactions with AlphaFold 3. Nature，2024，630：493-500.

Adan A，Alizada G，Kiraz Y，et al. Flow cytometry：Basic principles and applications. Crit Rev Biotechnol，2017，37(2)：163-176.

Baldauf S L. Phylogeny for the faint of heart-a tutorial. Trends Genet，2003，19：345-361.

Bonifacino J S，Gershlick D C，Dell'Angelica E C. Immunoprecipitation. Curr Protoc Cell Biol，2016：71.

Cao X，Xie H，Song M，et al. Cut-dip-budding delivery system enables genetic modifications in plants without tissue culture. Innovation(Camb)，2022，4(1)：100345.

Chakravorty S，Helb D，Burday M，et al. A detailed analysis of 16S ribosomal RNA gene segments for the diagnosis of pathogenic bacteria. J Microbiol Methods，2007，69 (2)：330-339.

Clackson T，Hoogenboom H R，Griffiths A D，et al. Making antibody fragments using phage display libraries. Nature，1991，1352：624-628.

Dai S，Chen S. Understanding information processes at the proteomics level. Handbook Bio-/Neuro- Informatics (edited by Nikola Kasabov). Springer Press，2014：57-72.

Domon B，Aebersold R. Mass spectrometry and protein analysis. Science，2006，312 (5771)：212-217.

Fenno L E，Mattis J，Ramakrishnan C，et al. Targeting cells with single vectors using multiple-feature Boolean logic. Nat Methods，2014，11(7)：763-772.

Fields S，Song O. A novel genetic system to detect protein-protein interactions. Nature，1989，340(6230)：245-246.

Fujikawa Y，Kato N. Split luciferase complementation assay to study protein-protein interactions in Arabidopsis protoplasts. Plant J, 2007, 52:185-195.

Fuxman Bass J I, Reece-Hoyes J S, Marian Walhout A J. Gene-centered yeast one-hybrid assays. Cold Spring Harb Protoc, 2016, pdb. top077669.

Ivanov I P, Gesteland R F, Atkins J F. Evolutionary specialization of recoding: Frame-shifting in the expression of S. cerevisiae antizyme mRNA is via an atypical antizyme shift site but is still +1. RNA, 2006, 12(3):332-337.

Jander G. Gene identification and cloning by molecular marker mapping. Methods Mol Biol, 2006, 323:115-126.

Jiang F, Doudna J A. CRISPR-Cas9 structures and mechanisms. Annu Rev Biophys, 2017, 46:505-529.

Jinek M, Chylinski K, Fonfara I, et al. A programmable dual-RNA-guided DNA endo-nuclease in adaptive bacterial immunity. Science, 2012, 337:816-821.

Kaya-Okur H S, Wu S J, Codomo C A, et al. CUT&Tag for efficient epigenomic profi-ling of small samples and single cells. Nat Commun, 2019, 10(1):1930.

Kerppola T K. Bimolecular fluorescence complementation (BiFC) analysis as a probe of protein interactions in living cells. Annu Rev Biophys, 2008, 37:465-487.

Kim S Y, Hakoshima T. GST pull-down assay to measure complex formations. Meth-ods Mol Biol, 2019, 1893:273-280.

Kornreich B G. The patch clamp technique: Principles and technical considerations. J Vet Cardiol, 2007, 9:25-37.

Lin J S, Lai E M. Protein-protein interactions: Co-immunoprecipitation. Methods Mol Biol, 2017, 15:211-219.

Meers M P, Bryson T D, Henikoff J G, et al. Improved CUT&RUN chromatin profi-ling tools. eLife, 2019, 8:e46314.

Michelmore R W, Paran I, Kesseli R V. Identification of markers linked to disease-resistance genes by bulked segregant analysis: A rapid method to detect markers in specific genomic regions by using segregating populations. Proc Natl Acad Sci USA, 1991, 88 (21): 9828-9832.

Mimmi S, Maisano D, Quinto I, et al. Phage display: An overview in context to drug discovery. Trends Pharmacol Sci, 2019, 40(2):87-91.

Mortensen R. Overview of gene targeting by homologous recombination. Curr Protoc Mol Biol, 2006, 23: 23. 1.

Mundade R, Ozer H G, Wei H, et al. Role of ChIP-seq in the discovery of transcription factor binding sites, differential gene regulation mechanism, epigenetic marks and beyond. Cell Cycle, 2014, 13(18):2847-2852.

Nesvizhskii A I. A survey of computational methods and error rate estimation proce-dures for peptide and protein identification in shotgun proteomics. J Proteom, 2010, 73 (11): 2092-2123.

Petrenko V A. Landscape phage: Evolution from phage display to nanobiotechnology.

Viruses, 2018, 10(6):311.

Peltomaa R, Benito-Peña E, Barderas R, et al. Phage display in the quest for new selective recognition elements for biosensors. ACS Omega, 2019, 4(7):11569-11580.

Rajewsky K. The advent and rise of monoclonal antibodies. Nature, 2019, 575:47-49.

Reece-Hoyes J S, Marian Walhout A J. Yeast one-hybrid assays: A historical and technical perspective. Methods, 2012, 57(4):441-447.

Remington S J. Green fluorescent protein: A perspective. Protein Sci, 2011, 20 (9): 1509-1519.

Schaeffer R D, Millán C, Park H, et al. Accurate prediction of protein structures and interactions using a three-track neural network. Science, 2021, 373(6557):871-876.

Schwiening C J. A brief historical perspective: Hodgkin and Huxley. J Physiol, 2012, 590(11), 2571-2575.

Scott J K, Smith G P. Searching for peptide ligands with an epitope library. Science, 1990, 249:386-390.

Shah K, Maghsoudlou P. Enzyme-linked immunosorbent assay (ELISA): The basics. Br J Hosp Med (Lond), 2016, 77(7):C98-101.

Skene P J, Henikoff S. An efficient targeted nuclease strategy for high-resolution mapping of DNA binding sites. eLife, 2017, 6: e21856

Takagi H, Abe A, Yoshida K, et al. QTL-seq: Rapid mapping of quantitative trait loci in rice by whole genome resequencing of DNA from two bulked populations. Plant J, 2013, 74(1):174-183.

Vélez-Bermúdez I C, Wen T-N, Lan P, et al. Isobaric tag for relative and absolute quantitation (iTRAQ)-based protein profiling in plants. Methods Mol Biol, 2016, 1450:213-221.

Wang Z. The guideline of the design and validation of miRNA mimics. Methods Mol Biol, 2011, 676:211-223.

Williams M E, Yuan Z. A really useful pathogen, *Agrobacterium tumefaciens*. Teaching Tools in Plant Biology: Lecture Notes. Plant Cell (online), 2012, 24(10):tpc. 112. tt1012.

Xie K, Minkenberg B, Yang Y. Boosting CRISPR/Cas9 multiplex editing capability with the endogenous tRNA-processing system. Proc Natl Acad Sci USA, 2015, 112: 3570-3575.

Yang Z, Rannala B. Molecular phylogenetics: Principles and practice. Nature, 2012, 13:303-314.

Yarza P, Yilmaz P, Pruesse E, et al. Uniting the classification of cultured and uncultured bacteria and archaea using 16S rRNA gene sequences. Nat Rev Microbiol, 2014, 12:635-645.

附　　录

附录1　部分模式生物基因组信息

物种	类型	基因组大小	染色体数	基因数量
艾滋病毒（HIV）	病毒	9 700 kb	/	13
支原体（*M. genesis*）	原核	0.58 Mb	/	480
大肠杆菌（*E. coli*）	原核	4.7 Mb	1	4 400
酿酒酵母（*S. cerevsie*）	真核	12 Mb	16	6 000
秀丽隐杆线虫（*C. elegans*）	真核	97 Mb	12	19 000
黑腹果蝇（*D. melanogaster*）	真核	180 Mb	8	13 600
斑马鱼（*D. rerio*）	真核	1 630 Mb	50	30 000
非洲爪蟾（*X. tropicalis*）	真核	1 700 Mb	36	21 000
拟南芥（*A. thalina*）	真核	125 Mb	5	25 000
水稻（*O. sativa*）	真核	420 Mb	12	30 000
小鼠（*M. musculus*）	真核	2 600 Mb	40	30 000
人（*H. sapiens*）	真核	3 000 Mb	46	30 000

附录 2 常用抗生素溶液配制

抗生素	储备液浓度 （−20 ℃）/（mg/mL）	工作液浓度/（μg/mL）	
		非严格控制	严格控制
氨苄青霉素（ampicillin）	50（H_2O）	20	60
羧苄青霉素（carbenicillin）	50（H_2O,50% EtOH）	20	60
卡那霉素（kanamycin）	10（H_2O）	10	50
利福平（rifampicin）*	34（DMSO）	50	
潮霉素 B（hygromycin B）	10（H_2O）	10	400
氯霉素（chloramphenicol）	34（EtOH,MetOH）	25	170
链霉素（streptomycin）	10（H_2O）	10	50
四环素（tetracycline）**	5（EtOH,70% EtOH）	10	50
壮观霉素（spectinomycin）	10（H_2O）	100	
新霉素（neomycin）	10（H_2O）	100	800
庆大霉素（gentamycin）	10（H_2O）	15	
春雷霉素（kasugamycin）	10（H_2O）	1 000	
萘啶酮酸（nalidixic acid）	5（H_2O,pH to 11/NaOH）	15	50
遗传霉素（geneticin）		10～800	
D-环丝氨酸（D-cycloserine）***	（10+4）℃	200	

注：*,对光照敏感（避光保存）；**,对光照敏感（避光保存），镁离子为抑制剂；***,溶液不稳定,须使用前配制

附录 3　常用培养基配方

培养基名称	成分	灭菌条件
LB	1%胰蛋白胨(tryptone) 1%氯化钠(NaCl) 0.5%酵母提取物(yeast extract)	121 ℃,20 min
SOB	2%胰蛋白胨 0.5%酵母提取物 2.5 mmol/L KCl 10 mmol/L NaCl 10 mmol/L MgSO$_4$ 10 mmol/L MgCl$_2$	121 ℃,20 min
SOC	2%胰蛋白胨 0.5%酵母提取物 2.5 mmol/L KCl 10 mmol/L NaCl 10 mmol/L MgSO$_4$ 10 mmol/L MgCl$_2$ 20 mmol/L 葡萄糖(glucose)	0-22 μm 过滤除菌或 115 ℃,20 min
YPD	1%酵母提取物 2%蛋白胨(peptone) 2%葡萄糖	115 ℃,15 min
YEB	0.4%酵母提取物 1%甘露醇 0.01% NaCl 0.02% MgSO$_4$·7H$_2$O 0.05% K$_2$HPO$_4$ 最终 pH(7.0±0.1)	121 ℃,20 min

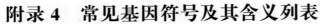

附录4 常见基因符号及其含义列表

符号	位置	含义	备注
()或[]	正常	限定适用范围	()或[]中的基因是缺失或变异所在
△	正常	缺失	"△"表示缺失突变,其后的括弧中表示所缺失基因,如 △(lac-proAB)表示 lac-proAB 基因的缺失
:	正常	融合	表示":"符号后面的基因紧接着插入前面基因后面
-	正常	融合	表示"-"符号后面的基因紧接着插入前面基因后面,如 proC-Tn10
::	正常	插入	表示"::"符号后面的基因插入前面的基因中,如 pyrC103::Tn10 表示 Tn10 插入 pyrC103 基因中
Φ	正常	融合	如 Φ(ara-lac)表示 ara 和 lac 融合成新基因
+	上标	显性或抗性	如果是表示对某种抗生素的抗性也可用"r"表示
-	上标	隐性、敏感或无抗性	如果表示对某种抗生素的敏感性也可用"s"表示
r	上标	抗性	表示对某种抗生素抗性,如 Kan^r 表示卡那霉素抗性
s	上标	敏感(sensitive)	表示对某种抗生素敏感,如 Tet^s 表示对四环素敏感
ts	正常	温度敏感(temperature-sensitive)	发生温度敏感型突变
cs	正常	冷敏(cold-sensitive)	发生冷敏突变
am	正常	琥珀突变(amber mutation)	发生琥珀型无义突变,形成 UAG 密码子,如 leuA414(Am)
oc	正常	赭石突变(ochre mutation)	发生赭石型无义突变,形成 UAA 密码子
op	正常	乳白型突变(opal mutation)	发生乳白型无义突变,形成 UGA 密码子
o	上标	无义突变	发生无义突变,可以是上述三种的任意一个,如 Sup^0
/	正常	连接基因型与质粒或附加体	符号前面为基因型,后面为质粒或附加体信息
DEL	正常	删除	DEL(基因)等位基因序号
INV	正常	倒位	INV(基因1-连接点-基因2)等位基因序号
DUP	正常	重复	DUP(基因1 * 连接点 * 基因2)等位基因序号

Maloy R, Hughes T. Strain collections and genetic nomenclature. Methods in Enzymology,2007,421:3-8. https://www. loybio. com/molecular-biology/t776/

分子生物学研究方法与技术原理